Modellierung von Wasserverteilungssystemen

Philipp Klingel

Modellierung von Wasserverteilungssystemen

Erstellung und Anwendung von Rohrnetzmodellen nach allgemein anerkannten Regeln der Technik

Springer Vieweg

Philipp Klingel
Karlsruhe, Deutschland

ISBN 978-3-658-21269-8 ISBN 978-3-658-21270-4 (eBook)
https://doi.org/10.1007/978-3-658-21270-4

Die Deutsche Nationalbibliothek verzeichnet diese Publikation in der Deutschen Nationalbibliografie; detaillierte bibliografische Daten sind im Internet über http://dnb.d-nb.de abrufbar.

Springer Vieweg

Gedruckt auf säurefreiem und chlorfrei gebleichtem Papier

Springer Vieweg ist ein Imprint der eingetragenen Gesellschaft Springer Fachmedien Wiesbaden GmbH und ist ein Teil von Springer Nature.
Die Anschrift der Gesellschaft ist: Abraham-Lincoln-Str. 46, 65189 Wiesbaden, Germany

Vorwort

Für die Analyse und Planung von Wasserverteilungssystemen werden verbreitet numerische Modelle der Systeme eingesetzt. Die wichtigste Anwendung ist die Simulation des hydraulischen Systemverhaltens, d. h. es werden die Drücke und Durchflüsse im System zu einem bestimmten Zeitpunkt oder in einem bestimmten Zeitraum berechnet. Die Berechnung der Druck- und Durchflussverhältnisse im Rohrnetz wird auch als Rohrnetzberechnung und das dazu notwendige numerische Modell als Rohrnetzmodell bezeichnet. Eine Begrifflichkeit, die im Weiteren verwendet wird.

Die verfügbaren Fachbücher über die Erstellung von Rohrnetzmodellen und die Rohrnetzberechnung beschränken sich auf hauptsächlich englischsprachige Werke, die naturgemäß nicht auf die in Deutschland geltenden allgemein anerkannten Regeln der Technik (aaRdT) eingehen. Erwähnt seien hier beispielhaft das Standardwerk zur Erstellung und Anwendung von Rohrnetzmodellen *Advanced Water Distribution Modeling and Management* von Walski u. a. (2003) und das ausführlich die Grundlagen der Rohrnetzberechnung behandelnde Fachbuch *Analysis of Water Distribution Networks* von Bhave und Gupta (2006). Eine deutsche Entsprechung zum Regelwerk AWWA Manual M32 (2012) *Computer Modeling of Water Distribution Systems* der American Water Works Association (AWWA), das detailliert die Modellierung von Wasserverteilungssystemen behandelt und dabei auf die US-amerikanischen Regelwerke eingeht, gibt es in der ausführlichen Form nicht. Im DVGW GW 303-1 (A) (2006) *Berechnung von Gas- und Wasserrohrnetzen - Teil 1: Hydraulische Grundlagen, Netzmodellierung und Berechnung* werden dagegen die Grundlagen der Modellerstellung und Rohrnetzberechnung in allgemeiner und kurzer Form dargestellt. Mit diesem Buch soll die Lücke zwischen englischsprachigen Werken einerseits und umzusetzenden deutschen Regelwerken andererseits geschlossen werden.

Die inhaltliche Ausrichtung des Buchs ist für den Einstieg in die Thematik gedacht. Es werden daher die notwendigen Grundlagen zur Erstellung und Anwendung von Rohrnetzmodellen auf Basis der aaRdT behandelt, wobei der Fokus auf einer verallgemeinerten Darstellung der Modellerstellung liegt. Auf die Anwendung einzelner Softwareprodukte wird nicht eingegangen. Die Grundlagen der mathematischen Ansätze zur Rohrnetzberechnung werden zusammengefasst, aber nicht ausführlich beschrieben. Weiterführende Modellansätze, wie z. B. die Berechnungen der Wasseraufenthaltszeiten, der Ausbreitung und Durchmischung reaktiver und nicht reaktiver Substanzen oder der kostenoptimalen Steuerung/Regelung, werden nicht behandelt. Bei der Rohrnetzmodellierung und der Rohrnetzberechnung zu beachtende aaRdT werden aus- und die zu Grunde liegenden Normen und Regelwerke angeführt. Mitunter wird aus mittlerweile ersetzten Fassungen zitiert, wenn die Inhalte nach wie vor von Relevanz sind, z. B. weil auf Grund des Alters eines Rohrnetzes Bestandteile, die nach einer nicht mehr gültiger Fassungen konstruiert sind, verbaut wurden oder deren Installation gemäß ersetzter Fassungen erfolgt ist. Die aktuell gültige Fassung ist jeweils im Text oder in einer Fußnote angegeben. Die in Deutschland geltenden aaRdT sind im Wesentlichen in den jeweils gültigen Fassungen der Normen des DIN Deutsches Institut für Normung e.V. und des Regelwerks des DVGW Deutscher Verein des Gas- und Wasserfaches e.V. festgehalten. (Im Folgenden wird der DVGW Deutscher Verein des Gas- und Wasserfaches e.V. mit DVGW und das DIN Deutsches Institut für Normung e.V. mit DIN abgekürzt.) Wird ein Sachverhalt sowohl im Regelwerk des DVGW als auch in einer Norm des DIN umfassend beschrieben, wird meist lediglich das DVGW-Regelwerk angegeben. Auf weiterführende Fachliteratur wird ggf. verwiesen. Die verwendete Fachterminologie und die gewählten Größensymbole orientieren sich an den Definitionen des DVGW und des DIN.

Das Buch beginnt im ersten Kapitel mit einer Einleitung, in der wichtige Begriffe bestimmt und ein Überblick über die typische Vorgehensweise bei der Modellierung gegeben werden. In Kapitel 2 werden Grundlagen der Modellierung und Rohrnetzberechnung zusammengefasst. Gegenstand der Kapitel 3 bis 5 ist die Modellierung der einzelnen Komponenten eines Wasserverteilungssystems (Rohrnetz mit Armaturen, Wasserspeicher sowie Pumpen von Förder- und Druckerhöhungsanlagen). Dabei werden in den Kapiteln zunächst die für die Modellierung der jeweiligen Systemkomponenten notwendigen Grundlagen beschrieben, bevor die Dokumentation der relevanten Daten und die Umsetzung im Modell behandelt wird. In den Kapiteln 6 und 7 wird die Modellierung des Wasserverbrauchs bzw. Wasserbedarfs und der Wasserverluste behandelt, also die Modellierung der Wasserentnahmen aus dem Verteilungssystem. In Kapitel 8 wird die Ermittlung der betrieblichen Rauheiten der Rohrleitungen mittels Modellkalibrierung erläutert. Im abschließenden Kapitel 9 werden Standardaufgaben der Rohrnetzanalyse und deren Umsetzung im Rohrnetzmodell beschrieben. Im Anhang werden, in Ergänzung zur chronologischen Auflistung im Literaturverzeichnis, die in diesem Buch zitierten DVGW-Blätter und DIN-Normen numerisch sortiert gelistet.

Danke, Lisa. Außerdem möchte ich Jochen Deuerlein, Ursel Glück und Axel Knobloch für Korrekturen und Anmerkungen, Miran Mastaller und David Walter für Fotos sowie Daniel Fröhlich vom Verlag für die Zusammenarbeit danken.

Karlsruhe, Februar 2018 Philipp Klingel

Inhaltsverzeichnis

1 Einleitung

Wasserverteilungssysteme stellen einen wesentlichen Bestandteil der Wasserversorgung dar. Im ersten Kapitel werden in kurzer Form die Aufgaben und der Aufbau von Wasserverteilungssystemen beschrieben. Anschließend wird eine Einführung in die Modellierung von Wasserverteilungssystemen gegeben. Darin werden die Begriffe Rohrnetzberechnung und Rohrnetzmodell definiert, das Modellierungsprinzip umrissen und ein kurzer Überblick über die Entwicklungsgeschichte von Rohrnetzmodellen und der damit zusammenhängenden Softwareentwicklung gegeben. Der allgemeine Modellierungsprozess ist Gegenstand des letzten Kapitels.

1.1 Wasserverteilungssysteme

Ein Trinkwasserversorgungssystem hat die Aufgabe, Trinkwasser einwandfreier Qualität jederzeit in ausreichender Menge und bei ausreichendem Druck an jeder Stelle des zu versorgenden Gebiets bereit zu stellen. Sind mehrere Wasserverbraucher an dasselbe Wasserversorgungssystem angeschlossen, wird von einer zentralen Wasserversorgung gesprochen (Karger und Hoffmann, 2013).

Die Trinkwasserqualität muss bestimmten Anforderungen genügen, die meist in Gesetzen und Verordnungen festgehalten sind. In Deutschland ist dies die Verordnung über die Qualität von Trinkwasser für den menschlichen Gebrauch (Dilly und Welsch, 2003). Die zu verteilende Menge ergibt sich aus dem häuslichen Bedarf an Trinkwasser und dem industriellen Bedarf an Brauchwasser. Das Wasser muss unter dem Druck verteilt werden, der für die Bereitstellung des Wassers erforderlich ist.

Eine zentrales Wasserversorgungssystem besteht meist aus den Komponenten Wassergewinnung und -aufbereitung, Wasserförderung, Wasserspeicherung und Wasserverteilung, die im Folgenden kurz beschrieben werden (Karger und Hoffmann, 2013; Fritsch u. a., 2014):

Wassergewinnung: Bei Wasservorkommen unterscheidet man Quellwasser, Grundwasser und Oberflächenwasser. Fassungen und Entnahmebauwerke wie Quellfassungen, Brunnen oder Talsperren dienen der Gewinnung des sogenannten Rohwassers.

Wasseraufbereitung: Die Wasseraufbereitung dient der Verbesserung der Wasserqualität. Meist wird das gewonnene Wasser zentral in einem Wasserwerk oder mehreren Wasserwerken aufbereitet. Bei der Aufbereitung kommen in Abhängigkeit der Qualtität des

P. Klingel, *Modellierung von Wasserverteilungssystemen*,
https://doi.org/10.1007/978-3-658-21270-4_1

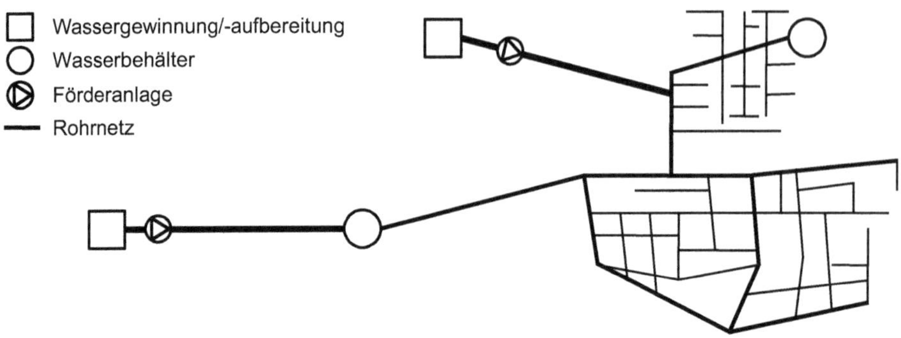

Abbildung 1.1: Hauptkomponenten eines Wasserverteilungssystems

Rohwassers und den Anforderungen an die Wasserqualität verschiedene physikalische (z. B. Sieben, Filtern, Sedimentation), chemische (z. B. Fällung, Oxidation, Neutralisation, Ionenaustausch) und biologische Verfahren (z. B. Denitrifikation, Ammoniumentfernung in Trockenfiltern) zum Einsatz.

Wasserförderung: Rohwasser muss von der Wasserfassung zur Wasseraufbereitung, Reinwasser muss von der Wasseraufbereitung zu Wasserbehältern oder direkt über das Verteilungsnetz zum Verbraucher gefördert werden. Höhenunterschiede werden dabei durch Förder- und Druckerhöhungsanlagen überwunden. Auf die Wasserförderung wird näher in Kapitel 5 eingegangen.

Wasserspeicherung: Die Speicherung von Trinkwasser in Behältern dient hauptsächlich der Abdeckung von Verbrauchsspitzen und dem Ausgleich von Verbrauchsschwankungen, der Bereitstellung von Löschwasser- und Betriebsreserven, der Stabilisierung des Versorgungsdrucks und der Druckzoneneinteilung. Wasserbehälter können als Durchlaufbehälter über Zubringerleitungen oder als Gegenbehälter über das Verteilungsnetz befüllt werden. Weitere Ausführungen zu Wasserspeichern finden sich in Kapitel 4.

Wasserverteilung: Die Wasserverteilung hat die Aufgabe Trinkwasser von der Wassergewinnung oder Wasseraufbereitung zum Verbraucher zu transportieren. Das DVGW W 400-1 (A) (2015) definiert das Wasserverteilungssystem als den Teil eines Wasserversorgungssystems, der nach der Wasseraufbereitung oder, sofern keine Aufbereitung vorhanden ist, nach der Wassergewinnung beginnt und an der Übergabestelle zum Verbraucher endet.

Bestandteile eines Wasserverteilungssystems sind das Rohrnetz mit Rohren, Formstücken und Armaturen, die Wasserspeicher, die Förder- und Druckerhöhungsanlagen so-

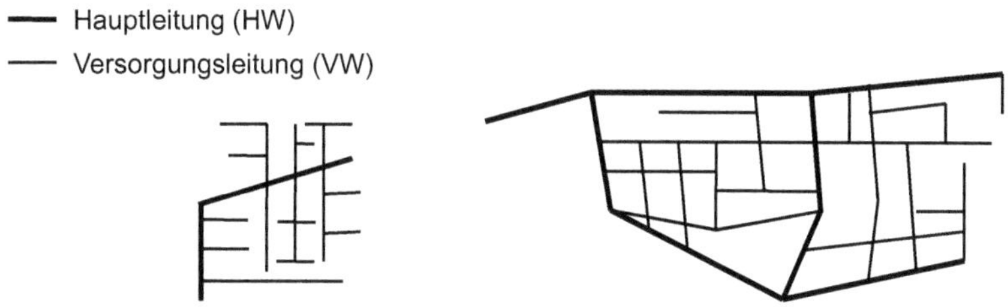

Abbildung 1.2: Verästeltes Rohrnetz (*links*) und vermaschtes Rohrnetz (*rechts*)

wie alle weiteren Systemelemente zum Zweck der Verteilung von Wasser an den Verbraucher. Abbildung 1.1 zeigt schematisch die Bestandteile eines Wasserverteilungssystems.

Die Anordnung der Rohrnetze, Wasserbehälter sowie der Förder- und Druckerhöhungsanlagen stellen das Grundkonzept eines Wasserverteilungssystems dar. Unabhängige Teile eines Wasserverteilungssystems können dabei durchaus entsprechend unterschiedlicher Konzepte angelegt sein. Wichtige Konzepte sind z. B. das Anlegen von Druck- bzw. Versorgungszonen und die Gliederung des Wasserverteilungssystems in Zubringer- und Versorgungsnetz (s. Kap. 3.1).

Bei Rohrnetzen wird zwischen verästelten und vermaschten Netzen unterschieden (DIN 4046, 1983). Verästelte Netze bestehen aus sich verzweigenden Leitungssträngen, die keine weiteren Verbindungen haben. In Verästelungsnetzen erreicht das Wasser den Verbraucher über genau einen Leitungspfad. Bei einer Unterbrechung an nur einem Punkt im Verästelungsnetz sind alle in Fließrichtung nachfolgenden Netzelemente nicht versorgt. Verästelungsnetze sind transparent und vereinfachen wesentlich die Berechnung und Bemessung, die Kalibrierung eines Rohrnetzmodells sowie die Wasserverlust- und Mengenermittlung.

In einem vermaschten Netz kann jeder Punkt im Leitungsnetz aus mindestens zwei Richtungen versorgt werden. In der DIN 4046 (1983) werden vermaschte Netze als Ringnetze bezeichnet. Gegenüber einem Verästelungsnetz ist die Versorgungssicherheit höher. Außerdem kann im vermaschten Netz ein guter Druckausgleich erreicht werden. Jedoch sind die Fließrichtungen in einem vermaschten Netz nicht direkt erkennbar. Die Berechnung der Drücke und Durchflüsse sind verhältnismäßig aufwändig. Wasserverlust- und Mengenermittlungen erfordern einen guten Kenntnisstand des Systems. Außerdem ist die Kalibrierung eines Rohrnetzmodells eines vermaschten Netzes komplex. Abbildung 1.2 zeigt die schematische Darstellung eines verästelten und eines vermaschten Rohrnetzes.

1.2 Rohrnetzmodelle von Wasserverteilungssystemen

Die Modellierung von Wasserverteilungssystemen, also die Abbildung eines realen Systems in einem numerischen Modell, wird für verschiedene Aufgaben durchgeführt.

Die verbreitetste Anwendung ist die Simulation des hydraulischen Systemverhaltens, bei der die Druck- und Durchflussverhältnisse im System zu einem bestimmten Zeitpunkt oder in einem bestimmten Zeitraum bei gegebenen physikalischen Systemeigenschaften, Betriebszuständen und Lastfällen berechnet werden. Gemäß DVGW GW 303-1 (A) (2006) wird die Simulation als Rohrnetzberechnung und das entsprechende Modell als Rohrnetzmodell bezeichnet. Diese Begriffe werden im Weiteren verwendet. Die Rohrnetzberechnung stellt ein wichtiges Hilfsmittel zur Analyse bestehender und zur Planung neuer Systeme dar.

Es existieren weitere wichtige Anwendungen numerischer Modelle, die eine Erweiterung der Rohrnetzberechnung darstellen oder bezüglich der Modellierung und der Berechnungsansätze von der Rohrnetzberechnung abzugrenzen sind. Genannt seien hier beispielhaft die Wassergütemodellierung (Ausbreitung und Durchmischung reaktiver und nicht reaktiver Substanzen im Rohrnetz), die Ermittlung kostenoptimaler Verteilungsnetze und die Ermittlung optimaler Steuerstrategien. Einige Ansätze verwenden dabei die Rohrnetzberechnung zur Lösung dieser weiterführenden Aufgaben, indem diese als Parameter in die Lösung der eigentlichen Aufgabe eingehen. So werden z. B. mit Hilfe Genetischer Algorithmen Optimierungsaufgaben gelöst. Simulationen einzelner Systemkonfigurationen bzw. Lösungen werden dabei vom Genetischen Algorithmus angestoßen und bewertet, um schließlich ein Optimum zu ermitteln (s. z. B. Simpson u. a. (1994)).

Bei der Modellierung wird die Topologie des Wasserverteilungssystems als Graph, bestehend aus Knoten und Strängen, abgebildet (Knoten-Stränge-Modell). Die hydraulischen Eigenschaften der Bestandteile des Wasserverteilungsnetzes und der relevanten Randbedingungen werden als Attribute der Knoten und Stränge umgesetzt. Variablen der Berechnung sind die Druckhöhen an den Knoten sowie die Durchflüsse und Fließgeschwindigkeiten in den Strängen. Parameter der Berechnung sind das Rohrnetz mit physikalischen Größen (Durchmesser, Rauheiten, Längen), die Topologie, die Armaturen mit Charakteristiken, die Wassereinspeisemengen und gegebene Potentialhöhen. Meist ist für die Rohrnetzberechnung die Vorgabe der Wasserentnahmen an den Modellknoten als weiterer Parameter hinreichend genau. Sind die Wasserentnahmen vorgegeben, wird von der bedarfsabhängigen Rohrnetzberechnung gesprochen. Bei der druckabhängigen Rohrnetzberechnung wird dagegen dem Umstand Rechnung getragen, dass eine Wasserentnahme in Beziehung zum anstehenden Druck am Entnahmepunkt steht. Die Modellierung und Berechnung ist in diesem Fall allerdings ungleich aufwändiger und schwieriger als bei der bedarfsabhängigen Rohrnetzberechnung.

Bei der stationären (engl.: *steady-state*) Rohrnetzberechnung werden ausgehend von den gegebenen Potentialhöhen und Wasserentnahmen an Knoten die Potential- bzw. Druckhöhen an den Modellknoten und die Durchflüsse in den Strängen zu einem bestimmten Zeitpunkt ermittelt. Dazu wird das sogenannte hydraulische Gleichgewicht berechnet, das durch das Widerstandsgesetz (Beziehung von Durchfluss und Energieverlust), die Massenerhaltung (an einem Knoten ist die Summe der Zuflüsse gleich der Summe der Abflüsse) und die Energieerhaltung (der Energieverlust in einem Strang entspricht der

Differenz der Potentialhöhen am Anfangs- und Endknoten des Stranges) bestimmt ist. Zur Betrachtung eines Zeitraums werden einzelne stationäre Rohrnetzberechnungen unter Berücksichtigung der sich ändernden Parameter, z. B. Wasserentnahmen oder Steuerungen, aneinandergereiht. Um den Unterschied zur dynamischen oder instationären (engl.: *transient*) Berechnung zu unterstreichen, wird der Ansatz zeitabhängige (engl.: *time dependend* oder *extended-period*) oder quasi-stationäre Rohrnetzberechnung genannt.

Für die Modellierung von Wasserverteilungssystemen bzw. zur Rohrnetzberechnung existieren zahlreiche Computerprogramme. Die Entwicklung reicht bis in die 1950er-Jahre zurück, als die von Cross (1936) entwickelte Methode zur Rohrnetzberechnung implementiert und auch kommerziell vertrieben wurde. Die Hardy Cross-Methode weist allerdings die Einschränkung auf, dass bei großen und komplexen Systemen eine Lösung nur durch lange Rechenzeiten oder u. U. gar nicht erzielt wird. Die fortschreitende Entwicklung der Computer und der damit einhergehenden Steigerung der Rechenleistung führte dazu, dass in den folgenden Jahrzehnten neue mathematische Ansätze entwickelt wurden, die sich für eine Umsetzung in leistungsstarken Computerprogrammen eignen, z. B. die Newton-Raphson-Methode, die Lineartheorie-Methode und die Gradienten-Methode. Einhergehend mit der Entwicklung neuer Ansätze zur Rohrnetzberechnung wurden kommerzielle und nicht-kommerzielle Softwarelösungen entwickelt, in denen die Ansätze implementiert wurden.

Aus der Vielzahl der Softwarelösungen ist EPANET, eine Entwicklung der US-Umweltbehörde Environmental Protection Agency (EPA), hervorzuheben, in der die Gradienten-Methode von Todini und Pilati (1987) umgesetzt ist (Rossman, 2000). EPANET ist als Open Source-Projekt[1] angelegt und damit frei verfüg- und erweiterbar. Seit der Veröffentlichung der ersten Version in den 1990er-Jahren findet EPANET breiten Zuspruch sowohl in der Wissenschaft und Forschung als auch in der Praxis.

Die heute verfügbaren Computerprogramme zur Rohrnetzberechnung umfassen meist eine graphische Benutzeroberfläche, eine Struktur zur Datenspeicherung sowie den eigentlichen Rechenkern mit den Berechnungsalgorithmen. Als grundlegendes Prinzip der Modellierung haben die Lösungen die Abbildung des Wasserverteilungssystems als Knoten-Stränge-Modell mit zugeordneten Attributen gemein. Für die Erstellung des Rohrnetzmodells bieten die meisten Softwarelösungen neben einer graphischen Benutzeroberfläche Schnittstellen zu Programmen für die Datenvor- und nachverarbeitung oder Lösungen zur Integration der Software in ein Geographisches Informationssystem (GIS). Für die Berechnung des hydraulischen Systemzustands finden verschiedene Ansätze Verwendung. Verbreitet wird auch der frei verwendbare Lösungsalgorithmus des Programms EPANET eingesetzt.

Unterschiede zwischen den Programmen sind hauptsächlich bei der Umsetzung der Modellierung, bei den Berechnungsalgorithmen sowie in den Funktionalitäten der Benutzeroberflächen und Schnittstellen auszumachen. Außerdem verfügen einige Programme über weiterführende Applikationen (s. zweiter Absatz dieses Kapitels). Eine Zusammen-

[1] Webseite des Projekts: `http://www.epa.gov/nrmrl/wswrd/dw/epanet.html`

fassung der Geschichte der Entwicklung computergestützter Modelle zur Rohrnetzberechnung kann bei Ormsbee (2006) und im AWWA Manual M32 (2012) nachgelesen werden. Schmid (2002) vergleichen ausführlich 15, Sonaje und Joshi (2015) in kurzer Form 11 verfügbare Softwarelösungen für die Rohrnetzberechnung.

1.3 Vorgehen bei der Modellierung eines Wasserverteilungssystems

Grundsätzlich kann der Modellierungsprozess, also alle notwendigen Arbeitsschritte zur Erstellung eines operationellen Rohrnetzmodells, in vier Hauptschritte unterteilt werden, auf die im Folgenden näher eingegangen wird:

1. Definition der Modellanforderungen
2. Datenerhebung und Datenaufbereitung
3. Modellerstellung
4. Modellkalibrierung

Definition der Modellanforderungen: Vor der Modellierung werden die Aufgaben des zu erstellenden Modells definiert. Daraus ergeben sich der Detaillierungsgrad, die notwendige Genauigkeit des Modells und somit die zu erhebenden Datengrundlagen (Walski u. a., 2003). Die Modellanforderungen sind also entscheidend für den Aufwand und letztendlich für die Kosten der eigentlichen Modellierung. Genügen Qualität und Quantität der vorhandenen Daten nicht den Erwartungen, müssen die möglichen Modellanforderungen u. U. entsprechend korrigiert werden.

Datenerhebung und Datenaufbereitung: Es können vier Gruppen notwendiger Daten unterschieden werden (AWWA Manual M32, 2012):

- Geographische Daten
- Systemdaten
- Betriebsdaten
- Wasserverbrauchsdaten

Zu den geographischen Daten sind alle Rauminformationen, wie z. B. topographische Daten, Landnutzungsdaten, politische Grenzen, Luftbilder und digitale Geländemodelle, zu zählen. Die Systemdaten umfassen alle Eigenschaften des Verteilungssystems, z. B. Rohrleitungs-, Pumpen-, Armaturen- und Behälterdaten. Die Randbedingungen des Modells, wie z. B. Steuervorgaben der Pumpen und Armaturen sowie Einspeisepotentiale, werden als Betriebsdaten bezeichnet. Unter Wasserverbrauchsdaten werden alle Wasserentnahmen sowie deren zeitliche Änderungen (Ganglinien) verstanden.

Die Qualität, Quantität und Art der zur Verfügung stehenden Daten sind von Fall zu Fall verschieden. Notwendige Daten können bereits in einer Form vorliegen oder erhoben werden, die direkt oder nach einer Aufbereitung für die Modellerstellung verwendet werden können. Liegen die Daten nicht vor oder können nicht erhoben werden, müssen diese aus Sekundärdaten entwickelt werden. Liegt z. B. nur eine Angabe zum gesamten Wasserbedarfs eines Versorgungsgebiets vor, so muss die räumliche Verteilung des Wasserbedarfs auf die Bedarfsknoten über Sekundärdaten, z. B. über die Bevölkerungsverteilung, hergeleitet werden (s. Kap. 6.9.2.3). Eine allgemeine Vorgehensweise der Datenerhebung und Datenaufbereitung lässt sich daher nicht angeben. Auch lassen sich auf Grund unterschiedlicher Modellanforderungen keine allgemeinen Aussagen über den notwendigen Umfang und die notwendige Qualität der Daten treffen. Auf Grund dieses individuellen Charakters ist die Datenerhebung und Datenaufbereitung nicht exakt planbar und stellt erfahrungsgemäß den zeitaufwändigsten Teil einer Modellierung dar.

Es ist daher zunächst empfehlenswert eine Bestandsaufnahme der vorhandenen Daten anzufertigen. Eine Liste relevanter Daten für eine Bestandsaufnahme zeigt Abbildung 1.3. Die Bestandsaufnahme gibt darüber Aufschluss, welche Daten direkt vorliegen, welche aus Sekundärdaten entwickelt werden können und welche im Feld zu erheben sind. Daraus lässt sich der Aufwand für die Datenerhebung, Datenaufbereitung und Kalibrierung sowie der erreichbare Detaillierungsgrad des Modells ableiten. Für die Datenaufbereitung bietet sich die Wahl einer geeigneten digitalen Plattform an. Zweckmäßig ist hierfür ein GIS, das eine flexible Analyse, Verknüpfung und Verschneidung raumbezogener Daten ermöglicht (s. Kap. 3.3.2.1).

Modellerstellung: Die Modellerstellung umfasst die Abstraktion der im vorigen Abschnitt beschriebenen Daten des Verteilungssystems sowie die Überführung dieser Daten in ein Knoten-Stränge-Modell (s. Kap. 2.2.1). Außerdem werden im Rahmen der Modellerstellung alle notwendigen allgemeinen Berechnungsparameter sowie Anfangsschätzungen der zu kalibrierenden Parameter vorgegeben. Die eigentliche Modellerstellung ist ein iterativer Prozess der Datenerhebung und -aufbereitung, der Überführung dieser Daten in das Modell und der Kalibrierung des Modells.

Modellkalibrierung: Die Kalibrierung dient der Ermittlung von Modellparametern, die nicht direkt erhoben werden können (s. Kap. 2.2.3 und 8). Außerdem ist die Verifizierung und Evaluierung der Berechnungsergebnisse sowie ggf. die entsprechende Modellüberarbeitung bei festgestellten Abweichungen zur Kalibrierung zu zählen.

Geographische Daten:
- Topographie
- Landnutzung
- Straßen
- Luft- und Satellitenbilder
- Digitales Geländemodell bzw. Geländehöhen

Systemdaten:
- Rohrnetz (Lage, Durchmesser, Länge, Material, Baujahr der Rohrleitungen)
- Wasserspeicher (Lage und Geometrie)
- Pumpen (Lage, Pumpenkennlinie)
- Armaturen (Lage, Charakteristik, Einstellung)

Betriebsdaten:
- Steuerung/Regelung der Anlagen (Wasserspeicher, Pumpen, Armaturen)
- Wasserproduktion (Kapazität, Einspeisung)
- Messungen der Leistungsfähigkeit der Hydranten
- Messungen der Durchflüsse
- Messungen der Mengen
- Wasserbilanz
- Messungen der Pumpendurchflüsse und -drücke
- Messungen der Systemdrücke
- Messungen des Stromverbrauchs

Wasserverbrauchsdaten:
- Anzahl der versorgten Einwohner
- Entwicklung der Anzahl der versorgten Einwohner
- Anzahl der Hausanschlüsse
- Ablesungen und Lage der Hauswasserzähler
- Ablesungen und Lage der Zähler bei Großkunden
- Abgerechnete Wasserverbrauchsmengen
- Tagesspitzenfaktoren
- Stundenspitzenfaktoren
- Tagesganglinien
- Löschwasserbedarf

Abbildung 1.3: Datenliste für die Bestandsaufnahme

2 Rohrnetzberechnung

Unter dem Begriff der Rohrnetzberechnung wird die Ermittlung des hydraulischen Systemzustands eines Wasserverteilungsnetzes verstanden. Variablen der Berechnung sind die Druckhöhen an den Knoten, die Durchflüsse, Fließgeschwindigkeiten und Druckverlusthöhen in den Strängen, Wasserspiegeländerungen in den Wasserspeichern, druckabhängige Wasserentnahmen und -einspeisungen sowie Kontrollzustände der Armaturen des Rohrnetzmodells. Parameter der Berechnung sind die Systemtopologie, die Rohrleitungen mit relevanten Eigenschaften (Durchmesser, Rauheiten, Längen), die Pumpen und Armaturen mit Charakteristiken, die Wasserspeicher bzw. -behälter mit definierter Geometrie des Speicherraums, die Wasserentnahmen sowie die Wassereinspeisemengen, ggf. mit Potentialhöhen. In diesem Kapitel wird eine Einführung in die Rohrnetzberechnung gegeben. Dazu werden zunächst Grundlagen der Rohrhydraulik zusammengefasst. Anschließend werden Grundlagen der Rohrnetzmodellierung behandelt. Dabei werden das grundlegende Konzept der Modellierung und die mathematische Abbildung des Modells dargestellt sowie die Parameter, die Variablen und die typische Datenstruktur von Rohrnetzmodellen beschrieben. Darauf aufbauend werden die Grundlagen der Rohrnetzhydraulik sowie Ansätze zur stationären und zeitabhängigen Rohrnetzberechnung zusammengefasst. Auf weiterführende Literatur wird verwiesen, sofern auf eine detaillierte Darstellung verzichtet wird.

2.1 Grundlagen der Rohrhydraulik

2.1.1 Bewegungsarten des Wassers

Grundsätzlich werden die Bewegungsarten Fließen und Stürzen des Wassers unterschieden. Unter Fließen wird die Bewegung des Wassers innerhalb fester Wandungen verstanden. Das Stürzen beschreibt die Bewegung des Wassers im offenen luftgefüllten Raum. Für das Fließen wird des Weiteren das stationäre und instationäre sowie das laminare und turbulente Fließen unterschieden (Fritsch u. a., 2014). Im stationären Fließzustand ist das Geschwindigkeitsfeld zeitunabhängig, es existieren keine lokalen Beschleunigungen. Dagegen ändern sich die Geschwindigkeiten beim instationären Fließen. Beim laminaren Fließen sind die Stromlinien parallel, während sie beim turbulenten Fließen unregelmäßig verlaufen, d. h. es findet eine Durchmischung statt. Auf das laminare und turbulente Fließen wird näher in Kapitel 2.1.4 eingegangen.

P. Klingel, *Modellierung von Wasserverteilungssystemen*,
https://doi.org/10.1007/978-3-658-21270-4_2

2.1.2 Massenerhaltung (Kontinuitätsgleichung)

Ist ein Rohr mit einem inkompressiblen Fluid, d. h. die Dichte ρ des Fluids ist konstant, vollgefüllt, gilt für den stationären Fließzustand entsprechend des Prinzips der Massenerhaltung die Kontinuitätsgleichung 2.1. Dabei ist q_j in m^3/s der Durchfluss durch den Querschnitt j mit der Fläche A_j in m^2 und der Fließgeschwindigkeit v_j in m/s.

$$q_j = v_j \cdot A_j = konst. \tag{2.1}$$

Gemäß Gleichung 2.1 sind damit die Durchflüsse q_I und q_{II} in zwei beliebigen Querschnitten I und II eines mit Wasser vollgefüllten Rohrs im stationären Fließzustand gleich. Der Zusammenhang ist in Gleichung 2.2 und Abbildung 2.1 veranschaulicht.

$$\begin{aligned} q_I &= q_{II} \\ v_I \cdot A_I &= v_{II} \cdot A_{II} \end{aligned} \tag{2.2}$$

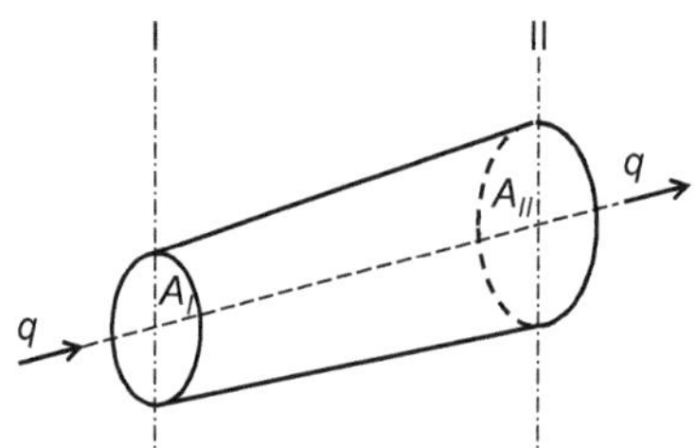

Abbildung 2.1: Durchfluss q mit der Fließgeschwindigkeit v_I und v_{II} in den zwei Querschnitten I und II einer Rohrleitung mit den Flächen A_I und A_{II}

2.1.3 Energieerhaltung (Bernoulli-Gleichung)

Entsprechend des Prinzips der Energieerhaltung besagt die Gleichung nach Bernoulli, dass unter inkompressiblen Bedingungen für die verlust- und rotationsfreie Strömung die Summe der Lageenergie, der Druckenergie und der kinetischen Energie konstant ist. Die Bernoulli-Gleichung kann anschaulich in Energiehöhen mit der Einheit Meter formuliert werden, wie Gleichung 2.3 zeigt (Valentin, 2004; Zanke, 2013). Dabei ist h_{geo} die geodätische Höhe, $P = p/(\rho \cdot g)$ die Druckhöhe mit dem Druck p in Pa $= N/m^2 = kg/(s^2 \cdot m)$ und der Dichte ρ in kg/m^3 des Fluids sowie $V = v^2/(2 \cdot g)$ die Geschwindigkeitshöhe mit der Fließgeschwindigkeit v in m/s und der Erdbeschleunigung g in m/s^2. Die Energiehöhen können als Energiebeträge bezogen auf das Gewicht der Fluidmasse, also Wassersäulen[1],

[1] In der Wasserverteilung ist neben der Angabe von Drücken in Bar (bar) die Angabe in der Einheit Meter Wassersäule (m) üblich. Mit der Wasserdichte $\rho = 1000\,kg/m^3$ und der Erdbeschleunigung $g = 9{,}81\,m/s^2$ gilt $10^{-5}\,Pa = 1\,bar = 10{,}19\,m$.

Tabelle 2.1: Dichte ρ, kinematische Viskosität ν und Dampfdruck p_D von Wasser in Abhängigkeit der Temperatur T (Jirka, 2007)

T in °C	ρ in kg/l	ν in $10^{-6}\,\mathrm{m}^2/\mathrm{s}$	p_D in 10^{-3} bar
0	0,9998	1,780	6,11
4	1,0000	1,584	8,13
10	0,9997	1,130	12,27
20	0,9983	1,006	23,37
30	0,9957	0,805	42,41
50	0,9880	0,556	123,35
100	0,9581	0,294	1013,3

interpretiert werden (Zanke, 2013). Die Summe aller Energiehöhen wird als Gesamtenergiehöhe E_0 (in m) bezeichnet (Zanke, 2013).

$$\begin{aligned} h_{geo} + P + V &= E_0 = konst. \\ h_{geo} + \frac{p}{\rho \cdot g} + \frac{v^2}{2 \cdot g} &= E_0 = konst. \end{aligned} \tag{2.3}$$

Für die Angabe der geodätischen Höhe h_{geo} wird von einem Bezugsniveau ausgegangen, das den Nullwert definiert. In der Wasserverteilung wird üblicherweise Normalnull (NN) bzw. Normalhöhennull (NHN) als Bezugsniveau gewählt.

Die in die Druckhöhe P eingehende Dichte ρ ist temperatur- und druckabhängig. Allerdings kann die Abhängigkeit von Druck und Temperatur im Rahmen der Rohrnetzberechnung laut DVGW GW 303-1 (A) (2006) vernachlässigt und die Dichte ρ auf 4 °C bezogen, also mit 1,0 kg/l angenommen werden. In Tabelle 2.1 ist unter der Annahme von Inkompressibilität die Dichte ρ von Wasser in Abhängigkeit der Temperatur T aufgeführt.

Wird Energie dissipiert bzw. aus dem System entnommen, ist dieser Energiebetrag in Form der Druckverlusthöhe h zu berücksichtigen. Gleichung 2.4 zeigt die um die Druckverlusthöhe h in m erweiterte Bernoulli-Gleichung.

$$\begin{aligned} h_{geo} + P + V + h &= E_0 = konst. \\ h_{geo} + \frac{p}{\rho \cdot g} + \frac{v^2}{2 \cdot g} + h &= E_0 = konst. \end{aligned} \tag{2.4}$$

Die Druckverlusthöhe h stellt die Summe der kontinuierlichen Druckverlusthöhen h_r und der örtlichen Druckverlusthöhen $h_{vö}$ im betrachteten Rohrleitungsabschnitt bzw. zwischen den betrachteten Querschnitten dar. Der Zusammenhang ist in Gleichung 2.5 zusammengefasst. Auf die kontinuierliche Druckverlusthöhe h_r wird in Kapitel 2.1.4, auf die örtliche

Druckverlusthöhe $h_{vö}$ in Kapitel 2.1.5 eingegangen.

$$h = \sum h_r + \sum h_{vö} \tag{2.5}$$

Die in einem Querschnitt tatsächlich vorhandene Energiehöhe, also die Gesamtenergiehöhe E_0 abzüglich der Druckverlusthöhe h bzw. die Summe aus geodätischer Höhe h_{geo}, Druckhöhe P und Geschwindigkeitshöhe V, wird als örtliche Energiehöhe E (in m) bezeichnet, siehe Gleichung 2.6 (Zanke, 2013). Die Geschwindigkeitshöhe V ist in der Wasserverteilung in Anbetracht der normalerweise auftretenden Fließgeschwindigkeiten meist vernachlässigbar klein[2]. Demnach genügt bei der Rohrnetzberechnung die Berücksichtigung der geodätischen Höhe h_{geo} und der Druckhöhe P (Walski u. a., 2003; Fritsch u. a., 2014). Für die Betrachtung lokaler Druckverlusthöhen ist jedoch die Geschwindigkeitshöhe V von Bedeutung (s. Kap. 2.1.5). Im Kontext der Rohrnetzberechnung wird die örtliche Energiehöhe E unter Vernachlässigung der Geschwindigkeitshöhe V als Potentialhöhe H (in m) bezeichnet (s. Gl. 2.7). Die Potentialhöhe H entspricht streng genommen der piezometrischen Höhe (Jirka, 2007; Walski u. a., 2003).

$$h_{geo} + P + V = E \tag{2.6}$$

$$h_{geo} + P = H \tag{2.7}$$

In Abbildung 2.2 wird Gleichung 2.4 anhand der Energiehöhen in den zwei Querschnitten I und II einer Rohrleitung veranschaulicht. Der Verlauf der Potentialhöhe H wird als Drucklinie (D.L.), der Verlauf der örtlichen Energiehöhe E als Energielinie (E.L.) bezeichnet. Da die Geschwindigkeitshöhe V in der Wasserverteilung, wie oben dargestellt, in der Regel vernachlässigbar klein ist, wird üblichwerweise mit der Drucklinie gearbeitet (Walski u. a., 2003; Fritsch u. a., 2014). In der schematischen Darstellung in Abbildung 2.2 tritt zwischen den Querschnitten I und II lediglich eine kontinuierliche Druckverlusthöhe h_r auf. Deshalb ist $h_{I\text{-}II} = h_r$. Dagegen stellt die Druckverlusthöhe $h_{I\text{-}IV}$ des in Abbildung 2.3 dargestellten Systems die Summe der kontinuierlichen Druckverlusthöhen $h_{r\,I\text{-}II}$, $h_{r\,II\text{-}III}$ und $h_{r\,III\text{-}IV}$ in den Abschnitten I-II, II-III und III-IV sowie der örtlichen Druckverlusthöhe $h_{vö\,III}$ im Querschnitt III dar.

Wird örtlich Energie in das System eingebracht, erhöht sich die Gesamtenergiehöhe E_0 in diesem Querschnitt. In der Wasserverteilung wird Energie in der Regel durch Pumpen in das System eingebracht, die den Druck lokal erhöhen. Die Druckerhöhung wird in der Bernoulli-Gleichung über die Pumpendruckhöhe H_A in m berücksichtigt. Die Pumpendruckhöhe wird auch als Förderhöhe bezeichnet (s. Kap. 5.1.3). Gleichung 2.8 zeigt die Bernoulli-Gleichung, die um die zwischen den zwei Querschnitten I und II einer Rohrleitung entstandene Druckverlusthöhe $h_{I\text{-}II}$ sowie die im Querschnitt II eingebrachte Förder-

[2] Im DVGW W 400-1 (A) (2015) ist z. B. für die Bemessung von Wasserverteilungssystemen der Richtwert $v \leq 2{,}0\,\mathrm{m/s}$ für die maximalen Fließgeschwindigkeiten angegeben. Demnach ist in diesem Bemessungsfall die Geschwindigkeitshöhe $V = v^2/(2 \cdot g) \leq 0{,}2\,\mathrm{m}$.

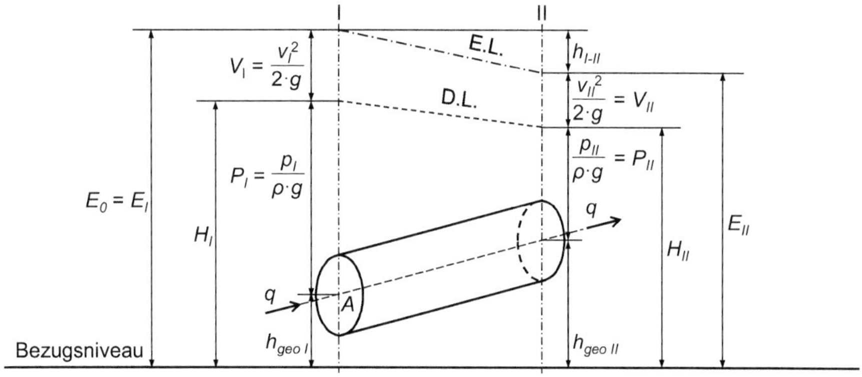

Abbildung 2.2: Darstellung der Energiehöhen (geodätische Höhe h_{geo}, Druckhöhe P, Geschwindigkeitshöhe V und Druckverlusthöhe h) in den zwei Querschnitten I und II einer Rohrleitung sowie des Verlaufs der Drucklinie (D.L.) und der Energielinie (E.L.) gemäß Bernoulli

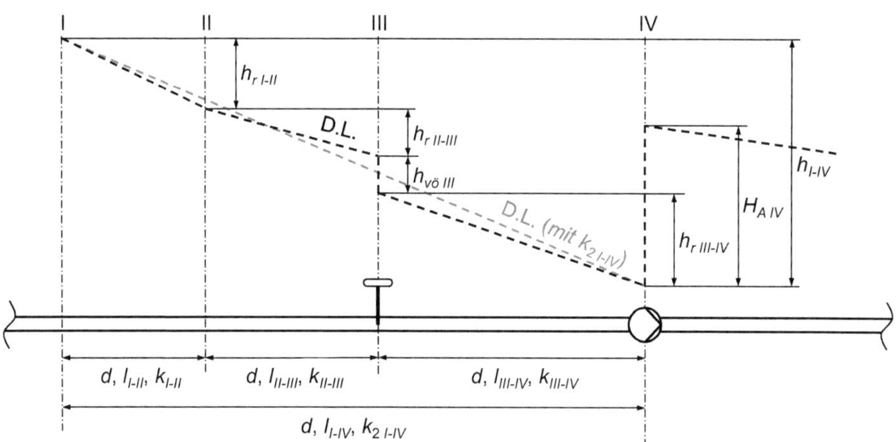

Abbildung 2.3: Darstellung der Drucklinie (D.L.), der kontinuierlichen Druckverlusthöhen h_r, der örtlichen Druckverlusthöhen $h_{vö}$ und der örtlichen Druckerhöhung H_A in drei Rohrleitungsabschnitten mit dem Durchmesser d, den Längen l und den Rauheiten k

höhe $H_{A\,II}$ erweitert ist.

$$\begin{aligned} h_{geo\,I} + P_I + V_I - h_{I\text{-}II} + H_{A\,II} &= h_{geo\,II} + P_{II} + V_{II} \\ h_{geo\,I} + \frac{p_I}{\rho \cdot g} + \frac{v_I^2}{2 \cdot g} - h_{I\text{-}II} + H_{A\,II} &= h_{geo\,II} + \frac{p_{II}}{\rho \cdot g} + \frac{v_{II}^2}{2 \cdot g} \end{aligned} \tag{2.8}$$

Abbildung 2.3 zeigt schematisch die Drucklinie einer Rohrleitung mit einer örtlichen Förderhöhe $H_{A\,IV}$ im Querschnitt IV.

2.1.4 Kontinuierliche Druckverluste

2.1.4.1 Darcy-Weisbach-Gleichung

Der Durchfluss von Wasser im vollgefüllten Rohr ist mit Energie- bzw. Druckverlusten in Folge innerer und äußerer Reibung verbunden. Die innere Reibung wird durch die Viskosität des Wassers, die äußere Reibung durch die Rauheit der Rohrwandung bestimmt. Bei der Rohrnetzberechnung werden Rohrleitungsabschnitte mit homogenen Eigenschaften betrachtet, die als Stränge modelliert werden (s. Kap. 2.2.1). Die homogenen Eigenschaften des betrachteten Rohrleitungsabschnitts und des Wassers führen zu einer linearen Zunahme der Energiehöhenverluste bzw. Abnahme der Potentialhöhe. Die Abnahme wird dementsprechend als kontinuierliche Druckverlusthöhe h_r bezeichnet, die in die Druckverlusthöhe h aus Gleichung 2.5 eingeht. Im DVGW GW 303-1 (A) (2006) finden auch die synonym zu verstehenden Symbole bzw. Begriffe Druckverlusthöhe Δh und Reibungsverlusthöhe h_r Verwendung. Bei der Verwendung betrieblicher Rauheiten, wie in der Praxis üblich, wird auf eine detaillierte Betrachtung örtlicher Druckverlusthöhen verzichtet. Die Druckverlusthöhe h wird in dieser Betrachtung allein auf kontinuierliche Druckverluste zurückgeführt (s. Kap. 2.1.4.3 und 2.1.5).

Gemäß DVGW GW 303-1 (A) (2006) wird die kontinuierliche Druckverlusthöhe h_r mit der dimensionshomogenen Gleichung von Darcy-Weisbach berechnet. Die Gleichung von Darcy-Weisbach gibt die Druckverlusthöhe h_r in m in einem geraden Rohr mit Kreisquerschnitt und konstantem Widerstandsbeiwert λ (dimensionslos) in Abhängigkeit der Geschwindigkeitshöhe $V = v^2/(2 \cdot g)$ in m, der Rohrlänge l in m und des Innendurchmessers d in m an (s. Gl. 2.9). Dabei gehen in die Geschwindigkeitshöhe V die mittlere Fließgeschwindigkeit v in m/s und die Erdbeschleunigung g in m/s^2 ein.

$$h_r = \lambda \cdot \frac{l}{d} \cdot \frac{v^2}{2 \cdot g} \tag{2.9}$$

Mit Gleichung 2.1 lässt sich Gleichung 2.9 in Gleichung 2.10 überführen. Dabei ist q der Durchfluss durch das Rohr in m^3/s.

$$h_r = \lambda \cdot \frac{l}{d^5} \cdot \frac{8 \cdot q^2}{\pi^2 \cdot g} \tag{2.10}$$

Auf den Widerstandsbeiwert λ wird im nächsten Kapitel näher eingegangen. Ausführliche Darstellungen der Darcy-Weisbach-Gleichung finden sich in der Fachliteratur, z. B. bei Zanke (2013).

2.1.4.2 Widerstandsbeiwert

Die Ermittlung des dimensionslosen, auch Reibungszahl genannten, Widerstandsbeiwerts λ in Gleichung 2.9 und Gleichung 2.10 hängt vom Strömungszustand ab, d. h. von der Geschwindigkeitsverteilung im Rohrquerschnitt. Es wird zwischen laminarem und turbulentem Strömungszustand unterschieden. Der Strömungszustand im Rohr wird hauptsächlich durch die mittlere Fließgeschwindigkeit v (in m/s), den Innendurchmesser d (in m) und die kinematische Viskosität des Fluids ν (in m^2/s) bestimmt, deren Abhängigkeit durch die in Gleichung 2.11 dargestellte dimensionslose Reynoldszahl Re ausgedrückt wird. Werte für die kinematische Viskosität ν von Wasser in Abhängigkeit der Temperatur sind in Tabelle 2.1 angegeben. Gemäß DVGW GW 303-1 (A) (2006) kann der Einfluss der Wassertemperatur bei der Rohrnetzberechnung vernachlässigt und die Viskosität ν auf 4 °C bezogen und mit $1{,}584 \cdot 10^{-6}\,m^2/s$ angenommen werden.

$$Re = \frac{v \cdot d}{\nu} \tag{2.11}$$

Die Transition von laminarer zu turbulenter Strömung findet bei einer kritischen Reynoldszahl Re_{krit} statt. Eine Strömung ist laminar, wenn die Reynoldszahl Re kleiner als die kritische Reynoldszahl Re_{krit} ist und turbulent, wenn die Reynoldszahl Re über der kritischen Reynoldszahl Re_{krit} liegt, wie Gleichung 2.12 zeigt.

$$\begin{aligned} Re < Re_{krit} &\Rightarrow \text{laminare Strömung} \\ Re \geq Re_{krit} &\Rightarrow \text{turbulente Strömung} \end{aligned} \tag{2.12}$$

Jirka (2007) gibt an, dass eine Strömung bei $Re < Re_{krit} = 2000$ „definitiv laminar" und bei $Re \geq Re_{krit} = 2000$ „praktisch immer turbulent" ist. Das DVGW GW 303-1 (A) (2006) gibt für die experimentell ermittelte kritische Reynoldszahl Re_{krit} einen Wert von 2320 an (s. Gl. 2.13).

$$Re_{krit} = 2320 \tag{2.13}$$

Bei laminarer Strömung hängt der Widerstandsbeiwert λ ausschließlich von der Reynoldszahl Re ab, also von der Viskosität ν bei gegebenem Durchfluss durch ein Rohr. Für die turbulente Strömung in Rohrleitungen sind drei Bereiche zu unterscheiden. In einem ersten Bereich, bei sogenanntem hydraulisch glatten Verhalten des Rohres, ist die Rauheit k (in mm) des Rohres kleiner als die viskose Unterschicht und hat keinen Einfluss auf die Strömung. In diesem Fall hängt der Widerstandsbeiwert λ wie bei laminarer Strömung ausschließlich von der Reynoldszahl Re ab. Im sogenannten Übergangsbereich hängt der Widerstandsbeiwert λ zusätzlich von der relativen Rauheit k/d (dimensionslos) des Rohres ab, die das Verhältnis der Rauheit k zum Innendurchmesser d des Rohres ausdrückt. Beim sogenannten hydraulisch rauen Verhalten des Rohres ist die Rauheit k größer als die viskose Unterschicht. Der Widerstandsbeiwert λ hängt ausschließlich von der relativen Rauheit k/d ab. Im Folgenden sind die im DVGW GW 303-1 (A) (2006) empfohlenen Ansätze zur Ermittlung des Widerstandsbeiwerts λ für die genannten Strömungszustände und -bereiche aufgeführt.

Laminare Strömung: Im laminaren Strömungsbereich kann der Widerstandsbeiwert λ nach dem Gesetz von Hagen-Poisseulle ermittelt werden (s. Gl. 2.14).

$$\lambda = \frac{64}{Re} \tag{2.14}$$

Turbulente Strömung, hydraulisch glatt: Im hydraulisch glatten Bereich der turbulenten Strömung kann der Widerstandsbeiwert λ mit Hilfe des Gesetzes von Prandtl-Kármán ermittelt werden (s. Gl. 2.15).

$$\begin{aligned} \frac{1}{\sqrt{\lambda}} &= -2\lg \frac{2{,}51}{Re \cdot \sqrt{\lambda}} \\ &= 2\lg\left(Re \cdot \sqrt{\lambda}\right) - 0{,}80 \end{aligned} \tag{2.15}$$

Turbulente Strömung, Übergangsbereich: Im Übergangsbereich der turbulenten Strömung kann der Widerstandsbeiwert λ durch iteratives Lösen der Gleichung von Prandtl-Colebrook berechnet werden (s. Gl. 2.16).

$$\frac{1}{\sqrt{\lambda}} = -2\lg\left(\frac{2{,}51}{Re \cdot \sqrt{\lambda}} + \frac{k}{d \cdot 3{,}71}\right) \tag{2.16}$$

Turbulente Strömung, hydraulisch rau: Im hydraulisch rauen Bereich der turbulenten Strömung kann der Widerstandsbeiwert λ mit Hilfe des Gesetzes von Prandtl-Kármán für raue Rohre ermittelt werden (s. Gl. 2.17).

$$\begin{aligned} \frac{1}{\sqrt{\lambda}} &= -2\lg \frac{k}{3{,}71 \cdot d} \\ &= 1{,}14 - 2\lg \frac{k}{d} \end{aligned} \tag{2.17}$$

Tabelle 2.2 fasst die oben genannten Abhängigkeiten und Ansätze zusammen. Abbildung 2.4 zeigt das Diagramm nach Moody (1944), in dem graphisch die Abhängigkeit des Widerstandsbeiwerts λ von der Reynoldszahl Re und der relativen Rauheit k/d dargestellt ist. Auf die Rauheit k des Rohres wird näher im nächsten Kapitel eingegangen.

Tabelle 2.2: Ansätze zur Ermittlung des Widerstandsbeiwerts λ gemäß DVGW GW 303-1 (A) (2006)

Strömungszustand	Abhängigkeit	Ansatz
laminar	$\lambda = f(Re)$	Hagen-Poisseulle (s. Gl. 2.14)
turbulent, hydraulisch glatt	$\lambda = f(Re)$	Prandtl-Kármán (s. Gl. 2.15)
turbulent, Übergangsbereich	$\lambda = f(Re, k/d)$	Prandtl-Colebrook (s. Gl. 2.16)
turbulent, hydraulisch rau	$\lambda = f(k/d)$	Prandtl-Kármán (s. Gl. 2.17)

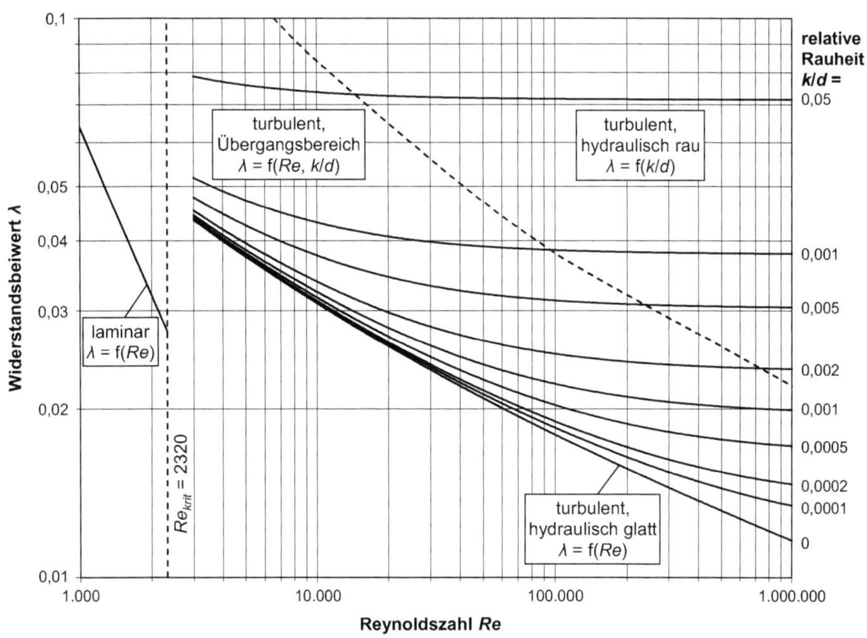

Abbildung 2.4: Widerstandsbeiwert λ als Funktion der Reynoldszahl *Re* und der relativen Rauheit k/d nach Moody (1944)

In Zubringer- und Hauptleitungen von Wasserverteilungssystemen ist die Strömung auf Grund der Dimensionierung der Rohrnetze meist turbulent. Bei sehr kleinen Fließgeschwindigkeiten, z. B. bei überdimensionierten Rohrdurchmessern, können laminare Verhältnisse vorliegen. Im DVGW GW 303-1 (A) (2006) wird für die Ermittlung des Widerstandsbeiwerts λ die Verwendung der Gleichung 2.16 von Prandtl-Colebrook für die turbulente Strömung im Übergangsbereich empfohlen. Damit wird sowohl der Übergangsbereich als auch die Grenzbedingung des hydraulisch glatten Bereichs berücksichtigt. Für den hydraulisch rauen Bereich ist der Ansatz hinreichend genau.

2.1.4.3 Rauheit

Bedingt durch die Herstellung und durch Veränderungen während des Betriebs sind die Wandungen von Rohrleitungen rau. Die Oberflächenbeschaffenheit eines Rohres wird durch die sogenannte Rauheit beschrieben. Nikuradse (1933) hat in Experimenten die geometrisch messbare Größe Sandrauheit k_s entwickelt. Die Rohrwandung wurde von Nikuradse in dichtester Packung mit Sand beschichtet. Die Sandrauheit k_s stellt dabei den Korndurchmesser des verwendeten Sands dar. Mit der Sandrauheit nach Nikuradse lässt sich jedoch die Oberflächenbeschaffenheit handelsüblicher Rohre nicht genügend genau beschreiben. Die Rauheit eines Rohres wird daher üblicherweise mit der äquivalenten Rauheit k in mm beschrieben. Die experimentell ermittelte äquivalente Rauheit k eines Rohres zeigt dabei das gleiche Widerstandsverhalten wie das Rohr im Experiment von Nikuradse mit der entsprechenden Sandrauheit k_s (Valentin, 2003).

In der Praxis findet bei der Rohrnetzberechnung die betriebliche Rauheit k_2 in mm Verwendung (DVGW GW 303-1 (A), 2006). In der DIN 4046 (1983) wird die betriebliche Rauheit k_2 als integrale Rauheit bezeichnet. Die betriebliche Rauheit k_2 berücksichtigt alle den Druckverlust steigernden und mindernden Einflüsse von Rohren, Rohrverbindungen, Formstücken und Armaturen im betrachteten Rohrleitungsabschnitt. Dabei wird angenommen, dass die betriebliche Rauheit k_2 im Rohrleitungsabschnitt bzw. Strang des Rohrnetzmodells homogen verteilt ist. Die betriebliche Rauheit k_2 ist als Maß für das hydraulische Verhalten zu verstehen. Ein direkter Zusammenhang zwischen der betrieblichen Rauheit k_2 und einer geometrisch messbaren Rauheit besteht nicht. Für die Rohrnetzberechnung sind die betrieblichen Rauheiten k_2 grundsätzlich über Vergleichsmessungen und Vergleichsrechnungen (Kalibrierung) zu ermitteln (DVGW GW 303-1 (A), 2006). Auf die Kalibrierung wird näher in Kapitel 8 eingegangen.

Im nicht mehr gültigen DVGW W 400-1 (A) (2004) findet sich außerdem die Bezeichnung hydraulische Rauheit k_2, die der betrieblichen Rauheit k_2 entspricht. Des Weiteren wird dort die hydraulische Rauheit k_1 von der hydraulischen Rauheit k_2 abgegrenzt. Die hydraulische Rauheit k_1 berücksichtigt die Einflüsse von Rohren und Rohrverbindungen, nicht aber von Armaturen und kann damit für die Berechnung von einzelnen Rohrleitungen herangezogen werden. Im aktuell gültigen DVGW W 400-1 (A) (2015) ist die hydraulische Rauheit k_1 nicht mehr definiert. In Tabelle 2.3 sind die beschriebenen Größen zusammengefasst.

Abbildung 2.3 zeigt schematisch eine Rohrleitung mit den drei Abschnitten I-II, II-III und III-IV, anhand denen im Folgenden das Konzept der betrieblichen Rauheit k_2 veranschaulicht wird. Für jeden Abschnitt ist die Länge l und die (äquivalente) Rauheit k gegeben. Der Durchmesser d ist konstant. Die Drucklinie (D.L.; schwarze, gestrichelte Linie), die unter Vernachlässigung der Geschwindigkeitshöhe V der Energielinie entspricht, sowie die auftretenden Druckverluste in Form von Druckverlusthöhen sind gegeben. Die in den Abschnitten konstanten Rauheiten $k_{I\text{-}II}$, $k_{II\text{-}III}$ und $k_{III\text{-}IV}$ verursachen kontinuierliche Druckverluste. Die Drucklinie fällt in den Abschnitten entsprechend linear (s. Kap. 2.1.4.1). Bei vergleichsweise größerer Rauheit in einem Abschnitt ist auch die

Tabelle 2.3: Rauheiten von Rohrleitungen

Größe	Anwendungsbereich
Sandrauheit k_s	Korndurchmesser der im Experiment von Nikuradse (1933) aufgetragenen Sandbeschichtung (dichteste Packung)
(äquivalente) Rauheit k	gleiches Widerstandsverhalten eines Rohrs wie das im Experiment von Nikuradse (1933) mit Sand beschichtete Rohr
hydraulische Rauheit k_1	Berücksichtigung der Einflüsse von Rohren und Rohrverbindungen für die Berechnung einzelner Rohrleitungen (örtliche Druckverluste sind gesondert zu berücksichtigen)
betriebliche Rauheit k_2 (auch hydraulische Rauheit k_2 oder integrale Rauheit genannt)	Berücksichtigung der Einflüsse von Rohren, Rohrverbindungen, Formstücken und Armaturen für die Rohrnetzberechnung

Neigung der Drucklinie größer, wie z. B. in Abschnitt I-II im Vergleich zu Abschnitt II-III ($k_{I\text{-}II} > k_{II\text{-}III}$). Mit der Neigung der Drucklinie und der Abschnittslänge ergeben sich für die Abschnitte die Druckverlusthöhen $h_{r\ I\text{-}II}$, $h_{r\ II\text{-}III}$ und $h_{r\ III\text{-}IV}$ (s. Gl. 2.9). Des Weiteren tritt im Querschnitt III eine örtliche Druckverlusthöhe $h_{vö\ III}$ auf, die einen vertikalen Sprung in der Drucklinie darstellt. (Auf örtliche Druckverluste wird in Kapitel 2.1.5 ausführlicher eingegangen.) Um z. B. die drei Abschnitte zwischen den Querschnitten I und IV als einen Abschnitt I-IV bzw. einen Strang eines Rohrnetzmodells zu betrachten, werden die kontinuierlichen Druckverlusthöhen $h_{r\ I\text{-}II}$, $h_{r\ II\text{-}III}$ und $h_{r\ III\text{-}IV}$ sowie die örtliche Druckverlusthöhe $h_{vö\ III}$ in einer für den Gesamtabschnitt resultierenden Druckverlusthöhe $h_{I\text{-}IV}$ ausgedrückt (s. Gl. 2.5). Die Rauheiten $k_{I\text{-}II}$, $k_{II\text{-}III}$ und $k_{III\text{-}IV}$ der Abschnitte sowie die örtliche Druckverlusthöhe $h_{vö\ III}$ werden mit der betrieblichen Rauheit $k_{2\ I\text{-}IV}$ zusammenfassend charakterisiert. Entsprechend ergibt sich ein linearer Verlauf der Drucklinie zwischen den Querschnitten I und IV (graue, gestrichelte Linie).

2.1.4.4 Hazen-Williams-Gleichung und Manning-Gleichung

Neben der in Kapitel 2.1.4.1 vorgestellten Darcy-Weisbach-Gleichung wurden weitere empirische Ansätze zur Berechnung kontinuierlicher Druckverluste entwickelt, wie z. B. die Hazen-Williams-Formel oder die Manning-Formel. Die Manning-Formel ist im Kontext der Gerinnehydraulik gebräuchlich, weniger bei der Rohrnetzberechnung. Auf eine Darstellung wird daher hier verzichtet. Beschreibungen im Zusammenhang mit der Rohrnetzberechnung finden sich z. B. bei Rossman (2000) und Walski u. a. (2003). In Nordamerika, vor allem in den USA, wird überwiegend die Hazen-Williams-Formel angewandt (Rossman, 2000; Walski u. a., 2003). Dementsprechend wird die Formel im AWWA Manual

M32 (2012) zusammen mit der Darcy-Weisbach-Gleichung beschrieben. Weitere Ausführungen finden sich z. B. bei den bereits zitierten Autoren Rossman (2000) und Walski u. a. (2003) sowie bei Bhave und Gupta (2006).

Die Hazen-Williams-Formel gibt die Druckverlusthöhe h_r in m in Abhängigkeit der Rohrlänge l in m, des Innendurchmessers d in m, des Durchflusses q in m^3/s und des dimensionslosen Hazen-Williams-Koeffizienten C an (s. Gl. 2.18). Im Gegensatz zur Darcy-Weisbach-Gleichung ist die Hazen-Williams-Formel nicht dimensionshomogen.

$$h_r = \frac{10{,}65 \cdot l}{C^{1{,}852} \cdot d^{4{,}87}} \cdot q^{1{,}852} \tag{2.18}$$

Der Hazen-Williams-Koeffizient C kann als Faktor interpretiert werden, der die Durchflusskapazität der Rohrleitung beschreibt. Je größer der Koeffizient C, desto glatter ist die Rohrleitung und umgekehrt. Walski u. a. (2003) geben z. B. für neue Rohrleitungen aus Grauguss (mit Auskleidung) für den Koeffizienten C einen Bereich von 129 bis 141 und für 30 Jahre alte Leitungen Werte zwischen 41 und 120 an. Der Koeffizient C, und damit die Durchflusskapazität bzw. das Widerstandsverhalten, wird für eine Rohrleitung als konstant angenommen, obwohl dem nicht so ist. Dies ist einer der wesentlichen Unterschiede zur Darcy-Weisbach-Gleichung, in der Durchflussänderungen über die Reynoldszahl Re berücksichtigt werden.

2.1.4.5 Allgemeines Widerstandsgesetz

Gleichung 2.9 bzw. Gleichung 2.10 sowie Gleichung 2.18 beschreiben die Beziehung der kontinuierlichen Druckverlusthöhe h_r und der Geschwindigkeitshöhe $V = v^2/(2 \cdot g)$ bzw. des Durchflusses q. Diese Beziehung wird Widerstandsgesetz genannt und kann wie in Gleichung 2.19 dargestellt allgemein formuliert werden (Bhave und Gupta, 2006). Der Widerstandskoeffizient R und der Durchflussexponent e beinhalten dabei sämtliche Parameter des gewählten Ansatzes zur Ermittlung der Druckverlusthöhe h_r (s. Tab. 2.4).

$$h_r = R \cdot q^e \tag{2.19}$$

Tabelle 2.4: Widerstandskoeffizient R und Durchflussexponent e des allgemeinen Widerstandsgesetzes aus Gleichung 2.19 für die Darcy-Weisbach-Gleichung und die Hazen-Williams-Gleichung

Ansatz	R	e
Darcy-Weisbach (Gl. 2.10)	$\lambda \cdot \frac{l}{d^5} \cdot \frac{8}{\pi^2 \cdot g}$	2
Hazen-Williams (Gl. 2.18)	$\frac{10{,}65 \cdot l}{C^{1{,}852} \cdot d^{4{,}87}}$	1,852

2.1.5 Örtliche Druckverluste

Bei der Durchströmung von Rohrverbindungen, Formstücken (Rohrerweiterungen, Rohrverengungen, Krümmer, Verzweigungen) und geöffneten Armaturen wird lokal kinetische Energie dissipiert. Außerdem werden mit Kontrollarmaturen, wie z. B. Drosselschieber oder Druckminderer, gezielt lokal Energieverluste verursacht, um den Durchfluss bzw. den Druck zu beeinflussen. Der Energieverlust wird mit der örtliche Druckverlusthöhe $h_{vö}$ beschrieben. Die örtliche Druckverlusthöhe $h_{vö}$ in m hängt von der Geschwindigkeitshöhe $V = v^2/(2 \cdot g)$ in m und dem dimensionslosen Verlustbeiwert ζ ab, wie Gleichung 2.20 zeigt. Der Verlustbeiwert ζ ist abhängig von der Form des durchströmten Bauteils und kann Tabellenwerken, z. B. von Zoebl und Kruschik (1978) sowie Fritsch u. a. (2014), entnommen werden.

$$\begin{aligned} h_{vö} &= \zeta \cdot V \\ &= \zeta \cdot \frac{v^2}{2 \cdot g} \end{aligned} \tag{2.20}$$

Mit Gleichung 2.1 lässt sich Gleichung 2.20 in Gleichung 2.21 überführen. Dabei ist q in m^3/s der Durchfluss durch das Rohr.

$$h_{vö} = \zeta \cdot \frac{8 \cdot q^2}{d^4 \cdot \pi^2 \cdot g} \tag{2.21}$$

Die örtliche Druckverlusthöhe $h_{vö}$ stellt einen senkrechten Verlauf der Drucklinie, also einen Sprung in der Drucklinie, dar. Die vereinfachte Darstellung einer Rohrleitung mit Drucklinie in Abbildung 2.3 zeigt z. B. im Querschnitt III einen Drosselschieber, der die örtliche Druckverlusthöhe $h_{vö\,III}$ verursacht.

Bei der Rohrnetzberechnung werden die örtlichen Druckverluste infolge Durchmessererweiterungen und -reduzierungen, Krümmern, Verzweigungen, Armaturen usw. meist nicht gesondert berechnet. Diese örtlichen Druckverluste werden bei der Berechnung der kontinuierlichen Druckverluste durch erhöhte betriebliche Rauheiten k_2 berücksichtigt (s. Kap. 2.1.4.3). Durch Kontrollarmaturen hervorgerufene örtliche Druckverluste werden dagegen meist separat berücksichtigt.

2.2 Grundlagen der Rohrnetzmodellierung

2.2.1 Modellierungskonzept

Grundlegend für die Modellierung von Wasserverteilungssystemen ist die Abbildung der Topologie, d. h. des logischen Zusammenhangs, des Systems als ein aus der Graphentheorie bekanntes Knoten-Stränge-Modell. Das Knoten-Stränge-Modell wird auch als Knoten-Kanten-Modell und Graph bezeichnet.

Ein Graph $G = [K, S, Ad]$ besteht aus den zwei Mengen $K = \{\mathrm{K}_1, \mathrm{K}_2, ..., \mathrm{K}_{\mathrm{nk}}\}$ und

$S = \{S_1, S_2, ..., S_{ns}\}$ sowie der Adjazenzabbildung $Ad: S \to K \times K$ des Graphen. Die Elemente k der Menge K heißen Knoten, die Elemente s der Menge S heißen Stränge[3]. Die Adjazenzabbildung Ad ordnet die Knoten der Menge K den Strängen der Menge S zu. Der Graph G heißt endlich gerichteter Graph, wenn die Mengen K und S endliche Mengen sind und die Abbildung Ad jedem Element aus S eindeutig ein geordnetes Paar von Elementen aus K zuweist. D. h. die Adjazenzabbildung $Ad(\mathrm{S}) = [\mathrm{K_A}, \mathrm{K_E}]$ ordnet dem Strang S die Knoten $\mathrm{K_A}$ und $\mathrm{K_E}$ zu. Der Knoten $\mathrm{K_A}$ wird dabei Anfangsknoten und der Knoten $\mathrm{K_E}$ Endknoten des Stranges S genannt. Ein gerichteter Graph wird auch in Anlehnung an den englischen Begriff *directed graph* als Digraph bezeichnet. (Werden die Stränge durch ungeordnete Knotenpaare definiert, wird der Graph ungerichteter Graph genannt.) Für weiterführende Definitionen der Graphentheorie wird auf die entsprechende Fachliteratur, z. B. Nägler und Stopp (1996) und Diestel (2017), verwiesen.

Der gerichtete Graph bzw. Digraph bildet das Grundgerüst des Rohrnetzmodells. Alle Elemente eines Wasserverteilungssystems werden als Stränge oder Knoten des Digraphen abgebildet und damit die Topologie des zu modellierenden Systems definiert. Die Eigenschaften der Elemente werden den Knoten und Strängen als Attribute hinterlegt. Im Folgenden ist diese Zuordnung näher erläutert.

Stränge: Die Stränge des Graphen bilden homogene Rohrleitungsabschnitte mit gleichbleibendem Durchmesser und gleichbleibender Rauheit ab, aber auch Armaturen sowie Förder- und Druckerhöhungsanlagen (s. Kap. 3 und 5). Zu einem Betrachtungszeitpunkt sind die Durchflüsse in den Strängen konstant. Die gewählte Richtung der Stränge hat bei der Rohrnetzberechnung lediglich Auswirkungen auf das Vorzeichnen der Durchflüsse.

Knoten: Die Knoten des Graphen stellen Rohrleitungsverzweigungen und Änderungen des Durchmessers und der Rauheiten im Verlauf einer Rohrleitung (s. Kap. 3), Wassereinspeisungen und Wasserspeicher (s. Kap. 4) sowie Wasserentnahmen (s. Kap. 6 und 7) dar. Knoten mit vorgegebener Potentialhöhe werden im Folgenden als Potentialknoten, Knoten mit vorgegebener Wasserentnahme oder Wassereinspeisung als Entnahme- bzw. Einspeiseknoten und Knoten, die Rohrleitungsverzweigungen oder Änderungen der Rohreigenschaften repräsentieren, als Zwischenknoten bezeichnet.

Attribute: Die physischen und nicht-physischen Eigenschaften des Wasserverteilungssystems sind den Knoten und Strängen des Graphen als Attribute zugewiesen. Bestimmte Systemelemente, wie z. B. Wasserbehälter, werden durch ihre Abbildung bzgl. ihrer Lage und Form zwingend abstrahiert, während andere Systemelemente, wie z. B. Rohrleitungen, im Modell relativ exakt wiedergegeben werden können.

[3] Im DVGW GW 303-1 (A) (2006) wird der Begriff *Strecke* für *Strang* verwendet. Außerdem findet sich in der Literatur auch der Begriff *Kante*.

Stränge:

- Rohrleitungsabschnitte mit gleichbleibendem Durchmesser und gleichbleibender Rauheit
- Förder- und Druckerhöhungsanlagen
- Armaturen

Knoten:

- Rohrleitungsverzweigungen
- Änderungen des Durchmessers und der Rauheiten im Verlauf einer Rohrleitung
- Wassereinspeisungen und Wasserspeicher
- Wasserentnahmen

Abbildung 2.5: Abbildung wichtiger Systemelemente als Knoten und Strängen des Modellgraphen

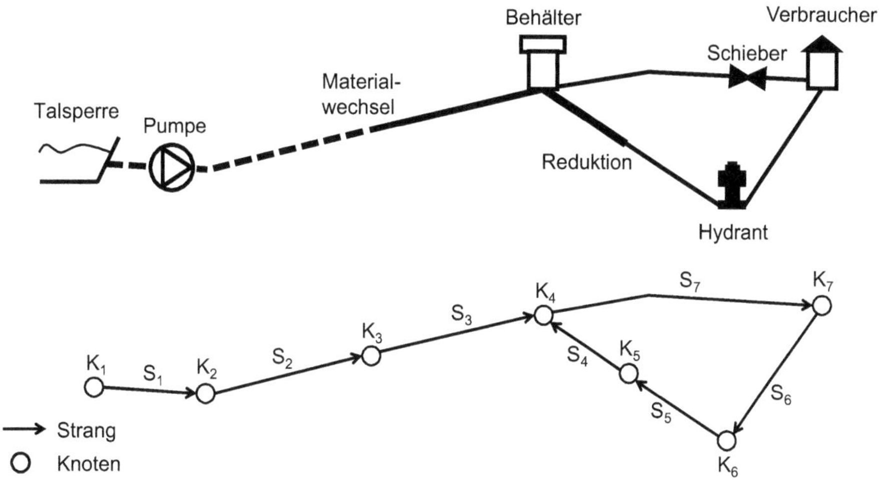

Abbildung 2.6: Abbildung eines Wasserverteilungsnetzes (*oben*) als Digraph (*unten*)

Abbildung 2.5 fasst für wichtige Systemelemente zusammen, ob sie in der Regel als Strang oder als Knoten modelliert werden. In Abbildung 2.6 wird anhand eines Beispiels die Abbildung eines Wasserverteilungssystems als Digraph schematisch dargestellt. Die Rohrleitungsabschnitte mit gleichbleibenden Eigenschaften sind mit den Strängen S_1 bis S_7 modelliert. Die Knoten K_3 und K_5 sind notwendig, um die Änderungen der Rohreigenschaften abzubilden. Der Strang S_1 bildet die Pumpe, der Strang S_7 den Schieber ab. Mit den Knoten K_1 und K_4 werden Wassereinspeisungen bzw. Wasserspeicher, mit den Knoten K_6 und K_7 Wasserentnahmen modelliert.

Für die Rohrnetzberechnung werden Knoten, die eine Einspeisung mit vorgegebener Potentialhöhe repräsentieren, z. B. Wasserbehälter, im Modell über einen virtuellen Strang mit einem virtuellen Referenzknoten verbunden. Analog werden Knoten mit Entnahmen oder Einspeisungen, die durch vorgegebene Druck-Durchfluss-Beziehungen charakterisiert sind, z. B. Hydranten, über virtuelle Stränge mit dem Referenzknoten verbunden (Bhave und Gupta, 2006). Der Referenzknoten repräsentiert ein Bezugspotential für das modellierte System, an dem die Massenbilanz die Summe der druckabhängigen Systemeinspeisungen und -entnahmen darstellt (Deuerlein, 2002). Existieren mehrere Knoten mit vorgegebener Potentialhöhe oder Druck-Durchfluss-Beziehung, sind demnach virtuelle Maschen zu berücksichtigen. Der Graph inklusive virtuellem Referenzknoten und virtuellen Strängen wird auch als erweiterter Graph bezeichnet. Abbildung 2.7 zeigt den erweiterten Digraphen des Beispielnetzes aus Abbildung 2.6. Die virtuellen Stränge V_1, V_2 und V_3 verbinden die Knoten K_1 (Talsperre, gegebene Potentialhöhe), K_4 (Behälter, gegebene Potentialhöhe) und K_6 (Hydrant, gegebene Druck-Durchfluss-Beziehungen) mit dem virtuellen Referenzknoten K_R.

Das Modellierungskonzept ist in den meisten verfügbaren Softwarelösungen prinzipiell wie oben beschrieben umgesetzt. Unterschiede sind hauptsächlich in der Zuordnung bestimmter Systemeigenschaften zu den Knoten und Strängen des Graphen und in der Organisationsstruktur der Attribute auszumachen. Auch sind die Optionen, die in der Benutzeroberfläche zur Modellierung zur Verfügung stehen, oft unterschiedlich umgesetzt. In Tabelle 2.5 sind als Beispiel die in der Software EPANET implementierten Modellierungsoptionen aufgeführt (s. Rossman (2000) und Kap. 1.2). In der Tabelle sind für jede Option die Umsetzung als Knoten oder Strang, die Attribute für die stationäre Berechnung der Drücke und Durchflüsse im System sowie die wichtigsten Systemelemente angegeben, die mit der jeweiligen Option modelliert werden können.

2.2.2 Mathematische Abbildung

Die durch den Digraph eindeutig bestimmte Topologie eines Wasserverteilungssystems kann mit der sogenannten Inzidenzmatrix $\mathbf{A} = (a_{sk})$ des Digraphen mathematisch dargestellt werden (Deuerlein, 2002). Den Zeilen der Inzidenzmatrix $\mathbf{A}$ sind die Stränge, den Spalten die Knoten zugeordnet (Nielsen, 1989). Die Matrix $\mathbf{A}$ ist daher vom Typ (ns, nk). Dabei ist ns die Anzahl der Stränge s und nk die Anzahl der Knoten k. Für die Koeffizienten (a_{sk}) mit $s \in S$ und $k \in K$ der Inzidenzmatrix $\mathbf{A}$ gilt:

$$\mathbf{A} = (a_{sk}) = \begin{cases} -1 & \text{Knoten } k \text{ ist Anfangsknoten des Stranges } s \\ +1 & \text{Knoten } k \text{ ist Endknoten des Stranges } s \\ 0 & \text{sonst} \end{cases} \tag{2.22}$$

In der Literatur werden auch abweichende Definitionen gegeben. Im Gegensatz zu Deuerlein bezeichnen z. B. Nägler und Stopp (1996) die transponierte Darstellung $\mathbf{A}^T$ der

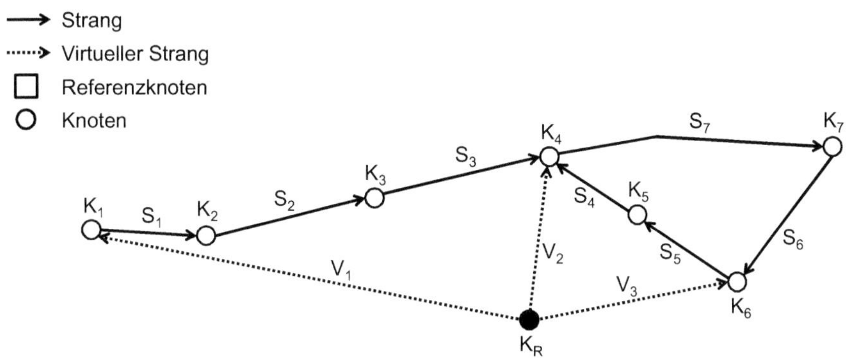

Abbildung 2.7: Erweiterter Digraph

Tabelle 2.5: Modellierungsoptionen der Software EPANET

Option	Graph	Attribute	Modellierte Systemelemente
Junction	Knoten	Koordinaten Höhe Verbrauch Sprinklerkoeffizient	Rohrleitungsverzweigung Rohrleitungsänderung Wasserentnahme Wassereinspeisung
Reservoir	Knoten	Koordinaten Potential	Wasserspeicher mit vorgegebenem Potential
Tank	Knoten	Koordinaten Höhe Geometrie	Wasserspeicher mit berechnetem Wasserspiegel
Pipe	Strang	Anfangs- und Endknoten Durchmesser Länge Rauheit offen/geschlossen Rückfluss möglich/n. möglich	Rohrleitung Absperrschieber Rückflussverhinderer
Valve	Strang	Anfangs- und Endknoten Durchmesser Typ Einstellung	Kontrollarmatur (Druckminderer, Druckhalteventil, Druckunterbrecher, Durchflusskontrollschieber, Drosselschieber)

Matrix **A** als Inzidenzmatrix. Gleichung 2.23 zeigt beispielhaft die Inzidenzmatrix $\mathbf{A}_\mathrm{D}$ des in Abbildung 2.6 dargestellten Digraphen D.

$$\mathbf{A}_\mathrm{D} = \begin{pmatrix} -1 & 1 & 0 & 0 & 0 & 0 & 0 \\ 0 & -1 & 1 & 0 & 0 & 0 & 0 \\ 0 & 0 & -1 & 1 & 0 & 0 & 0 \\ 0 & 0 & 0 & 1 & -1 & 0 & 0 \\ 0 & 0 & 0 & 0 & 1 & -1 & 0 \\ 0 & 0 & 0 & 0 & 0 & 1 & -1 \\ 0 & 0 & 0 & -1 & 0 & 0 & 1 \end{pmatrix} \tag{2.23}$$

Für die Rohrnetzberechnung werden in der Inzidenzmatrix **A** alle Knoten mit Ausnahme der Knoten mit vorgegebenen Potentialhöhen, z. B. Behälterknoten, berücksichtigt. Diese Potentialknoten werden in der Inzidenzmatrix $\mathbf{A}_P$ und die gegebenen Potentialhöhen an den Potentialknoten im Vektor $\mathbf{H}_P$ zusammengefasst. Die vorgegebenen Wasserentnahmen an den Knoten werden im Bedarfsvektor **Q** angegeben. Die bei der Rohrnetzberechnung ermittelten Druckverlusthöhen und Durchflüsse in den als Stränge modellierten Rohrleitungen, Pumpen und Armaturen werden in den Vektoren **h** und **q** dargestellt. Die berechneten Potentialhöhen an den Knoten werden im Vektor **H** angegeben. Die Bestandteile des mathematischen Modells können damit wie folgt zusammengefasst werden:

A	Inzidenzmatrix der Knoten
$\mathbf{A}_P$	Inzidenzmatrix der Potentialknoten
H	Vektor der Potentialhöhen an den Knoten
$\mathbf{H}_P$	Vektor der gegebenen Potentialhöhen an den Potentialknoten
h	Vektor der Druckverlusthöhen in den Strängen
Q	Vektor der Wasserentnahmen an den Knoten
q	Vektor der Durchflüsse in den Strängen

Die Rohrnetzberechnung wird ausführlich in Kapitel 2.3, 2.4 und 2.5 thematisiert. Die hier beschriebenen Bestandteile des mathematischen Modells finden dort Eingang in die Darstellung der Grundlagen der Rohrnetzhydraulik sowie der Ansätze zur stationären und zeitabhängigen Rohrnetzberechnung.

2.2.3 Modellparameter und Modellvariablen

Die Eigenschaften des Rohrnetzmodells sind entweder Parameter oder Variablen. Bei der Rohrnetzberechnung sind das Verteilungssystem, die Wasserentnahmen, Einspeisepotentiale und Steuervorgaben gegebene Parameter. Die variablen Drücke an den Knoten, Durchflüsse und Fließgeschwindigkeiten in den Strängen, Wasserspiegeländerungen in den Wasserbehältern sowie Kontrollzustände der Armaturen werden berechnet (s. Kap. 2.4). In Abbildung 2.8 sind die Parameter und Variablen der Rohrnetzberechnung zusammengefasst.

Parameter:
- Rohrleitungen (Topologie, Länge, Innendurchmesser, Rauheit)
- Druckerhöhungen (Lage, Pumpenkennlinie bzw. Druck-Durchfluss-Beziehung)
- Armaturen (Lage, hydraulische Charakteristik)
- Wasserspeicher (Lage, Geometrie)
- Wasserentnahmen (Lage, Menge bzw. Druck-Durchfluss-Beziehung)
- Wassereinspeisungen (Lage, Potentialhöhe)

Variablen:
- Drücke an den Knoten
- Durchflüsse in den Strängen
- Fließgeschwindigkeiten in den Strängen
- Druckverlusthöhen in den Strängen
- Wasserspiegeländerungen in den Wasserspeichern
- Kontrollzustände der Armaturen
- Wasserentnahmen (bei Modellierung als Druck-Durchfluss-Beziehung)

Abbildung 2.8: Parameter und Variablen der Rohrnetzberechnung

Die Qualität der Modellparameter entscheidet letztendlich über die Qualität der Berechnungsergebnisse. Daher ist eine an die Aufgaben des Modells angepasste Parametrierung des Modells unerlässlich. Dabei ist der Aufwand für die Beschaffung der Parameter mit der erreichbaren Qualität und Aussagekraft der Berechnungen abzuwägen. Zudem können nicht alle notwendigen Modellparameter direkt erhoben werden. Die Parameter eines Rohrnetzmodells können bzgl. ihrer Erhebung und Qualität in drei Gruppen eingeteilt werden (Deuerlein, 2002):

- Direkt und mit genügender Genauigkeit messbare Parameter
- Direkt aber u. U. nicht mit genügender Genauigkeit messbare Parameter
- Nicht direkt messbare Parameter

In Abbildung 2.9 sind wichtige Parameter den drei Gruppen zugeordnet. Auf die Erhebung und Modellierung der wichtigsten Parameter der ersten Gruppe wird in den Kapiteln 3 bis 7 eingegangen. Die Bestimmung der Parameter der zweiten und dritten Gruppe ist Aufgabe der Modellkalibrierung (s. Kap. 8). Bei der Modellkalibrierung, auch Vergleichsrechnung genannt, werden reale, gemessene Systemzustände mit Systemzuständen verglichen, die unter gleichen Voraussetzungen berechneten wurden. Das Rohrnetzmodell wird bei auftretenden Abweichungen entsprechend angepasst. Die Hauptaufgabe der Kalibrierung ist die Ermittlung der betrieblichen Rauheiten k_2 (DVGW GW 303-1 (A), 2006). Die betriebliche Rauheit k_2 beschreibt das Widerstandsverhalten einer Rohrleitung und umfasst dabei alle den Druckverlust steigernden oder mindernden Einflüsse der Roh-

Direkt und mit genügender Genauigkeit messbare Parameter:
- Lage des Rohrleitungsnetzes
- Geometrien der Wasserspeicher
- Pumpencharakteristiken
- Steuervorgaben
- Wasserverbrauch von Großabnehmern
- Ggf. Wasserverbrauch der Haushalte

Direkt aber nicht mit genügender Genauigkeit messbare Parameter:
- Ggf. Wasserverbrauch der Haushalte

Nicht direkt messbare Parameter:
- Rauheiten der Rohrleitungen
- Innendurchmesser der Rohrleitungen
- Wasserverluste

Abbildung 2.9: Einteilung wichtiger Parameter der Rohrnetzberechnung bzgl. der Möglichkeit ihrer Erhebung

re, Rohrverbindungen, Formstücke und Armaturen der Rohrleitung, wie weiter in Kapitel 2.1.4.3 ausgeführt ist. Als Messdaten werden hauptsächlich Drücke, Durchflüsse und Einspeisungen verwendet. Der Kalibrierungsprozess kann aber auch die Parameter Wasserverbräuche, Wasserverluste und Steuervorgaben umfassen (Walski u. a., 2003).

2.2.4 Datenstruktur

Rohrnetzmodelle bestehen im Prinzip aus einer Datenbasis, die die relevanten Informationen zur Rohrnetzberechnung umfasst, und einem Programm zur Ermittlung des hydraulischen Gleichgewichts, also zur Rohrnetzberechnung. Die Daten des Rohrnetzmodells werden meist in einer hierarchischen Struktur organisiert. Die hierarchische Struktur lässt sich mit Tabellen mit vorgegebenen Spalten und Zeilen beschreiben. Die Tabellen sind dabei über Bezeichnungen der Elemente verknüpft, die jedes Element eindeutig identifizieren. Die eindeutige Bezeichnung eines Elements wird auch Identifikator oder Identifikation (ID) genannt. Die Basis und erste Ebene dieser Struktur bilden Tabellen für die Knoten und Stränge. Jeder Strang und jeder Knoten stellt einen Tabelleneintrag dar. Den Knoten und Strängen sind die Systemeigenschaften wiederum als Attribute zugeordnet. Die Attribute können den Strängen und Knoten direkt zugeordnet werden, indem ihre Werte in der Stränge- bzw. Knoten-Tabelle in die entsprechenden Spalten eingetragen werden. Komplexere Attribute werden in eigenen Tabellen in einer untergeordneten Ebene der Struktur definiert und über eindeutige Bezeichnungen mit den Datensätzen in den Stränge- und

Tabelle 2.6: Beispielhafte Stränge-Tabelle der ersten Strukturebene

Strang (ID)	Attribut S1 (ID)	Attribut S2 (Wert)	...
S_1	$S1_1$	$S2_1$	...
S_2	$S1_2$	$S2_2$	...
S_3	$S1_3$	$S2_3$	...
...	...	...	...

Tabelle 2.7: Beispielhafte Knoten-Tabelle der ersten Strukturebene

Knoten (ID)	Attribut K1 (ID)	Attribut K2 (Wert)	...
K_1	$K1_1$	$K2_1$	...
K_2	$K1_2$	$K2_2$	...
K_3	$K1_3$	$K2_3$	...
...	...	...	...

Tabelle 2.8: Beispielhafte Attribut-Tabelle der zweiten Strukturebene

Attribut S1 (ID)	Attribut S1.1 (ID)	Attribut S1.2 (Wert)	...
$S1_1$	$S1.1_1$	$S1.2_1$	...
$S1_3$	$S1.1_2$	$S1.2_2$	...
$S1_3$	$S1.1_3$	$S1.2_3$	...
...	...	...	...

Knoten-Tabellen verknüpft. Attribute können wiederum selbst über Bezeichnungen mit weiterführend charakterisierenden, in einer jeweils tieferen Ebene definierten Attributen verknüpft sein. Parameter, die nicht Systemkomponenten beschreiben, wie z. B. Parameter des Berechnungsalgorithmus, sind in gesonderten, nicht in die Struktur eingebundenen Tabellen definiert.

Tabelle 2.6 zeigt beispielhaft eine Stränge-Tabelle mit zugeordneten Attributen. Tabelle 2.7 zeigt die entsprechende Knoten-Tabelle. Für die Attribute S1 und K1 verweisen Bezeichnungen ($S1_1$, $S1_2$, ... und $K1_1$, $K1_2$, ...) auf Tabellen der zweiten Ebene, in der die Attribute näher spezifiziert sind. Die Tabelle des Attributs S1 ist beispielhaft in Tabelle 2.8 dargestellt. Für die Attribute S2 und K2 sind direkt Werte angegeben ($S2_1$, $S2_2$, ... und $K2_1$, $K2_2$, ...). In der Stränge-Tabelle ist meist die Topologie durch die Zuordnung der Anfangs- und Endknoten zu den entsprechenden Strängen definiert. Die räumliche Lage des Systems wird in der Regel in der Knoten-Tabelle über die Zuordnung von Koordinaten

Tabelle 2.9: Stränge-Tabelle mit Definition der Topologie des Beispielgraphen aus Abbildung 2.6

Strang (ID)	Anfangsknoten (ID)	Endknoten (ID)
S_1	K_1	K_2
S_2	K_2	K_3
S_3	K_3	K_4
S_4	K_5	K_4
S_5	K_6	K_5
S_6	K_7	K_6
S_7	K_4	K_7

Tabelle 2.10: Knoten-Tabelle mit Definition der räumlichen Lage des Beispielgraphen aus Abbildung 2.6

Knoten (ID)	X-Koord. (Wert)	Y-Koord. (Wert)	Höhe h_{geo} (Wert)
K_1	X_1	Y_1	$h_{geo\,1}$
K_2	X_2	Y_2	$h_{geo\,2}$
K_3	X_3	Y_3	$h_{geo\,3}$
K_4	X_4	Y_4	$h_{geo\,4}$
K_5	X_5	Y_5	$h_{geo\,5}$
K_6	X_6	Y_6	$h_{geo\,6}$
K_7	X_7	Y_7	$h_{geo\,7}$

und Höhen zu den Knoten definiert.

Die Definition der Topologie des in Abbildung 2.6 dargestellten Systems wird beispielhaft in Tabelle 2.9 (Stränge-Tabelle) gezeigt. In Ergänzung dazu zeigt Tabelle 2.10 (Knoten-Tabelle) die Definition der räumlichen Lage des Systems.

Für die Datenspeicherung haben sich relationale Datenbanken als zweckmäßig erwiesen. Die Datenspeicherung kann aber auch in gewöhnlichen Textdateien in Form von Listen mit definierten, eine Tabellenstruktur aufweisenden Abschnitten umgesetzt werden. Diese Datenspeicherung ist z. B. mit der Software EPANET möglich (s. Rossman (2000) und Kap. 1.2). Abbildung 2.10 zeigt beispielhaft ein einfaches Rohrnetzmodell. In Abbildung 2.11 ist ein Ausschnitt aus der entsprechenden EPANET-Textdatei (Dateiendung *.inp) dargestellt. Das gespeicherte Netz umfasst fünf Knoten, deren Lage über die Angabe von Koordinaten (COORDINATES) definiert ist. Knoten 1 stellt einen Wasserbehälter dar, dessen Sohlhöhe (Elev) und Ausgangswasserspiegel für die Rohrnetzberechnung (InitLevel) im TANKS-Abschnitt angegeben sind. Außerdem ist die Geometrie des Behälters über die Angabe von minimalem (MinLevel) und maximalem Füllstand (MaxLevel) so-

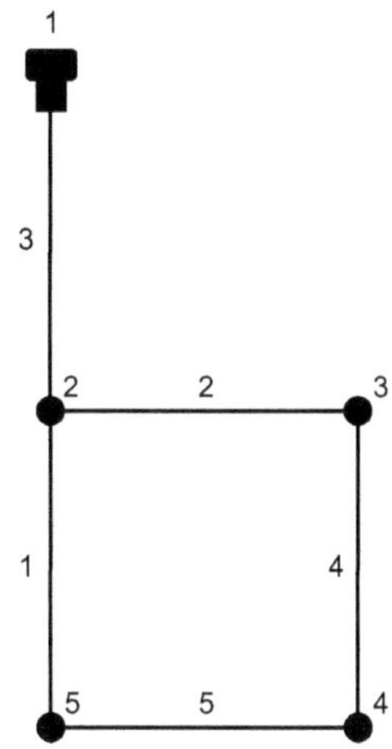

Abbildung 2.10: Beispielhaftes EPANET-Rohrnetzmodell

```
[TITLE]
EPANET Beispiel
[COORDINATES]
;Node X-Coord Y-Coord
 1    500.00  900.00
 2    500.00  700.00
 3    700.00  700.00
 4    700.00  500.00
 5    500.00  500.00
[JUNCTIONS]
;ID  Elev   Demand
 2   710    0.005
 3   700    0.005
 4   695    0.010
 5   705    0.005
[TANKS]
;ID  Elev   InitLevel  MinLevel  MaxLevel  Diameter
 1   850    2.5        0         5         4
[PIPES]
;ID  Node1  Node2      Length    Diameter  Roughness
 1   5      2          200       120       1
 2   2      3          200       120       1
 3   1      2          200       150       1
 4   3      4          200       120       1
 5   4      5          200       120       1
```

Coordinates	*Koordinaten*
Demand	*Bedarf*
Diameter	*Durchmesser*
Elev	*Höhe*
ID	*Bezeichnung*
InitLevel	*Anfangs-WSp*
Junctions	*Entnahme- und Zwischenknoten*
Length	*Länge*
MaxLevel	*Maximaler WSp*
MinLevel	*Minimaler WSp*
Node	*Knoten*
Node1	*Anfangsknoten*
Node2	*Endknoten*
Roughness	*Rauheit*
Titel	*Titel*
X-Coord	*X-Koordinate*
Y-Coord	*Y-Koordinate*

Abbildung 2.11: Auszug aus der Datenspeicherung des Rohrnetzmodells aus Abbildung 2.10 in einer EPANET-Textdatei (mit Erläuterung der Begriffe)

wie des Durchmessers der Grundfläche des zylindrischen Behälters (Diameter) definiert. Die Knoten 2 bis 4 repräsentieren Wasserentnahmen, deren Verbräuche (Demand) zusammen mit den Knotenhöhen (Elev) im JUNCTIONS-Abschnitt gespeichert sind. Im PIPES-Abschnitt sind durch die Angabe von Anfangsknoten (Node1) und Endknoten (Node2) die Stränge 1 bis 5 definiert. Außerdem sind die für die Rohrnetzberechnung relevanten Rohrleitungseigenschaften Länge (Length), Innendurchmesser (Diameter) und Rauheit (Roughness) angegeben.

2.3 Grundlagen der Rohrnetzhydraulik

2.3.1 Widerstandsgesetz

Wie in Kapitel 2.2.1 beschrieben, repräsentiert ein Strang eines Rohrnetzmodells einen homogenen Rohrleitungsabschnitt mit den gegebenen Parametern Länge l, Durchmesser d und Rauheit k, eine Armatur oder eine Pumpe. Bei der Rohrnetzberechnung sind für jeden Strang entsprechend Gleichung 2.5 in Abhängigkeit des Durchflusses q eine kontinuierliche Druckverlusthöhe h_r sowie örtliche Druckverlusthöhen $h_{vö}$ zu berücksichtigen. Die kontinuierliche Druckverlusthöhe h_r ergibt sich aus Gleichung 2.10 bzw. Gleichung 2.19. Örtliche Druckverlusthöhen $h_{vö}$ können mit Gleichung 2.21 ermittelt werden. Der Zusammenhang ist für die ns Stränge s eines Rohrnetzmodells in Gleichung 2.24 zusammengefasst.

$$h_s = h_{r\,s} + \sum h_{vö\,s}, \quad s = 1, ..., ns \tag{2.24}$$

Allerdings werden bei der Rohrnetzberechnung örtliche Druckverluste üblicherweise nicht gesondert betrachtet und über die Verwendung betrieblicher Rauheiten k_2 berücksichtigt (s. Kap. 2.1.4.3). Softwarelösungen für die Rohrnetzmodellierung bieten aber meist die Möglichkeit, eine örtliche Druckverlusthöhe $h_{vö}$ pro Strang über die Angabe eines Verlustbeiwerts ζ zu berücksichtigen. Gleichung 2.24 kann für diesen Fall in Gleichung 2.25 überführt werden.

$$h_s = h_{r\,s} + h_{vö\,s}, \quad s = 1, ..., ns \tag{2.25}$$

2.3.2 Massenerhaltung (Knotenbedingung)

Im mit Wasser vollgefüllten Rohr ist mit der Annahme einer inkompressiblen Strömung entsprechend der Kontinuitätsgleichung 2.1 die Zuflussmenge gleich der Abflussmenge. In Ergänzung dazu kann das aus der Elektrotechnik bekannte erste Kirchhoffsche Gesetz auf Rohrnetze übertragen und die Knotenbedingung formuliert werden. Die Knotenbedingung besagt, dass an jedem Knoten des Rohrnetzmodells die Summe der Zuflüsse gleich der Summe der Abflüsse ist (Bhave und Gupta, 2006; DVGW GW 303-1 (A), 2006). Gleichung 2.26 zeigt die Knotenbedingung für die nk Knoten k eines Rohrnetzmodells, an die jeweils ns_k Stränge s angeschlossen sind. Ein Zufluss $q_{s,k}$ durch den Strang s zum Knoten k ist positiv, ein Abfluss $q_{s,k}$ negativ definiert. Entsprechend ist eine am Knoten k stattfindende Wasserentnahme Q_k positiv und eine Wassereinspeisung Q_k negativ definiert.

$$\sum_{s=1}^{ns_k} q_{s,k} - Q_k = 0, \quad k = 1, ..., nk \tag{2.26}$$

Abbildung 2.12 veranschaulicht Gleichung 2.26 am Beispiel des Knotens K_1. An den Knoten K_1 mit der Wasserentnahme Q_1 sind die drei Stränge S_1, S_2 und S_3 angeschlossen. Entsprechend Gleichung 2.26 gilt $q_{1,1} + q_{2,1} + q_{3,1} - Q_1 = 0$.

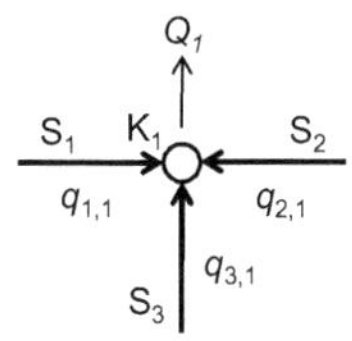

Abbildung 2.12: Veranschaulichung der Knotenbedingung 2.26 am Beispiel des Knotens K_1 mit der Wasserentnahme Q_1 sowie den Strängen S_1, S_2 und S_3 mit den Durchflüssen $q_{1,1}$, $q_{2,1}$ und $q_{3,1}$

2.3.3 Energieerhaltung (Kompatibilitätsbedingung und Maschenbedingung)

Das durch Gleichung 2.4 ausgedrückte Prinzip der Energieerhaltung besagt, dass die Differenz der Potentialhöhen H_I und H_{II} zweier Querschnitte I und II einer Rohrleitung der Druckverlusthöhe $h_{I\text{-}II}$ im Abschnitt I-II entspricht. Übertragen auf die Rohrnetzhydraulik gilt für jeden Strang eines Rohrnetzmodells, dass die Druckverlusthöhe des Strangs der Differenz der Potentialhöhen der Anfangs- und Endknoten des Strangs entspricht. Die als Kompatibilitätsbedingung bezeichnete Beziehung zwischen den Potentialhöhen und den Druckverlusthöhen ist in Gleichung 2.27 dargestellt. Dabei ist $H_{ak,s}$ die Potentialhöhe des Anfangsknotens und $H_{ek,s}$ die Potentialhöhe des Endknotens des Strangs s, h_s die Druckverlusthöhe im Strang s sowie ns die Anzahl der Stränge des Rohrnetzmodells.

$$H_{ak,s} - H_{ek,s} = h_s, \quad s = 1, ..., ns \tag{2.27}$$

Die Kompatibilitätsbedingung gilt auch für zwei Knoten eines Rohrnetzmodells, die nicht demselben Strang zugeordnet sondern durch einen Pfad aus mehreren Strängen verbunden sind. In der Graphentheorie stellt ein Pfad P eine endliche Menge durch Stränge verbundener Knoten eines Graphen G dar. Der in Abbildung 2.6 gezeigte Digraph D enthält z. B. den Pfad P = $\{K_7, S_6, K_6, S_5, K_5, S_4, K_4\}$. Die Summe der Druckverlusthöhen der Stränge eines Pfads entsprechen der Differenz der Potentialhöhen der Anfangs- und Endknoten des Pfads. Weiter gilt, dass die Differenz der Potentialhöhen zweier Knoten eines Rohrnetzmodells gleich groß ist, unabhängig davon, welcher Pfad im Netz zwischen den Knoten betrachtet wird (Walski u. a., 2003). Demnach sind auch die Summen der Druckverlusthöhen der Stränge der betrachteten Pfade zwischen den Knoten gleich groß.

In diesem Zusammenhang lässt sich das zweite Kirchhoffsche Gesetz auf Rohrnetzmodelle übertragen und die Maschenbedingung formulieren. Die Maschenbedingung besagt, dass die Summe der Druckverlusthöhen der Rohrleitungen einer Masche den Wert Null ergibt, wenn bei der Addition die Fließrichtung beachtet wird (Bhave und Gupta, 2006; DVGW GW 303-1 (A), 2006). In der Graphentheorie ist eine Masche[4] m ein Pfad, der am gleichen Knoten beginnt und endet. Der in Abbildung 2.6 gezeigte Digraph D enthält z. B. die Masche $M = \{K_4, S_7, K_7, S_6, K_6, S_5, K_5, S_4, K_4\}$. Gleichung 2.28 zeigt die Maschenbedingung für die nm Maschen m eines Rohrnetzmodells, die jeweils aus ns_m Strängen bestehen. Im Strang s einer Masche m tritt die Druckverlusthöhe $h_{s,m}$ auf.

$$\sum_{s=1}^{ns_m} h_{s,m} = 0, \quad s = 1,...,nm \tag{2.28}$$

Abbildung 2.13 veranschaulicht die Gleichungen 2.27 und 2.28 am Beispiel der dort dargestellten Masche $M_1 = \{K_1, S_1, K_2, S_2, K_3, S_3, K_1\}$ mit den Potentialhöhen H_1, H_2 und H_3 an den Knoten K_1, K_2 und K_3 sowie den Druckverlusthöhen $h_{1,1}$, $h_{2,1}$ und $h_{3,1}$ in den Strängen S_1, S_2 und S_3. Aus der Kompatibilitätsbedingung folgt $H_1 - H_2 = h_{1,1}$, $H_2 - H_3 = h_{2,1}$ und $H_1 - H_3 = h_{3,1}$ (s. Gl. 2.27). Die Maschenbedingung ergibt $h_{1,1} + h_{2,1} - h_{3,1} = 0$ (s. Gl. 2.28). Werden z. B. die zwei möglichen Pfade zwischen den Knoten K_1 und K_3 betrachtet, gilt dementsprechend für die Druckverlusthöhen der Pfade $h_{1,1} + h_{2,1} = h_{3,1}$.

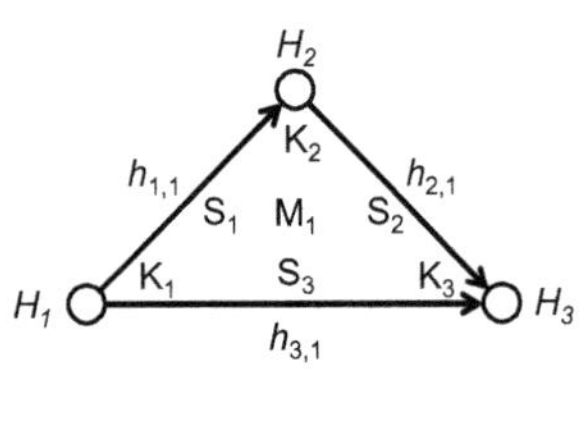

Abbildung 2.13: Veranschaulichung der Kompatibilitätsbedingung 2.27 und der Maschenbedingung 2.28 am Beispiel der Masche M_1 mit den Strängen S_1, S_2 und S_3, den Druckverlusthöhen $h_{1,1}$, $h_{2,1}$ und $h_{3,1}$ sowie den Potentialhöhen H_1, H_2 und H_3

[4]In der Literatur findet sich auch der Begriff *Schleife*.

2.3.4 Stationäres hydraulisches Gleichgewicht

Mit dem Widerstandsgesetz 2.24, der Knotenbedingung 2.26 und der Kompatibilitätsbedingung 2.27 bzw. der Maschenbedingung 2.28 kann der hydraulische Zustand eines Rohrnetzes, also die stationäre Druck- und Durchflussverteilung im Rohrnetzmodell, mathematisch beschrieben werden (DVGW GW 303-1 (A), 2006). Im sogenannten hydraulischen Gleichgewicht muss das Widerstandsgesetz 2.24 für alle Stränge, die Knotenbedingung 2.26 für alle Knoten und die Maschenbedingung 2.28 für alle Maschen des Rohrnetzmodells erfüllt sein. Das hydraulische Gleichgewicht wird bei der Rohrnetzberechnung gelöst. Gleichung 2.29 fasst die genannten Gleichungen nochmals zusammen. Die Größen und Indizes sind in den verwiesenen Gleichungen erläutert.

$$
\begin{aligned}
h_s = h_{rs} + \sum h_{vö\,s}, \quad & s = 1,\ldots,ns \\
\sum_{s=1}^{ns_k} q_{s,k} - Q_k = 0, \quad & k = 1,\ldots,nk \\
\sum_{s=1}^{ns_m} h_{s,m} = 0, \quad & s = 1,\ldots,nm
\end{aligned}
\tag{2.29}
$$

Für die programmiertechnische Umsetzung der Rohrnetzberechnung ist die Formulierung des hydraulischen Gleichgewichts in Matrizen und Vektoren zweckmäßig. Gleichung 2.30 zeigt eine entsprechende Darstellung unter Verwendung der Bezeichnungen aus Kapitel 2.2.2.

$$
\begin{aligned}
\mathbf{h} &= f(\mathbf{q}) \\
\mathbf{Q} &= \mathbf{A}^T\mathbf{q} \\
\mathbf{h} + \mathbf{AH} &= -\mathbf{A}_P\mathbf{H}_P
\end{aligned}
\tag{2.30}
$$

Das Widerstandsgesetz aus Gleichung 2.29 ist in Gleichung 2.30 allgemein formuliert. Der Vektor $\mathbf{h}$ fasst die Druckverlusthöhen h in den Strängen zusammen, die der Funktion f der Durchflüsse q in den Strängen entsprechen. Die Wasserentnahmen Q an den Knoten sind im Vektor $\mathbf{Q}$ dargestellt. Zwischenknoten werden mit $Q = 0$ berücksichtigt. Die Durchflüsse q in den Strängen sind im Vektor $\mathbf{q}$ zusammengefasst. Die Inzidenzmatrix $\mathbf{A}$ und die transponierte Darstellung $\mathbf{A}^T$ beschreiben die Verbindung der Entnahme- und Zwischenknoten durch Stränge, der Vektor $\mathbf{H}$ die unbekannten Potentialhöhen H an den Bedarfs- und Zwischenknoten. Analog bildet die Inzidenzmatrix $\mathbf{A}_P$ die Potentialknoten sowie der Vektor $\mathbf{H}_P$ die bekannten Potentialhöhen H_P der Potentialknoten ab. Weitere Darstellungen finden sich bei Nielsen (1989) und Deuerlein (2002).

Wie in den Kapiteln 2.1.4 und 2.1.5 erläutert, ist die Druckverlusthöhe h in einem Strang eine nichtlineare Funktion f des Durchflusses q durch den Strang. Auf Grund dieses Zusammenhangs ist das hydraulische Gleichgewicht im Allgemeinen ein nichtlineares Gleichungssystem, das iterativ gelöst werden muss.

2.4 Stationäre Rohrnetzberechnung

2.4.1 Einfache verästelte Rohrnetze

2.4.1.1 Ansatz

Bei der stationären (engl.: *steady-state*) Rohrnetzberechnung wird für vorgegebene konstante Parameter für einen bestimmten Zeitpunkt der hydraulische Systemzustand berechnet. Demnach sind die Durchflüsse, Fließgeschwindigkeiten und Druckverlusthöhen in den Strängen sowie die Druckhöhen bzw. Potentialhöhen an den Knoten die Variablen der Berechnung. Parameter der Berechnung sind das Rohrnetz und die Armaturen mit ihren physikalischen Eigenschaften, die gegebenen Potentialhöhen an den Potentialknoten sowie bei der bedarfsabhängigen Rohrnetzberechnung die Wasserentnahmen an den Entnahmeknoten. Gegebene Wassereinspeisungen werden als negative Wasserentnahmen modelliert. Für einfache verästelte Rohrnetze ist die stationäre Rohrnetzberechnung vergleichsweise einfach, wie im Folgenden ausgeführt wird.

Unter einem verästelten Rohrnetz wird ein Netz verstanden, das im Gegensatz zum vermaschten Rohrnetz aus sich verzweigenden Rohrleitungen besteht, die keine weiteren Verbindungen aufweisen (s. Kap. 1.1). Umfasst das verästelte Rohrnetz lediglich einen Potentialknoten mit vorgegebener Potentialhöhe, in der Regel die Wassereinspeisung, kann dieser als Referenzknoten definiert werden. Damit ist auch der erweiterte Digraph des Rohrnetzmodells verästelt. (Referenzknoten und erweiterter Digraph werden in Kapitel 2.2.1 erläutert.) In diesem Fall wird hier von einem einfachen verästelten Rohrnetz gesprochen.

Umfasst ein verästeltes Rohrnetz im Gegensatz dazu mehr als einen Potentialknoten, ist die Einführung eines separaten Referenzknotens erforderlich, der über virtuelle Stränge mit den Potentialknoten verbunden ist. Dadurch weist der resultierende erweiterte Digraph mindestens eine Masche auf. Obwohl es sich um ein verästeltes Rohrnetz handelt, ist der erweiterte Digraph des Rohrnetzmodells vermascht und nicht verästelt.

Bei einem einfachen verästelten Rohrnetz ist also der erweiterte Digraph des Rohrnetzmodells ebenfalls verästelt. Die Anzahl der Stränge ns entspricht deshalb der Anzahl der Knoten nk abzüglich des Potential- bzw. Referenzknotens ($ns = nk - 1$). Die Kontinuitätsgleichung bzw. die Knotenbedingung des in Gleichung 2.30 formulierten hydraulischen Gleichgewichts ist dadurch separat eindeutig lösbar. Dagegen müssen bei vermaschten Rohrnetzen alle drei Gleichungen simultan betrachtet werden (s. Kap. 2.4.2). Das hydraulische Gleichgewicht einfacher verästelter Rohrnetze kann deshalb relativ einfach in drei Schritten gelöst werden, die im Folgenden zusammengefasst und im nächsten Kapitel anhand eines Beispiels veranschaulicht werden.

1. Durchflüsse: Ermittlung der Durchflüsse in den Strängen unter Berücksichtigung der gegebenen Wasserentnahmen und der Kontinuitätsgleichung bzw. der Knotenbedingung 2.26.

2. Druckverlusthöhen: Ermittlung der Druckverlusthöhen unter Berücksichtigung der Durchflussverteilung (Schritt 1) und des Widerstandsgesetzes 2.24.

3. Potential- und Druckhöhen: Ermittlung der Potentialhöhen an den Knoten ausgehend von der gegebenen Potentialhöhe am Referenz- bzw. Potentialknoten unter Berücksichtigung der Druckverlusthöhen (Schritt 2) und der Kompatibilitätsbedingung 2.27. Die Druckhöhe an einem Knoten lässt sich anschließend über die Differenz der Potentialhöhe und der geodätischen Höhe ermitteln (s. Gl. 2.7).

2.4.1.2 Veranschaulichung

Im Folgenden wird zur Veranschaulichung die stationäre Berechnung eines einfachen verästelten Rohrnetzes diskutiert, das eine Wassereinspeisung mit vorgegebener Potentialhöhe (Wasserbehälter) und zwei Wasserentnahmen aufweist. Abbildung 2.14 zeigt das Beispiel sowie den entsprechenden Digraphen des Rohrnetzmodells mit den Strängen S_1 bis S_5 und den Knoten K_R und K_1 bis K_5. Die Wassereinspeisung wird als Potentialknoten modelliert, der als Referenzknoten K_R definiert ist. Die Wasserentnahmen werden durch die Entnahmeknoten K_4 und K_5 repräsentiert. Beispielhaft sind die Potentialhöhe $H_R = 60\,\mathrm{m}$ am Knoten K_R sowie die Wasserentnahmen $Q_4 = 6\,\mathrm{l/s}$ und $Q_5 = 4\,\mathrm{l/s}$ an den Entnahmeknoten K_4 und K_5 gegeben. Längen l_s, Durchmesser d_s und betriebliche Rauheiten $k_{2\,s}$ der Stränge s sind in Tabelle 2.11, geodätische Höhen $h_{geo\,k}$ der Knoten k sind in Tabelle 2.12 zusammengefasst.

Die Berechnung des stationären hydraulischen Systemzustands einfacher verästelter Rohrnetze kann, wie im vorigen Kapitel aufgezeigt, in die drei Schritte (1) Ermittlung der Durchflüsse, (2) Ermittlung der Druckverlusthöhen und (3) Ermittlung der Potential- bzw. Druckhöhen unterteilt werden. Im Weiteren werden diese drei Berechnungsschritte für das Beispielnetz ausgeführt.

1. Durchflüsse: Für jeden Knoten gilt die Knotenbedingung 2.26. Damit kann für jeden Knoten die Gleichung $0 = \sum_{s=1}^{ns_k} q_{s,k} - Q_k$ aufgestellt werden:

$$\begin{aligned}
\mathrm{K}_1 &: 0 = q_1 - q_2 - Q_1 \\
\mathrm{K}_2 &: 0 = q_2 - q_3 - q_5 - Q_2 \\
\mathrm{K}_3 &: 0 = q_3 - q_4 - Q_3 \\
\mathrm{K}_4 &: 0 = q_4 - Q_4 \\
\mathrm{K}_5 &: 0 = q_5 - Q_5
\end{aligned}$$

Werden die Knotenbedingungen nach den Strängen aufgelöst, die entgegen der Fließrichtung zu den Knoten angeordnet sind, ergeben sich, von den Knoten mit Wasserentnahmen beginnend die Flüsse q_s in den Strängen. Im diskutierten Beispiel sind dies die Knoten K_4 und K_5:

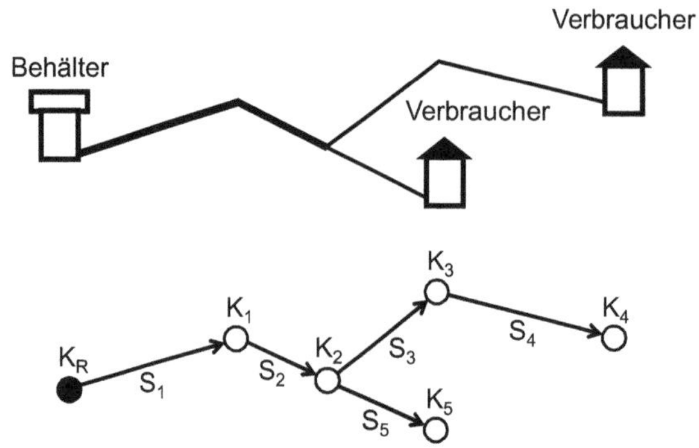

Abbildung 2.14: Einfaches verästeltes Rohrnetz (*oben*) und zugehöriger verästelter erweiterter Digraph des Rohrnetzmodells (*unten*)

Tabelle 2.11: Längen l_s, Durchmesser d_s und betriebliche Rauheiten $k_{2\,s}$ der Stränge s des in Abbildung 2.14 dargestellten Rohrnetzmodells

Strang s	l_s in m	d_s in mm	$k_{2\,s}$ in mm
S_1	500	100	1,0
S_2	200	100	1,0
S_3	300	80	0,1
S_4	300	80	0,1
S_5	200	80	0,1

Tabelle 2.12: Geodätische Höhen $h_{geo\,k}$ der Knoten k des in Abbildung 2.14 dargestellten Rohrnetzmodells

Knoten k	$h_{geo\,k}$ in m
K_R	55,0
K_1	20,0
K_2	15,0
K_3	10,0
K_4	0,0
K_5	5,0

$$\begin{aligned}
q_5 &= Q_5 \\
&= 4\,\mathrm{l/s} \\
q_4 &= Q_4 \\
&= 6\,\mathrm{l/s} \\
q_3 &= q_4 + Q_3 \\
&= 6\,\mathrm{l/s} + 0\,\mathrm{l/s} = 6\,\mathrm{l/s} \\
q_2 &= q_3 + q_5 + Q_2 \\
&= 6\,\mathrm{l/s} + 4\,\mathrm{l/s} + 0\,\mathrm{l/s} = 10\,\mathrm{l/s} \\
q_1 &= q_2 + Q_1 \\
&= 10\,\mathrm{l/s} + 0\,\mathrm{l/s} = 10\,\mathrm{l/s}
\end{aligned}$$

Entsprechend der Darstellung des hydraulischen Gleichgewichts in Gleichung 2.30 lässt sich die Knotenbedingung für alle Knoten auch wie im Folgenden dargestellt mit Matrizen und Vektoren formulieren:

$$\mathbf{Q} = \mathbf{A}^T\mathbf{q}$$

$$\begin{pmatrix} Q_1 \\ Q_2 \\ Q_3 \\ Q_4 \\ Q_5 \end{pmatrix} = \begin{pmatrix} 1 & -1 & 0 & 0 & 0 \\ 0 & 1 & -1 & 0 & -1 \\ 0 & 0 & 1 & -1 & 0 \\ 0 & 0 & 0 & 1 & 0 \\ 0 & 0 & 0 & 0 & 1 \end{pmatrix} \cdot \begin{pmatrix} q_1 \\ q_2 \\ q_3 \\ q_4 \\ q_5 \end{pmatrix}$$

Die Inzidenzmatrix $\mathbf{A}$ bzw. die transponierte Darstellung $\mathbf{A}^T$ ist bei verästelten erweiterten Digraphen quadratisch, also invertierbar ($\mathbf{A}^{-1}$). Unter Verwendung der Inversen $[\mathbf{A}^T]^{-1}$ kann die Knotenbedingung $\mathbf{Q} = \mathbf{A}^T\mathbf{q}$ zur Berechnung der Durchflüsse in den Strängen nach $\mathbf{q}$ aufgelöst werden:

$$\mathbf{q} = [\mathbf{A}^T]^{-1}\mathbf{Q}$$

$$\begin{aligned}
\begin{pmatrix} q_1 \\ q_2 \\ q_3 \\ q_4 \\ q_5 \end{pmatrix} &= \begin{pmatrix} 1 & 1 & 1 & 1 & 1 \\ 0 & 1 & 1 & 1 & 1 \\ 0 & 0 & 1 & 1 & 0 \\ 0 & 0 & 0 & 1 & 0 \\ 0 & 0 & 0 & 0 & 1 \end{pmatrix} \cdot \begin{pmatrix} Q_1 \\ Q_2 \\ Q_3 \\ Q_4 \\ Q_5 \end{pmatrix} \\
&= \begin{pmatrix} Q_1 + Q_2 + Q_3 + Q_4 + Q_5 \\ Q_2 + Q_3 + Q_4 + Q_5 \\ Q_3 + Q_4 \\ Q_4 \\ Q_5 \end{pmatrix}
\end{aligned}$$

$$= \begin{pmatrix} 0\,\mathrm{l/s} + 0\,\mathrm{l/s} + 0\,\mathrm{l/s} + 6\,\mathrm{l/s} + 4\,\mathrm{l/s} \\ 0\,\mathrm{l/s} + 0\,\mathrm{l/s} + 6\,\mathrm{l/s} + 4\,\mathrm{l/s} \\ 0\,\mathrm{l/s} + 6\,\mathrm{l/s} \\ 6\,\mathrm{l/s} \\ 4\,\mathrm{l/s} \end{pmatrix} = \begin{pmatrix} 10\,\mathrm{l/s} \\ 10\,\mathrm{l/s} \\ 6\,\mathrm{l/s} \\ 6\,\mathrm{l/s} \\ 4\,\mathrm{l/s} \end{pmatrix}$$

2. Druckverlusthöhen: Die Druckverlusthöhe h_s im Strang s ergibt sich entsprechend des Widerstandsgesetzes aus der Summe der kontinuierlichen Druckverlusthöhen h_{rs} und den örtlichen Druckverlusthöhen $\sum h_{vö\,s}$ im Strang s (s. Gl. 2.24). Im hier diskutierten Beispiel sind lediglich kontinuierliche Druckverlusthöhen h_{rs} zu berücksichtigen. Diese können mit dem vom DVGW GW 303-1 (A) (2006) empfohlenen und in Gleichung 2.10 dargestellten Darcy-Weisbach-Ansatz berechnet werden. In Gleichung 2.10 gehen die im vorigen Schritt berechneten Durchflüsse q_s sowie die Rohrleitungsparameter Länge l_s, Durchmesser d_s und betriebliche Rauheit k_{2s} ein. Zur Vereinfachung sind für das Beispiel in Tabelle 2.13 Druckverlusthöhen h pro Leitungskilometer in Abhängigkeit des Durchflusses q, des Durchmessers d und der betrieblichen Rauheiten k_2 gegeben. Längen l_s, Durchmesser d_s und betriebliche Rauheiten k_{2s} der Stränge s können Tabelle 2.11 entnommen werden. Die Druckverlusthöhen der Stränge h_s ergeben sich damit wie folgt:

$$\begin{aligned} h_1 &= 0{,}5\,\mathrm{km} \cdot 31{,}8\,\mathrm{m/km} = 15{,}9\,\mathrm{m} \\ h_2 &= 0{,}2\,\mathrm{km} \cdot 31{,}8\,\mathrm{m/km} = 6{,}4\,\mathrm{m} \\ h_3 &= 0{,}3\,\mathrm{km} \cdot 21{,}5\,\mathrm{m/km} = 6{,}5\,\mathrm{m} \\ h_4 &= 0{,}3\,\mathrm{km} \cdot 21{,}5\,\mathrm{m/km} = 6{,}5\,\mathrm{m} \\ h_5 &= 0{,}2\,\mathrm{km} \cdot 10{,}0\,\mathrm{m/km} = 2{,}0\,\mathrm{m} \end{aligned}$$

Entsprechend der Darstellung des hydraulischen Gleichgewichts in Gleichung 2.30 lässt sich die Berechnung auch mit Vektoren formulieren:

$$\mathbf{h} = f(\mathbf{q})$$

$$\begin{pmatrix} h_1 \\ h_2 \\ h_3 \\ h_4 \\ h_5 \end{pmatrix} = \begin{pmatrix} f(q_1) \\ f(q_2) \\ f(q_3) \\ f(q_4) \\ f(q_5) \end{pmatrix}$$

$$= \begin{pmatrix} 0{,}5\,\mathrm{km} \cdot 31{,}8\,\mathrm{m/km} \\ 0{,}2\,\mathrm{km} \cdot 31{,}8\,\mathrm{m/km} \\ 0{,}3\,\mathrm{km} \cdot 21{,}5\,\mathrm{m/km} \\ 0{,}3\,\mathrm{km} \cdot 21{,}5\,\mathrm{m/km} \\ 0{,}2\,\mathrm{km} \cdot 10{,}0\,\mathrm{m/km} \end{pmatrix} = \begin{pmatrix} 15{,}9\,\mathrm{m} \\ 6{,}4\,\mathrm{m} \\ 6{,}5\,\mathrm{m} \\ 6{,}5\,\mathrm{m} \\ 2{,}0\,\mathrm{m} \end{pmatrix}$$

Tabelle 2.13: Druckverlusthöhen h in Abhängigkeit von Durchfluss q, Durchmesser d und betrieblicher Rauheit k_2

q in l/s	d = 100 mm, k_2 = 1,0 mm h in m/km	d = 80 mm, k_2 = 0,1 mm h in m/km
4	5,2	10,0
6	11,6	21,5
10	31,8	57,1

3. Potential- und Druckhöhen: Für jeden Strang gilt die in Gleichung 2.27 dargestellte Kompatibilitätsbedingung. Damit kann für jeden Strang die Gleichung $H_{ak,s} - H_{ek,s} = h_s$ aufgestellt werden:

$$\begin{aligned}
\mathrm{S}_1\colon H_R - H_1 &= h_1\\
\mathrm{S}_2\colon H_1 - H_2 &= h_2\\
\mathrm{S}_3\colon H_2 - H_3 &= h_3\\
\mathrm{S}_4\colon H_3 - H_4 &= h_4\\
\mathrm{S}_5\colon H_2 - H_5 &= h_5
\end{aligned}$$

Werden die Kompatibilitätsbedingungen nach der Potentialhöhe am Endknoten $H_{ek,s}$ aufgelöst, können, ausgehend vom Knoten mit gegebener Potentialhöhe H_P, die Potentialhöhen H_k an den übrigen Knoten berechnet werden. Im diskutierten Beispiel ist die Potentialhöhe $H_P = H_R = 60{,}0\,\mathrm{m}$ am Knoten $\mathrm{K_R}$ gegeben:

$$\begin{aligned}
H_1 &= H_R - h_1\\
&= 60{,}0\,\mathrm{m} - 15{,}9\,\mathrm{m} = 44{,}1\,\mathrm{m}\\
H_2 &= H_1 - h_2\\
&= 44{,}1\,\mathrm{m} - 6{,}4\,\mathrm{m} = 37{,}7\,\mathrm{m}\\
H_3 &= H_2 - h_3\\
&= 37{,}7\,\mathrm{m} - 6{,}5\,\mathrm{m} = 31{,}2\,\mathrm{m}\\
H_4 &= H_3 - h_4\\
&= 31{,}2\,\mathrm{m} - 6{,}5\,\mathrm{m} = 24{,}7\,\mathrm{m}\\
H_5 &= H_2 - h_5\\
&= 37{,}7\,\mathrm{m} - 2{,}0\,\mathrm{m} = 35{,}7\,\mathrm{m}
\end{aligned}$$

Die Kompatibilitätsbedingungen der Stränge lassen sich auch wie in Gleichung 2.30 mit Matrizen und Vektoren formulieren: $\mathbf{h} + \mathbf{AH} = -\mathbf{A}_P\mathbf{H}_P$. Unter Verwendung der inversen Inzidenzmatrix $\mathbf{A}^{-1}$ kann das Gleichungssystem nach $\mathbf{H}$ aufgelöst und damit der Vektor mit den Potentialhöhen H_k an den Knoten k berechnet werden:

$$\mathbf{H} = -\mathbf{A}^{-1}(\mathbf{A}_P\mathbf{H}_P + \mathbf{h})$$

$$\begin{pmatrix} H_1 \\ H_2 \\ H_3 \\ H_4 \\ H_5 \end{pmatrix} = -\begin{pmatrix} 1 & 0 & 0 & 0 & 0 \\ 1 & 1 & 0 & 0 & 0 \\ 1 & 1 & 1 & 0 & 0 \\ 1 & 1 & 1 & 1 & 0 \\ 1 & 1 & 0 & 0 & 1 \end{pmatrix} \cdot \left\{ \begin{pmatrix} -1 \\ 0 \\ 0 \\ 0 \\ 0 \end{pmatrix} \cdot H_R + \begin{pmatrix} h_1 \\ h_2 \\ h_3 \\ h_4 \\ h_5 \end{pmatrix} \right\}$$

$$= \begin{pmatrix} H_R - h_1 \\ H_R - h_1 - h_2 \\ H_R - h_1 - h_2 - h_3 \\ H_R - h_1 - h_2 - h_3 - h_4 \\ H_R - h_1 - h_2 - h_5 \end{pmatrix}$$

$$= \begin{pmatrix} 60\,\mathrm{m} - 15{,}9\,\mathrm{m} \\ 60\,\mathrm{m} - 15{,}9\,\mathrm{m} - 6{,}4\,\mathrm{m} \\ 60\,\mathrm{m} - 15{,}9\,\mathrm{m} - 6{,}4\,\mathrm{m} - 6{,}5\,\mathrm{m} \\ 60\,\mathrm{m} - 15{,}9\,\mathrm{m} - 6{,}4\,\mathrm{m} - 6{,}5\,\mathrm{m} - 6{,}5\,\mathrm{m} \\ 60\,\mathrm{m} - 15{,}9\,\mathrm{m} - 6{,}4\,\mathrm{m} - 2{,}0\,\mathrm{m} \end{pmatrix} = \begin{pmatrix} 44{,}1\,\mathrm{m} \\ 37{,}7\,\mathrm{m} \\ 31{,}2\,\mathrm{m} \\ 24{,}7\,\mathrm{m} \\ 35{,}7\,\mathrm{m} \end{pmatrix}$$

Die Druckhöhen P_k an den Knoten k ergeben sich gemäß Gleichung 2.7 aus der Differenz der Potentialhöhen H_k und der geodätischen Höhen $h_{geo\,k}$ ($P_k = H_k - h_{geo\,k}$). Mit den in Tabelle 2.12 gegebenen Knotenhöhen $h_{geo\,k}$ werden die Druckhöhen P_K damit wie folgt berechnet:

$$\begin{aligned} P_R &= H_R - h_{geo\,R} \\ &= 60{,}0\,\mathrm{m} - 55{,}0\,\mathrm{m} = 5{,}0\,\mathrm{m} \\ P_1 &= H_1 - h_{geo\,1} \\ &= 44{,}1\,\mathrm{m} - 20{,}0\,\mathrm{m} = 24{,}1\,\mathrm{m} \\ P_2 &= H_2 - h_{geo\,2} \\ &= 37{,}7\,\mathrm{m} - 15{,}0\,\mathrm{m} = 22{,}7\,\mathrm{m} \\ P_3 &= H_3 - h_{geo\,3} \\ &= 31{,}2\,\mathrm{m} - 10{,}0\,\mathrm{m} = 21{,}2\,\mathrm{m} \\ P_4 &= H_4 - h_{geo\,4} \\ &= 24{,}7\,\mathrm{m} - 0{,}0\,\mathrm{m} = 24{,}7\,\mathrm{m} \\ P_5 &= H_5 - h_{geo\,5} \\ &= 35{,}7\,\mathrm{m} - 5{,}0\,\mathrm{m} = 30{,}7\,\mathrm{m} \end{aligned}$$

2.4.2 Vermaschte Rohrnetze

2.4.2.1 Ansatz

Bei einem vermaschten erweiterten Digraph eines Rohrnetzmodells ist die Anzahl der Stränge größer als die Anzahl der Entnahme- und Zwischenknoten, also der Knoten, die kein Potentialknoten sind. Abbildung 2.15 zeigt einen beispielhaften vermaschten Digraph. Der Digraph entspricht dem aus Abbildung 2.14, nur dass dieser um den Strang S_6 ergänzt ist und damit die Masche $M_1 = \{K_2, S_3, K_3, S_4, K_4, S_6, K_5, S_5, K_2\}$ beinhaltet.

Auf Grund des zusätzlichen Strangs S_6 weist die Inzidenzmatrix $\mathbf{A}$ im Vergleich zum beispielhaften einfachen verästelten Rohrnetz aus Abbildung 2.14 eine zusätzliche Zeile bzw. die transponierte Darstellung der Inzidenzmatrix $\mathbf{A}^T$ eine zusätzliche Spalte (fett dargestellt) auf:

$$\mathbf{A}^T = \begin{pmatrix} 1 & -1 & 0 & 0 & 0 & \mathbf{0} \\ 0 & 1 & -1 & 0 & -1 & \mathbf{0} \\ 0 & 0 & 1 & -1 & 0 & \mathbf{0} \\ 0 & 0 & 0 & 1 & 0 & \mathbf{-1} \\ 0 & 0 & 0 & 0 & 1 & \mathbf{1} \end{pmatrix}$$

Die Inzidenzmatrix ist damit nicht quadratisch, d. h. nicht invertierbar. Die Kontinuitätsgleichung bzw. die Knotenbedingung $\mathbf{Q} = \mathbf{A}^T\mathbf{q}$ des hydraulischen Gleichgewichts kann deshalb nicht nach den Durchflüssen $\mathbf{q}$ aufgelöst werden. Im Gegensatz zu den im vorigen Kapitel 2.4 diskutierten einfachen verästelten Rohrnetzen muss deshalb bei einem vermaschten erweiterten Digraph eines Rohrnetzmodells, also bei nicht einfachen verästelten sowie vermaschten Rohrnetzen, das in Gleichung 2.30 dargestellte hydraulische Gleichgewicht simultan gelöst werden.

Da es keine Methode gibt, solche nichtlineare Gleichungssysteme geschlossen zu lösen, muss das stationäre hydraulische Gleichgewicht in diesen Fällen iterativ berechnet werden. Dabei können zwei grundlegende Ansätze unterschieden werden: (1) Die direkte Lösung des nichtlinearen hydraulischen Gleichgewichts und (2) dessen Formulierung als Optimierungsaufgabe (Berghout und Kuczera, 1997). Die Ansätze werden in den nächsten beiden Kapiteln weiter ausgeführt.

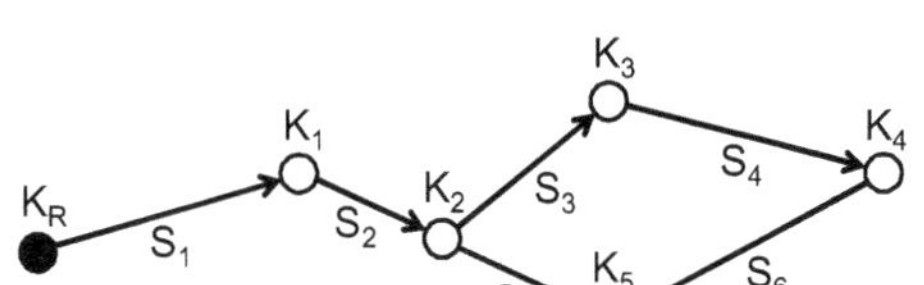

Abbildung 2.15: Vermaschter erweiterter Digraph eines Rohrnetzmodells

2.4.2.2 Direkte Lösung des hydraulischen Gleichgewichts

Zur direkten Lösung des in Gleichung 2.30 zusammengefassten hydraulischen Gleichgewichts im nichtlinearen Fall existieren mehrere Ansätze. Im folgenden werden vier bedeutende Methoden in chronologischer Reihenfolge ihrer Entwicklung vorgestellt: die Hardy Cross-Methode, die Newton-Raphson-Methode, die Lineartheorie-Methode sowie die Gradienten-Methode. Auf eine detaillierte Darstellung der Methoden wird verzichtet. Für weiterführende Darstellungen wird auf die entsprechende Fachliteratur verwiesen. In Tabelle 2.14 sind dazu die im Weiteren beschriebenen Methoden sowie weiterführende Literatur zusammengefasst. Insbesondere Bhave und Gupta (2006) beschreiben umfassend den theoretischen Hintergrund der Methoden und deren Anwendung anhand von Beispielen. Todini und Rossman (2013) stellen die mathematischen Formulierungen der Ansätze einheitlich dar und vergleichen deren Anwendung. Ormsbee (2006) fasst die Geschichte der Entwicklung von Ansätzen zur Rohrnetzberechnung bündig zusammen.

Hardy Cross-Methode: Cross (1936) veröffentlichte bereits 1936 ein systematisches Iterationsverfahren zur direkten Lösung des hydraulischen Gleichgewichts. Dabei wird unter Einhaltung der Knotenbedingung aus Gleichung 2.26 eine Durchflussverteilung geschätzt. Anschließend werden die entsprechenden Druckverlusthöhen in den Strängen berechnet und für jede Masche die Maschenbedingung aus Gleichung 2.28 überprüft. Wird die Maschenbedingung in einer Masche nicht erfüllt, werden für die Stränge der Masche Korrekturflüsse berechnet, die zur bisherigen Durchflussverteilung addiert werden. Zur Berechnung des Korrekturflusses wird die Maschenbedingung in einer Taylor-Reihe entwickelt. Die Taylor-Reihe wird für höhere Potenzen abgebrochen bzw. die Terme mit höheren Potenzen werden vernachlässigt. Das Verfahren wird wiederholt bis für jede Masche eine gewünschte Genauigkeit erreicht bzw. der Korrekturfluss kleiner einer gewünschten Toleranz ist.

Bei Netzen mit mehreren Maschen werden in einer Iteration üblicherweise die korrigierten Flüsse in den Strängen einer Masche, die ebenfalls Bestandteil einer „benachbarten“ Masche sind, bereits bei der Berechnung der Korrekturflüsse der „benachbarten“ Masche berücksichtigt, um eine schnellere Konvergenz des Verfahrens zu erreichen. Da jede Masche separat betrachtet und das Ergebnis bei der Betrachtung der jeweils nächsten Masche berücksichtigt wird, wird von einer sequenziellen Methode gesprochen.

Alternativ können die Potential- bzw. Druckhöhen an den Knoten unter Einhaltung der Maschenbedingung angenommen und die Knotenbedingung an den Knoten überprüft werden. Statt der Korrekturflüsse werden Korrekturdruckverlusthöhen berechnet und zu den bisherigen Druckverlusthöhen addiert. Folglich ist das maschenbezogene (Korrektur der Flüsse in den Strängen) vom knotenbezogenen Verfahren (Korrektur der Potential- bzw. Druckhöhen an den Knoten) zu unterscheiden (Deuerlein u. a., 2003; Martin u. a., 2015). Bhave und Gupta (2006) sowie Fritsch u. a. (2014) bezeichnen das maschenbezogene Verfahren auch als Druckhöhenausgleichsverfahren und das knotenbezogene Verfahren als Durchflussausgleichsverfahren. Da sich das maschenbezogenen Verfahren auf Grund des

Tabelle 2.14: Zusammenfassung wichtiger Ansätze zur direkten Lösung des hydraulischen Gleichgewichts

Methode	Autor(en)	Kurzbeschreibung	Weitere Bezeichnungen	Weiterführende Literatur
Hardy Cross-Methode	Cross (1936)	Iterative Korrektur der Durchflussverteilung unter Einhaltung der Knotenbedingung	Maschen-Methode, Druckhöhenausgleichsverfahren	Cembrowicz (1988); Bossermann II u. a. (2000); Bhave und Gupta (2006); Horlacher und Lüdecke (2006); Swamee und Sharma (2008); Marriot u. a. (2009); Karger und Hoffmann (2013); Martin u. a. (2015)
		Iterative Korrektur der Potential- bzw. Druckhöhenverteilung unter Einhaltung der Maschenbedingung	Knoten-Methode, Durchflussausgleichsverfahren	
Newton-Raphson-Methode	Martin und Peters (1963)	Linearisierung über Entwicklung in Taylor-Reihe und iterative Berechnung der Korrekturflüsse bzw. -drücke	Simultane Knoten-Methode	Cembrowicz (1988); Bossermann II u. a. (2000); Bhave und Gupta (2006); Swamee und Sharma (2008); Martin u. a. (2015)
	Epp und Fowler (1970)		Simultane Maschen-Methode	
Lineartheorie-Methode	Wood und Charles (1972)	Linearisierung über Einfügen nichtlinearer Terme in das Widerstandsgesetz und iterative Berechnung der Flüsse	Simultane Stränge-Methode	Bossermann II u. a. (2000); Bhave und Gupta (2006); Swamee und Sharma (2008)
Gradienten-Methode	Todini und Pilati (1987, 1988)	Linearisierung über Entwicklung in Taylor-Reihe und iterative Berechnung der Flüsse und Potentialhöhen	Simultane Netz-Methode	Bossermann II u. a. (2000); Bhave und Gupta (2006); Marriot u. a. (2009)

besseren Konvergenzverhaltens durchgesetzt hat, wird dieses heute meist mit dem Begriff Hardy Cross-Methode bezeichnet (Bhave und Gupta, 2006; Ormsbee, 2006).

Die Hardy Cross-Methode zeichnet sich vor allem dadurch aus, dass sie sowohl für Handrechnungen als auch für computergestützte Umsetzungen geeignet ist. Allerdings hat die Methode Nachteile, die insbesondere bei größeren, komplexeren Systemen zum tragen kommen (Bhave und Gupta, 2006; Ormsbee, 2006). Mit zunehmender Netzgröße und -komplexität steigt die Anzahl notwendiger Iterationen und damit die Rechenzeiten. Mitunter konvergiert das Verfahren nicht und es wird keine Lösung gefunden.

Newton-Raphson-Methode: Um die relativ langen Rechenzeiten der Hardy Cross-Methode zu verkürzen, schlugen Martin und Peters (1963) ein Lösungsverfahren für das knotenbezogene Verfahren nach Cross (1936) vor. Bei dem Verfahren wird, im Gegensatz zu der von Cross (1936) entwickelten sequentiellen Berechnung, das hydraulische Gleichgewicht simultan gelöst. Ormsbee (2006), der den Ansatz simultane Knoten-Methode nennt, fasst das Verfahren wie folgt zusammen: Für jeden Strang wird das Widerstandsgesetz aus Gleichung 2.24 nach dem Durchfluss aufgelöst und die Druckverlusthöhe als Differenz der Potentialhöhen des Anfangs- und Endknotens des Stranges angegeben. Das Einsetzen dieser Gleichungen in die für jeden Knoten aufgestellte Knotenbedingung ergibt für jeden Knoten eine nichtlineare Gleichung. Diese Gleichungen werden über die Entwicklung in einer Taylor-Reihe linearisiert und mit der Newton-Raphson-Methode iterativ gelöst. Shamir und Howard (1968) zeigen, dass der Ansatz auch für Rohrnetze mit Pumpen und Kontrollarmaturen angewandt werden kann.

Epp und Fowler (1970) veröffentlichten schließlich ein Verfahren, in dem die Newton-Raphson-Methode zur simultanen Berechnung der Korrekturflüsse des maschenbezogenen Verfahrens nach Cross (1936) angewandt wird. Ormsbee (2006) nennt den Ansatz auch simultane Maschen-Methode. Neben der geringeren Anzahl an Iterationen zeichnen das Verfahren auch verbesserte Konvergenzeigenschaften aus.

Lineartheorie-Methode: Wood und Charles (1972) entwickelten eine weitere Methode, in der die Knotenbedingungen für jeden Knoten und die Maschenbedingungen für jede Masche simultan gelöst und damit die Durchflüsse in den Strängen berechnet werden. Die nichtlinearen Maschenbedingungen werden dazu linearisiert, indem die Gleichungen für die Druckverlusthöhen, die sich aus dem Widerstandsgesetz ergeben, wie Konstanten behandelt werden. (Die Knotenbedingungen sind linear.) Ausgehend von einer Anfangsschätzung der Durchflüsse, für die die Knotenbedingungen nicht erfüllt werden müssen, werden die Knoten- und Maschenbedingungen gelöst und damit die Durchflüsse berechnet. Die berechneten Durchflüsse gehen in der nächsten Iteration bei der Berechnung der Druckverlusthöhen als verbesserte Schätzung in die Maschenbedingung ein. Um zu verhindern, dass die berechneten Durchflüsse in aufeinanderfolgenden Iterationen um einen Wert oszillieren, wird in einer Iteration für jeden Strang der Durchschnitt der berechneten Durchflüsse der zwei vorhergehenden Iterationen als verbesserter Wert verwendet.

Das Verfahren wird wiederholt bis der Unterschied zwischen den berechneten Durchflüssen in zwei aufeinanderfolgenden Iterationen genügend klein ist.

Gradienten-Methode: Todini und Pilati (1987, 1988) schlagen mit der von ihnen entwickelten Gradienten-Methode vor, die Newton-Raphson-Methode zur simultanen Berechnung der Durchflüsse und Potentialhöhen zu nutzen, anstatt zur Berechnung der Durchfluss- bzw. Druckverlusthöhenkorrekturen wie bei der ursprünglichen Newton-Raphson-Methode. Dabei werden Energieerhaltungsgleichungen (Kompatibilitätsbedingungen) für die Stränge mit Massenerhaltungsgleichungen (Kontinuitätsgleichungen) für die Knoten kombiniert, um nichtlineare Gleichungen mit den Durchflüssen und Potentialhöhen als Unbekannte zu erhalten. Diese Gleichungen werden linearisiert, indem sie in Taylor-Reihen entwickelt und deren Terme mit höheren Potenzen vernachlässigt werden.

Die Gradientenmethode von Todini und Pilati (1987) zeichnet sich durch ihren einfachen Aufbau und eine schnelle Konvergenz aus. Der Ansatz wurde in der Open Source-Software EPANET umgesetzt (s. Rossman (2000) und Kap. 1.2). Der frei verfügbare EPANET-Rechenkern ist außerdem in unveränderter oder weiterentwickelter Form in weiteren Softwarelösungen implementiert. Untersuchungen von Simpson (1999) und Deuerlein u. a. (2008) zeigen aber, dass der an sich robuste Ansatz für bestimmte Anordnungen von Kontrollarmaturen in Rohrnetzen keine Lösung findet. Dies war unter anderem Anlass für die Suche nach alternativen Lösungsansätzen.

2.4.2.3 Formulierung des hydraulischen Gleichgewichts als Optimierungsaufgabe

Eine zur im vorigen Kapitel 2.4.2.2 diskutierten direkten Lösung der nichtlinearen Gleichungen alternative Vorgehensweise ist die Formulierung des hydraulischen Gleichgewichts als Optimierungsaufgabe. Den Beweis, dass für das nichtlineare Gleichungssystem eine eindeutige Lösung existiert, erbrachte Birkhoff (1963) und später Collins u. a. (1978). Im sogenannten Variationsprinzip für nichtlineare Netzwerke wird die Berechnung des hydraulischen Systemzustands von Rohrnetzen ohne Kontrollarmaturen als Optimierungsaufgabe formuliert. Das hydraulische Gleichgewicht ist äquivalent der Minimierung sogenannter *Content*- und *Co-Content*-Funktionen, deren Differential das hydraulische Widerstandsgesetz aus Gleichung 2.24 darstellt. Die Minimierung der *Content*-Funktion unter Berücksichtigung der Kontinuitätsgleichung als Nebenbedingung ist der Kompatibilitätsgleichung oder Maschenbedingung aus Gleichung 2.28 äquivalent. Analog dazu entspricht die Minimierung der *Co-Content*-Funktion der Knotenbedingung aus Gleichung 2.26. Beide Minimierungsaufgaben besitzen die gleiche, eindeutige Lösung, die iterativ berechnet werden kann (duale Minimierungsaufgaben).

Collins u. a. (1978) lösen die Minimierungsaufgabe indem sie die nichtlinearen Funktionen mit linearen Funktionen annähern. Sie setzen für die eindeutige Lösung eine bestimmte Formulierung des Widerstandsgesetzes voraus. Druckkontrollierende Armaturen können deshalb nicht berücksichtigt werden (s. Tab. 3.9). Berghout und Kuczera (1997) schlagen eine Lösung vor, in der sie das Widerstandsgesetz für die Rohre linearisieren und damit eine Berechnung des Gleichgewichts mittels Linearer Programmierung ermöglichen (s. auch Berghout (1997)). Deuerlein (2002) entwickelte einen Ansatz, der sowohl durchfluss- als auch druckkontrollierende Armaturen berücksichtigt und unter gewissen Anforderungen an die Lage der Armaturen im Netz Eindeutigkeit des hydraulischen Gleichgewichts und eine sichere Konvergenz garantiert (s. auch Deuerlein u. a. (2003, 2009)).

Ausführliche Darstellungen zur Formulierung des hydraulischen Gleichgewichts als Optimierungsaufgabe finden sich in der Fachliteratur. Berghout (1997) sowie Bhave und Gupta (2006) geben z. B. einen guten Überblick.

2.5 Zeitabhängige Rohrnetzberechnung

2.5.1 Ansatz

Verschiedene Parameter, wie z. B. Wasserverbräuche und Kontrollzustände von Armaturen, sind im realen System nicht konstant. Des Weiteren sind die Füllstände in den Wasserspeichern nicht wie bei der im vorigen Kapitel 2.4 diskutierten stationären Rohrnetzberechnung gegebene Parameter, sondern sich über die Zeit ändernde Variablen, die sich aus den Speicherzuflüssen und -entnahmen ergeben. Aufgabe der zeitabhängigen (engl.: *time dependend* oder *extended-period*) Rohrnetzberechnung ist die Ermittlung der Durchflüsse und Drücke sowie der Behälterwasserspiegel, d. h. der Potentialhöhen an den Behälterknoten, innerhalb eines bestimmten Zeitraums unter Berücksichtigung zeitlicher Parameteränderungen.

Der Ermittlung des zeitabhängigen Verhaltens eines Systems liegt das Prinzip der Massenerhaltung zu Grunde. Entsprechend der Massenerhaltung wird die Wassermenge, die in einem Zeitraum in ein System eingespeist, aber nicht entnommen wird, im System gespeichert. In einem Rohrnetz mit nur einem Wasserbehälter und mehreren Entnahmeknoten ergibt sich demnach die Volumenänderung im Behälter innerhalb eines Zeitraums direkt aus der Differenz des Zuflusses in den Behälter und der Netzeinspeisung aus dem Behälter, die wiederum der Summe der Entnahmen (Gesamtbedarf) entspricht. Mit dem Füllstand bzw. der Potentialhöhe zu Beginn des Zeitraums, der Behältergeometrie und der Volumenänderung ergibt sich der Wasserspiegel bzw. die Potentialhöhe am Ende des Zeitraums.

Bei Systemen mit mehreren Wasserbehältern stellt sich der Sachverhalt komplizierter dar. Mit dem Gesamtbedarf des Systems in einem Zeitraum lässt sich auch die Summe der Netzeinspeisungen aus den Behältern ermitteln, die dem Gesamtbedarf entspricht. Allerdings sind die einzelnen Netzeinspeisungen aus den Behältern nicht bekannt. Damit lassen sich die Wasserspiegel bzw. Potentialhöhen am Ende des Zeitraums nicht, wie im Falle eines Rohrnetzes mit nur einem Behälter, ermitteln. Da die Füllstände bzw. Potentialhöhen der Behälter zu Beginn des betrachteten Zeitraums bekannt sind, können aber mit einer stationären Rohrnetzberechnung die Durchflussverteilung und damit die Zuflüsse und Netzeinspeisungen der Behälter für diesen Zeitpunkt ermittelt werden. Wird der

Zeitraum genügend klein gewählt, können auf Grund der geringen Fließgeschwindigkeiten in der Wasserverteilung die Beschleunigungskräfte vernachlässigt und die berechneten Flüsse als über den Zeitraum konstant angenommen werden. Durch die Multiplikation der Durchflüsse mit der Dauer des Zeitraums können jetzt die im betrachteten Zeitraum in die Behälter eingespeisten und aus den Behältern in das Netz eingespeisten Mengen näherungsweise ermittelt werden. Damit lassen sich schließlich die Wasserspiegeländerungen über Volumenbilanzen an den Behältern ebenfalls näherungsweise berechnen.

Um mehrere Parameteränderungen innerhalb des betrachteten Zeitraums zu berücksichtigen oder bessere Annäherungen zu erzielen, werden der Zeitraum sowie die nicht konstanten Parameter in Zeitschritte unterteilt. Die zeitabhängige Rohrnetzberechnung wird dann als Abfolge stationärer Berechnungen für jeden Zeitschritt durchgeführt. Zu Beginn des ersten Zeitschritts werden dazu gegebene Startwerte für die Behälterfüllstände bzw. Potentialhöhen an den Behälterknoten benötigt.

Der betrachtete Zeitraum wird als Simulationszeitraum und die Unterteilung in Zeitschritte als Diskretisierung bezeichnet. Die zeitabhängige Rohrnetzberechnung wird im Hinblick auf die Aneinanderreihung stationärer Berechnungen auch als quasi-stationäre Berechnung bezeichnet. Auch ist die Bezeichnung dynamische (engl.: *dynamic*) Rohrnetzberechnung gebräuchlich. Um aber den Unterschied zur instationären (engl.: *transient*) Berechnung, bei der die Beschleunigungskräfte nicht vernachlässigt werden, zu unterstreichen, wird der Begriff zeitabhängige Rohrnetzberechnung hier vorgezogen.

2.5.2 Vorgehen

Der zu untersuchende Simulationszeitraum mit der Dauer T wird in die Anzahl ni Zeitschritte i mit der Zeitschrittdauer $\Delta t = T/ni$ unterteilt. Der Zeitschritt i beginnt in dieser Darstellung zum Zeitpunkt t und endet zum Zeitpunkt $t + \Delta t$ (s. Abb. 2.16). Die veränderlichen Parameter werden entsprechend diskretisiert, z. B. werden Verbrauchswerte, Schaltzeiten der Armaturen sowie gegebene Potentialhöhen an Einspeisepunkten für jeden Zeitschritt i des Simulationszeitraums vorgegeben. Die vorgegebenen Werte werden über die Zeitschrittdauer Δt vom Zeitpunkt t bis zum Zeitpunkt $t + \Delta t$ als konstant angenommen.

In Abbildung 2.17 ist beispielhaft eine Wasserverbrauchsganglinie dargestellt. Der dimensionslose Lastfaktor $f(t)$ gibt das Verhältnis des Verbrauchs zum Zeitpunkt t zum durchschnittlichen Verbrauch über 24 Stunden an (s. Kap. 6.3.2). Die Verbrauchsganglinie ist in $ni = 24$ Zeitschritte mit der Zeitschrittdauer $\Delta t = 1\,\text{h}$ diskretisiert, indem für

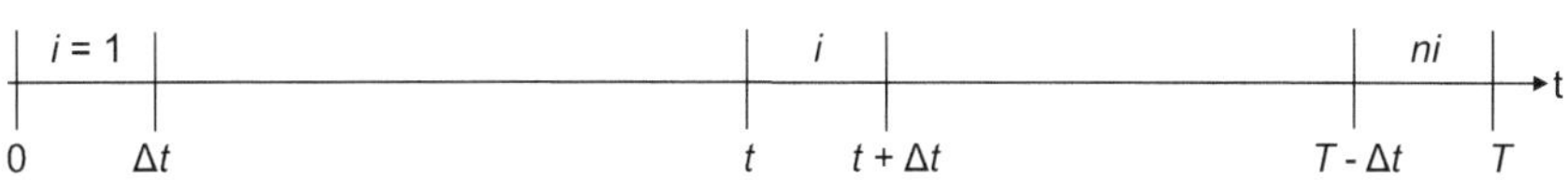

Abbildung 2.16: Darstellung der Dikretisierung des Simulationszeitrums mit der Dauer T in ni Zeitschritte i mit der konstanten Zeitschrittdauer Δt

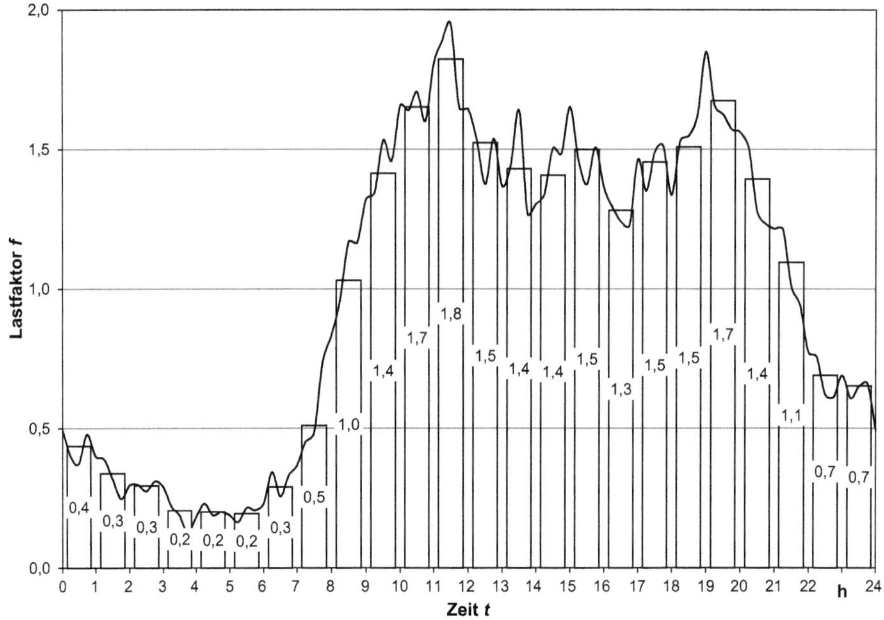

Abbildung 2.17: Verbrauchsganglinie und deren Diskretisierung in 24 einstündige Zeitschritte über die Bildung der Mittelwerte des Lastfaktors f für jeden Zeitschritt (Säulen und zugehörige Werte)

jede Stunde der Mittelwert des Faktors $f(t)$ gebildet wird. Die Mittelwerte sind in Abbildung 2.17 als Säulen dargestellt. Zusätzlich sind die zugehörigen Werte angegeben.

Bei der zeitabhängigen Rohrnetzberechnung wird schließlich für jeden Zeitschritt i zum Zeitpunkt t, also zu Beginn des Zeitschritts, eine stationäre Rohrnetzberechnung durchgeführt. Aus der Rohrnetzberechnung ergeben sich die Durchflüsse $q_{s,t}$ in m^3/h zum Zeitpunkt t in den ns_{BK} Strängen s, die an einen Behälter angeschlossen sind. Die Summe der berechneten Zuflüsse und Entnahmen des Behälters wird mit der Zeitschrittdauer Δt in h multipliziert, um die Volumenänderung ΔV_i in m^3 im Behälter im Zeitschritt i zu erhalten, wie Gleichung 2.31 zeigt.

$$\Delta V_i = \sum_{s=1}^{ns_{BK}} q_{s,t} \cdot \Delta t \tag{2.31}$$

Dabei wird angenommen, dass die Durchflüsse in einem Zeitschritt konstant sind. Das Volumen V_{i+1} in m^3 zu Beginn des nächsten Zeitschritts $i+1$, also zum Zeitpunkt $t+\Delta t$, ergibt sich aus der Summe des Volumens V_i zu Beginn des Zeitschritts i in m^3 und der

Volumenänderung ΔV_i in m^3 im gleichen Zeitschritt (s. Gl. 2.32).

$$V_{i+1} = V_i + \Delta V_i \tag{2.32}$$

Da die Behältergeometrie bekannt ist, kann ausgehend vom Wasserspiegel WSp_i in m zu Beginn des Zeitschritts i zum Zeitpunkt t der Füllstand WSp_{i+1} in m zu Beginn des Zeitschritts $i+1$, also zum Zeitpunkt $t+\Delta t$, berechnet werden. Für z. B. einen Behälter mit senkrechten Wänden der Wasserkammern und der damit über die Höhe konstanten gesamten Grundfläche A_{WK} in m^2 der Wasserkammern ergibt sich der Behälterfüllstand WSp_{i+1} in m wie in Gleichung 2.33 dargestellt.

$$\begin{aligned} WSp_{i+1} &= WSp_i + \Delta V_i / A_{WK} \\ &= V_{i+1} / A_{WK} \end{aligned} \tag{2.33}$$

Mit dem Füllstand WSp_{i+1}, der der Druckhöhe P_{i+1} zu Beginn des Zeitschritts $i+1$ entspricht, und der geodätischen Höhe h_{geo} kann die Potentialhöhe H_{i+1} am Behälterknoten zu Beginn des Zeitschritts $i+1$ ermittelt werden (s. Gl. 2.7 und Abb. 4.1). Die ermittelten Potentialhöhen an den Behälterknoten gehen in die nächste stationäre Rohrnetzberechnung für den Zeitpunkt $t+\Delta t$ zu Beginn des Zeitschritts $i+1$ ein. Das Vorgehen wird für die weiteren Zeitschritte bis zum Ende des Simulationszeitraums wiederholt und damit Durchflüsse, Drücke und Wasserspiegel bzw. Druck- und Potentialhöhen für jeden Zeitschritt berechnet. Da für die Ermittlung des Wasserspiegels WSp_{i+1} der Wasserspiegel WSp_i bzw. das Volumen V_i aus dem vorhergehenden Zeitschritt bekannt sein muss, ist es notwendig, für die erste stationäre Berechnung zu Beginn des ersten Zeitschritts $i=1$ zum Zeitpunkt 0 Startwerte für die Wasserspiegel vorzugeben.

Allerdings sind die für den Zeitschritt i und $i+1$ berechneten Durchflüsse meist nicht gleich, d. h. die Annahme, dass die Durchflüsse in einem Zeitschritt konstant sind, ist nicht korrekt. Der auf die Extrapolation der Zu- und Abflüsse über die Dauer eines Zeitschritts zurückzuführende Fehler kann aber auf Grund der zeitlich relativ geringen Änderung der Wasserentnahmen und der geringen Fließgeschwindigkeiten bei angepasster Wahl der Zeitschrittdauer vernachlässigt werden (Rossman, 2000; Deuerlein, 2002). Der Fehler kann aber auch durch zusätzliche iterative Korrektur des Füllstands innerhalb eines Zeitschritts oder durch die dynamische Anpassung der Zeitschrittdauer- und Anzahl (Minimierung des Extrapolationsfehlers) verkleinert werden. So beschreiben beispielsweise Bhave und Gupta (2006) ein Verfahren, bei dem der Füllstand WSp_{i+1} nach dessen erster Berechnung iterativ korrigiert wird. Dazu werden in den weiteren Iterationen zur Berechnung des Füllstands WSp_{i+1} die Mittelwerte aus dem Durchfluss zu Beginn des Zeitschritts i und dem berechneten Durchfluss zu Beginn des Zeitschritts $i+1$ berücksichtigt. Das iterative Verfahren wird fortgesetzt, bis der Unterschied zwischen den berechneten Wasserspiegeln WSp_{i+1} zweier aufeinanderfolgender Iterationen genügend klein ist.

2.6 Grenzen der Rohrnetzberechnung

Ziel der Rohrnetzberechnung im Sinne der in Kapitel 1.2 angeführten Definition gemäß DVGW GW 303-1 (A) (2006) und der Ausführungen in den vorigen Kapiteln ist die Ermittlung des hydraulischen Systemverhaltens, also im Wesentlichen die Berechnung der Druckhöhen an den Knoten und der Durchflüsse in den Strängen des Rohrnetzmodells. Systemeigenschaften, Wasserentnahmen, Behälterwasserspiegel, Betriebszustände usw. sind als Parameter vorgegeben. Bei der stationären Rohrnetzberechnung wird eine Lösung für einen bestimmten Zeitpunkt ermittelt. Bei der zeitabhängigen Rohrnetzberechnung wird der Simulationszeitraum in einzelne Zeitschritte diskretisiert, für die stationäre Rohrnetzberechnungen durchgeführt werden. Parameteränderungen gehen dabei in die einzelnen stationären Rohrnetzberechnungen ein.

Beschleunigungseffekte werden bei der Rohrnetzberechnung nicht berücksichtigt. Instationäre Rohrnetzströmungen können folglich nicht mit der hier behandelten Rohrnetzberechnung untersucht werden. Eine wichtige Fragestellung der instationären Rohrnetzströmung ist z. B. die Untersuchung von Druckschwankungen in Folge von Geschwindigkeitsänderungen (Druckstöße). Druckstöße können z. B. durch zu schnelles Schließen eines Hydranten oder Absperrschiebers oder bei der abrupten Unterbrechung eines Förderstroms auftreten und zu erheblichen Schäden am Rohrnetz führen.

Wie oben erwähnt, sind bei der Rohrnetzberechnung Wasserentnahmen, z. B. Wasserbedarfswerte, meist als Parameter vorgegeben. Die Druckhöhen hingegen sind Variablen, die berechnet werden. Eine Berechnung kann daher Druckhöhen ergeben, die für die Entnahme der vorgegebenen Entnahmemengen nicht ausreichen. (Im Extremfall können Berechnungen Drücke ergeben, die unterhalb des Dampfdrucks von Wasser liegen, was einen Phasenübergang zur Folge hätte. Werte für den Dampfdruck p_D in Abhängigkeit der Temperatur T sind in Tabelle 2.1 gegeben.) Die Berechnung liefert in diesem Fall kein gültiges Ergebnis, weil Entnahmemengen in die Berechnung eingehen, die auf Grund der Druckverhältnisse nicht stattfinden können. Bei einer korrekten Berechnung wäre die Gesamtentnahmemenge geringer. Die dadurch insgesamt geringeren Durchflüsse hätten geringere Druckverlusthöhen und damit eine größere durchschnittliche Druckhöhe zur Folge. Im Umkehrschluss kann davon ausgegangen werden, dass die Rohrnetzberechnung diesbezüglich realistische Ergebnisse liefert, wenn die Drücke mindestens im Bereich der geforderten minimalen Drücke nach DVGW W 400-1 (A) (2015) liegen. Auf die Problematik wird weiter in Kapitel 9.1.5 eingegangen.

Außerdem wird bei der Rohrnetzberechnung davon ausgegangen, dass die Rohre mit einem inkompressiblen Fluid vollständig gefüllt sind (s. Kap. 2.1 und 2.3). Bei der kontinuierlichen Wasserversorgung, die entsprechend ihrer Aufgabe an jeder Stelle des zu versorgenden Gebiets jederzeit Wasser in ausreichender Menge und bei ausreichendem Druck bereitzustellen hat, ist dies im Regelfall gegeben (s. Kap. 1.1). Ein großer Teil der Wasserverteilungssysteme, hauptsächlich in Entwicklungs- und Schwellenländern, wird jedoch intermittierend betrieben. Dabei wird für begrenzte Zeiträume Wasser in ein Rohrnetz eingespeist. Um versorgungsfreie Zeiten zu überbrücken speichern die Verbraucher bis zur nächsten Versorgungsperiode Wasser in privaten Wasserspeichern. Nach einer Versorgungsperiode wird das Rohrnetz dadurch teilweise entleert. Bei der erneuten Einspeisung kommt es zu instationären Strömungsvorgängen und Zweiphasenströmungen, für deren Simulation die Rohrnetzberechnung nicht konzipiert ist (Klingel, 2013).

3 Modellierung von Rohrleitungen und Armaturen

Dieses Kapitel behandelt die Modellierung des Rohrnetzes eines Wasserverteilungssystems. Rohrnetze bzw. die Rohrleitungen der Netze bestehen im Wesentlichen aus Rohren, Formstücken und Verbindungen sowie Armaturen. Für die Modellierung sind insbesondere die Rohrleitungsverläufe (Trassen) mit Richtungsänderungen und Verzweigungen, die für die Rohrnetzberechnung benötigten Eigenschaften Innendurchmesser und (betriebliche) Rauheiten sowie die Lage und Charakteristik der Armaturen von Interesse. Die Eigenschaften der Formstücke und Verbindungen spielen lediglich bei detaillierten Betrachtungen lokaler Druckverluste eine Rolle. In diesem Kapitel werden daher zunächst die für die Modellierung relevanten Grundlagen von Rohrleitungen zusammengefasst. Auf Grund ihrer Bedeutung für die Rohrnetzberechnung werden Armaturen gesondert behandelt. Anschließend wird auf die Dokumentation von Rohrnetzen eingegangen, die die Datenbasis der Modellierung darstellt. Schließlich wird die Modellierung von Rohrleitungen und Armaturen sowie die erforderliche Datenerhebung und -aufbereitung behandelt.

3.1 Rohrleitungen

3.1.1 Rohrleitungstypen

Rohrleitungen eines Wasserverteilungssystems können entsprechend ihrer Aufgaben in Zubringerleitungen (ZW), Hauptleitungen (HW), Versorgungsleitungen (VW) und Anschlussleitungen (AW) unterteilt werden (DVGW W 400-1 (A), 2015). Über Zubringerleitungen wird Wasser von der Wassergewinnung oder Wasseraufbereitung zu den Speicherbehältern oder zum Versorgungsgebiet transportiert. Zubringerleitungen über große Entfernungen, meist über Gemeindegrenzen hinweg, werden Fernleitungen genannt (DVGW W 400-1 (A), 2015). Im Netz des Versorgungsgebiets wird das Wasser über Hauptleitungen, die üblicherweise keine Verbindung zum Verbraucher haben, verteilt. Versorgungsleitungen verbinden die Hauptleitungen mit den Anschlussleitungen des Verbrauchers. Zubringerleitungen bilden das Zubringernetz, Haupt-, Versorgungs- und Anschlussleitungen das Versorgungsnetz. Die verschiedenen Leitungstypen eines Rohrnetzes sind schematisch in Abbildung 3.1 dargestellt.

P. Klingel, *Modellierung von Wasserverteilungssystemen*,
https://doi.org/10.1007/978-3-658-21270-4_3

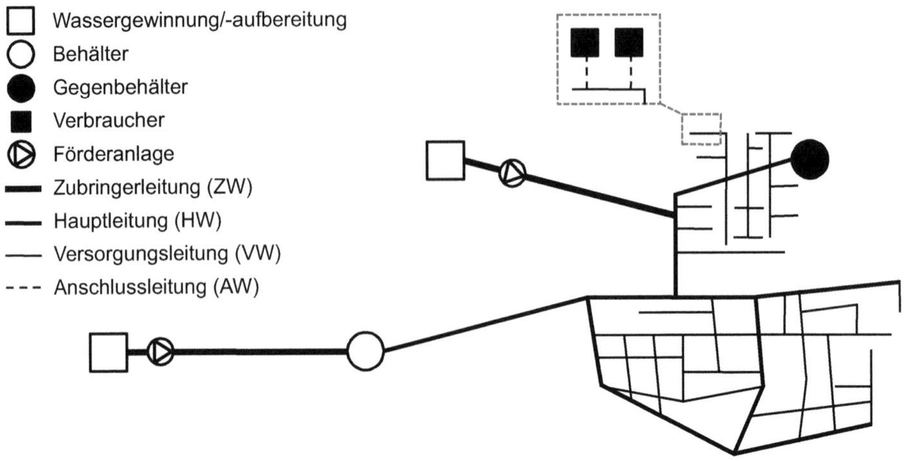

Abbildung 3.1: Rohrleitungstypen eines Wasserverteilungssystems

3.1.2 Durchmesser

Im DVGW W 400-1 (A) (2015) werden der Außendurchmesser (OD, engl.: *outside diameter*), der Innendurchmesser (ID, engl.: *internal diameter*) und die Nennweite (DN, engl.: *diameter nominal*) unterschieden (s. Abb. 3.2). Der Außendurchmesser ist der mittlere Außendurchmesser des Rohrschafts. Analog ist der Innendurchmesser der mittlere Innendurchmesser des Rohrschafts. Die Nennweite ist eine alphanumerische Bezeichnung der Größe einer Rohrleitung. Die Bezeichnung besteht aus den Buchstaben DN und einer ganzen Zahl, die annähernd dem tatsächlichen Außen- oder Innendurchmesser in der Einheit Millimeter entspricht, z. B. DN 100 für eine Rohrleitung mit der Nennweite 100 mm. Die Zahl stellt keinen messbaren Wert dar und dient nur Referenzzwecken (s. auch DIN EN 805 (2000)). In der Rohrnetzdokumentation wird meist lediglich der Wert angegeben, die Buchstaben DN werden nicht genannt, z. B. 100 für eine Rohrleitung mit der Nennweite 100 mm (s. Kap. 3.3).

Nennweitenangaben bei Produkten beziehen sich entweder auf den Außendurchmesser (DN/OD) oder den Innendurchmesser (DN/ID). Wird die Nennweite auf den Außendurchmesser bezogen (DN/OD), ist zusätzlich die Wandstärke genannt. Für Produkte sind in der DIN EN 805 (2000) zulässige Abweichungen der Nennweitenangabe vom tatsächlichen Innendurchmesser nach unten definiert (untere Grenzabmaße). Bei Nennweitenangaben, die sich auf den Außendurchmesser beziehen (DN/OD), gelten die Abweichungen für den Außendurchmesser abzüglich der Wandstärke. Die unteren Grenzabmaße sind in Tabelle 3.1 zusammengefasst. Weitere Ausführungen finden sich z. B. bei Wagner (2008b).

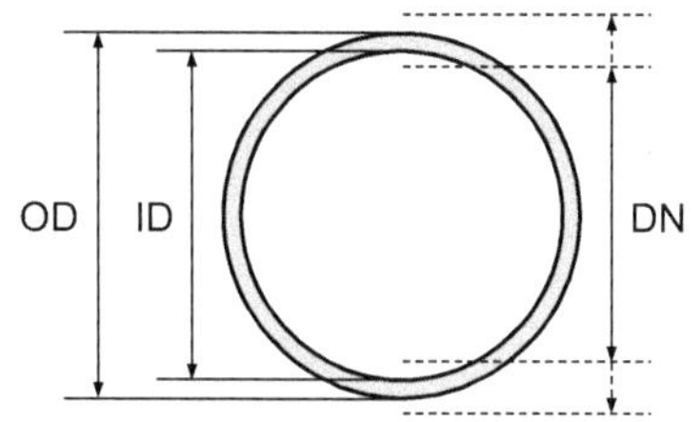

Abbildung 3.2: Außendurchmesser (OD), Innendurchmesser (ID) und Nennweite (DN) einer Rohrleitung gemäß DVGW W 400-1 (A) (2015)

Tabelle 3.1: Untere Grenzabmaße des Innendurchmessers (ID) gemäß DIN EN 805 (2000)

DN	Unteres Grenzabmaß	
	Mittelwert	Einzelwert
$DN < 80$	$0{,}05 \cdot DN$	$0{,}1 \cdot DN$
$80 \leq DN \leq 250$	5 mm	10 mm
$250 \leq DN \leq 600$	$0{,}02 \cdot DN$	$0{,}04 \cdot DN$
$DN > 600$	15 mm	30 mm

3.1.3 Werkstoffe

Für die Bestandteile von Rohrleitungen kommen verschiedene Werkstoffe zum Einsatz. Verbaut sind hauptsächlich die metallischen Werkstoffe Grauguss (GG), Duktilguss (GGG) und Stahl (St), die Kunststoffe Polyvinylchlorid (PVC) und Polyethylen (PE) sowie Faserzement (FZ). GG wurde bis in die 1950er- und 1960er-Jahre verwendet und dann vom GGG verdrängt. Statt PVC wird ebenfalls zunehmend PE verwendet. Druckrohre aus Asbestzement (AZ) dürfen seit 1994 in Deutschland weiter betrieben, jedoch nicht mehr eingebaut werden (Fritsch u. a., 2014).

Metallische Werkstoffe werden meist gegen Außen- und Innenkorrosion geschützt. Die Wahrscheinlichkeit von Außenkorrosion hängt maßgeblich von der Rohrleitungsumgebung ab, also im Wesentlichen von der Aggressivität des Bodens. Die Innenkorrosion hängt dagegen von der Aggressivität des Wassers ab. Zum Schutz vor Korrosion wird die Bauteiloberfläche durch Anstriche, Beschichtungen oder das Ummanteln bzw. Auskleiden vom Boden bzw. Wasser getrennt (passiver Korrosionsschutz). Der passive Korrosionsschutz wird z. B. mit einer Zementmörtelauskleidung bzw. -umhüllung, Zinkbeschichtung (ggf. mit bituminöser Deckbeschichtung), Faserzement-Umhüllung oder PE-Umhüllung ausgeführt. Rohrleitungen können zusätzlich mit dem kathodischen Korrosionsschutzverfahren (KKS) vor Außenkorrosion geschützt werden (aktiver Korrosionsschutz), siehe z. B. Roscher (2000). In Tabelle 3.2 sind für die wichtigsten Rohrwerkstoffe die jeweilige Abkürzung gemäß DIN 2425-1 (1975) und DVGW GW 120 (A) (2010) sowie der verfügbare Nennweitenbereich und der mögliche Innenkorrosionsschutz entsprechend der

Tabelle 3.2: Abkürzungen, Nennweiten und Innenkorrosionsschutz verschiedener Rohrwerkstoffe (DIN 2425-1, 1975; DVGW W 400-1 (A), 2004; DVGW GW 120 (A), 2010; DVGW W 400-1 (A), 2015)

Werkstoff	Abkürzung	Nennweiten	Schutz vor Innenkorrosion
Duktiles Gusseisen	GGG	80 - 2000	Zementmörtel
Faserzement	FZ	65 - 600	nicht notwendig
Glasfaserverst. Kunststoff	GFK	150 - 2400	nicht notwendig
Graugusseisen	GG	-	Zementmörtel
Polyethylen	PE	< 630	nicht notwendig
Polyvinylchlorid	PVC	< 400	nicht notwendig
Stahl (geschweißt)	St	80 - 2000	Zementmörtel
Stahl (nahtlos)	St	80 - 500	Zementmörtel

Angaben im DVGW W 400-1 (A) (2004)[1] und im DVGW W 400-1 (A) (2015) angegeben. Abbildung 3.6 zeigt Kurzzeichen für Werkstoffe sowie für Außen- und Innenschutz von Rohrleitungen gemäß DIN 2425-1 (1975) und DVGW GW 120 (A) (2010), die vor allem in der Rohrnetzdokumentation Verwendung finden (s. Kap. 3.3).

3.1.4 Überdeckung

Rohrleitungen werden zum Schutz vor Frost, Erwärmung und mechanischer Beanspruchung in der Erde verlegt. In der DIN 1998 (1978) sind dazu Verlegezonen definiert, die zudem Kreuzungen mit anderen Anlagen (Rohre und Kabel) berücksichtigen. Je nach klimatischen Verhältnissen soll die Überdeckung 1,0 m bis 1,8 m betragen. Weitere Trassierungsgrundsätze finden sich im DVGW W 400-1 (A) (2015). Im Gegensatz zur DIN 1998 (1978) wird darin eine minimale Überdeckungshöhe von 0,8 m und eine maximale Überdeckungshöhe von 2,0 m angegeben. Weiter wird empfohlen, in Gebieten mit landwirtschaftlicher Nutzung eine Überdeckungshöhe von mindestens 1,2 m zu realisieren. Im DVGW W 397 (H) (2004) wird ein weiterführendes Verfahren zur Ermittlung der erforderlichen Überdeckung unter Berücksichtigung der unterschiedlichen klimatischen und örtlichen Verhältnisse sowie der Betriebsbedingungen beschrieben. Merkl (2008) und Fritsch u. a. (2014) geben für bestimmte Nennweiten (DN) die in Tabelle 3.3 gelisteten Mindestüberdeckungen t_{min} an.

3.1.5 Formstücke und Verbindungen

Zur Herstellung von Richtungsänderungen, Verzweigungen und Durchmesserwechsel von Rohrleitungen aber auch zur Realisierung von Übergängen von Rohren zu Armaturen und einem Wechsel der Verbindungsart werden Formstücke eingesetzt. Für die Verbindung von

[1] Ersetzt durch DVGW W 400-1 (A) (2015).

Tabelle 3.3: Mindestüberdeckung t_{min} in Abhängigkeit der Nennweite (DN) nach Merkl (2008) und Fritsch u. a. (2014)

DN in mm	t_{min} in m	DN in mm	t_{min} in m
$\leq$ 200	1,50	600	1,25
250	1,45	700	1,20
300 - 350	1,40	800 - 900	1,15
400	1,35	1000	1,10
500	1,30	$>$ 1000	1,00

Rohren finden verschiedene längskraftschlüssige und nicht längskraftschlüssige Systeme Anwendung. Gängige lösbare Verbindungen sind z. B. Flansche (GFK, GGG/GG, PVC, St), Muffen (GGG/GG, PE, PVC, St) und Schraubverbindungen (PE). Schweißen (PE, St) und Kleben (GFK) sind dagegen nicht lösbare Verbindungen. Weiterführende Darstellungen finden sich in der Fachliteratur, siehe z. B. Merkl (2008), Wagner (2008b) und Fritsch u. a. (2014).

3.2 Armaturen

3.2.1 Bauarten

Armaturen sind Bauteile von Rohrleitungen, die durch Öffnen und Schließen, teilweises Schließen, Aufteilen des Wasserstroms oder Mischen des Wasserstroms den Durchfluss oder den Druck in der Rohrleitung beeinflussen (DVGW W 334 (M), 2007). Die DIN EN 736-1 (1995) unterscheidet Armaturen entsprechend ihrer Bauart bzw. der Arbeitsbewegung des Abschlusskörpers und der Strömungsrichtung im Bereich des Abschlusskörpers. Bei einem Schieber bewegt sich der Abschlusskörper geradlinig und quer zur Strömungsrichtung. Dagegen erfolgt die Bewegung bei einem Ventil in Strömungsrichtung. Bei einem Hahn dreht sich der Abschlusskörper um eine quer zur Strömungsrichtung stehende Achse und wird durchströmt, wenn die Armatur offen ist. Eine Klappe weist einen Abschlusskörper auf, der sich quer zur Strömung um eine Achse dreht und in der Offenstellung umströmt wird. Bei einer Membranarmatur wird der Durchflusskanal durch Deformation eines flexiblen Abschlusskörpers verändert. Die Grundbauarten sind in Abbildung 3.3 schematisch dargestellt und in Tabelle 3.4 zusammengefasst.

3.2.2 Einsatzgebiete

Armaturen werden in der Wasserversorgung für verschiedene Aufgaben eingesetzt. Die wichtigsten Einsatzgebiete sind im Folgenden gelistet (DIN EN 736-1, 1995; DVGW W

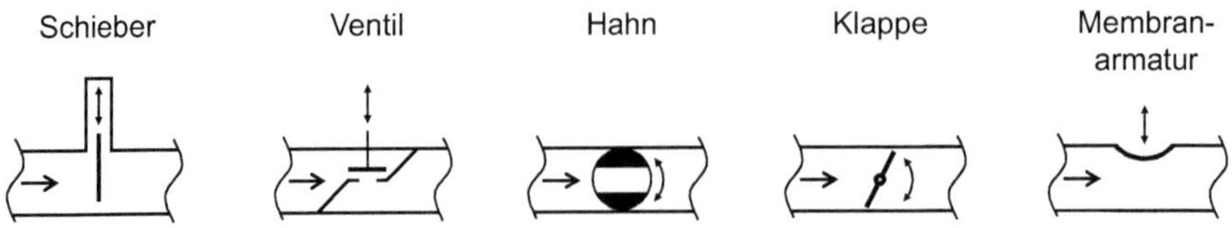

Abbildung 3.3: Grundbauarten von Armaturen gemäß DIN EN 736-1 (1995)

Tabelle 3.4: Grundbauarten von Armaturen gemäß DIN EN 736-1 (1995)

Grundbauart	Arbeitsweise	Strömungsrichtung
Schieber	geradlinige Bewegung des Abschlusskörpers	quer zur Abschlussbewegung
Ventil	geradlinige Bewegung des Abschlusskörpers	in Richtung der Abschlussbewegung
Hahn	Drehung des Abschlusskörpers	durch den Abschlusskörper
Klappe	Drehung des Abschlusskörpers	um den Abschlusskörper
Membranarmatur	Deformation eines flexiblen Bauteils	verschiedene Ausführungen möglich

331 (M), 2000; DVGW W 335 (M), 2000; DVGW W 332 (M), 2006; DVGW W 334 (M), 2007):

- Absperrung von Rohrleitungsabschnitten
- Regelung des Drucks oder Durchflusses in einer Rohrleitung
- Regelung des Wasserspiegels in einem Behälter
- Verhinderung eines Durchflusses in eine bestimmte Fließrichtung
- Be- und Entlüftung von Rohrleitungen
- Bereitstellung von Löschwasser
- Entleerung und Spülung von Rohrleitungen

Armaturen mit einer der im vorigen Kapitel dargestellten Bauarten können mitunter für mehrere der genannten Aufgaben eingesetzt werden. Tabelle 3.5 gibt einen Überblick, welche Bauarten für bestimmte Aufgaben eingesetzt werden. Schieber werden hauptsächlich zur Absperrung eingesetzt. Ventile finden insbesondere zur Regelung Anwendung, aber auch zur Be- und Entlüftung sowie für Rohrnetzspülungen und zur Löschwasserbereitstellung (Hydranten). Hähne werden in der Wasserversorgung nur noch für Sonderfälle eingesetzt. Klappen werden für die Absperrung von Rohrleitungen mit größeren Nennweiten und zur Rückflussverhinderung verwendet. Membranarmaturen kommen hauptsächlich zur Regelung zum Einsatz.

Im Folgenden werden die wichtigsten Einsatzgebiete von Armaturen bzw. Armaturenty-

Tabelle 3.5: Einsatzgebiete der Grundbauarten von Armaturen

Einsatzgebiet	Schieber	Ventil	Hahn	Klappe	Membranarmatur
Absperrung	✓	(✓)	(✓)	✓	(✓)
Regelung		✓		(✓)	✓
Rückflussverhinderung		(✓)		✓	(✓)
Be- und Entlüftung		✓			
Spülung/Löschwasser		✓			

pen näher vorgestellt. Eine detaillierte Darstellung der baulichen Ausführungen und Funktionsweisen von Armaturen findet sich beispielsweise bei Wagner (2008a). Der Einsatz von Armaturen im Kontext der Wasserverteilung wird im DVGW-Regelwerk, insbesondere im DVGW W 331 (M) (2000), DVGW W 335 (M) (2000), DVGW W 332 (M) (2006), DVGW W 334 (M) (2007) und DVGW W 400-1 (A) (2015), sowie von Berndt u. a. (2001), Merkl (2008) und Fritsch u. a. (2014) beschrieben.

Absperrarmaturen: Zur Absperrung von Rohrleitungen im Rohrnetz mit Nennweiten bis maximal DN 300 werden vor allem Schieber, für Nennweiten über DN 300 Klappen eingesetzt (DVGW W 332 (M), 2006). Die Schaltstellung einer Absperrarmatur ist entweder geschlossen oder vollständig geöffnet. Im DVGW W 400-1 (A) (2015) sind Anhaltswerte für den maximalen Abstand zwischen zwei Absperrarmaturen angegeben. Bei Hauptleitungen soll die Absperrstrecken-Länge unter 1000 m, bei Versorgungsleitungen unter 400 m bei offener Bebauung und unter 300 m bei geschlossener Bebauung liegen. Im DVGW W 400-1 (A) (2004)[1] wurde außerdem gefordert, dass an einer Rohrleitungsverzweigung mit beidseitigem Abzweig (Doppel-T) in Gebieten mit hoher Bebauungsdichte vier Absperrarmaturen, in Gebieten mit kleiner Bebauungsdichte drei Absperrarmaturen zu installieren sind.

Regelarmaturen: Regelarmaturen wirken über einen lokalen Druckverlust auf den Durchfluss oder den Druck in einer Rohrleitung ein. Dabei kann die Schaltstellung zwischen geschlossen und vollständig geöffnet sein. Das DVGW W 335 (M) (2000) unterscheidet im Sinne einer Regelaufgabe die Druck-, Durchfluss- und Niveauregelung sowie die Kombination vorgenannter Regelaufgaben. Bei der Druckregelung wird ein nahezu konstanter Solldruck am Armatureneingang (Druckhaltung) oder Armaturenausgang (Druckreduzierung) gehalten. Aufgabe der Durchflussregelung ist das Halten eines annähernd konstanten Solldurchflusses. Bei der Niveauregelung wird ein Wasserstand nahe einem Sollwert oder innerhalb eines Sollwertbereichs (Hysterese) gehalten.

Zur Regelung werden hauptsächlich Ventile und Membranarmaturen bzw. Membranventile verwendet. Klappen sind auf Grund ungünstiger Verhältnisse von Öffnungsgrad zu Durchfluss sowie möglicher Schwingung und Kavitation nur begrenzt zur Regelung einsetzbar. Schieber eignen sich auf Grund der Kavitationsgefahr in Drosselstellung nicht zur Regelung. Bei Regelarmaturen werden eigenmediumgesteuerte und fremdenergiegesteuerte Armaturen unterschieden. Bei eigenmediumgesteuerten Regelarmaturen wird das durchströmende Wasser als Antrieb der Regelung genutzt, z. B. bei membrangesteuerten Regelventilen. Fremdenergiegesteuerte Regelarmaturen benötigen einen externen Antrieb. Verbreitete fremdenergiegesteuerte Regelarmaturen sind beispielsweise Ringkolbenventile, die als Druckminderer eingesetzt werden, und Kolbenventile mit Schwimmersteuerung zur Niveauregelung. Weitere Ausführungen zu Regelarmaturen finden sich im DVGW W 335 (M) (2000) und in der oben genannten weiterführenden Literatur.

Rückflussverhinderer: Rückflussverhindernde Armaturen lassen einen Durchfluss nur in eine Richtung zu (DVGW W 332 (M), 2006). Sie öffnen selbständig bei Durchfluss in die zugelassene Richtung. Ebenso wird der Durchfluss in die entgegengesetzte Richtung (Rückfluss) selbständig verhindert. Als Rückflussverhinderer werden insbesondere Klappen, z. B. Rückschlagklappen, eingesetzt. Es finden aber auch Ventile, z. B. Kugelrückschlagventile, und Membranarmaturen Verwendung.

Be- und Entlüftungsventile: An den Hochpunkten von Zubringer- und Fernleitungen sowie am höchsten Punkt absperrbarer Teilstrecken der Haupt- und Versorgungsleitungen eines Versorgungsnetzes müssen Be- und Entlüftungen mit den entsprechenden Armaturen vorgesehen werden (DVGW W 334 (M), 2007; DVGW W 400-1 (A), 2015). Zur Be- und Entlüftung von Rohrleitungen werden Ventile, z. B. Doppelkammerventile mit Kugeln, eingesetzt.

Hydranten: Für Betriebsmaßnahmen (Rohrnetzspülung, Be- und Entlüftung sowie Entleerung von Rohrleitungsabschnitten), für die Bereitstellung von Löschwasser und für sonstige Zwecke, z. B. die Versorgung von Baustellen und die Straßenreinigung, werden Hydranten eingesetzt (DVGW W 331 (M), 2000; DVGW W 400-1 (A), 2015). Hydranten sind spezielle Ventile, die ober- oder unterirdisch angeordnet und entsprechend als Überflur- und Unterflurhydranten bezeichnet werden. Sie sind entweder unmittelbar oder seitlich verschleppt über eine Stichleitung an eine Rohrleitung angeschlossen. Für die öffentliche Wasserversorgung sind Überflurhydranten in DN 80/100/150 und Unterflurhydranten in DN 80 erhältlich (Fritsch u. a., 2014). Die Abgänge der Überflurhydranten sind als standardisierte Festkupplungen zum Anschluss von Feuerwehrschläuchen ausgeführt. Neuere Überflurhydranten haben in der Regel zwei sogenannte B-Abgänge mit einem Innendurchmesser von ca. 65 mm (DIN 14308-1, 1985; DIN 14308-2, 1986). Ab DN 100 kann zusätzlich ein tiefer sitzender A-Abgang angebracht sein, der allerdings lediglich für den Anschluss von Druckschläuchen, nicht wie bei B-Abgängen auch für Saugschläuche, bestimmt ist (Fritsch u. a., 2014). A-Abgänge haben einen Innendurchmesser von ca. 100 mm (DIN 14309, 1985). Unterflurhydranten haben lediglich einen Abgang mit einer Klaue. An den Abgang wird zur Wasserentnahme ein Standrohr mit entsprechender Klauenmutter angeschlossen. Das Standrohr wiederum verfügt über standardisierte Abgänge zum Anschluss von Feuerwehrschläuchen. Üblicherweise sind ein oder zwei B-Abgänge angebracht. Abbildung 8.4 zeigt die Wasserentnahme an einem Überflurhydranten und an Unterflurhydranten mit Standrohren.

Der Durchfluss durch einen Hydranten bei einem Druckabfall von 1,0 bar wird vom Hersteller angegeben. In den inzwischen ersetzten Normen DIN 3221 (1986) und DIN 3222 (1986) sind in Abhängigkeit der Form und der Nennweite des Hydranten Mindestdurchflüsse $q_{HY\,min}$ bei einer Druckdifferenz von 1,0 bar zwischen Hydranteneingang und Hydrantenausgang definiert. Die Werte sind in Tabelle 3.6 zusammengefasst. DIN 3221 (1986) und DIN 3222 (1986) wurden inzwischen durch DIN EN 14339 (2005) und DIN EN 14384 (2005) ersetzt. Für Unterflurhydranten wird in der DIN EN 14339 (2005) ein Mindestdurchflusswert $q_{HY\,min} = 60\,\mathrm{m}^3/\mathrm{h}$ bei einem Differenzdruck von 1,0 bar mit der Anmerkung genannt, dass höhere Werte empfohlen werden. In der DIN EN 14384 (2005) werden die in Tabelle 3.7 gelisteten Mindestwerte für den Durchflusskoeffizient K_V von Überflurhydranten genannt, der dem Durchfluss $q_{HY\,min}$[2] in m^3/h bei einem Differenzdruck von 1,0 bar im Hydranten entspricht.

Laut DVGW W 331 (M) (2000) sind Hydranten zur Spülung und Entleerung am Ende von Versorgungsleitungen sowie in Ortsnetzen in einem Abstand von 100 m bis 140 m anzuordnen. Im DVGW W 400-1 (A) (2015) wird weiter ausgeführt, dass bei Stichleitungen mit einer Nennweite kleiner DN 100 anstatt eines Hydranten eine Endkappe gesetzt werden kann und dass Rohrleitungen ab DN 400 gesonderte Entleerungen an Tiefpunkten aufweisen sollen. Für die Brandbekämpfung ist gemäß DVGW W 405 (A) (2008) in einem Radius von 300 m um das Brandobjekt die notwendige Löschwassermenge an einem oder mehreren Hydranten bereitzustellen (s. Kap. 6.7 und 9.2). Aus hydraulischen Gesichtspunkten sollten Hydranten an Netzknotenpunkten, also Rohrleitungsverzweigungen bzw. -abzweigen, angeordnet werden (DVGW W 331 (M), 2000; DVGW W 405 (A), 2008). Der Anschluss an das Rohr kann unmittelbar auf oder neben dem Rohr sowie seitlich verschleppt mit ggf. zusätzlicher Absperrung erfolgen (DVGW W 331 (M), 2000).

3.3 Dokumentation

3.3.1 Rohrnetzdokumentation in Planwerken

3.3.1.1 Bestandteile

Die Lage und wichtige Eigenschaften von Rohrleitungen sowie die Netzzusammenhänge werden in Planwerken dokumentiert. In der DIN 2425-1 (1975) ist das analoge Dokumentieren des Rohrnetzes in Planwerken geregelt. Im nicht mehr gültigen DVGW GW 120 (H) (1998) wurde die Anwendung der DIN 2425-1 (1975) konkretisiert und erläutert und mit dem DVGW GW 120 (A) (2010) eine Grundlage für die digitale Rohrnetzdokumentation

[2] In der DIN EN 14384 (2005) als Durchfluss Q in m^3/h bezeichnet.

Tabelle 3.6: Mindestdurchflüsse $q_{HY\,min}$ durch Hydranten bei einer Druckdifferenz von 1,0 bar zwischen Hydranteneingang und Hydrantenausgang gemäß der inzwischen ersetzten Normen DIN 3221 (1986) und DIN 3222 (1986)

Nennweite	$q_{HY\,min}$ in m^3/h	
	ein Abgang	zwei Abgänge
Unterflurhydranten		
DN 80	110	-
Überflurhydranten (Form AU, AUD, BU, BUD)		
DN 80	110	140
DN 100	120	210
Überflurhydranten (Form AFU, AFUD, BFU, BFUD)		
DN 80	110	200
DN 100	nicht definiert	nicht definiert

Tabelle 3.7: Mindestwerte für den Durchflusskoeffizient K_V bzw. den Durchfluss $q_{HY\,min}$ von Überflurhydranten bei einer Druckdifferenz von 1,0 bar zwischen Hydranteneingang und Hydrantenausgang gemäß DIN EN 14384 (2005)

Nennweite	$q_{HY\,min}$ in m^3/h			
	ein B-Abgang	zwei B-Abgänge	ein A-Abgang	zwei A-Abgänge
DN 80	80	140	-	-
DN 100	80	140	160	-
DN 150	80	140	160	280

veröffentlicht. Hinweise zur Dokumentation einer Planung sind außerdem im DVGW W 400-1 (A) (2015) gegeben.

Wesentliche Bestandteile des Planwerks sind Aufnahmeskizzen, Bestandspläne und Übersichtspläne, die im Folgenden kurz beschrieben sind. Beispiele der Bestandteile des Planwerks sind z. B. im DVGW GW 120 (A) (2010) dargestellt.

Aufnahmeskizzen: Neuverlegungen oder Veränderungen an bestehenden Rohrleitungen werden in Aufnahmeskizzen dokumentiert. Darin werden in einem Grundriss die Örtlichkeit (Topographie, Gebäude, Flurstücksnummer, Straßennamen und Hausnummern usw.) sowie die Rohrleitungen mit leitungsspezifischen Angaben (Leitungstyp, Nennweite, Werkstoff, Rohrauskleidung, Einbauteile, Armaturen usw.) dargestellt. Außerdem sind in Aufnahmeskizzen die Einmessungen der Rohrleitungen mit allen Bauteilen dokumentiert. In der Regel werden Aufnahmeskizzen in einem Normformat, z. B. DIN A4, und nicht zwingend maßstäblich angefertigt. Aufnahmeskizzen bilden die Grundlage für die Erstellung von Bestandsplänen.

Bestandspläne: In einem Bestandsplan wird ein Ausschnitt eines Rohrnetzes als graphischer Nachweis aller Rohrleitungen und Betriebseinrichtungen im Ausschnitt dargestellt. Er dient als Arbeitsmittel für Planung, Bau, Betrieb und Instandhaltung sowie als Basis für die Auskunft über das Rohrnetz. Ein Bestandsplan umfasst die Darstellung aller Einzelheiten der Zubringer-, Haupt-, Versorgungs- und Anschlussleitungen (Nennweiten und Werkstoffe sowie deren Wechsel, ggf. Baujahr, Rohrinnen- und Rohraußenschutz, Armaturen, Speicherbehälter usw.). Auf die Darstellung von z. B. Rohrfolgen, Rohrverbindungsarten, Anbohrarmaturen und Dichtschellen wird verzichtet. Bei Rohrleitungen aus PE wird der Außendurchmesser, nicht die Nennweite angegeben. Die Angabe kann um die Wandstärke ergänzt werden. Eine umfassende Liste der Planinhalte findet sich im DVGW GW 120 (A) (2010). Die Planinhalte werden in einer vereinfachten Darstellung mit Planzeichen und Kurzzeichen ausgeführt (s. Kap. 3.3.1.2). Für die Bestandspläne eines zusammenhängenden Versorgungsgebiets wird üblicherweise ein einheitlicher Maßstab gewählt. Regelmaßstäbe sind 1 : 250 für dicht bebaute Stadtgebiete oder bei hoher Leitungsdichte, 1 : 500 für mittlere Bebauung mit normaler Leitungsdichte und 1 : 1000 für ländliche, locker bebaute Gebiete. In der DIN 2425-1 (1975) werden die Maßstäbe 1 : 500 für dicht bebaute und 1 : 1000 für locker bebaute Gebiete empfohlen. Als Kartengrundlage (Basiskarte) sollte die amtliche Liegenschaftskarte (Katasterkarte) und die Stadtgrundkarte verwendet werden. Dabei sollen laut DIN 2425-1 (1975) neben den Flurstücksgrenzen, Grenzsteinen, Polygonpunkten und Gebäuden alle wichtigen topographischen Einzelheiten, Straßennamen und Hausnummern sowie relevante Eintragungen zur Örtlichkeit, z. B. Straßenbegrenzungslinien, Stützmauern usw., verzeichnet werden.

Übersichtspläne: Ganze Versorgungsgebiete werden in Übersichtsplänen dargestellt, die hauptsächlich für den Betrieb und die Planung von Netzerweiterungen oder Netzmodifikationen genutzt werden. Im Übersichtsplan werden alle Zubringer-, Haupt- und Versorgungsleitungen mit Nennweiten sowie die für den Betrieb wichtigen Armaturen dargestellt. Außerdem werden Druckzonen, Straßennamen, Förder- und Druckerhöhungsanlagen, Speicherbehälter und Wassergewinnungen verzeichnet. Die darzustellenden Planinhalte sind detailliert im DVGW GW 120 (A) (2010) gelistet. Als Kartengrundlage wird die Deutsche Grundkarte (topographische Karte) oder eine entsprechende amtliche Karte verwendet. Der Maßstab entspricht dem der Kartengrundlage, also 1 : 5000 bei Verwendung der Deutschen Grundkarten. Für großräumige Versorgungsgebiete werden auch die Maßstäbe 1 : 10000 und 1 : 25000, bei Fernleitungen auch 1 : 50000 verwendet.

3.3.1.2 Ausführung

Die Gestaltung des Planwerks ist in der DIN 2425-1 (1975) vorgegeben und im DVGW GW 120 (A) (2010) ausgeführt. Rohrleitungen werden als durchgezogene Linien dargestellt. Rohrleitungen mit unsicherem Verlauf werden durch eine punktierte, geplante Rohrleitungen durch eine gestrichelte Linie gekennzeichnet. Nennweiten werden durch die Linienstärke verdeutlicht. In der DIN 2425-1 (1975) werden dafür Linienbreiten zwischen

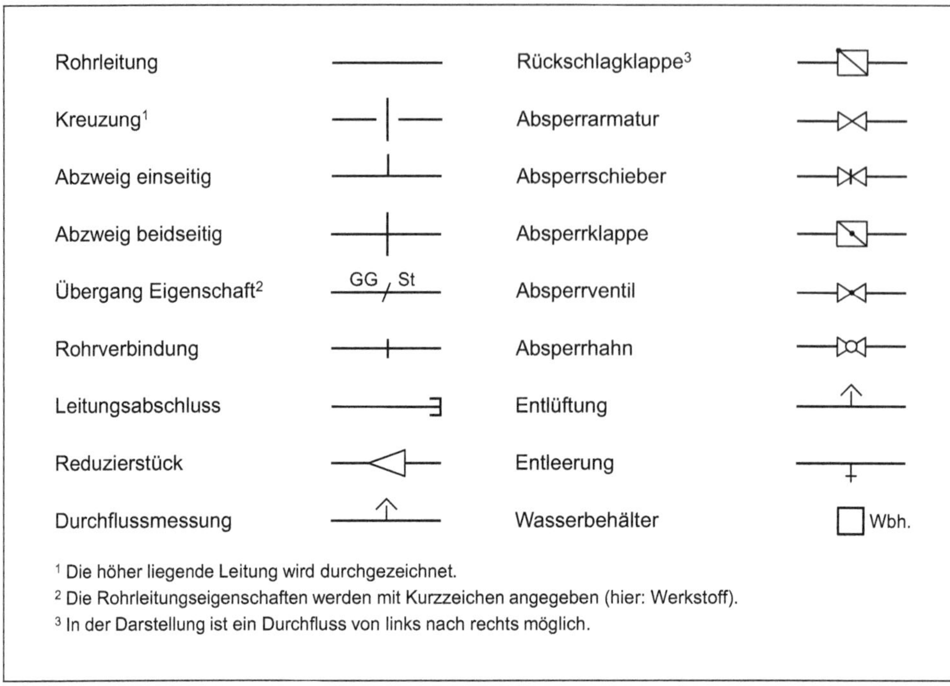

Abbildung 3.4: Planzeichen für Fernleitungen gemäß DIN 2425-3 (1980)

0,25 mm und 2,0 mm in Abhängigkeit des Durchmessers und Planmaßstabs empfohlen.

Die Bestandteile von Rohrleitungen werden im Planwerk vereinfacht dargestellt. Die dazu verwendeten Darstellungen und Bildzeichen werden Planzeichen genannt. Die Planzeichen für Fernleitungen sind in der DIN 2425-3 (1980), die Planzeichen für Zubringer-, Haupt-, Versorgungs- und Anschlussleitungen in der DIN 2425-1 (1975) festgelegt. Einen Auszug der Planzeichen zeigen die Abbildungen 3.4 und 3.5. Im DVGW GW 120 (A) (2010) sind vereinzelt abweichende Darstellungen angeführt, z. B. werden Druckregelanlagen mit einem nicht gefüllten Rechteck mit integriertem Dreieck, Zähler außerhalb von Gebäuden mit einem nicht gefüllten Rechteck, das mit einem kurzen Strich mit der Rohrleitungslinie verbunden ist, und Entlüftungen mit einem gefüllten Dreieck dargestellt.

Rohrleitungseigenschaften wie Rohrleitungstyp, Nennweite und Werkstoff werden mit Kurzzeichen angegeben. Die in der DIN 2425-1 (1975) und im DVGW GW 120 (A) (2010) definierten Kurzzeichen sind in Abbildung 3.6 zusammengefasst. Die Kurzzeichen werden über die Linie geschrieben, die die Rohrleitung darstellt. Üblich ist die Reihenfolge Rohrleitungstyp, Nennweite, Werkstoff. Der Wert der Nennweite wird dabei gemäß DIN 2425-1 (1975) ohne vorangestellte Abkürzung „DN" angegeben. Im DVGW GW 120 (A) (2010) wird dagegen empfohlen Außendurchmesser ohne und Nennweiten mit vorangestellter Abkürzung „DN" anzugeben. Die Eigenschaften einer Versorgungsleitung aus Grauguss mit der Nennweite DN 100 werden z. B. nach DIN 2425-1 (1975) mit den Kurz-

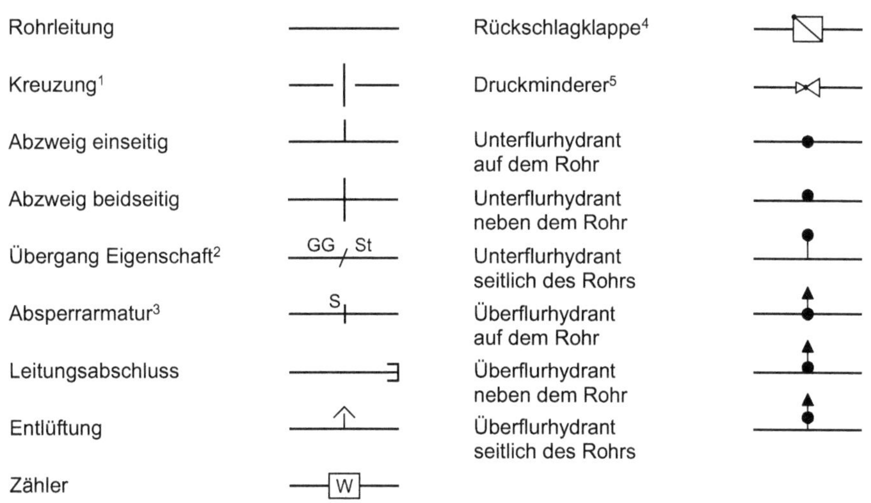

[1] Die höher liegende Leitung wird durchgezeichnet.
[2] Die Rohrleitungseigenschaften werden mit Kurzzeichen angegeben (hier: Werkstoff).
[3] Die Bauart wird mit einem Kurzzeichen angegeben (hier: Schieber).
[4] In der Darstellung ist ein Durchfluss von links nach rechts möglich.
[5] In der Darstellung liegt links der Eingangsdruck und rechts der Ausgangsdruck an. Zusätzlich können die Drücke, über die Leitungslinie geschrieben, angegeben werden.

Abbildung 3.5: Planzeichen für Zubringer-, Haupt-, Versorgungs- und Anschlussleitungen gemäß DIN 2425-1 (1975)

zeichen VW 100 GG angegeben. Die Beschriftung kann um weitere Kurzzeichen für den Außen- und Innenschutz sowie den Verbindungstyp ergänzt werden. Bei einer Zementmörtelauskleidung und Steck-Muffen-Verbindung ergibt sich z. B. die Beschriftung VW 100 GG Zm Sm.

Höhenangaben werden auf Normalnull (NN) und üblicherweise die Oberkante der Rohrleitung bezogen (DVGW GW 120 (H), 1998). Im Planwerk werden Höhen senkrecht zur Rohrleitungslinie und unterstrichen angegeben. Der Strich zeigt dabei auf den entsprechenden Höhenpunkt. Drücke werden in der Einheit bar und unter Angabe der Einheit über die Rohrleitungslinie geschrieben (DIN 2425-1, 1975).

3.3.2 Digitale Rohrnetzdokumentation

3.3.2.1 Geoinformationssysteme

Heute werden Planwerke meist digital geführt. Gegenüber Computer-Aided Design (CAD)-Anwendungen hat sich die Nutzung eines Geoinformationssystems (GIS) für die

Rohrleitungstyp:

- Zubringerleitung für Wasser: ZW
- Hauptleitung für Wasser: HW
- Versorgungsleitung für Wasser: VW
- Anschlussleitung für Wasser: AW

Rohrleitungswerkstoff:

- Asbestzement AZ
- Duktiles Gusseisen GGG
- Grauguss GG
- Polyethylen hart PEh
- Polyethylen high density PE HD
- Polyethylen molekülvernetzt PE X
- Polyethylen weich PEw
- Polyvinylchlorid PVC
- Spannbeton Spb
- Stahl St
- Stahlbeton Sb

Bauart der Absperrarmatur:

Schieber: S
Klappe: K
Hahn: H

Außen- und Innenschutz der Rohrleitung:

- Bituminöse Auskleidung Bi
- Bituminöse Umhüllung Ba
- Doppelte bituminöse Umhüllung dBa
- Faserzementumhüllung Zma
- Folienauskleidung innen Fi
- Gewebeschlauchauskleidung innen Si
- Kunststoffauskleidung Ki
- Kunststoffumhüllung Ka
- Polyethylenrelining ohne Ringraum PoR
- Polyethylenrelining mit Ringraum PmR
- Zementmörtelauskleidung Zm

Verbindungsart der Rohrleitung:

- Stemm-Muffen-Verbindung - / St
- Schraub-Muffen-Verbindung Sr
- Steck-Muffen-Verbindung Sm
- Schweiß-Verbindung Sw
- Gummi-Rollring-Verbindung Grr
- Stopfbuchs-Verbindung Stb
- Klebemuffe Kl
- Klemm-Verbindung Km
- Flansch-Verbindung Fl

Abbildung 3.6: Kurzzeichen gemäß DIN 2425-1 (1975) und DVGW GW 120 (A) (2010)

digitale Rohrnetzdokumentation durchgesetzt.

Unter einem GIS wird die rechnergestützte Verwaltung, Verarbeitung und Visualisierung raumbezogener Daten (Geodaten) verstanden. Ein GIS besteht aus den vier Komponenten Hardware, Software, Geodaten sowie Datenverwaltungs- und Datenverarbeitungsfunktionen. Oft wird unter dem Begriff GIS aber auch alleine die Software mit Anwendungsfunktionalitäten verstanden.

Als Geodaten werden in einem Bezugssystem lokalisierbare Informationen bezeichnet. Geodaten umfassen dabei die Rauminformation an sich sowie verknüpfte Sachdaten (Attribute). Grundlegend können räumlich abgrenzbare Objekte (Entitäten), wie z. B. Leitungen oder Wasserbehälter, und kontinuierliche Informationen, wie z. B. Flächennutzungen oder Bevölkerungsverteilungen, unterschieden werden. Entitäten und kontinuierliche Felder der realen Welt können unterschiedlich abgebildet und dementsprechend als verschiedene Datentypen gespeichert werden. Die wichtigsten Datentypen sind im Folgenden kurz vorgestellt.

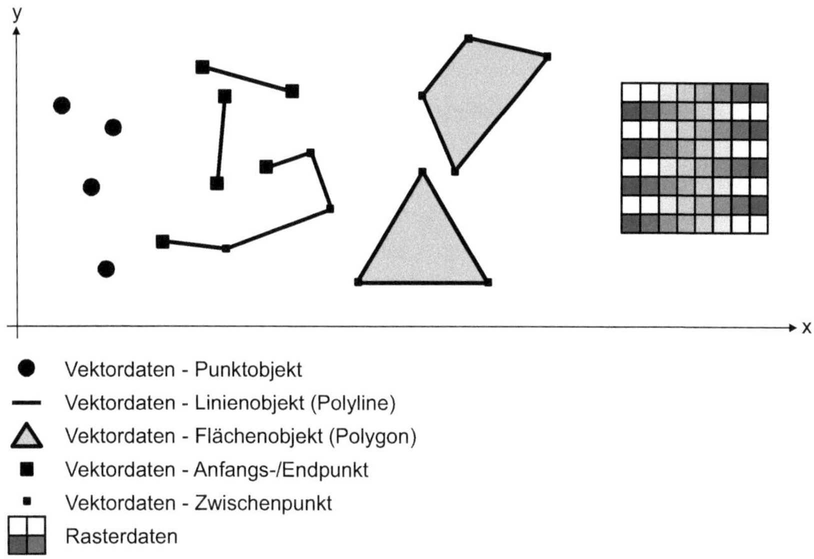

Abbildung 3.7: Vektor- und Rasterdaten

Vektordaten: Vektordaten sind Punkt-, Linien- oder Flächenobjekte mit einem Raumbezug und verknüpften Sachdaten (Attribute). Der Raumbezug ist über Koordinaten im jeweiligen Bezugssystem definiert. Eine Linie (Polylinie) hat einen Anfangs- und einen Endpunkt, deren Verbindung aus mehreren geradlinigen Segmenten mit entsprechenden Stützstellen, den Zwischenpunkten (Vertices), bestehen kann. Flächen (Polygone) sind im Wesentlichen geschlossene Linienzüge. Vektordaten sind schematisch in Abbildung 3.7 dargestellt.

Rasterdaten: Rasterdaten bilden flächenhafte Elemente ab, wie Abbildung 3.7 schematisch zeigt. Dabei wird die abzubildende Fläche gleichmäßig in ein aus quadratischen Einheiten (Rasterzellen) gleicher Größe (Auflösung) bestehendes Raster (Gitter) unterteilt. Jedes Raster besitzt einen Ursprung, über dessen Koordinaten im Bezugssystem sowie die vorgegebene Größe der Rasterzellen die Lage und Größe des Rasters definiert ist. Die Lage der Rasterzellen sind rasterintern ähnlich den Elementen einer Matrix über Zeilen- und Spaltenzugehörigkeit definiert. Jeder Rasterzelle kann ein Wert zugewiesen werden, der letztendlich die abzubildende Fläche im Bereich der Rasterfläche beschreibt.

Sachdaten: Sachdaten sind grundsätzlich mit raumbezogenen Daten verknüpft. Demnach können sie als zu den oben beschriebenen Datentypen zugehörig betrachtet werden, obwohl sie eigentlich einen eigenen Datentyp darstellen. Sachdaten sind meist in Datensätzen organisiert, die in relationalen Datenbanken gespeichert werden. Die Datensätze sind über eindeutige Bezeichnungen mit den Objekten der Geodaten verknüpft und dadurch im GIS verfügbar.

Geodaten können im GIS im Allgemeinen flexibel in verschiedenen Ebenen visualisiert werden. Ein GIS zeichnet sich aber vor allem durch die Möglichkeiten zur Verknüpfung und Analyse von Geodaten über ihren Raumbezug und ihre Attribute aus und unterscheidet sich dadurch von rein darstellerischen Werkzeugen, wie z. B. CAD-Anwendungen.

Softwareerweiterungen und -anpassungen gängiger GIS-Produkte für spezielle Anwendungsfälle werden Fachschalen genannt. Oft bestehen die Fachschalen aus einer Ansammlung spezieller Werkzeuge, die in einer eigenen Werkzeugleiste in die Benutzeroberfläche eines GIS integriert sind, sowie eines auf die Anwendung abgestimmten Datenmodells. Weiterführende Informationen zu GIS finden sich in der Fachliteratur, z. B. bei DeMers (2005).

3.3.2.2 Netzinformationssysteme

Ein GIS zur digitalen Rohrnetzdokumentation wird auch als Netzinformationssystem (NIS) bezeichnet. Im DVGW GW 122 (H) (2008) werden die Erfassung, Verwaltung, Analyse und Visualisierung von Betriebsmitteldaten als Aufgaben eines NIS definiert. Die Betriebsmitteldaten sind dabei auf die Netztopologie zu beziehen, die in einem einheitlichen Bezugssystem zu führen ist.

Der DVGW (1996) hat zur Umsetzung eines NIS einen Standard erarbeitet, der in umfangreichen Berichten dokumentiert ist. Einen Überblick geben Köhler und Sattler (1996). Das sogenannte Basismodell eines Netzinformationssystems für Gas- und Wasserversorgungsunternehmen (GAWANIS) umfasst folgende Komponenten:

- Anforderungskatalog (Grundanforderungen, Fragenkatalog bzw. Pflichtenheft, Empfehlungen zur Bewertung des Fragenkatalogs, Bewertungskatalog)
- Datenmodell
- Style-Guide
- Zeichenvorschrift

Das Datenmodell definiert die abzubildenden Objekte mit ihren Attributen sowie die Topologie, also die logische Beziehung aller Objekte zueinander. Dabei ist die Anbindung weiterer Informationssysteme, z. B. die Verkaufsabrechnung oder das Leitsystem, sowie die Verwendung der Daten des NIS für die Erstellung eines Rohrnetzmodells gemäß DVGW GW 303-2 (H) (2006)[3] berücksichtigt. Für die Umsetzung des Rohrnetzes im NIS werden im Hinblick auf die Datennutzung für ein Rohrnetzmodell folgende Prinzipien empfohlen (s. auch Kap. 3.4):

- Rohrleitungsabschnitte mit gleichbleibenden Eigenschaften werden als einzelne Objekte einer eigenen Objektklasse abgebildet.

[3] 2017 zurückgezogen.

- Jeder Rohrleitungsabschnitt hat einen Anfangs- und einen Endknoten.
- Jedem Rohrleitungsabschnitt sind die gleichen Attribute (z. B. Material, DN usw.) zugewiesen.
- Anschlussleitungen werden als Objekte einer eigenen Objektklasse abgebildet.
- Mehrere Anschlussleitungsobjekte können mit einem Rohrleitungsobjekt verknüpft sein.
- Die Verbindungen von Rohrleitungsabschnitten und Anschlussleitungen werden mit Anschlussknoten definiert.
- Armaturen und Formstücke werden über eigene Objektklassen definiert.

Ein NIS bietet in der Regel die Möglichkeit neben den Betriebsmitteldaten weitere Geodaten, die für die Wasserverteilung von Relevanz sind, zu integrieren. Dadurch ist es z. B. möglich, Daten, die nicht vorliegen aber von Interesse sind, aus Sekundärdaten und ggf. Betriebsmitteldaten zu entwickeln. z. B. können Höhen aus einem digitalen Geländemodell oder von Schächten des Abwassernetzes den Rohrleitungsabschnitten zugewiesen werden (s. auch Kap. 3.4.4).

3.3.3 Armaturen

Lage sowie Bauart und Aufgabe bzw. Einsatzgebiet einer Armatur sind in der Rohrnetzdokumentation festgehalten (s. Kap. 3.3.1 und 3.3.2). Die genaue bauliche Ausführung einer Armatur sowie deren hydraulische Eigenschaften, z. B. die Kennlinien des Verlustbeiwerts ζ in Abhängigkeit des Öffnungsgrads einer Drosselarmatur, sind in Herstellerdokumentationen beschrieben. (Abbildung 3.12 zeigt eine beispielhafte Kennlinie einer Drosselarmatur.) Bei Serienproduktion sind diese technischen Spezifikationen meist auch auf den Webseiten der Hersteller in verschiedenen Datenformaten verfügbar.

3.4 Modellierung

3.4.1 Rohrleitungen

3.4.1.1 Topologie und räumliche Lage

Wie in Kapitel 2.2 beschrieben, werden die Rohrleitungen eines Rohrnetzes mit einem Knoten-Stränge-Modell (Digraph) abgebildet. Ein Rohrleitungsabschnitt mit homogenen, für die Rohrnetzberechnung relevanten Eigenschaften wird dabei als Strang modelliert. Knoten stellen die Verbindungspunkte von Strängen dar. Durch die Zuordnung von Anfangs- und Endknoten zu jedem Strang über die Angabe der entsprechenden eindeutigen Bezeichnungen der Knoten wird der logische Zusammenhang (Topologie) des Rohrnetzes eindeutig definiert, also die Verbindungen der Rohrleitungen miteinander.

Durch die Angabe der X- und Y-Koordinaten und geodätischen Höhen h_{geo} der Anfangs- und Endknoten wird die räumliche Lage des Rohrleitungsnetzes definiert. Die Koordinaten dienen lediglich der Darstellung. Durch die Angabe einer Länge l als Eigenschaft eines

Rohrleitungsabschnitts bzw. Strangs ist die Zuordnung von Koordinaten zu den Knoten für die Rohrnetzberechnung unerheblich (s. Kap. 3.4.1.2). Die Angabe einer Höhe h_{geo} für jeden Knoten ist allerdings für die Berechnung der Druckhöhe P an den Knoten notwendig. Die Druckhöhe P ergibt sich gemäß Gleichung 2.7 aus der Potentialhöhe H und der geodätischen Höhe h_{geo} ($P = H - h_{geo}$). Fehlt eine Höhenangabe an einem Knoten, kann die Rohrnetzberechnung trotzdem durchgeführt werden, da zunächst die Potentialhöhe H berechnet und aus dieser die Druckhöhe P abgeleitet wird (s. Kap. 2.4). Am betreffenden Knoten wird in diesem Fall die geodätische Höhe h_{geo} gleich Null gesetzt ($h_{geo} = 0$). Statt der Druckhöhe P ergibt die Rohrnetzberechnung dann die Potentialhöhe H.

Als geodätische Höhe h_{geo} eines Knotens wird idealerweise die tatsächliche Höhe der Rohrleitung an dieser Stelle angegeben, analog zum Vorgehen bei der Rohrnetzdokumentation (s. Kap. 3.3.1.2). Ist diese nicht bekannt, ist es gemäß DVGW GW 303-1 (A) (2006) ausreichend, die geodätische Höhe h_{geo} auf die Geländehöhe zu beziehen. Für eine bessere Genauigkeit kann von der Geländehöhe die Überdeckung abgezogen werden, sofern entsprechende Informationen verfügbar sind. Falls nicht, können die in Tabelle 3.3 gelisteten Richtwerte für die Mindestüberdeckung t_{min} herangezogen werden. Im Hinblick auf die Genauigkeit der Rechenergebnisse kann gemäß DVGW GW 303-1 (A) (2006) eine Abweichung $a_{h_{geo}}$ von $\pm 1{,}0\,\mathrm{m}$ toleriert werden (s. Gl. 3.1). Es ist zu beachten, dass für Messpunkte bzw. für die entsprechenden Knoten, die bei der Modellkalibrierung genutzt werden, höhere Genauigkeitsanforderungen gelten, wie in Kapitel 8.3.1 dargestellt ist.

$$a_{h_{geo}} = \pm 1{,}0\,\mathrm{m} \tag{3.1}$$

Zusammengefasst sind also für jeden Strang ein Anfangs- und ein Endknoten anzugeben. Zur Berechnung der Druckhöhen P ist außerdem für jeden Knoten die Angabe der geodätischen Höhe h_{geo} notwendig. Die zusätzliche Angabe von X- und Y-Koordinaten ist für die Darstellung der Rohrleitungen relevant. Die erforderlichen Knoten- und Strangattribute sind, zusammen mit den im nächsten Kapitel behandelten Rohreigenschaften, in Abbildung 3.8 gelistet.

Für die vollständige Definition der Topologie und der räumlichen Lage eines Rohrnetzes sind in den folgenden Fällen Knoten zu definieren (s. auch Kap. 2.2.1):

- am Anfang und Ende eines Strangs, der einen Rohrleitungsabschnitt repräsentiert
- an der Stelle einer Rohrleitungsverzweigung
- an der Stelle einer Änderung einer Rohrleitungseigenschaft
- an der Stelle, an dem die Druckhöhe berechnet werden soll
- am Anfang und Ende eines Strangs, der eine Armatur repräsentiert
- an der Stelle einer Wassereinspeisung
- am Anfang und Ende eines Strangs, der eine Pumpe bzw. Druckerhöhung repräsentiert
- an der Stelle einer Wasserentnahme

Da Stränge Rohrleitungsabschnitte mit gleichbleibenden Eigenschaften repräsentieren,

Strang:
- Eindeutige Bezeichnung
- Eindeutige Bezeichnung Anfangsknoten
- Eindeutige Bezeichnung Endknoten
- Länge l
- Durchmesser d
- Rauheit k bzw. betriebliche Rauheit k_2
- Verlustbeiwert ζ [1]

Knoten:
- Eindeutige Bezeichnung
- X-Koordinate
- Y-Koordinate
- Geodätische Höhe h_{geo}

[1] Optional.

Abbildung 3.8: Erforderliche Knoten- und Strangattribute zur Modellierung von Rohrleitungen

ist immer dort ein Knoten zu definieren, wo sich eine Rohreigenschaft ändert. Des Weiteren ist an jeder Rohrleitungsverzweigung ein Knoten zu definieren, auch wenn sich die Eigenschaften der entsprechenden Rohrleitungen nicht ändern. Diese Notwendigkeit ergibt sich aus der Definition, die dem Knoten-Stränge-Modell zu Grunde liegt, nämlich dass einem Strang jeweils genau ein Anfangs- und ein Endknoten zugeordnet ist. Bei einer Verzweigung ist der entsprechende Knoten also Anfangs- oder Endknoten mehrerer Stränge. Außerdem sind immer an Stellen, an denen die Druckhöhe P berechnet werden sollen, Knoten zu definieren.

Ein Richtungswechsel im Verlauf einer Rohrleitung kann ebenfalls mit einem Knoten modelliert werden. Alternativ dazu kann der nicht lineare Verlauf eines Strangs mit sogenannten Zwischenpunkten umgesetzt werden. Analog zu den in Kapitel 3.3.2.1 beschriebenen Zwischenpunkten der Vektordaten sind diese Zwischenpunkte Stützstellen der Liniendarstellung eines Strangs. Die Verwendung von Zwischenpunkten zur Darstellung des Rohrleitungsverlaufs ermöglicht die Reduzierung der Anzahl von Knoten. Eine Berechnung der Druckhöhe an Zwischenpunkten ist nicht möglich, da sie allein der Darstellung dienen.

Armaturen wirken auf den Durchfluss und den Druck im System ein. Auf Grund ihrer hydraulischen Wirkungsweise sind die entsprechenden Modellierungsoptionen meist den Strängen zugeordnet. Soll ein Strang ausschließlich eine Armatur repräsentieren, sind am Anfang und Ende der Armatur Knoten zu definieren und dem zugehörigen Strang als

Länge l die Länge der Armatur zuzuweisen (s. Kap. 3.4.2). In einer graphischen Darstellung wird somit die exakte Lage der Armatur wiedergegeben. Der Strang kann aber auch gleichzeitig einen Rohrleitungsabschnitt repräsentieren, wodurch sich die Anzahl der Knoten reduzieren lässt. Dabei wird die exakte Lage der Armatur in der Darstellung, nicht aber die hydraulische Wirkungsweise, vernachlässigt.

Neben den oben genannten Fällen sind ggf. Knoten zu definieren, die für die Modellierung von Einspeisungen und Speicherbehältern, Förder- und Druckerhöhungsanlagen sowie Wasserverbräuchen und Wasserverlusten notwendig sind (s. Kap. 4 bis 7). Formstücke und Verbindungen werden bei der Modellierung der Rohrleitungen üblicherweise nicht gesondert berücksichtigt, da deren Modellierung für die Abbildung der Topologie und der räumlichen Lage nicht notwendig sind. Die Auswirkungen von Formstücken und Verbindungen auf das Widerstandsverhalten eines Rohrleitungsabschnitts werden überwiegend mit der betrieblichen Rauheit k_2 berücksichtigt (s. Kap. 2.1.4.3, 3.4.1.2 und 8).

Abbildung 3.9 veranschaulicht die Fälle. Jeder der Stränge S_1 bis S_{13} repräsentiert einen Rohrleitungsabschnitt mit gleichbleibendem Durchmesser und hat genau einen Anfangs- und einen Endknoten. Die Knoten K_3, K_5 und K_8 sind notwendig, um die Rohrleitungsverzweigungen an diesen Stellen zu modellieren. Die Richtungsänderung des Strangs S_8 hingegen ist über einen Zwischenpunkt graphisch berücksichtigt. Alternativ dazu kann an Stelle des Zwischenpunkts auch ein Knoten definiert werden, der den Strang S_8 in zwei Stränge teilt. Der Knoten K_4 wird durch den Durchmesserwechsel von DN 150 zu DN 200 notwendig. Der Unterflurhydrant ist durch den Knoten K_1 modelliert. Der Strang S_{10} bildet die Lage des Druckminderers ab. Der Schieber am Beginn der Anschlussleitung (AW 40 PEw) ist im Beispiel nicht explizit als separater Strang berücksichtigt, sondern dem Strang S_4 zugeordnet, der auch die Anschlussleitung repräsentiert. Mit dem Knoten K_2 wird die Wasserentnahme des Hausanschlusses modelliert. Alternativ dazu kann auch die Anschlussleitung vernachlässigt und die Wasserentnahme am Knoten K_3 berücksichtigt werden (s. Kap. 3.4.3). Die Stränge S_2 und S_3 sind nicht mit einem Knoten verbunden, da sich die entsprechenden Rohrleitungsabschnitte lediglich kreuzen. Abbildung 3.10 zeigt einen Auszug aus einem Rohrnetzmodell. Dargestellt sind die Modellknoten und -stränge, Angaben zu Durchmesser und Material der Rohrleitungen sowie ein Hintergrundplan mit unter anderem Gebäudegrundflächen und Straßen. Anschlussleitungen sind im abgebildeten Rohrnetzmodell nicht umgesetzt.

3.4.1.2 Rohreigenschaften

Neben einer eindeutigen Bezeichnung werden Eigenschaften der Rohre, die für die Rohrnetzberechnung notwendig sind, jedem Strang als Attribute zugeordnet. Erforderlich ist die Angabe der Länge l, des Durchmessers d und der Rauheit k bzw. der betrieblichen Rauheit k_2. Optional kann über die Angabe eines Verlustbeiwerts ζ ein örtlicher Druckverlust $h_{vö}$ berücksichtigt werden. Auf die Attribute wird im Folgenden näher eingegangen. In Abbildung 3.8 sind alle notwendigen Angaben zusammengefasst.

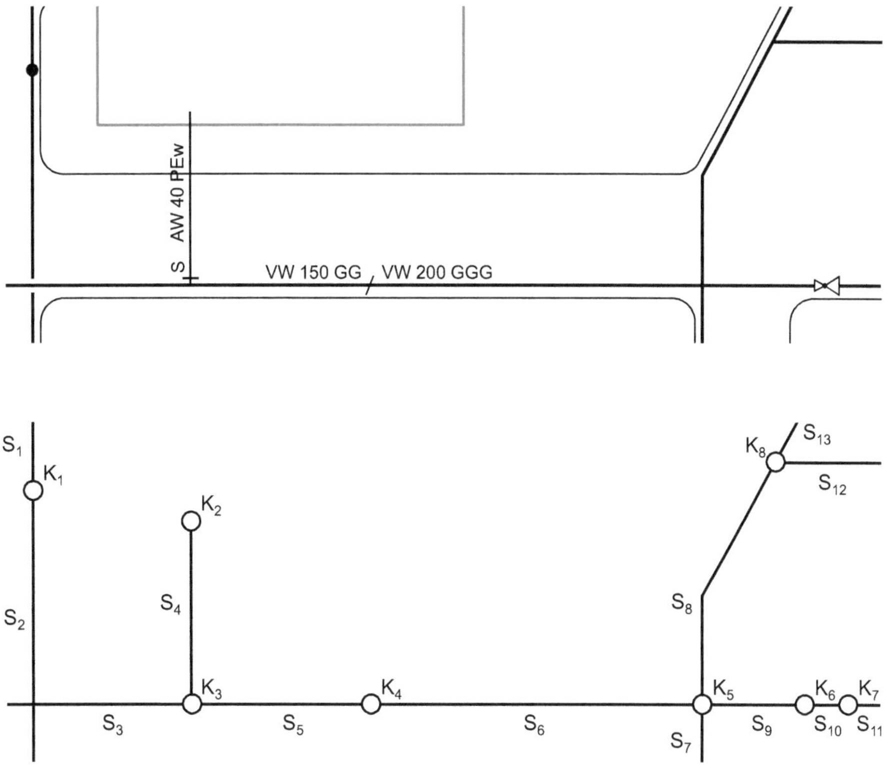

Abbildung 3.9: Vereinfachte Darstellung eines Bestandsplans eines Rohrnetzes (*oben*) und des entsprechenden Modells der Rohrleitungen (*unten*)

Länge: Die Länge l geht in die Berechnung der kontinuierlichen Druckverlusthöhe h_r im Strang ein (s. Kap. 2.1.4). Als Länge l eines Strangs ist daher die tatsächliche Länge des entsprechenden Rohrleitungsabschnitts anzugeben. Die Länge l muss dabei nicht der Koordinatendifferenz des Anfangs- und Endknotens des Strangs entsprechen. Dadurch ist es möglich, Rohrleitungsverläufe im Rohrnetzmodell vereinfacht abzubilden, während die exakte Länge bei der Berechnung berücksichtigt wird. Der Strang S_8 in Abbildung 3.9 kann z. B. auch ohne Zwischenpunkt als direkte Verbindung zwischen den Knoten K_5 und K_8 modelliert werden, sofern bei der Angabe der Länge l der Verlauf mit Zwischenpunkt berücksichtigt wird.

Durchmesser: Als Durchmesser d ist möglichst der hydraulisch wirksame Durchmesser, also der Innendurchmesser (ID) anzugeben. Allerdings wird in der Regel in der Rohrnetzdokumentation lediglich die Nennweite geführt, wie in Kapitel 3.3 ausgeführt wird. Zur Bestimmung des Innendurchmessers können Produktangaben herangezogen werden,

Abbildung 3.10: Auszug aus einem Rohrnetzmodell

sofern diese für die Rohre verfügbar sind oder für vergleichbare Rohre beschafft werden können. Liegen keine Informationen zum Innendurchmesser vor, muss die Nennweite als Durchmesser d angegeben werden. Mögliche Differenzen zwischen tatsächlichem und damit hydraulisch wirksamen Durchmesser und angenommenen Durchmesser d können durch die Berücksichtigung einer entsprechend größeren oder kleineren betrieblichen Rauheit k_2 nur teilweise ausgeglichen werden. Die betriebliche Rauheit k_2 wird im Zuge der Modellkalibrierung ermittelt, wie im Folgenden und in Kapitel 8 erläutert wird.

Rauheit: Die Rauheit eines Rohrs beschreibt dessen Oberflächenbeschaffenheit und beeinflusst dessen Widerstandsverhalten, d. h. die kontinuierlichen Druckverluste h_r (s. Kap. 2.1.4). Anhaltswerte für die Rauheiten neuer Rohre können Tabellenwerken entnommen werden, z. B. von Fritsch u. a. (2014). Die Rauheit eines Rohres kann sich allerdings im Laufe der Lebenszeit signifikant verändern. Ein Rohr kann dabei, bezogen auf die Rauheit des neuen Rohres, glatter oder rauer werden (s. Kap. 8.1). Außerdem kann nicht davon ausgegangen werden, dass die Rauheit in einem Rohrleitungsabschnitt konstant verteilt ist. Zudem können in einem Rohrleitungsabschnitt, z. B. an Formstücken, örtliche Druckverluste $h_{vö}$ auftreten (s. Kap. 2.1.5).

In der Praxis wird daher bei der Rohrnetzberechnung die betriebliche Rauheit k_2 zur Ermittlung der kontinuierlichen Druckverlusthöhe h_r eines Rohrleitungsabschnitts verwendet (DVGW GW 303-1 (A), 2006). Wie bereits in Kapitel 2.1.4.3 ausgeführt, werden mit der betrieblichen Rauheit k_2 alle den Druckverlust steigernden und mindernden Einflüsse von Rohren, Rohrverbindungen, Formstücken und Armaturen im betrachteten Rohrleitungsabschnitt berücksichtigt. Dabei wird angenommen, dass die betriebliche Rauheit k_2 im Rohrleitungsabschnitt, also im Strang, homogen verteilt ist.

Auf Grund der bereits weiter oben angesprochenen individuellen Entwicklung von Rauheiten genügen laut DVGW GW 303-1 (A) (2006) Angaben für die Rauheiten neuer Rohre oder Erfahrungswerte für bestehende Rohre nicht den Anforderungen einer Rohrnetzberechnung. Allerdings lassen sich die Rauheiten eines Rohrnetzes auch nicht direkt messen. Deshalb sind die betrieblichen Rauheiten k_2 grundsätzlich durch die Vergleichsmessungen und Vergleichsrechnungen einer Modellkalibrierung zu bestimmen (s. Kap. 8). Für den Fall, dass eine Modellkalibrierung nicht möglich ist, sind im DVGW GW 303-1 (A) (2006) die in Tabelle 3.8 gelisteten Anhaltswerte angeführt.

Tabelle 3.8: Anhaltswerte für die betriebliche Rauheit k_2 gemäß DVGW GW 303-1 (A) (2006)

Rohrleitungstyp	Material	k_2 in mm
ZW mit gestreckter Leitungsführung	GGG Zm/Bi, GG Zm/Bi, St Zm/Bi, PE, PVC, Spb und AZ	0,1
HW und VW mit weitgehend gestreckter Leitungsführung	GGG, GGG Zm/Bi, GG, GG Zm/Bi, St, St Zm/Bi, PE, PVC, Spb und AZ	0,4
HW und VW neuer Rohrnetze mit starker Vermaschung	unabhängig	1,0
HW und VW älterer Rohrnetze mit starker Vermaschung	unabhängig	> 1,0

Verlustbeiwert: Örtliche Druckverluste $h_{vö}$ in einer Rohrleitung werden vor allem durch Formstücke, Verbindungen, Armaturen sowie Inkrustationen und Ablagerungen verursacht. Üblicherweise werden diese örtlichen Druckverluste durch die Verwendung der betrieblichen Rauheit k_2 berücksichtigt (s. o.). Soll ein örtlicher Druckverlust $h_{vö}$ jedoch explizit modelliert werden, kann für einen Strang meist optional der charakterisierende Verlustbeiwert ζ des örtlichen Druckverlusts $h_{vö}$ angegeben werden (s. Kap. 2.1.5). In diesem Fall ergibt sich die Druckverlusthöhe h des Strangs gemäß Gleichung 2.5 aus der Summe der kontinuierlichen Druckverlusthöhe h_r, in die die betriebliche Rauheit k_2 eingeht, und der örtlichen Druckverlusthöhe $h_{vö}$. Die Stelle des örtlichen Druckverlusts kann dabei auch als eigener Strang mit entsprechend kurzer Länge l umgesetzt werden. Angaben zum Verlustbeiwert ζ von Formstücken finden sich in der Fachliteratur, z. B. bei Zoebl und Kruschik (1978), Zanke (2013) und Fritsch u. a. (2014).

3.4.2 Armaturen

3.4.2.1 Räumliche Lage und Rohreigenschaften

Eine Armatur wird meist als Strang abgebildet, der lediglich die Armatur repräsentiert. Mit dem Strang S_{10} in Abbildung 3.9 wird beispielsweise ein Druckminderer modelliert. Analog zum Vorgehen bei der Modellierung einer Rohrleitung ohne Armatur sind demnach für jede Armatur ein Anfangs- und ein Endknoten mit Angaben zu den geodätischen Höhen h_{geo} sowie den X- und Y-Koordinaten zu definieren (s. Abb. 3.11). Für die tolerierte Abweichung $a_{h_{geo}}$ der geodätischen Höhen h_{geo} gilt gemäß DVGW GW 303-1 (A) (2006) Gleichung 3.1. (Auf die weiteren, zur Charakterisierung einer Armatur erforderlichen Angaben wird in Kapitel 3.4.2.2 eingegangen.)

Alternativ kann die exakte Lage der Armatur vernachlässigt und die Charakteristik der zu modellierenden Armatur einem Strang zugeordnet werden, der gleichzeitig einen Rohrleitungsabschnitt abbildet. Dies ist z. B. beim Strang S_4 in Abbildung 3.9 der Fall, der eine Anschlussleitung (AW 40 PEw) und einen Schieber repräsentiert. Bei diesem Vorgehen sind zwingend Angaben zu den Rohreigenschaften Länge l, Durchmesser d, Rauheit k bzw. betriebliche Rauheit k_2 und ggf. Verlustbeiwert ζ des entsprechenden Rohrleitungsabschnitts erforderlich, damit die Druckhöhenverluste h im Strang bei der Rohrnetzberechnung Berücksichtigung finden (s. Abb. 3.11 und Kap. 3.4.1.2). Das Vorgehen ist also nur möglich, wenn die genutzte Software die Möglichkeit der Angabe von Rohreigenschaften bei der Modellierung einer Armatur bietet. Durch diese Vorgehensweise lässt sich die Anzahl der Knoten eines Rohrnetzmodells reduzieren, insbesondere dadurch, dass die üblicherweise zahlreichen Absperrschieber nicht lagegetreu modelliert werden.

3.4.2.2 Modellierungsoptionen

Wie in Kapitel 3.2 dargestellt, können Armaturen entsprechend ihrer Einsatzgebiete unterschieden werden. Für ein Einsatzgebiet kommen dabei eine oder mehrere Bauarten in Frage. Bei der Rohrnetzmodellierung ist lediglich das hydraulische Verhalten bzw. die hydraulische Wirkungsweise einer Armatur von Bedeutung. Die Bauart spielt dagegen keine

Strang:

- Eindeutige Bezeichnung
- Eindeutige Bezeichnung Anfangsknoten
- Eindeutige Bezeichnung Endknoten
- Länge l [1]
- Durchmesser d [1]
- Rauheit k bzw. betriebliche Rauheit k_2 [1]
- Verlustbeiwert ζ [2]
- Armaturentyp
- Charakteristische Größe(n)[3]

Knoten:

- Eindeutige Bezeichnung
- X-Koordinate
- Y-Koordinate
- Geodätische Höhe h_{geo}

[1] Erforderlich, wenn eine Armatur und ein Rohrleitungsabschnitt mit dem Strang modelliert wird.
[2] Optional, wenn eine Armatur und ein Rohrleitungsabschnitt mit dem Strang modelliert wird.
[3] Ggf. zeitabhängig.

Abbildung 3.11: Erforderliche Knoten- und Strangattribute zur Modellierung von Armaturen ggf. mit Rohreigenschaften

Rolle. Dementsprechend verfügen Softwarelösungen für die Rohrnetzberechnung in der Regel über Modellierungsoptionen zur Abbildung der Einsatzgebiete von Armaturen. Die gängigen Optionen zur Modellierung von Armaturen sind im Folgenden beschrieben.

Absperrarmatur: Meist kann für jeden Strang eines Modells angegeben werden, ob er offen oder vollständig geschlossen ist, also ein Durchfluss q im Strang möglich oder nicht möglich ist. (Geschlossene Stränge werden bei der Rohrnetzberechnung im Prinzip nicht berücksichtigt.) Diese Modellierungsoption entspricht z. B. einem Absperrschieber, der entweder vollständig geöffnet oder vollständig geschlossen sein kann. Bei der zeitabhängigen Rohrnetzberechnung wird die charakteristische Größe und damit der Betriebszustand der Armatur für jeden Zeitschritt vorgegeben, also ob der Strang im Zeitschritt geschlossen oder offen ist (s. Kap. 2.5).

Eine weitere Option, insbesondere für die zeitabhängige Rohrnetzberechnung, stellt die Angabe von Grenzdrücken an einem Kontrollknoten dar, bei deren Über- bzw. Unterschreitung ein definierter Strang geschlossen oder geöffnet wird. Der vorgegebene Kontrollknoten muss nicht zwingend ein Anfangs- oder Endknoten des Strangs sein, der die

Absperrarmatur repräsentiert. Mit dieser Option können flexibel Absperrarmaturen mit ihrer Steuerung/Regelung im Rohrnetzmodell umgesetzt werden. z. B. kann ein Schwimmerschieber mit dieser Option modelliert werden, indem die Zuleitung zum Speicherbehälter als Absperrarmatur und der Speicherbehälter als Kontrollknoten definiert wird. Die Grenzdrücke sind in diesem Fall so zu wählen, dass sie dem minimalen bzw. maximalen Wasserspiegel im Speicherbehälter entsprechen, bei deren Erreichen der Strang geöffnet bzw. geschlossen wird (s. Kap. 4.5.2.3).

Druckminderer Ein Druckminderer begrenzt über eine variable örtliche Druckverlusthöhe $h_{vö}$ im zugeordneten Strang die Druckhöhe P am Endknoten des Strangs auf einen bestimmten vorgegebenen Maximalwert P_{soll} (charakteristische Größe). Kleinere Druckhöhen P als die Grenzdruckhöhe P_{soll} sind möglich, der Druckminderer ist dann inaktiv. Liegt die Solldruckhöhe P_{soll} unter der hydraulisch möglichen minimalen Druckhöhe P_{min} am Endknoten, wird der Strang vollständig geschlossen. Es existieren demnach drei Betriebszustände:

1. $P_{soll} > P;\ h_{vö} = 0$ $\Rightarrow$ offen (inaktiv)
2. $P_{soll} = P;\ 0 < h_{vö} < \infty$ $\Rightarrow$ aktiv
3. $P_{soll} < P_{min};\ h_{vö} = \infty$ $\Rightarrow$ geschlossen

Druckunterstützer: Ein Druckunterstützer erhöht über eine variable örtliche Druckverlusthöhe $h_{vö}$ im zugeordneten Strang die Druckhöhe P am Anfangsknoten des Strangs auf eine vorgegebene minimale Solldruckhöhe P_{soll} (charakteristische Größe). Der Druckunterstützer ist inaktiv, wenn die Druckhöhe P am Anfangsknoten größer ist als die Solldruckhöhe P_{soll}. Kann die Solldruckhöhe P_{soll} am Anfangsknoten nicht durch eine zusätzliche Druckverlusthöhe $h_{vö}$ im Strang erreicht werden, weil die Solldruckhöhe P_{soll} über der hydraulisch möglichen maximalen Druckhöhe P_{max} liegt, wird der Strang geschlossen. Analog zum Druckminderer sind ebenfalls drei Betriebszustände möglich:

1. $P_{soll} < P;\ h_{vö} = 0$ $\Rightarrow$ offen (inaktiv)
2. $P_{soll} = P;\ 0 < h_{vö} < \infty$ $\Rightarrow$ aktiv
3. $P_{soll} > P_{max};\ h_{vö} = \infty$ $\Rightarrow$ geschlossen

Durchflusskontrollarmatur: Eine Durchflusskontrollarmatur begrenzt über eine variable örtliche Druckverlusthöhe $h_{vö}$ den Durchfluss q im zugeordneten Strang auf einen bestimmten vorgegebenen Maximalwert q_{soll} (charakteristische Größe). Kleinere Flüsse als der Grenzfluss sind möglich, die Durchflusskontrollarmatur ist dann inaktiv. Des Weiteren kann die Armatur vollständig geschlossen sein. Es existieren also drei Betriebszustände:

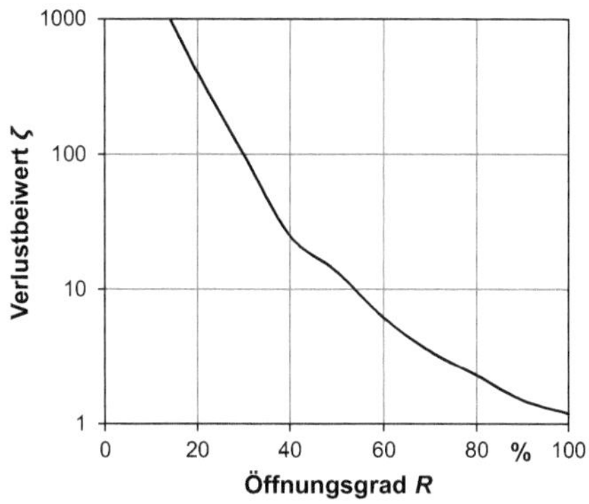

Abbildung 3.12: Kennlinie einer Drosselarmatur

1. $q_{soll} > q$; $h_{vö} = 0$ $\Rightarrow$ offen (inaktiv)
2. $q_{soll} = q$; $0 < h_{vö} < \infty$ $\Rightarrow$ aktiv
3. $q_{soll} = 0$; $h_{vö} = \infty$ $\Rightarrow$ geschlossen

Drosselarmatur: Mit einer Drosselarmatur wird im zugeordneten Strang gemäß Gleichung 2.20 in Abhängigkeit der Geschwindigkeitshöhe $V = v^2/(2 \cdot g)$ und eines vorgegebenen Verlustbeiwerts ζ eine lokale Druckverlusthöhe $h_{vö} = \zeta \cdot V$ erzeugt (s. Kap. 2.1.5). Bei $\zeta = 0$ ist die Drosselarmatur inaktiv, also vollständig geöffnet. (Tatsächlich entsteht auch bei Volloffenstellung eine lokale Druckverlusthöhe $h_{vö}$, der Verlustbeiwert ζ ist also größer Null. In der Praxis wird diese lokale Druckverlusthöhe $h_{vö}$ jedoch meist in der betrieblichen Rauheit k_2 des entsprechenden Rohrleitungsabschnitts berücksichtigt, siehe Kapitel 3.4.1.2.) Wenn die Drosselarmatur vollständig geschlossen ist, geht der Verlustbeiwert ζ theoretisch gegen unendlich ($\zeta = \infty$). Bei Teilöffnung hängt der Verlustbeiwert ζ von der Charakteristik der Drosselarmatur ab und liegt zwischen Null und unendlich:

1. $\zeta = 0$; $h_{vö} = 0$ $\Rightarrow$ offen (inaktiv)
2. $0 < \zeta < \infty$; $0 < h_{vö} < \infty$ $\Rightarrow$ aktiv
3. $\zeta = \infty$; $h_{vö} = \infty$ $\Rightarrow$ geschlossen

Der Verlustbeiwert ζ wird meist als charakteristische Größe vorgegeben. Es gibt aber auch Softwarelösungen bei denen eine Kennlinie hinterlegt wird, die den Verlustbeiwert ζ in Abhängigkeit des Öffnungsgrads R der Armatur, in der Regel in %, definiert. Als charakteristische Größe wird dann, neben der Kennlinie, der Öffnungsgrad R angegeben. In Abbildung 3.12 ist eine Drosselkennlinie beispielhaft dargestellt.

Rückflussverhinderer: Ein Rückflussverhinderer lässt einen Durchfluss q nur in eine bestimmte vorgegebene Richtung zu. Meist bestimmt die als positiv definierte Richtung des Strangs (vom Anfangs- zum Endknoten) die zulässige Fließrichtung, d. h. es kann sich ein positiver Durchfluss q einstellen. Ein negativer Durchfluss q ist nicht möglich, der Strang wird in diesem Fall als geschlossenen angenommen:

1. $q \geq 0 \quad \Rightarrow$ offen
2. $q < 0 \quad \Rightarrow$ geschlossen

Be- und Entlüftungen sowie Hydranten: Der Einfluss von Armaturen für die Be- und Entlüftung auf die Rohrnetzberechnung kann vernachlässigt werden, weshalb entsprechende Modellierungsoptionen nicht notwendig sind. Demgegenüber ist die Entnahme von Wasser an Hydranten für die Rohrnetzberechnung relevant bzw. eine häufig untersuchte Fragestellung. Obwohl Hydranten Armaturen sind, werden sie auf Grund ihres Charakters als Stellen zur Wasserentnahme in Kapitel 6 behandelt.

Die oben beschriebenen hydraulischen Zusammenhänge der Modellierungsoptionen sind in den Abbildungen 3.13 und 3.14 illustriert. Für jede Modellierungsoption ist die hydraulische Situation bei aktiver und vollständig geöffneter (inaktiver) Armatur dargestellt. Die aktive Absperrarmatur entspricht der vollständig geschlossenen Absperrarmatur. Die hydraulische Situation, wenn Druckminderer, Druckunterstützer, Durchflusskontrollarmaturen oder Drosselarmaturen geschlossen sind, entspricht der Situation bei geschlossener Absperrarmatur, weshalb dieser Zustand bei den genannten Armaturen nicht erneut dargestellt ist. Die hydraulische Situation bei aktivem bzw. geschlossenem Rückflussverhinderer entspricht ebenfalls der Situation bei geschlossener Absperrarmatur, allerdings mit umgekehrter Fließrichtung.

Hinsichtlich der modelltechnischen Umsetzung der hydraulischen Wirkungsweise der oben beschriebenen Modellierungsoptionen können drei Gruppen abgegrenzt werden (Deuerlein, 2002). Die drei Gruppen sind im Folgenden beschrieben und in Tabelle 3.9 den oben beschriebenen Modellierungsoptionen zugeordnet.

Armaturen mit vorgegebenen Betriebszuständen: Bei bestimmten Armaturen wird der Betriebszustand als Parameter vorgegeben. Zu dieser Armaturengruppe sind Absperrarmaturen zu rechnen, mit denen ein Rohrleitungsabschnitt bzw. Strang vollständig geschlossen wird.

Druckkontrollierende Armaturen: Im Sinne einer Regelung wird durch das hydraulische Verhalten der druckkontrollierenden Armatur am Kontrollknoten ein vorgegebener Solldruck erreicht. Das hydraulische Verhalten druckkontrollierender Armaturen kann nicht in einer Durchfluss-Druckverlust-Beziehung beschrieben werden. Zu den druckkontrollierenden Armaturen gehören Druckminderer und Druckunterstützer.

Durchflusskontrollierende Armaturen: Der Betriebszustand durchflusskontrollierender Armaturen hängt vom Durchfluss bzw. Druckverlust und damit vom hydraulischen Gleichgewichtszustand im Rohrnetz ab. Das hydraulische Verhalten der Armaturen kann daher analytisch beschrieben werden. Die Berechnung des hydraulischen Gleichgewichts setzt allerdings Kenntnisse über den Betriebszustand der Armaturen im Rohrnetz voraus. Zu den durchflusskontrollierenden Armaturen gehören Rückflussverhinderer, Durchflusskontrollarmaturen und Drosselarmaturen.

Tabelle 3.9: Wirkungsweise von Armaturen

Kontrollarmatur	Vorgegebener Betriebszustand	Druck-kontrollierend	Durchfluss-kontrollierend
Absperrarmatur	✓		
druckabh. Absperrarmatur		✓	
Druckminderer		✓	
Druckunterstützer		✓	
Durchflusskontrollarmatur			✓
Drosselarmatur			✓
Rückflussverhinderer			✓

Wie beschrieben, stehen zur Modellierung von Armaturen also verschiedene Optionen zur Verfügung, mit denen die Einsatzgebiete bzw. die Wirkungsweisen von Armaturen, nicht aber die Bauarten, abgebildet werden können. Bei der Modellierung müssen die Wirkungsweisen der Armaturen und ggf. die entsprechenden Stellgrößen ermittelt werden. Als Datengrundlage dienen dazu im Wesentlichen die technischen Spezifikationen der Hersteller sowie die Aufzeichnungen des Versorgers zu Stellgrößen, Fahrweisen und Messungen (s. Kap. 3.3.3). Fehlende Armaturenspezifikationen können in der Regel relativ einfach mit den Angaben des Typenschilds einer Armatur beim Hersteller erfragt werden. Regelarmaturen sind meist leicht zugängig, so dass die Angaben der Typenschilder ohne größeren Aufwand vor Ort beschafft werden können. Entsprechend der ermittelten Wirkungsweise wird die Modellierungsoption gewählt. Der Typ der Modellierungsoption und die charakteristische Größe werden als Attribute des abbildenden Strangs angeben. Beispielsweise wird ein Ringkolbenventil, das zur Druckminderung eingesetzt wird, mit der Option Druckminderer mit dem Ausgangsdruck als charakteristische Größe modelliert. Ein Ringkolbenventil, das zur Drosselung genutzt wird, wird dagegen als Drosselarmatur umgesetzt, der der Verlustbeiwert ζ als Attribut zugeordnet wird. In Abbildung 3.11 sind die notwendigen Angaben zusammengefasst.

3.4.3 Detaillierungsgrad

Der größte Detaillierungsgrad wird mit einem Rohrnetzmodell erzielt, das alle in der Datengrundlage dokumentierten Rohrleitungsabschnitte und Armaturen abbildet.

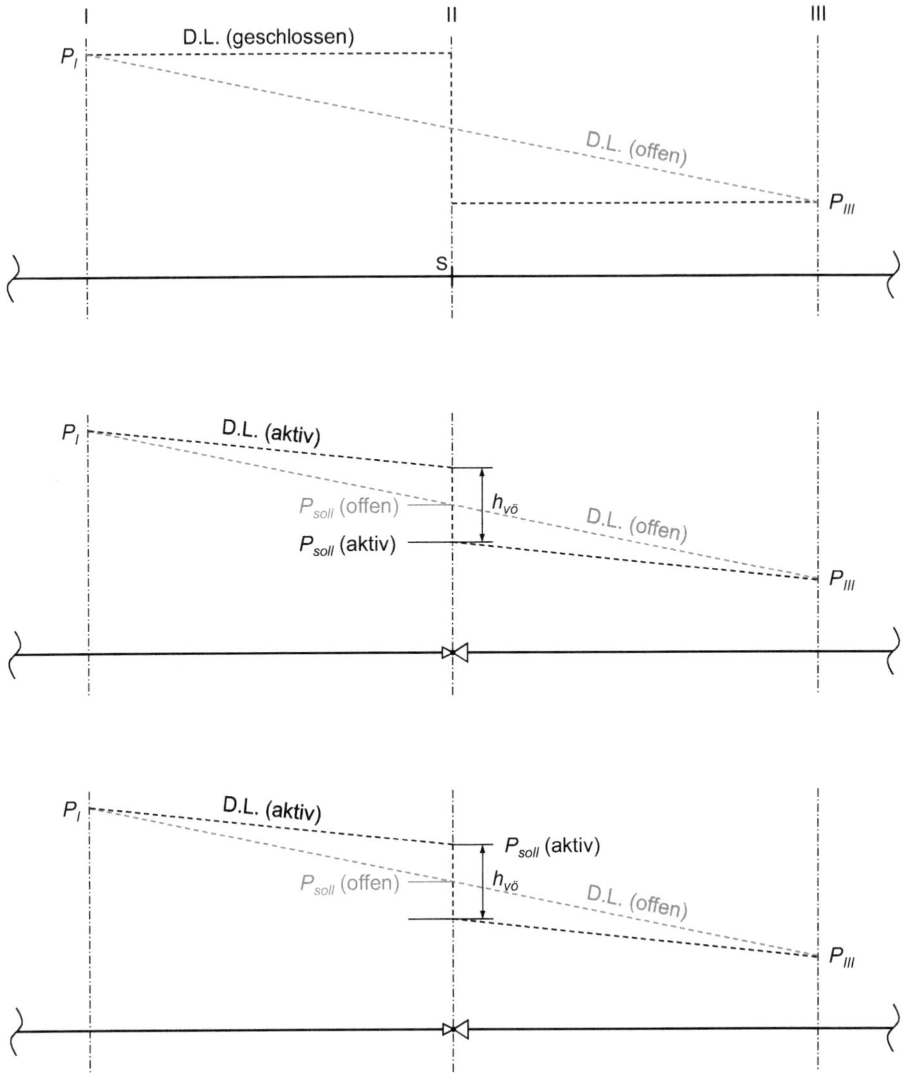

Abbildung 3.13: Drucklinie (D.L.), Solldruckhöhe P_{soll} und örtliche Druckverlusthöhe $h_{vö}$ bei Absperrarmaturen (*oben*), Druckminderern (*Mitte*) und Druckunterstützern (*unten*)

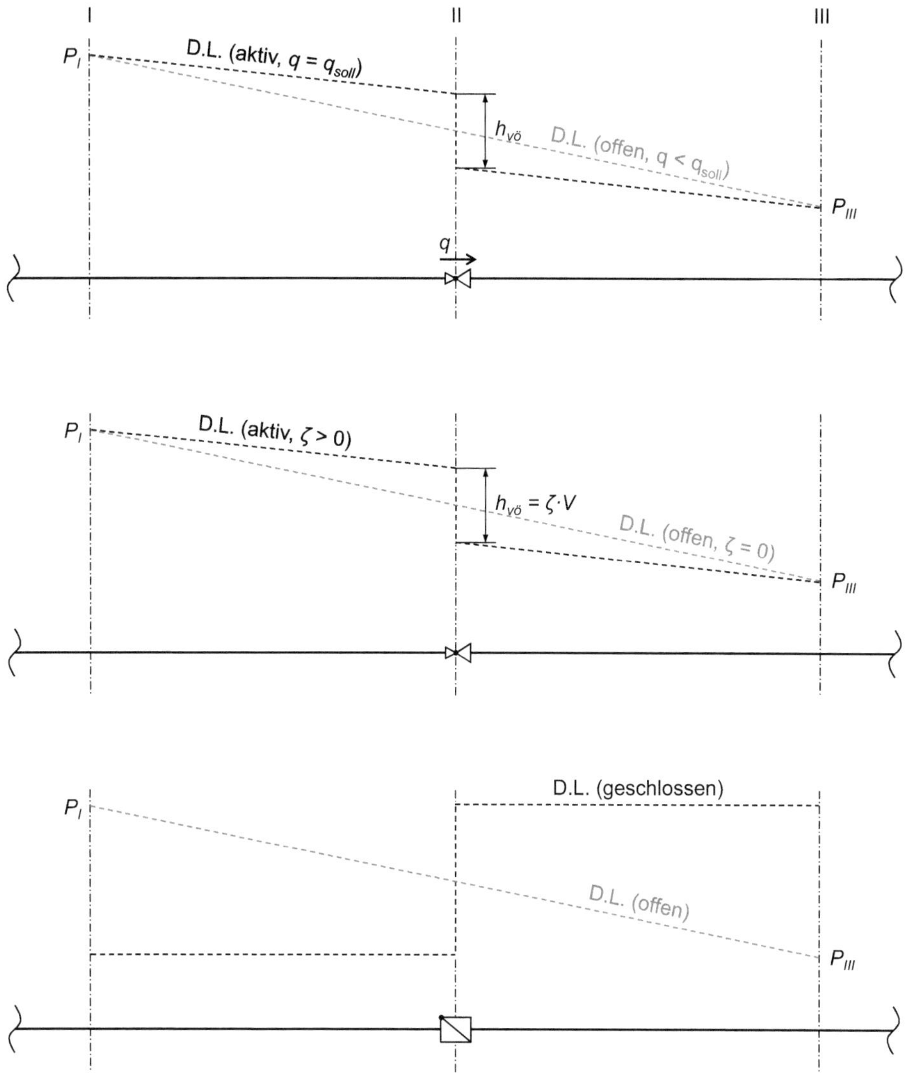

Abbildung 3.14: Drucklinie (D.L.), maximaler Durchfluss q_{soll}, Verlustbeiwert ζ und örtliche Druckverlusthöhe $h_{vö}$ bei Durchflusskontrollarmaturen (*oben*), Drosselarmaturen (*Mitte*) und Rückflussverhinderern (*unten*)

Die 1:1-Umsetzung der Rohrnetzdokumentation ermöglicht eine Aktualisierung des Rohrnetzmodells mit relativ geringem Aufwand über den Abgleich des Datenbestands beider Systeme. Dies kann je nach vorhandener Infrastruktur über einen Datenaustausch oder über eine Schnittstelle zwischen den Systemen sowie bei einer integrierten Lösung innerhalb des Systems geschehen. Nachteile eines 1:1-Rohrnetzmodells sind der vergleichsweise große Speicherbedarf und lange Rechenzeiten sowie u. U. hohe Lizenzkosten. Abbildung 3.15 zeigt schematisch das Beispiel eines 1:1-Rohrnetzmodells. Das Modell umfasst die Versorgungsleitungen, die Anschlussleitungen der elf Verbraucher sowie die lagegetreue Abbildung eines Absperrschiebers (Strang S_1).

Die Anzahl der Knoten und Stränge eines Rohrnetzmodells kann im Vergleich zur 1:1-Umsetzung verringert werden, indem z. B. aufeinander folgende Rohrleitungsabschnitte mit gleichen Rohreigenschaften zu einem Rohrleitungsabschnitt zusammengefasst und als ein Strang modelliert werden. Des Weiteren kann die exakte Lage eines Absperrschiebers vernachlässigt werden, wenn die genutzte Software die Möglichkeit bietet, einen Strang entsprechend einer Absperrarmatur zu schließen bzw. zu öffnen (s. Kap. 3.4.2.1 und 3.4.2.2). Außerdem kann das Rohrnetzmodell um nicht aktive Armaturen, sofern diese nicht Gegenstand der Rohrnetzanalyse sind, reduziert werden. Diese Maßnahmen zur Reduktion der Modellgröße haben keine Auswirkungen auf die Rohrnetzberechnung, d. h. die Rechenergebnisse mit dem reduzierten Modell entsprechen denen mit dem 1:1-Modell. Die berechneten Drücke und Durchflüsse können lediglich nicht mehr an den reduzierten Knoten und Strängen abgegriffen werden. Gleichzeitig kann die Anzahl der Stränge typischerweise um bis zu 50 % reduziert werden (AWWA Manual M32, 2012). Abbildung 3.16 zeigt das Beispielmodell aus Abbildung 3.15 reduziert um die Knoten K_2 und K_3. Mit dem Knoten K_3 wurde die Lage eines Absperrschiebers modelliert, die im reduzierten Modell vernachlässigt ist. Der Knoten K_2 hat die zwei Rohrleitungsabschnitte S_2 und S_3 verbunden, die gleiche Rohreigenschaften aufweisen. Im reduzierten Modell werden die Rohrleitungsabschnitte nur noch durch den Strang S_2 abgebildet.

Eine weitere Maßnahme zur Verringerung der Modellgröße ist die sogenannte Skelettierung (engl.: *skeletonization*). Bei der Skelettierung werden Rohrleitungsabschnitte mit kleineren Durchmessern vernachlässigt und nicht modelliert. Im DVGW GW 303-1 (A) (2006) steht dazu, dass das Rohrnetzmodell alle Rohrleitungen in vermaschten Bereichen enthalten sollte und durch Vereinfachungen keine hydraulischen Engpässe geschaffen oder aufgehoben werden dürfen. Kurze Endleitungen mit geringen Durchflüssen sind dagegen nicht zwingend zu modellieren. Bei der Skelettierung sollten also nur Netzbereiche vernachlässigt werden, die über einen einzigen Strang an das übrige Knoten-Stränge-Modell angeschlossen sind. Dann kann der gesamte Wasserbedarf des vernachlässigten Netzbereichs auf den Wurzelknoten, also den Knoten, an dem der vernachlässigte Netzbereich an das übrige Knoten-Stränge-Modell angeschlossen ist, übertragen werden. Die Skelettierung hat in diesem Fall keine Auswirkungen auf die Ergebnisse der Rohrnetzberechnung. Außerdem muss darauf geachtet werden, dass durch die Skelettierung nicht zwei getrennte Knoten-Stränge-Modelle entstehen. Gängig ist z. B. die Anschlussleitungen nicht zu modellieren. Der Wasserbedarf der Abnehmer, der über eine Anschlussleitung bereit gestellt wird, wird dann auf den Knoten übertragen, der die Anschlussleitung mit der Versorgungsleitung verbindet. Durch Skelettierung können bis zu 90 % der Stränge eines 1:1-Modells eingespart und entsprechend schnellere Rechenzeiten erzielt werden (AWWA Manual M32, 2012). Allerdings geht mit zunehmender Skelettierung Detailtiefe und entsprechendes Analysepotential verloren. Abbildung 3.17 zeigt das Modell aus Abbildung 3.15. Allerdings sind hier die Anschlussleitungen nicht modelliert. Der Wasserbedarf der Verbraucher wurde an die jeweiligen Knoten der Versorgungsleitungen übertragen. Im skelettierten Modell in Abbildung 3.18 sind zusätzlich die Versorgungsleitungen oberhalb des Knotens K_4 vernachlässigt. Der Wasserbedarf der Verbraucher 1 bis 5 sowie des Verbrauchers 10 ist hier am Knoten K_4 angesetzt.

Die Entscheidung, inwieweit ein Rohrnetzmodell reduziert und skelettiert wird, hängt letztlich von der Aufgabe des Rohrnetzmodells ab. Beispielsweise ist für Analysen, die lediglich das Zubringersystem betreffen, theoretisch keine detaillierte Modellierung der Versorgungsnetze notwendig. Andererseits verlangt z. B. eine Löschwasseranalyse ein Rohrnetzmodell der Versorgungsnetze, in dem alle Rohrleitungen mit Hydranten, in der Regel also alle Haupt- und Versorgungsleitungen, abgebildet sind. Weitere Ausführungen zum Thema finden sich bei Walski u. a. (2003) und im AWWA Manual M32 (2012).

3.4.4 Datenerhebung und Datenaufbereitung

Wie in Kapitel 3.3 dargestellt, werden Rohrnetze in Planwerken dokumentiert. In der Praxis wird allerdings kein einheitlicher Standard angewandt, die Rohrnetzdokumentation wird vielmehr individuell umgesetzt. Sowohl Ausführung als auch Umfang und Qualität der Dokumentation variieren. Folglich kann auch kein Standardverfahren zur Datenerhebung, Datenaufbereitung und Modellerstellung angegeben werden. Der jeweiligen Datenverfügbarkeit entsprechend ist unter Berücksichtigung der eingangs definierten Modellanforderungen ein möglichst effizientes Vorgehen zu wählen (s. auch Kap. 1.3).

Zunächst ist zu prüfen, ob die in Kapitel 3.4.1 und 3.4.2 beschriebenen Informationen in dem Umfang und der Güte vorliegen, die zur Umsetzung der Modellierung von Topologie, Lage und Eigenschaften der Rohrleitungen mit Armaturen erforderlich sind. Datenlücken sind, sofern möglich, zu schließen. Hierfür kommen im Wesentlichen eine Erhebung der Daten oder eine Ableitung der Informationen aus Sekundärdaten in Frage. Wenn die vorgenannten Methoden nicht möglich sind, müssen vertretbare Annahmen getroffen werden. Sind dadurch Abstriche in der Genauigkeit der Eingangsdaten zu verzeichnen, müssen die möglichen Modellanforderungen entsprechend korrigiert werden (s. Kap. 1.3).

Bei einer Erhebung fehlender Daten vor Ort können Datenumfang und -qualität direkt beeinflusst bzw. sichergestellt werden. Außerdem können die Daten in der für die Modellerstellung notwendigen Form erhoben werden, was die Datenaufbereitung deutlich verkürzen kann. Beispielsweise kann bei der Vermessung eines Rohrnetzes die Wahl der Vermessungspunkte auf die Topologie des Rohrnetzmodells abgestimmt werden. Allerdings sind derartige Datenerhebungen oft mit einem großen Aufwand verbunden und im Rah-

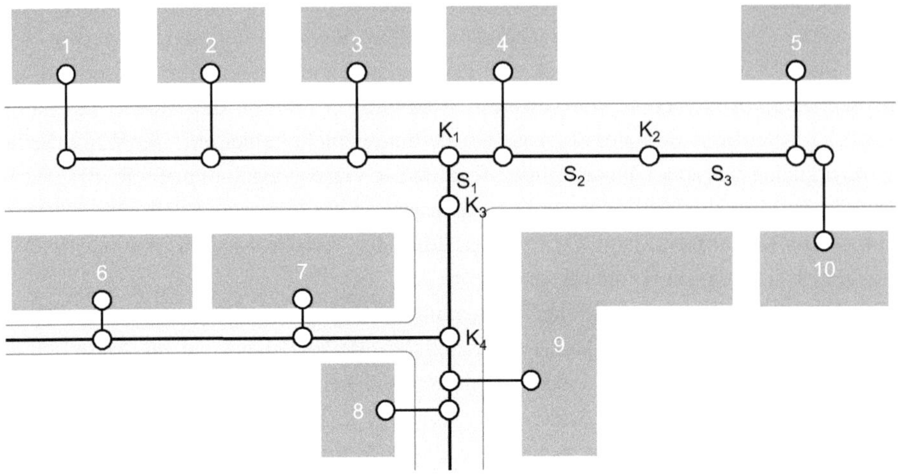

Abbildung 3.15: 1:1-Rohrnetzmodell

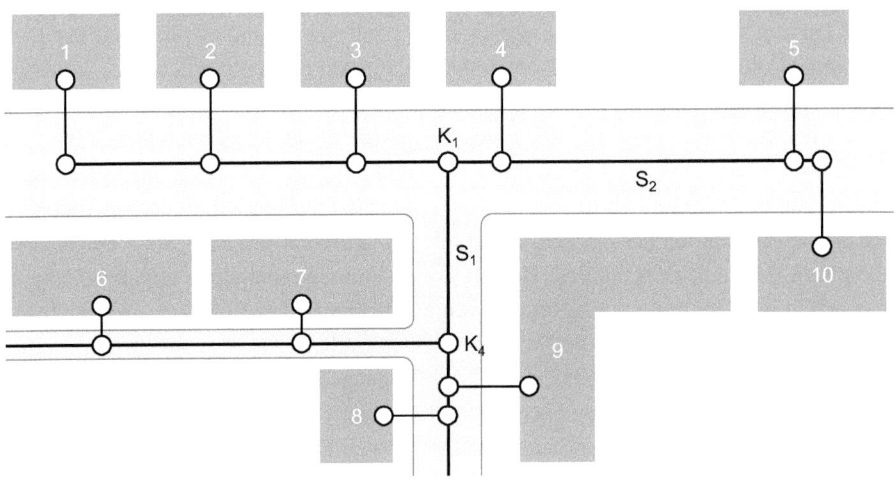

Abbildung 3.16: Reduziertes Rohrnetzmodell

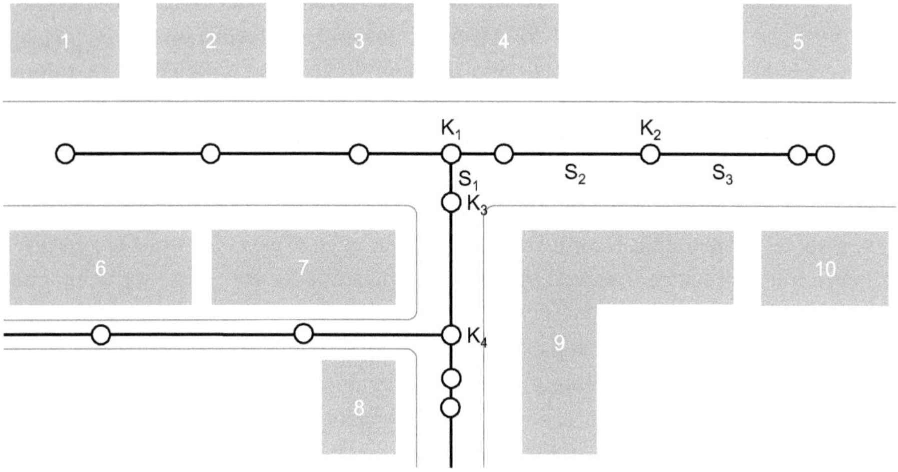

Abbildung 3.17: Skelettiertes Rohrnetzmodell ohne Anschlussleitungen

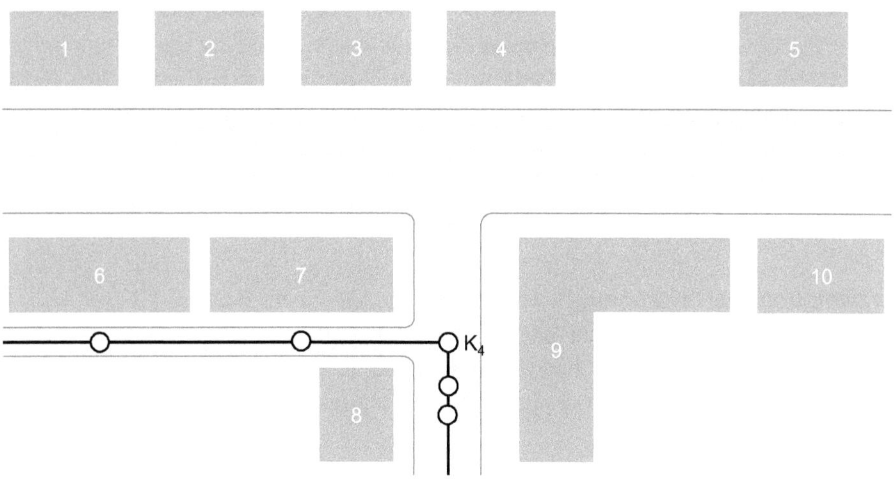

Abbildung 3.18: Skelettiertes Rohrnetzmodell ohne Anschluss- und Versorgungsleitungen

men eines Modellierungsauftrags meist nicht wirtschaftlich realisierbar. Beispielsweise können fehlende Angaben zum Durchmesser nur mit unverhältnismäßig großem Aufwand ermittelt werden, da Rohrleitungen üblicherweise erdverlegt sind.

Mit weniger Aufwand ist meist die Ableitung fehlender Informationen aus Sekundärdaten verbunden, deren Verfügbarkeit und Eignung vorausgesetzt. Fehlen z. B. Informationen zur Lage des Rohrnetzes bzw. zur Lage der Knoten des Rohrnetzmodells, ist deren Vermessung mit einem erheblichen Aufwand verbunden. Stehen topographische Daten oder ein Abwasserkataster mit Angaben zu den geodätischen Höhen der Schächte zur Verfügung, können diese mit Rohrnetzdaten verschnitten und den Netzpunkten, an denen Knoten zu definieren sind, Koordinaten und Höhen zugewiesen werden. Dies ist prinzipiell auch mit gedruckten Planwerken machbar, effizient aber vor allem, wenn mit einem GIS gearbeitet wird.

Es gibt allerdings Fälle, in denen eine Erhebung unumgänglich ist. Abbildung 3.19 zeigt die Vermessung der Lage und Höhe von Zubringerleitungen eines in Indonesien gelegenen Wasserversorgungssystems, bei der gleichzeitig Angaben zu Material und Durchmesser erhoben wurden (Klingel u. a., 2009). Notwendig war die Vermessung, da weder verwertbare Informationen zum Rohrnetz noch zur Topographie vorlagen. Begünstigend war der Umstand, dass die Zubringerleitungen weitgehend nicht erdverlegt sind.

Stehen für die Modellierung des Rohrnetzes digitale Daten zur Verfügung, z. B. aus CAD- oder GIS-Anwendungen, sind Rohrleitungen in dieser digitalen Rohrnetzdokumentation in der Regel, wie in Kapitel 3.3.2 beschrieben, als Linienobjekte mit Anfangs- und Endpunkten, ggf. auch mit Zwischenpunkten, umgesetzt. Wie bereits weiter oben erwähnt, entspricht die konkrete Umsetzung der Rohrnetzdokumentation meist nicht der topologischen Struktur, die für die Modellierung notwendigen ist. In diesen Fällen ist eine Überführung der Daten in eine Knoten-Stränge-Struktur entsprechend der Darstellung in Kapitel 3.4.1.1 zwingend erforderlich. Typische Abweichungen von der erforderlichen Topologie sind in Abbildung 3.20 dargestellt. Sie zeigt einen beispielhaften GIS-Datensatz einer digitalen Rohrnetzdokumentation mit topologischen Unzulänglichkeiten sowie die korrekte Topologie des Knoten-Stränge-Modells des Rohrnetzes. Der korrekte Bestandsplan ist in Abbildung 3.9 dargestellt. Die Unzulänglichkeiten sind im Folgenden kurz erläutert:

Verzweigung statt Kreuzung: Die Stränge S_2 und S_3 im Beispiel kreuzen sich. Im GIS-Datensatz sind aber anstatt zweier nicht verknüpfter Linienobjekte vier im Kreuzungspunkt verknüpfte Linienobjekte dargestellt, d. h. am Kreuzungspunkt wird fälschlicherweise eine Verzweigung (Doppel-T) berücksichtigt.

Ein Linienobjekt statt zwei: Der Knoten K_4 im Beispiel ist auf Grund des Durchmesserwechsels (und Materialwechsels) an dieser Stelle erforderlich. Bei nicht verzweigten Rohrleitungen wird ein Durchmesserwechsel in der digitalen Rohrnetzdokumentation oft lediglich als Beschriftung angegeben. Entsprechend werden die zwei Stränge S_5 und S_6 hier nur durch ein Linienobjekt und damit topologisch nicht korrekt dargestellt.

Abbildung 3.19: Vermessung von Zubringerleitungen

Kreuzung statt Verzweigung: Der Knoten K_5 bildet korrekterweise die Verzweigung der Stränge S_6, S_7, S_8 und S_9 ab. Im GIS-Datensatz des Beispiels ist an dieser Stelle mithin die Verknüpfung der Linienobjekte, die den Strängen S_7 und S_8 entsprechen, berücksichtigt, nicht aber der Anschluss der Stränge S_6 und S_9, die durch ein durchgehendes Linienobjekt dargestellt werden.

Fehlende Verknüpfung: Mit dem Knoten K_8 wird im Beispiel die Verzweigung der Stränge S_8, S_{12} und S_{13} modelliert. In der digitalen Rohrnetzdokumentation ist an dieser Stelle die Verknüpfung des Linienobjekts, das den Strang S_{12} repräsentiert, fälschlicherweise nicht umgesetzt.

Aufeinanderliegende Objekte: Im GIS werden durch Editierfehler u. U. anstatt eines Punktobjekts zwei Objekte mit exakt gleicher Lage definiert. Analog können anstatt eines Linienobjekts ungewollt zwei aufeinanderliegende Linienobjekte angelegt werden. Da die Punkt- und Linienobjekte übereinander liegen, sind diese nicht als zwei getrennte Objekte sichtbar. Durch Übernahme in das Rohrnetzmodell führt dies fälschlicherweise auch zu zwei Knoten bzw. zu zwei parallelen Strängen.

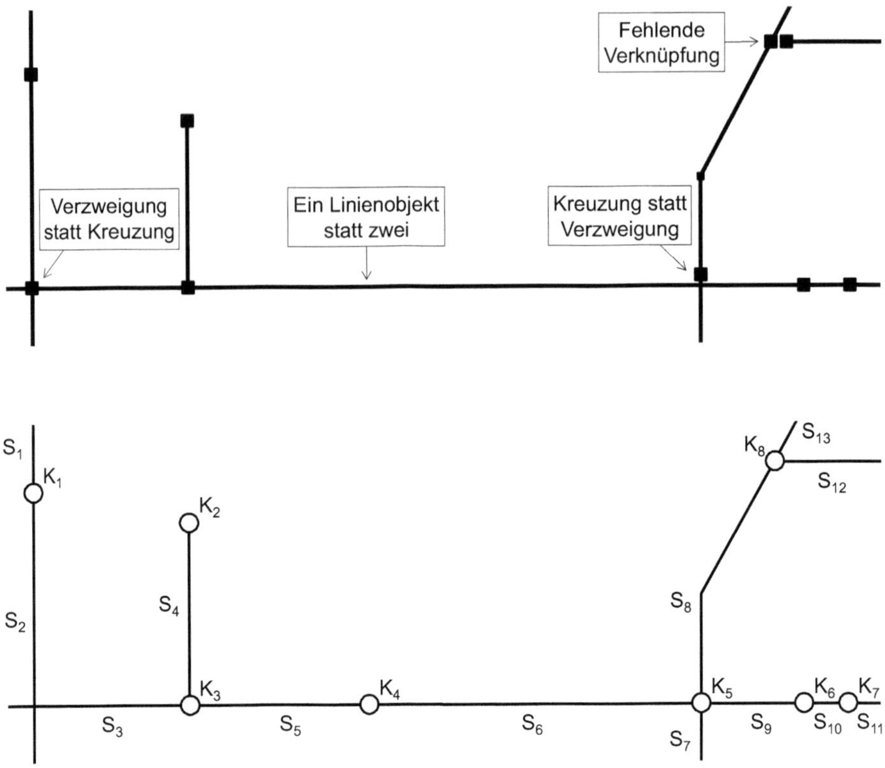

Abbildung 3.20: Unzulängliche GIS-Daten einer digitalen Rohrnetzdokumentation (*oben*) und korrektes Modell der Rohrleitungen (*unten*); den Bestandsplan zeigt Abbildung 3.9

Die modellierungsrelevanten Eigenschaften der Rohrleitungen mit Armaturen sind im günstigsten Fall den Linienobjekten der Rohrnetzdokumentation objektbezogen zugeordnet. Die wichtigsten Informationen sind diesbezüglich Angaben zum Durchmesser d, da diese nicht aus Sekundärdaten abgeleitet werden können. In CAD-Lösungen sind Durchmesserangaben oft lediglich als Beschriftungen geführt, die über eine geeignete Datenaufbereitung, z. B. in einem GIS, allen Linienobjekten als Eigenschaft zugeordnet werden müssen. Rohrleitungslängen l, geodätische Höhen h_{geo} und Koordinaten können, nach einer maßstäblichen Georeferenzierung der Datengrundlage, relativ unaufwändig ermittelt werden, sofern diese Informationen nicht bereits objektbezogen vorliegen. Informationen zu betrieblichen Rauheiten k_2 liegen in der Regel nicht vor. Anhaltswerte für die betrieblichen Rauheiten k_2 der Rohrleitungen sind in Tabelle 3.8 aufgeführt. Die Ermittlung der betrieblichen Rauheiten k_2 wird in Kapitel 8 behandelt.

4 Modellierung von Wasserspeichern

In einem Wasserverteilungssystem wird Wasser mit unterschiedlichen Zielsetzungen gespeichert, z. B. zum Ausgleich von Verbrauchsschwankungen, dem Vorhalten von Reserven und der hydraulischen Entkoppelung von Zubringer- und Versorgungsnetz, das eine optimale Auslegung des Zubringernetzes ermöglicht. Die Füllstände der Wasserspeicher stellen als Potentialhöhen Eingangsparameter der stationären sowie Eingangsparameter und berechnete Variablen der zeitabhängigen Rohrnetzberechnung dar. Dementsprechend ist die hydraulische Funktionsweise und Geometrie eines Wasserspeichers von Bedeutung für die Rohrnetzmodellierung. Zudem wird in ein Wasserverteilungssystem aus Wasserspeichern oder aus Anlagen, die modelltechnisch als Wasserspeicher interpretiert werden können, Wasser eingespeist. Die Modellierung von Wasserspeichern dient deshalb auch der Umsetzung von Modellgrenzen. In diesem Kapitel werden zunächst die notwendigen Grundlagen unterschiedlicher Wasserspeicher beschrieben, die für die Modellierung von Interesse sind. Anschließend wird deren Modellierung behandelt.

4.1 Wasserbehälter

4.1.1 Funktionsweise und Aufgaben

In nahezu jedem Wasserverteilungssystem sind Wasserbehälter integriert. Wasserbehälter verfügen über Zulauf, Entnahme und ein begrenztes Volumen zur Speicherung von Wasser mit freiem Wasserspiegel, d. h. es herrscht Atmosphärendruck am Wasserspiegel. Differenzen zwischen Zulauf und Entnahme führen zur Fluktuation des gespeicherten Volumens und des Wasserspiegels. Während der Zulauf unter oder über dem Wasserspiegel liegen kann, ist die Entnahme unter dem Wasserspiegel angeordnet. Weitere Ausführungen zum Aufbau und zur Geometrie finden sich in Kapitel 4.1.4.

Die geodätische Höhe $h_{geo\,WSp}$ des freien Wasserspiegels *WSp* entspricht der Gesamtenergiehöhe E_0 an dieser Stelle (s. Gl. 2.3). Bei Vernachlässigung der Geschwindigkeitshöhe V und möglicher Druckverluste h entspricht damit gemäß Gleichung 2.7 die geodätische Wasserspiegelhöhe $h_{geo\,WSp}$ der Potentialhöhe H am Beginn der Entnahmeleitung. Dies gilt auch für den Zulauf, sofern dieser unter dem Wasserspiegel angeordnet ist. Im weiteren Verlauf der Entnahmeleitung ergibt sich die Druckhöhe P aus der geodätischen Wasserspiegelhöhe $h_{geo\,WSp}$ bzw. der Potentialhöhe H im Wasserbehälter abzüglich der geodätischen Höhe h_{geo} der Rohrleitung und der Druckverlusthöhe h in der Rohrleitung ($P = H - h_{geo} - h$).

P. Klingel, *Modellierung von Wasserverteilungssystemen*,
https://doi.org/10.1007/978-3-658-21270-4_4

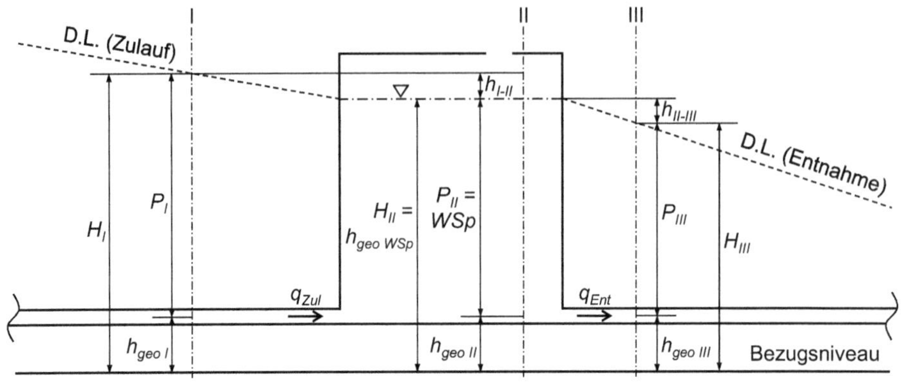

Abbildung 4.1: Druckhöhe P und Potentialhöhe H in Zulauf (I), Wasserkammer (II) und Entnahme (III) eines Wasserbehälters bei Vernachlässigung der Geschwindigkeitshöhe V und örtlicher Druckverlusthöhen $h_{vö}$

Abbildung 4.1 veranschaulicht den Zusammenhang. Die geodätischen Höhen $h_{geo\,I}$, $h_{geo\,II}$ und $h_{geo\,III}$ entsprechen in der Darstellung den geodätischen Höhen des Zulaufs, der Behältersohle und der Entnahme. Die Druckhöhe P_{II} im Wasserbehälter entspricht dem Wasserspiegel *WSp* und in Summe mit der geodätischen Höhe $h_{geo\,II}$ der Potentialhöhe H_{II}. Die Druckverlusthöhe $h_{I\text{-}II}$ zwischen dem Querschnitt I und dem Querschnitt II, also dem Wasserbehälter, resultiert aus dem Durchfluss q_{Zul} im Zulauf. Entsprechend ergibt sich eine Druckverlusthöhe $h_{II\text{-}III}$ im Abschnitt II-III auf Grund des Durchflusses q_{Ent} in der Entnahme (s. Kap. 2.1.4). Geschwindigkeitshöhen V und örtliche Druckverlusthöhen $h_{vö}$ sind in der Darstellung vernachlässigt.

Mit dieser Funktionsweise werden Wasserbehälter z. B. für folgende Aufgaben eingesetzt, die im Rahmen der Rohrnetzberechnung von Interesse sind:

- Ausgleich von Verbrauchsschwankungen
- Abdeckung von Verbrauchsspitzen
- Gleichmäßige Belastung der Förderung und des Zubringernetzes durch Ausgleich von Zulauf und Entnahme
- Vorhalten von Betriebs- und Löschwasserreserven
- Einteilung von Druckzonen und Einhaltung von Druckgrenzen im Versorgungsnetz
- Stabilisierung des Versorgungsdrucks

Ein Wasserbehälter kann durchaus mehrere Aufgaben erfüllen. Entsprechend der Aufgaben finden verschiedene Typen und Betriebsweisen Anwendung, die in den folgenden zwei Kapiteln zusammengefasst sind.

4.1.2 Typen

Die Anordnung eines Wasserbehälters im Wasserverteilungssystem sowie sein Aufbau ergeben sich aus seinen Aufgaben. Grundsätzlich werden die Typen Hochbehälter, Wasserturm und Tiefbehälter unterschieden, die im Folgenden kurz beschrieben sind (DVGW W 300-1 (A), 2014; DVGW W 400-1 (A), 2015). Abbildung 4.2 zeigt ein Beispiel für jeden Behältertyp.

Hochbehälter: Hochbehälter werden auf einer geodätischen Höhe angeordnet, die es ermöglicht, das zugeordnete Versorgungsnetz über Gravitation ohne Druckerhöhung bei Einhaltung der Druckgrenzen zu versorgen. Das gespeicherte Wasservolumen ist in der Regel niveaugleich mit dem Gelände. Voraussetzung ist die Verfügbarkeit eines natürlichen Geländehochpunkts mit genügender geodätischer Höhe.

Wasserturm: Ein Wasserturm entspricht im Prinzip dem Hochbehälter. Allerdings ist das gespeicherte Wasservolumen durch ein Bauwerk über Geländeniveau gehoben. Wie beim Hochbehälter ermöglicht die Lageenergie des gespeicherten Wassers die Einspeisung und Versorgung eines Versorgungsnetzes mittels Schwerkraft. Wassertürme kommen zum Einsatz, wenn keine natürlichen Geländehochpunkte genutzt werden können.

Tiefbehälter und Vorlagebehälter: Im Gegensatz zum Hochbehälter oder Wasserturm ist der Tiefbehälter auf einer geodätischen Höhe angeordnet, die für den Wassertransport oder eine Versorgung über Gravitation nicht genügt. Dementsprechend wird aus einem Tiefbehälter nicht direkt in ein Zubringer- oder Versorgungsnetz eingespeist. Hierzu kommen Förder- und Druckerhöhungsanlagen zum Einsatz (s. Kap. 5). Ein Behälter vor einer Förder- oder Druckerhöhungsanlage wird auch als Vorlagebehälter bezeichnet.

4.1.3 Anordnungen

Die Anordnung der Behälter und Druckerhöhungsanlagen im Wasserversorgungssystem bedingen deren Betriebsweise. Es wird zwischen Durchlauf- und Gegenbehälter sowie Zentralbehälter unterschieden (DVGW W 300-1 (A), 2014; DVGW W 400-1 (A), 2015). Die Anordnungen sind im Folgenden kurz erläutert und in Abbildung 4.3 schematisch dargestellt.

Durchlaufbehälter: Ein Durchlaufbehälter liegt zwischen Zubringersystem und Versorgungsgebiet. Das im gesamten, dem Behälter zugeordneten Versorgungsgebiet konsumierte Wasser fließt durch den Behälter. Vorteile des Durchlaufbehälters sind hauptsächlich die eindeutige Fließrichtung, die gute Wassererneuerung auf Grund der großen Fluktuation sowie die hydraulische Trennung des Zubringersystems und des Verteilungsnetzes. Dadurch ist die Behälterbefüllung unabhängig vom Versorgungsdruck, da Verbrauchsschwankungen im Versorgungsgebiet durch das Behältervolumen ausgeglichen werden.

Abbildung 4.2: Hochbehälter (*oben links*), Wasserturm (*oben rechts*) und Tief- bzw. Vorlagebehälter (*unten*)

Die Förderung kann optimal auf einen konstanten Durchfluss und eine konstante Förderhöhe ausgelegt werden.

Gegenbehälter: Ein Gegenbehälter wird über das Versorgungsnetz gespeist, d. h. nur das nicht benötigte Wasser erreicht den Behälter. Ein Gegenbehälter ermöglicht eine relativ konstante Förderung in ein Versorgungsgebiet. In Zeiten geringen Verbrauchs wird der Behälter gefüllt. Übersteigt der Verbrauch die Förderung, deckt das im Gegenbehälter gespeicherte Wasser die Verbrauchsspitzen. Durch die zweiseitige Einspeisung in das Versorgungsnetz wird eine hohe Versorgungssicherheit erreicht. Allerdings wird Stagnation begünstigt, die Wassererneuerung ist langsam und die Fließrichtung wechselt.

Zentralbehälter: Ist ein Durchlauf- oder Gegenbehälter im Versorgungsnetz angeordnet, wird dieser auch als Zentralbehälter bezeichnet. Die Vor- und Nachteile entsprechen je nach Anordnung denen der Durchlauf- oder Gegenbehälter. Weitere Vorteile sind die

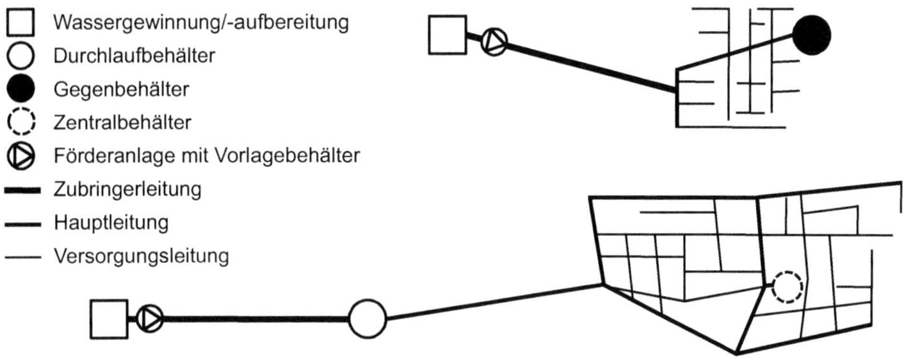

Abbildung 4.3: Anordnungen von Wasserbehältern

Betriebssicherheit und durch die nahe Einbindung in das Versorgungsnetz die vergleichsweise geringen Druckverluste im Rohrnetz sowie damit einhergehend die geringen Druckschwankungen.

4.1.4 Aufbau und Geometrie

Zur Wasserspeicherung verfügen Wasserbehälter über Wasserkammern. In der Regel bestehen Wasserbehälter aus betrieblichen und versorgungstechnischen Gründen aus mindestens zwei Wasserkammern. Die Wasserkammern sind meist identisch aufgebaut und werden im normalen Betrieb hydraulisch kommunizierend, d. h. gemeinsam wie eine Kammer, betrieben. Für z. B. Instandhaltungsmaßnahmen kann aber auch eine Kammer außer Betrieb genommen werden, während die andere Kammer oder die anderen Kammern davon unabhängig betrieben werden können. Über einen Zulauf, der ober- oder unterhalb des Wasserspiegels angebracht sein kann, wird eine Wasserkammer beschickt. Über eine Entnahme unterhalb des Wasserspiegels wird Wasser in eine angeschlossene Rohrleitung eingespeist. Über einen Überlauf, der den maximalen Wasserspiegel markiert, wird überschüssiges Wasser in einen Vorfluter abgeschieden. Am tiefsten Punkt der Wasserkammer ist eine Entleerung angebracht, die eine restlose Ableitung des gespeicherten Wassers aus der Wasserkammer ermöglicht. Abbildung 4.4 zeigt schematisch den Aufbau einer Wasserkammer mit Zulauf, Entnahme, Überlauf und Entleerung. Eine weitere schematische Darstellung mit Schnitt und Grundriss eines Wasserbehälters findet sich z. B. in der DIN EN 1508 (1998).

Entsprechend DVGW W 300-1 (A) (2014) wird der umbaute Raum einer oder aller Wasserkammern als Raumvolumen V_R bezeichnet. Weiter wird das Nutzvolumen V_N definiert, das durch die Geometrie der Kammer sowie den maximalen und minimalen Betriebswasserspiegel WSp_{maxB} bzw. WSp_{minB} bestimmt wird. Der maximale Betriebswasserspiegel WSp_{maxB} liegt unter dem maximalen Wasserspiegel WSp_{max}, der der Überlaufhöhe

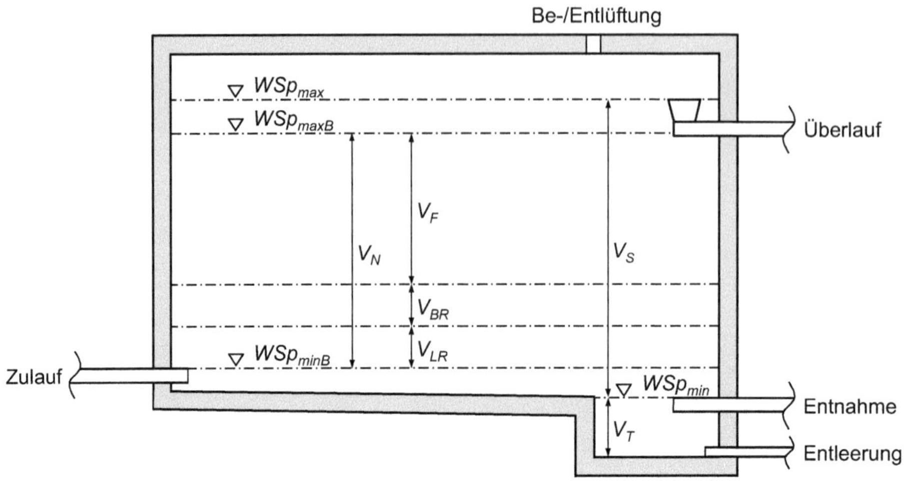

Abbildung 4.4: Schnitt einer Wasserkammer mit max. und min. Wasserspiegel WSp_{max} und WSp_{min}, max. und min. Betriebswasserspiegel WSp_{maxB} und WSp_{minB}, Höhen des Speicher-, Nutz- und Totraumvolumens V_S, V_N und V_T, des fluktuierenden Volumens V_F sowie der Betriebs- und Löschwasserreserve V_{BR} und V_{LR}

entspricht. In der Regel verfügen Wasserkammern über senkrechte Wände. In diesem Fall lässt sich das Nutzvolumen V_N in m^3 mit Gleichung 4.1 ermitteln. Dabei ist WSp_{maxB} in m der maximale und WSp_{minB} in m der minimale Betriebswasserspiegel und A_{WK} in m^2 die Grundfläche der Kammer.

$$V_N = (WSp_{maxB} - WSp_{minB}) \cdot A_{WK} \tag{4.1}$$

Nicht senkrechte Wände finden sich hauptsächlich in Wassertürmen, z. B. zur Druckstabilisierung. In diesen Fällen ist die Grundfläche A_{WK} eine Funktion des Wasserspiegels WSp (s. Kap. 4.5.2.2). Das Nutzvolumen V_N umfasst die Betriebsreserve V_{BR} und die Löschwasserreserve V_{LR} sowie das fluktuierende Wasservolumen V_F, das sich aus der Differenz von Zulauf und Entnahme ergibt. Das für den Speicherbetrieb theoretisch nutzbare Gesamtvolumen, das durch den maximalen Wasserspiegel WSp_{max} (Überlauf) und den minimalen Wasserspiegel WSp_{min} (Sohle der Wasserkammer oder Entnahme) begrenzt ist, wird als Speichervolumen V_S bezeichnet. Das nicht für den Speicherbetrieb nutzbare, sich unterhalb der Entnahme befindende Volumen wird Totraumvolumen V_T genannt. Die angeführten Volumina und Wasserspiegel sind in Abbildung 4.4 schematisch dargestellt.

4.2 Druckbehälter

Bei einem Druckbehälter, auch Windkessel, Druckwindkessel, Druckausgleichsbehälter oder Hydrophor genannt, ist im Gegensatz zu Wasserbehältern die Speicherkammer druckfest ausgeführt. Druckbehälter werden zur Dämpfung von Druckstößen, zur Druckhaltung, zur Begrenzung der Schalthäufigkeiten von Pumpen und zum Ausgleich von Verbrauchsspitzen eingesetzt (DVGW W 400-1 (A), 2015). In der Wasserverteilung sind Druckbehälter in der Regel nur über eine kurze Anschlussleitung an eine Rohrleitung angeschlossen, d. h. Zulauf und Entnahme können nicht zeitgleich stattfinden. Die Speicherkammer ist mit Wasser und mit komprimierter Luft über dem Wasserspiegel gefüllt. Alternativ zu einem Luftpolster werden auch mit Stickstoff gefüllte Membranblasen eingesetzt. Am Wasserspiegel WSp und im Gaspolster herrscht der absolute Druck p_{abs}, der größer als der Atmosphärendruck p_{Atm} ist ($p_{abs} > p_{Atm}$). Bezogen auf die freie Umgebung, in der Atmosphärendruck p_{Atm} herrscht, ergibt sich der relative Überdruck p_{rel} in bar im Gaspolster aus der Differenz zwischen Absolutdruck p_{abs} in bar und Atmosphärendruck p_{Atm} in bar. Die genannten Drücke können auch als Druckhöhen in m angegeben werden (s. Gl. 4.2).

$$P_{rel} = P_{abs} - P_{Atm} \tag{4.2}$$

Ist die Druckhöhe P_{rel} im Gaspolster des Druckbehälters zuzüglich der Druckhöhe des Wasserspiegels WSp größer als die Druckhöhe P gemäß Gleichung 2.7 am Anschluss an der Behältersohle, wird Wasser durch das komprimierte Gaspolster aus dem Behälter in das System gedrückt. Umgekehrt wird der Druckbehälter gefüllt und das Gaspolster weiter komprimiert, wenn die Druckhöhe P im System die Druckhöhe P_{rel} abzüglich der Druckhöhe des Wasserspiegels WSp übersteigt. Entsprechen sich die Druckhöhe P_{rel} und die Druckhöhe P abzüglich der Druckhöhe des Wasserspiegels WSp findet weder Zulauf noch Entnahme statt. Es gibt demnach drei Zustände:

1. $P_{rel} > P - WSp \quad \Rightarrow q_{Ent} > 0, q_{Zul} = 0$
2. $P_{rel} = P - WSp \quad \Rightarrow q_{Ent} = 0, q_{Zul} = 0$
3. $P_{rel} < P - WSp \quad \Rightarrow q_{Ent} = 0, q_{Zul} > 0$

Der Wasserspiegel entspricht in dieser Darstellung der Differenz der geodätischen Höhe des Wasserspiegels $h_{geo\,WSp}$ und der geodätischen Höhe der Behältersohle $h_{geo\,Soh}$. Abbildung 4.5 verdeutlicht den Zusammenhang.

Druckbehälter kommen meist in Kombination mit einer Druckerhöhung zum Einsatz, d. h. in einer Förder- oder Druckerhöhungsanlage (s. Kap. 5). Der Druckbehälter kann dabei, je nach Aufgabe, auf der Vor- oder Nachdruckseite der Anlage angeordnet sein. Durch einen Druckbehälter auf der Vordruckseite werden Schwankungen des Vordrucks begrenzt. Auf der Nachdruckseite werden Druckbehälter zur Reduktion der Schalthäufigkeiten der vorgeschalteten Pumpen, z. B. wenn direkt in ein Versorgungsnetz ohne Gegenbehälter gefördert wird, und zur Vermeidung unzulässiger Druckstöße eingesetzt.

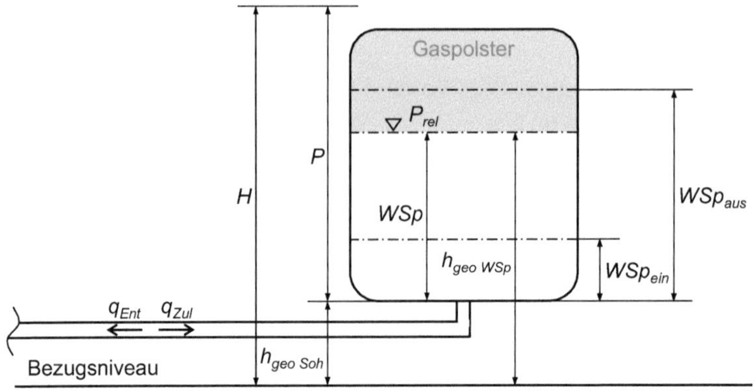

Abbildung 4.5: Schnitt eines Druckbehälters mit Wasserspiegel WSp und relativer Überdruckhöhe P_{rel} sowie Druckhöhe P und Potentialhöhe H am Anschluss

Bei einem Druckbehälter auf der Nachdruckseite wird die Druckerhöhung in der Regel bei einem maximalen Druck P_{aus} bzw. maximalen Wasserspiegel WSp_{aus} aus- und bei einem minimalen Druck P_{ein} bzw. minimalen Wasserspiegel WSp_{ein} eingeschaltet (s. Abb. 4.5). Bezogen auf die Behältersohle entsprechen die Druckhöhen P_{aus} und P_{ein} in m der Summe von maximalem Wasserspiegel WSp_{aus} und relativer Überdruckhöhe $P_{rel\,max}$ bzw. der Summe von minimalem Wasserspiegel WSp_{ein} und relativer Überdruckhöhe $P_{rel\,min}$, jeweils in m (s. Gl. 4.3).

$$\begin{aligned} P_{aus} &= WSp_{aus} + P_{rel\,max} \\ P_{ein} &= WSp_{ein} + P_{rel\,min} \end{aligned} \tag{4.3}$$

Aus der Wasserspiegeldifferenz und Behältergeometrie ergibt sich das Nutzvolumen V_N für die Wasserspeicherung, das dem fluktuierenden Volumen V_F entspricht ($V_N = V_F$).

Abbildung 4.6 zeigt drei Beispiele von Druckbehältern. Weitere Beispiele sind in Abbildung 5.2 zu sehen. Hinweise zur Ausführung eines Druckbehälters finden sich in der DIN 4810 (1991) und bei Fritsch u. a. (2014), weitere Informationen zur Verwendung von Druckbehältern in Förder- und Druckerhöhungsanlagen im DVGW W 303 (A) (2005), im DVGW W 617 (A) (2006) und im DVGW W 610 (A) (2010). In der DIN 1988-500 (2010) sowie bei Karger und Hoffmann (2013) und Fritsch u. a. (2014) finden sich Ansätze zur Auslegung des Nutzvolumens V_N.

4.3 Sonstige Wasserspeicher

Neben den im eigentlichen Wasserverteilungssystem angeordneten Wasser- und Druckbehältern, die in den vorigen beiden Kapiteln beschrieben sind, wird in der Wasserversorgung

Abbildung 4.6: Druckbehälter in Förderanlagen (*links* und *Mitte*) und in einer Druckerhöhungsanlage (*rechts*)

Wasser außerdem im Rahmen der Wassergewinnung und für die Löschwasserversorgung gespeichert, wie im Folgenden kurz ausgeführt wird.

Talsperren: Talsperren werden zur Speicherung sehr großer Mengen Oberflächenwasser errichtet. Die Speicherung von Oberflächenwasser dient dem Ausgleich jahreszeitlicher Differenzen im Wasserdargebot und Wasserverbrauch, dem Absetzen von im Gewässer mitgeführten Sedimenten und Schwebstoffen sowie dem Abkühlen des Wassers durch entsprechende Entnahmetiefen. Daneben werden Talsperren für weitere wasserwirtschaftliche Zwecke genutzt, wie z. B. den Hochwasserschutz und die Stromerzeugung (Fritsch u. a., 2014). Abbildung 4.7 zeigt den Stausee, den Entnahmeturm, der über mehrere Entnahmen in verschiedenen Höhen verfügt, und die Hochwasserentlastung mit Einlauftrichter der im Schwarzwald gelegenen Talsperre Kleine Kinzig.

Natürliche Oberflächengewässer: Neben Talsperren werden auch natürliche Oberflächengewässer, insbesondere Seen, zur Wassergewinnung genutzt. Allerdings kann der Wasserspiegel eines Sees im Gegensatz zu einer Talsperre lediglich durch die Entnahme in begrenztem Umfang und nicht durch den Betrieb eines Sperrwerks gesteuert werden.

Grundwasserspeicher: Auch Grundwasserspeicher werden im Kontext der Wasserversorgung genutzt. Bei Grundwasserspeichern wird der Grundwasserstrom durch natürliche Schwellen oder künstliche Einbauten, wie z. B. Spundwände, aufgestaut. Grund-

Abbildung 4.7: Talsperre mit Entnahmeturm und Hochwasserentlastung

wasserspeicher werden bewirtschaftet, indem beispielsweise zu Zeiten großen Wasserbedarfs mehr Wasser als die natürliche Grundwassererneuerung entnommen und zu Zeiten geringen Wasserbedarfs wiederum Wasser in den Grundwasserspeicher eingespeist wird (Fritsch u. a., 2014).

Löschwasserspeicher: Separate Löschwasserspeicher sind immer dann notwendig, wenn die geforderte Löschwassermenge nicht über das Wasserverteilungssystem bereit gestellt werden kann. Dies kann z. B. der Fall sein, weil die Rohrnetzkapazität nicht ausreicht oder in den Wasserbehältern keine oder keine genügend große Löschwasserreserve vorgehalten werden kann (s. Kap. 4.1.4 und 6). Für die Rohrnetzmodellierung sind separate Löschwasserspeicher nicht relevant, da sie kein Bestandteil des Wasserverteilungssystems sind.

4.4 Dokumentation

Aufbau und Geometrie sowie alle wesentlichen Bestandteile eines Wasserbehälters sind in der Regel in maßstäblichen Bau- und Bestandsplänen dokumentiert. Zusätzlich ist der logische Zusammenhang der Verrohrung mit Armaturen und Wasserkammern ggf. in Rohrleitungs- und Instrumentenschemata (R&I-Schemata) festgehalten. Beispielhafte Plandarstellungen von Wasserbehältern sind im nicht mehr gültigen DVGW W 311 (A) (1988)[1] abgebildet. Weitere Ausführungsbeispiele finden sich z. B. bei Fritsch u. a. (2014).

Im Vergleich zu Wasserbehältern sind Druckbehälter im Aufbau weniger individuell gestaltet und umfassen weniger Komponenten. Die wesentlichen Informationen sind in den technischen Spezifikationen des Herstellers festgehalten, ggf. auch am Behälter auf Typenschildern. Bei Serienprodukten sind die technischen Spezifikationen in der Regel in Katalogen der Hersteller dokumentiert. Oft werden die technischen Spezifikationen auch auf den Webseiten der Hersteller in verschiedenen Dateiformaten bereit gestellt.

4.5 Modellierung

4.5.1 Modellierungsoptionen

Wasserspeicher und Wassereinspeisungen werden in der Rohrnetzmodellierung als Knoten abgebildet (s. Kap. 2.2.1). Für die Modellierung verfügen Softwarelösungen üblicherweise über verschiedene Optionen. Drei grundlegende Typen können unterschieden werden, die im Folgenden als Druckknoten (engl.: *reservoir*), Behälterknoten (engl.: *tank*) und Einspeiseknoten bezeichnet und näher beschrieben sind.

Druckknoten: Mit einem Druckknoten wird eine Wassereinspeisung mit gegebener Druckhöhe P_{DK} bzw. Potentialhöhe H_{DK} modelliert. Ein Zusammenhang zwischen Wassereinspeisung Q_{DK} und Druckhöhe P_{DK} wird nicht vorgegeben. Die Einspeisung Q_{DK} ergibt sich vielmehr aus den Wasserentnahmen im angeschlossenen Rohrnetz, d. h. es liegt die Annahme zu Grunde, dass die zur Verfügung stehende Rohrnetzeinspeisung nicht limitiert ist.

Einem Druckknoten wird also die Druckhöhe P_{DK} und die geodätische Höhe $h_{geo\,DK}$ oder alternativ die Potentialhöhe H_{DK} als Attribut zugeordnet. Für die zeitabhängige Rohrnetzberechnung ist die Druckhöhe P_{DK} oder die Potentialhöhe H_{DK} für jeden Zeitschritt anzugeben (s. Kap. 2.5). Da sich die Genauigkeit der Potentialhöhe H_{DK} in gleicher Höhe in der Genauigkeit der berechneten Druckhöhen P an allen Knoten des angeschlossenen Rohrnetzes widerspiegelt, ist eine möglichst präzise Angabe für möglichst genaue Rechenergebnisse erforderlich. Aus den im DVGW GW 303-1 (A) (2006) angeführten Genauigkeitsanforderungen für Vergleichsmessungen kann eine Toleranz $a_{P_{DK}}$ bzw. $a_{H_{DK}}$ von $\pm 0{,}1\,\text{m}$ abgeleitet werden (s. Gl. 4.4). Die Toleranz $a_{P_{DK}}$ bzw. $a_{H_{DK}}$ ist aus dem oben genannten Grund im Vergleich zu der in Gleichung 3.1 angeführten tolerierten Abweichung $a_{h_{geo}}$ von $\pm 1{,}0\,\text{m}$ für die geodätische Höhe h_{geo} eines Knotens relativ streng.

$$a_{P_{DK}} = a_{H_{DK}} = \pm 0{,}1\,\text{m} \tag{4.4}$$

[1] Ersetzt durch DVGW W 300-1 bis 5 (A) (2014).

Über die Angabe einer eindeutigen Bezeichnung des Knotens wird die Zuordnung im Knoten-Stränge-Modell definiert (s. Kap. 2.2). Weitere Attribute sind X- und Y-Koordinaten, zur Definition der räumlichen Lage (s. Kap. 3.4.1.1). Die Attribute sind in Abbildung 4.8 zusammengefasst.

Behälterknoten: Einen Behälterknoten zeichnet ein gegebenes Speichervolumen $V_{S\,BK}$ mit freiem Wasserspiegel WSp_{BK} aus. Der Wasserspiegel WSp_{BK}, der der Druckhöhe P_{BK} am Behälterknoten entspricht, ist in der zeitabhängigen Rohrnetzberechnung eine Variable und ergibt sich aus dem Zulauf q_{Zul}, der Entnahme q_{Ent} und der Geometrie des Speichervolumens $V_{S\,BK}$ (s. Kap. 4.1). Für den Wasserspiegel $WSp_{BK\,1}$ zu Beginn des ersten Zeitschritts $i = 1$ wird ein Startwert als Parameter vorgegeben (s. Kap. 2.5). Zulauf q_{Zul} und Entnahme q_{Ent} ergeben sich aus dem hydraulischen Systemzustand und den Wasserentnahmen im angeschlossenen Rohrnetz. Ergibt sich für einen Zeitschritt ein gespeichertes Volumen V_{BK}, das größer als das zur Verfügung stehende Speichervolumen $V_{S\,BK}$ ist, wird die Differenz $(V_{BK} - V_{S\,BK})$ meist wie eine Entnahme behandelt, d. h. als über den Überlauf abgeschieden angenommen. In die stationäre Rohrnetzberechnung geht für den Wasserspiegel der Startwert $WSp_{BK\,1}$ ein, d. h. die Hydraulik der Modellierungsoption Behälterknoten entspricht im stationären Fall der der Modellierungsoption Druckknoten.

Erforderliche Attribute eines Behälterknotens sind zunächst eine eindeutige Bezeichnung für die Definition des Knoten-Stränge-Modells sowie die geodätische Höhe $h_{geo\,BK}$ und X- und Y-Koordinaten für die Definition der räumlichen Lage (s. Kap. 2.2). Die geodätische Höhe des $h_{geo\,BK}$ entspricht in der Regel der geodätischen Sohlhöhe $h_{geo\,Soh}$ oder der geodätischen Entnahmehöhe $h_{geo\,Ent}$ der abzubildenden Wasserkammer (s. Kap. 4.5.2.1). Der Wasserspiegel WSp_{BK} wird auf die geodätische Höhe $h_{geo\,BK}$ bezogen und entspricht damit, wie bereits oben dargestellt, der Druckhöhe P_{BK} am Behälterknoten.

Weiter ist die Geometrie der Wasserkammer zu definieren. Meist wird dies über die Angabe der Grundfläche A_{BK} und des maximalen Wasserspiegels $WSp_{BK\,max}$ realisiert, vorausgesetzt die Wände sind senkrecht. Das gespeicherte Volumen V_{BK} in m^3 bzw. das Speichervolumen $V_{S\,BK}$ in m^3 ergibt sich dann aus dem Produkt der Grundfläche A_{BK} in m^2 und dem Wasserspiegel WSp_{BK} in m bzw. dem maximalen Wasserspiegel $WSp_{BK\,max}$ in m, wie Gleichung 4.5 zeigt.

$$\begin{aligned} V_{BK} &= A_{BK} \cdot WSp_{BK} \\ V_{S\,BK} &= A_{BK} \cdot WSp_{BK\,max} \end{aligned} \tag{4.5}$$

Oft besteht zudem die Möglichkeit die Grundfläche A_{BK} oder das Volumen V_{BK} als Funktion des Wasserspiegels WSp_{BK} zu definieren, um Speicher mit nicht senkrechten Wänden zu modellieren. Weitere Ausführungen dazu finden sich in Kapitel 4.5.2.2. Ggf. kann auch ein Totraumvolumen $V_{T\,BK}$ oder alternativ ein minimaler Wasserspiegel $WSp_{BK\,min}$ angegeben werden, z. B. um eine Entnahme, die über der Sohle angebracht ist, zu berücksichtigen. Die Angabe eines minimalen und maximalen Betriebswasserspiegels WSp_{minB} bzw.

Druckknoten:

- Eindeutige Bezeichnung
- Geodätische Höhe $h_{geo\,DK}$ [1]
- X-Koordinate
- Y-Koordinate
- Druckhöhe P_{DK} oder Potentialhöhe H_{DK} [2]

Behälterknoten:

- Eindeutige Bezeichnung
- Geodätische Höhe $h_{geo\,BK}$
- X-Koordinate
- Y-Koordinate
- Geometrie Speichervolumen $V_{S\,BK}$
- Minimaler Wasserspiegel $WSp_{BK\,min}$ oder Totraumvolumen $V_{T\,BK}$
- Maximaler Wasserspiegel $WSp_{BK\,max}$
- Startwert Wasserspiegel $WSp_{BK\,1}$ oder Volumen $V_{BK\,1}$
- Zulaufhöhe $h_{Zul\,BK}$ [3]

Einspeiseknoten:

- Eindeutige Bezeichnung
- Geodätische Höhe $h_{geo\,EK}$
- X-Koordinate
- Y-Koordinate
- Wassereinspeisung Q_{EK} [2]

[1] Erforderlich, wenn die Druckhöhe P_{DK} und nicht die Potentialhöhe H_{DK} angegeben wird.
[2] Ggf. zeitabhängig.
[3] Optional, falls Angabe möglich.

Abbildung 4.8: Erforderliche Knotenattribute der Modellierungsoptionen von Wasserspeichern

WSp_{maxB} entsprechend der Darstellung in Kapitel 4.1.4 ist meist nur im Zusammenhang mit der Definition einer Steuerung/Regelung möglich. Über die Steuerung/Regelung wird eine weitere Entleerung und Befüllung ab Erreichen der vorgegebenen Grenzwasserspiegel $WSp_{BK\,auf}$ und $WSp_{BK\,zu}$ unterbunden, indem z. B. der Zulauf geöffnet oder geschlossen wird. Die Umsetzung einer Steuerung/Regelung ist in Kapitel 4.5.2.3 beschrieben.

Die meisten Softwarelösungen bieten die Möglichkeit einen Zulauf unter dem minimalen Wasserspiegel $WSp_{BK\,min}$ anzugeben. In diesem Fall entspricht die Potentialhöhe am Zulauf der Potentialhöhe H_{BK} am Behälterknoten, die sich aus der Summe von geodätischer Höhe $h_{geo\,BK}$ und Wasserspiegel WSp_{BK} ergibt. Die Zulaufhöhe $h_{Zul\,BK}$ geht nicht in die Ermittlung der Potentialhöhe H_{BK} ein und ist damit für die Rohrnetzberechnung irrelevant. Eine konkrete Angabe der Zulaufhöhe $h_{Zul\,BK}$ ist deshalb auch nicht notwendig. Dies gilt auch für die Entnahme, die immer unter dem minimalen Wasserspiegel angeordnet ist. Dagegen ist bei einem Zulauf über dem maximalen Wasserspiegel $WSp_{BK\,max}$ die Potentialhöhe H_{Zul} am Zulauf die Summe von geodätischer Höhe $h_{geo\,BK}$ und Zulaufhöhe $h_{Zul\,BK}$. Deshalb ist in diesem Fall die Zulaufhöhe $h_{Zul\,BK}$ anzugeben, sofern die genutzte Software diese Möglichkeit bietet. Besteht diese Möglichkeit nicht, kann der Zulauf mittels der Modellierungsoption Druckunterstützer umgesetzt werden, wie in Kapitel 4.5.2.4 beschrieben wird.

Außerdem ist der Startwert für den Wasserspiegel $WSp_{BK\,1}$ oder das Volumen $V_{BK\,1}$ anzugeben. Abbildung 4.8 fasst die notwendigen Angaben zusammen.

Da für die Rohrnetzberechnung die Potentialhöhe H_{BK} am Behälterknoten relevant ist, sind diejenigen Größen möglichst präzise anzugeben, die in die Ermittlung der Potentialhöhe H_{BK} eingehen, also insbesondere die geodätische Höhe $h_{geo\,BK}$, der Wasserspiegel WSp_{BK} sowie ggf. die Zulaufhöhe $h_{Zul\,BK}$. In die Ermittlung des Wasserspiegels WSp_{BK} geht wiederum die Geometrie des Speichervolumens ein. Im DVGW GW 303-1 (A) (2006) ist für Vergleichsmessungen eine zulässige Abweichung $a = \pm 0{,}1$ m für die minimalen und maximalen Betriebswasserspiegel sowie für die Zulaufhöhe angegeben. Diese Forderung stellt auch für die Rohrnetzmodellierung eine sinnvolle Größenordnung dar (s. Gl. 4.6).

$$a_{WSp_{BK}} = a_{h_{Zul\,BK}} = \pm 0{,}1\,\mathrm{m} \tag{4.6}$$

Einspeiseknoten: Im Gegensatz zu einem Druckknoten, bei dem, wie oben beschrieben, die Druckhöhe P_{DK} vorgegeben wird, ist bei einem Einspeiseknoten eine Wassereinspeisung Q_{EK} vorgegeben. Die Druckhöhe P_{EK} am Einspeiseknoten wird berechnet. Im Prinzip entspricht diese Modellierungsoption einem Entnahmeknoten zur Abbildung eines Wasserbedarfs, bei dem die Wassereinspeisung Q_{EK} als negative Wasserentnahme Q_{BK} vorgegeben wird (s. Kap. 6.9.1).

Demnach wird einem Einspeiseknoten die Wassereinspeisung Q_{EK} als Attribut zugewiesen. In der zeitabhängigen Rohrnetzberechnung wird die Wassereinspeisung Q_{EK} für jeden Zeitschritt als Parameter vorgegeben (s. Kap. 2.5). Falls ein Entnahmeknoten als Einspeiseknoten verwendet wird, ist die Wassereinspeisung Q_{EK} als negative Wasserentnahme Q_{BK} zuzuweisen. Des Weiteren ist die Angabe der geodätischen Knotenhöhe $h_{geo\,EK}$ für die Berechnung der Druckhöhe P_{EK} am Einspeiseknoten notwendig. Für die geodätische Höhe $h_{geo\,EK}$ ist die in Gleichung 3.1 angegebene Genauigkeitsanforderung $a_{h_{geo}}$ von $\pm 1{,}0$m ausreichend, da die Wassereinspeisung Q_{EK} vorgegeben und damit unabhängig von der Druckhöhe P_{EK} ist (s. Gl. 4.7).

$$a_{h_{geo}} = a_{h_{geo\,EK}} = \pm 1{,}0\,\mathrm{m} \tag{4.7}$$

Außerdem ist die Angabe einer eindeutigen Knotenbezeichnung zur Definition des

Knoten-Stränge-Modells notwendig. Über die Angabe von X- und Y-Koordinaten wird, zusammen mit der geodätischen Höhe $h_{geo\,EK}$, die räumliche Lage definiert (s. Kap. 2.2). Die anzugebenden Attribute sind in Abbildung 4.8 zusammengefasst.

Tabelle 4.1 gibt einen Überblick, welche Wasserspeicher bzw. Wassereinspeisungen mit welchen der drei Modellierungsoptionen abgebildet werden können. Detaillierte Beschreibungen der Modellierung der wichtigsten Wasserspeicher finden sich in den folgenden Kapiteln 4.5.2 bis 4.5.5.

Tabelle 4.1: Modellierungsoptionen für Wasserspeicher bzw. Wassereinspeisungen

Wasserspeicher/ Wassereinspeisungen	Druck- knoten	Behälter- knoten	Einspeise- knoten
Wasserbehälter (stationär)	✓	✓	
Wasserbehälter (zeitabhängig)		✓	
Druckbehälter (stationär)		✓	
Druckbehälter (zeitabhängig)		✓	
definierter Einspeisedruck (stationär)		✓	
definierter Einspeisedruck (zeitabhängig)	✓		
definierte Wassereinspeisung (stationär)			✓
definierte Wassereinspeisung (zeitabhängig)			✓

4.5.2 Wasserbehälter

4.5.2.1 Räumliche Lage

Wasserbehälter, ausführlich erläutert in Kapitel 4.1, sind charakterisiert durch ihr Vermögen Wasser zu speichern. Die gespeicherte Wassermenge V ergibt sich aus der Differenz von Zulauf q_{Zul} und Entnahme q_{Ent}. Der Wasserspiegel WSp ergibt sich aus dem gespeicherten Volumen V und der Geometrie des Speichers und ist demnach nicht konstant. Die geodätische Wasserspiegelhöhe $h_{geo\,WSp}$ entspricht der Potentialhöhe H der Entnahme bzw. der Einspeisung in das Rohrnetz an dieser Stelle.

Diese für die Rohrnetzberechnung relevanten hydraulischen Eigenschaften können mit der im Kapitel 4.5.1 beschriebenen Modellierungsoption Behälterknoten für stationäre und zeitabhängige Rohrnetzberechnungen im Rohrnetzmodell umgesetzt werden. Für eine stationäre Rohrnetzberechnung ist zudem die Modellierung eines Wasserbehälters mit einem Druckknoten möglich. Allerdings spricht die Beschränkung auf die stationäre Rohrnetzberechnung für die Umsetzung mit der Option Behälterknoten.

Besteht ein Wasserbehälter aus mehreren Wasserkammern, können diese als separate Behälterknoten modelliert werden. Die verbindenden Rohrleitungen sind dann ebenfalls zu modellieren. Sind die Wasserkammern hydraulisch kommunizierend angelegt, die Wände der Kammern senkrecht und die minimalen und maximalen Wasserspiegel gleich, können die Kammern auch mit einem einzigen Behälterknoten modelliert werden. Dazu wird die gesamte Grundfläche A_{WK} ermittelt und als Behälterknotenfläche A_{BK} angegeben. Der Vorteil dieser Vorgehensweise ist ein reduzierter Modellierungsaufwand und vor allem ein einfacheres und transparenteres Rohrnetzmodell. Bei Kammern, die keine senkrechten Wände aufweisen, ist dieses Vorgehen prinzipiell auch möglich. Allerdings kann die Ermittlung der Funktion, die die gesamte Grundfläche A_{WK} abhängig vom Wasserspiegel *WSp* angibt, aufwändig sein (s. Kap. 4.5.2.2).

Bei der Modellierung werden lediglich die für die Rohrnetzberechnung relevanten hydraulischen Eigenschaften des Wasserbehälters bzw. der Wasserkammer modelliert, unwesentliche Eigenschaften werden vernachlässigt. Durch die Modellierung als Knoten wird die räumliche Ausdehnung des Wasserbehälters zwingend abstrahiert, wie im Folgenden erläutert wird.

Die Lage des Behälterknotens, also X- und Y-Koordinaten und geodätische Höhe $h_{geo\,BK}$, ist möglichst so zu wählen, dass sie der Lage eines markanten Punkts des zu modellierenden Wasserbehälters entspricht. Alle relevanten, in Kapitel 4.5.1 gelisteten Wasserspiegelangaben sind in Bezug auf die geodätische Höhe $h_{geo\,BK}$ anzugeben. Es bietet sich daher an, die Lage des Behälterknotens so zu definieren, dass die geodätische Höhe $h_{geo\,BK}$ des Behälterknotens dem Bezugsniveau der Wasserspiegelangaben des Wasserbehälters entspricht. In der Regel ist das Bezugsniveau die geodätische Sohlhöhe $h_{geo\,Soh}$ oder die geodätische Entnahmehöhe $h_{geo\,Ent}$ der Wasserkammer (s. Abb. 4.1). Bei dieser Vorgehensweise entsprechen die Wasserspiegelangaben im Rohrnetzmodell den Angaben in der Dokumentation bzw. des Betriebs, wodurch die Kommunikation vereinfacht und das Risiko von Übertragungsfehlern bei der Rohrnetzberechnung reduziert wird. Außerdem entspricht dann bei der Rohrnetzberechnung der Wasserspiegel *WSp* der Druckhöhe P_{BK} und die geodätische Wasserspiegelhöhe $h_{geo\,WSp}$ der Potentialhöhe H_{BK} am Behälterknoten. Dementsprechend sind bei der Angabe der geodätischen Höhe $h_{geo\,BK}$ die in Gleichung 4.6 genannten Genauigkeitsanforderungen zu beachten ($a_{WSp_{BK}} = \pm 0{,}1\,\text{m}$).

Ausgehend vom Behälterknoten ist die Entnahmeleitung entsprechend der Beschreibung in Kapitel 3 zu modellieren. Wird die Lage des Behälterknotens nicht am Beginn der Entnahmeleitung gewählt, kann an dieser Stelle der erste Zwischenknoten definiert werden. Alternativ kann auch eine andere Stelle gewählt werden, für die zumindest die geodätische Höhe in genügender Genauigkeit vorliegt, optimalerweise auch Koordinaten. Die Distanz vom Behälterknoten zum ersten Zwischenknoten der Entnahmeleitung wird mit einem Strang überwunden, dessen Eigenschaften so zu wählen sind, dass die Rohrleitung hydraulisch nicht wesentlich wirksam ist, d. h. es ist die Länge l sehr kurz, der Durchmesser d sehr groß und/oder die Rauheit k sehr klein zu wählen, so dass ein Durchfluss q keine signifikante Druckverlusthöhe h bewirkt. Der Strang dient also rein konstruktiven Zwecken und soll die Rohrnetzberechnung nicht beeinflussen. Bei einem Durchlaufbehälter wird die Zulaufleitung analog zur Entnahmeleitung modelliert. Bei Gegenbehältern ist an den Behälterknoten lediglich ein Strang angeschlossen, d. h. der Zulauf entspricht der Entnahme.

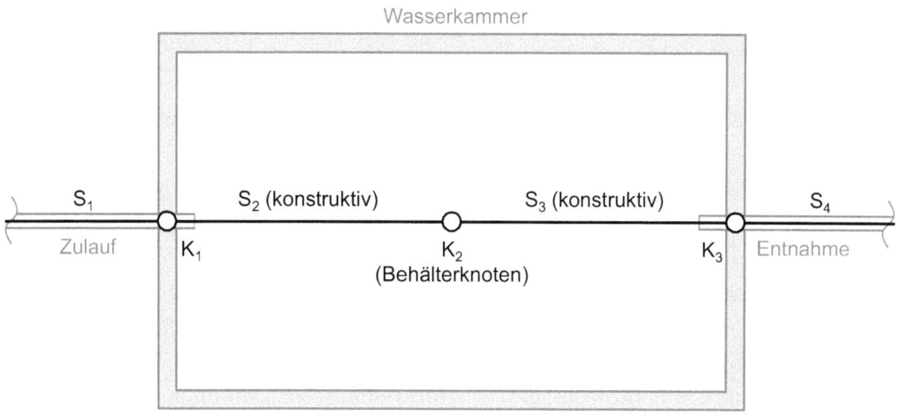

Abbildung 4.9: Grundriss einer Wasserkammer eines Durchlaufbehälters und deren Modellierung

Abbildung 4.9 illustriert das Vorgehen am Beispiel einer Wasserkammer eines Durchlaufbehälters. Im Beispiel ist der Behälterknoten K_2 in der Mitte der Wasserkammer definiert. Die Zulaufleitung und die Entnahmeleitung sind mit den jeweiligen Rohreigenschaften lagegetreu bis zur Wasserkammer als Stränge S_1 und S_4 modelliert. Dadurch sind die zwei konstruktiven Stränge bzw. Rohrleitungen S_2 und S_3 notwendig, die die letzten Zwischenknoten K_1 und K_3 der Stränge S_1 und S_4 mit dem Behälterknoten K_2 verbinden. Alternativ könnte beispielsweise der Behälterknoten K_2 auch an Stelle des Knotens K_3 definiert werden. Dadurch wäre nur ein konstruktiver Strang notwendig, der den Knoten K_1 des Strangs S_1 mit dem Behälterknoten K_2 verbindet.

Auf eine präzise Modellierung der Verrohrung im Bedienungshaus des Wasserbehälters kann meist verzichtet werden. Für die Rohrnetzberechnung genügt die Modellierung des weiteren Verlaufs der Entnahmeleitung und der Zulaufleitung. Die Modellierung von Entleerung und Überlauf ist nicht notwendig und meist auch nicht möglich, da entsprechende Angaben bei der Modellierungsoption Behälterknoten nicht vorgesehen sind. Auf die Ermittlung und Angabe des Speichervolumens V_S wird im nächsten Kapitel näher eingegangen.

4.5.2.2 Speichervolumen

Wie bereits in Kapitel 4.5.1 erwähnt, ist im Falle vertikaler Wände einer Wasserkammer das gespeicherte Volumen V_{ver} eine lineare Funktion des Wasserspiegels WSp, in die die Grundfläche der Wasserkammer A_{WK} als Konstante eingeht (s. Gl. 4.5 und 4.8). Die Geometrie des Speichers ist für die Modellierung recht einfach zu ermitteln. Aus Bestandsplänen sind die Grundfläche A_{WK} der Wasserkammer oder aller Wasserkammern, der maximale Wasserspiegel WSp_{max} sowie ggf. der minimale Wasserspiegel WSp_{min} zu ermitteln und als Attribute anzugeben. Stehen keine Planunterlagen zur Verfügung, können die erforderlichen Informationen relativ einfach vor Ort erhoben werden.

Aufwändiger ist die Ermittlung der Geometrie bei komplexeren Formen des Speichers. Einige Softwarelösungen bieten bereits eine Auswahl von Kennlinien für verschiedene Formen an. In Ergänzung dazu oder im Falle, dass keine Kennlinien zur Auswahl stehen, können diese selbst definiert werden. Dazu wird meist keine Funktion angegeben, sondern es besteht die Möglichkeit, Kennlinien über die Angabe einzelner Stützstellen zu definieren. Jede Stützstelle gibt das gespeicherte Volumen V bei einem bestimmten Wasserspiegel WSp an. Meist wird für die Rohrnetzberechnung zwischen den Stützstellen linear interpoliert, d. h. aus den Stützstellen wird ein Polygonzug gebildet, der die Kennlinie darstellt. Im Folgenden sind, als Hilfestellung zur Ermittlung der Stützstellen, Gleichungen gelistet, die für verschiedene geometrische Körper das Volumen als Funktion des Wasserspiegels WSp angeben. Die Formen sind in Abbildung 4.10 veranschaulicht. Das Diagramm in Abbildung 4.11 zeigt für die Speicherformen den Wasserspiegel WSp in Abhängigkeit des gespeicherten Volumens V, jeweils als Verhältnis zum Maximalwert WSp_{max} bzw. V_{max}.

Kammer mit vertikalen Wänden: Das gespeicherte Volumen V_{ver} in m^3 eines beliebigen Körpers mit vertikalen Wänden ergibt sich aus dem Produkt von Grundfläche A_{WK} in m^2 und Wasserspiegel WSp in m (s. Gl. 4.8).

$$V_{ver} = A_{WK} \cdot WSp \tag{4.8}$$

Horizontaler Zylinder: Das gespeicherte Volumen $V_{Zyl\,hor}$ in m^3 eines horizontalen, also liegenden, Zylinders ergibt sich aus der Zylinderlänge l in m, dem Zylinderradius r in m und dem Wasserspiegel WSp in m im Zylinder (s. Gl. 4.9).

$$V_{Zyl\,hor} = l \cdot r^2 \cdot \arccos\left(\frac{r - WSp}{r}\right) - l \cdot (r - WSp)\sqrt{r^2 - (r - WSp)^2} \tag{4.9}$$

Vertikaler Zylinder mit ellipsoidischer Boden- und Deckenform: Kleinere Behälter, insbesondere Druckbehälter, sind oft als vertikale Zylinder ausgeführt, bei denen Boden und Decke die Form eines halben Ellipsoids haben. Das halbe Ellipsoid ist definiert durch die vertikale Halbachse a in m und die horizontale Halbachse, die dem Zylinderradius r in m entspricht. Die Höhe des eigentlichen Zylinders wird hier als b in m bezeichnet. Das gespeicherte Volumen $V_{Zyl\,ell}$ in m^3 lässt sich abhängig vom Wasserspiegel WSp in m mit Gleichung 4.10 berechnen.

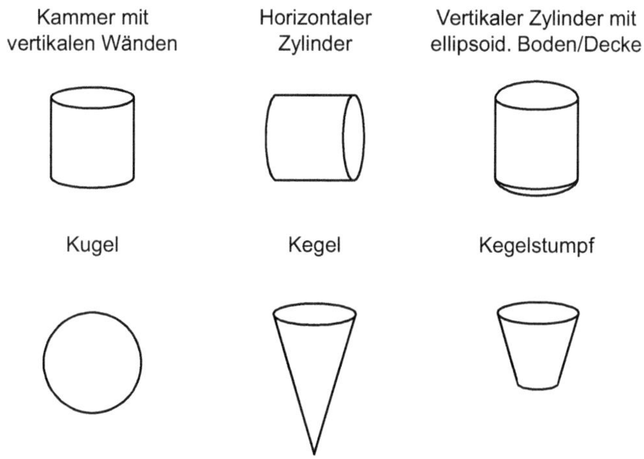

Abbildung 4.10: Auswahl geometrischer Ausführungen von Wasserbehältern

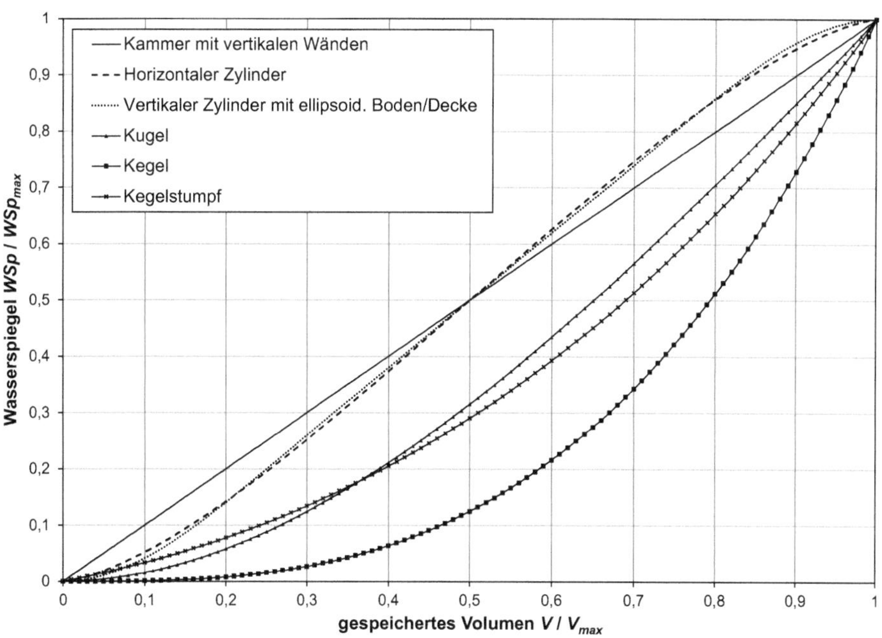

Abbildung 4.11: Wasserspiegel in Abhängigkeit des gespeicherten Volumens für verschiedene geometrische Ausführungen von Wasserbehältern

$$
\begin{aligned}
V_{Zyl\,ell} &= \pi \cdot r^2 \cdot \left(WSp - \frac{a^3 - (a - WSp)^3}{3 \cdot a^2} \right), \quad 0 \leq WSp \leq a \\
&= \pi \cdot r^2 \cdot \left(WSp - \frac{1}{3} \cdot a \right), \quad a < WSp < a + b \\
&= \pi \cdot r^2 \cdot \left(WSp - \frac{2}{3} \cdot a + \frac{a^3 - (WSp - b - a)^3}{3 \cdot a^2} \right), \quad a + b \leq WSp \leq 2 \cdot a + b
\end{aligned}
\tag{4.10}
$$

Kugel: Das gespeicherte Volumen V_{Kugel} in m^3 eines kugelförmigen Speichers hängt neben dem Wasserspiegel WSp in m vom Kugelradius r in m ab, wie Gleichung 4.11 zeigt.

$$
V_{Kugel} = \pi \cdot \left(WSp \cdot r^2 - \frac{1}{3} \cdot (r^3 - (r - WSp)^3) \right) \tag{4.11}
$$

Kegel: Das gespeicherte Volumen V_{Kegel} in m^3 eines geraden, umgekehrten Kegels, d. h. die Spitze des Kegels zeigt nach unten, lässt sich mit dem Winkel α in Grad zwischen Kegelwand und Achse sowie dem Wasserspiegel WSp in m berechnen, siehe Gleichung 4.12.

$$
V_{Kegel} = \frac{1}{3} \cdot \pi \cdot \tan^2 \alpha \cdot WSp^3 \tag{4.12}
$$

Kegelstumpf: Gegenüber dem oben beschriebenen Kegel hängt das gespeicherte Volumen $V_{Kegelst}$ in m^3 eines geraden, umgekehrten Kegelstumpfs neben dem Winkel α in Grad zwischen Kegelwand und Achse sowie dem Wasserspiegel WSp in m außerdem vom Radius r in m der unteren Bodenfläche ab (s. Gl. 4.13).

$$
V_{Kegelst} = \frac{1}{3} \cdot \pi \cdot \left(\tan^2 \alpha \cdot (WSp + \frac{r}{\tan \alpha})^3 - \frac{r^3}{\tan \alpha} \right) \tag{4.13}
$$

4.5.2.3 Minimaler und maximaler Betriebswasserspiegel

Wird ein Wasserbehälter im Rohrnetzmodell für eine stationäre Rohrnetzberechnung mit einem Druckknoten umgesetzt, ist für die Rohrnetzberechnung die Angabe der Druckhöhe P_{DK} relevant, die dem Wasserspiegel WSp zum Berechnungszeitpunkt entspricht (s. Kap. 4.5.1). Weitere Wasserspiegelangaben sind nicht erforderlich.

Bei der Modellierungsoption Behälterknoten geht in die stationäre Rohrnetzberechnung lediglich der vorgegebene Startwert $WSp_{BK\,1}$ des Wasserspiegels ein, der in Summe mit der der geodätischen Höhe $h_{geo\,BK}$ die Potentialhöhe H_{BK} am Behälterknoten ergibt. Die weiteren, in Kapitel 4.5.1 genannten Wasserspiegelangaben sind für die stationäre Berechnung nicht relevant. Allerdings ist für eine zeitabhängige Rohrnetzberechnung die Angabe des maximalen Wasserspiegels $WSp_{BK\,max}$ erforderlich. Das gespeicherte Volumen $V_{BK\,i+1}$ zu Beginn eines Zeitschritts $i+1$ wird über die Bilanz von Zulauf $q_{Zul\,i}$ und Entnahme $q_{Ent\,i}$, also die Volumenänderung $\Delta V_{BK\,i}$, im vorhergehenden Zeitschritt i berechnet, die mit dem gespeicherten Volumen $V_{BK\,i}$ zu Beginn des Zeitschritts i addiert wird. Mit der Speichergeometrie wird dann der Wasserspiegel $WSp_{BK\,i+1}$ ermittelt (s. Kap. 2.5). Ergibt sich für einen Zeitschritt ein gespeichertes Volumen V_{BK}, das größer als das zur Verfügung stehende Speichervolumen $V_{S\,BK}$ ist, wird die Differenz bei der Rohrnetzberechnung als Entnahme behandelt. Ab Erreichen des maximalen Wasserspiegels $WSp_{BK\,max}$ wird also kein Wasser mehr gespeichert, sondern als Überlauf angenommen.

Außerdem kann ein minimaler Wasserspiegel $WSp_{BK\,min}$ zur Berücksichtigung eines Totraumvolumens V_T angegeben werden. Bei Erreichen des minimalen Wasserspiegels $WSp_{BK\,min}$ wird bei der Rohrnetzberechnung angenommen, dass der Behälter leer, also das gespeicherte Volumen V_{BK} gleich Null ist. Demnach stellen der minimale und maximale Wasserspiegel $WSp_{BK\,min}$ bzw. $WSp_{BK\,max}$ absolute Grenzen des Wasserspiegels WSp_{BK} und damit auch der Druckhöhe P_{BK} dar.

Aus betrieblichen Gründen kann es bei der Bewirtschaftung von Wasserbehältern zweckmäßig sein, minimale und maximale Betriebswasserspiegel WSp_{minB} bzw. WSp_{maxB} zu definieren. Die Betriebswasserspiegel liegen innerhalb der absoluten Grenzwasserspiegel (s. Kap. 4.1.4). Sie werden bei der Modellierung meist über die Definition von Absperrarmaturen, die bei vorgegebenen Grenzdrücken oder Grenzwasserspiegeln öffnen oder schließen, realisiert (s. Kap. 3.4.2). Dabei wird eine weitere Entleerung ab dem Erreichen des minimalen Betriebswasserspiegels WSp_{minB} durch Öffnen und eine weitere Befüllung ab Erreichen des maximalen Betriebswasserspiegels WSp_{maxB} durch Schließen des Zulaufs verhindert. Die Umsetzung der Modellierung hängt dabei von der Steuerung/Regelung im realen System ab.

Ein Durchlaufbehälter wird beispielsweise über eine Zubringerleitung mit Förderanlage beschickt. Die Förderung wird gestoppt, sobald der maximale Betriebswasserspiegel WSp_{maxB} überschritten ist und wieder gestartet, wenn der minimale Betriebswasserspiegel WSp_{minB} erreicht ist. Im Modell kann dies über die Angabe umgesetzt werden, dass die Pumpe oder der Strang der Pumpe geschlossen oder geöffnet wird, sobald am Behälterknoten der entsprechende Grenzdruck bzw. Grenzwasserspiegel erreicht ist. Analog ist die Vorgehensweise, wenn z. B. ein Durchlaufbehälter über eine Zubringerleitung aus einem höher gelegenen Wasserbehälter mittels Gravitation versorgt und der Zulauf über einen Absperrschieber, beispielsweise einen Schwimmerschieber, geregelt wird. Bei der Modellierung wird in diesem Fall der an den Behälterknoten angeschlossene Strang der Zulaufleitung als Absperrschieber definiert, der geschlossen oder geöffnet wird, wenn am Behälterknoten der entsprechende Grenzdruck bzw. Grenzwasserspiegel erreicht ist.

4.5.2.4 Zulaufhöhe über dem maximalen Wasserspiegel

Die meisten Softwarelösungen bieten bei der Modellierungsoption Behälterknoten die Möglichkeit, einen Zulauf zu berücksichtigen, der unterhalb des minimalen Wasserspiegels $WSp_{BK\,min}$ liegt. In diesem Fall entspricht die Potentialhöhe H_{BK} am Behälterknoten, die gleich der Summe von geodätischer Höhe $h_{geo\,BK}$ und Wasserspiegel WSp_{BK} ist, auch der Potentialhöhe H_{Zul} am Zulauf. Damit geht die Potentialhöhe H_{BK} bei der Rohrnetzberechnung sowohl in die Ermittlung des Zulaufs q_{Zul} als auch der Entnahme q_{Ent} ein (s. Kap. 2).

Bei einem Zulauf, der oberhalb des maximalen Wasserspiegels $WSp_{BK\,max}$ angebracht ist, muss jedoch die geodätische Zulaufhöhe $h_{geo\,Zul}$ als Potentialhöhe H_{Zul} am Zulauf bei der Berechnung des Durchflusses q_{Zul} berücksichtigt werden. In die Berechnung des Entnahmedurchflusses q_{Ent} geht nach wie vor die Potentialhöhe H_{BK} des Behälterknotens ein. Steht in einer Software keine Option zur Angabe eines Zulaufs über dem maximalen Wasserspiegel $WSp_{BK\,max}$ zur Verfügung, kann dieser mit Hilfe der Modellierungsoption Druckunterstützer, die in Kapitel 3.4.2 beschrieben ist, modelliert werden (Rossman, 2000). Dazu ist ein Druckunterstützer nach der Zulaufleitung zu definieren, dessen Endknoten über einen konstruktiven Strang mit dem Behälterknoten verbunden ist. (Die Funktion eines konstruktiven Strangs ist in Kapitel 4.5.2.1 beschrieben.) Der Druckunterstützer hebt über eine variable Druckverlusthöhe $h_{vö}$ die Druckhöhe P_{AK} an seinem Anfangsknoten auf einen vorgegebenen Sollwert P_{soll}. Diese Solldruckhöhe P_{soll} ist so zu wählen, dass sie in Summe mit der geodätischen Höhe $h_{geo\,AK}$ des Anfangsknotens der Zulaufpotentialhöhe H_{Zul} entspricht (s. Gl. 4.14).

$$H_{Zul} = h_{geo\,AK} + P_{soll} \tag{4.14}$$

Im Sinne einer übersichtlichen Modellierung bietet es sich an, als geodätische Höhen der Anfangs- und Endknoten des Druckunterstützers die Höhe des Behälterknotens zu wählen. Der Solldruck P_{soll} entspricht dann der Differenz der geodätischen Höhen des Zulaufs und des Behälterknotens, wie die folgende Gleichung 4.15 veranschaulicht.

$$\begin{aligned} P_{soll} &= h_{geo\,Zul} - h_{geo\,BK} \\ h_{geo\,AK} &= h_{geo\,EK} = h_{geo\,BK} \end{aligned} \tag{4.15}$$

Alternativ können auch die geodätischen Höhen der Anfangs- und Endknoten gleich der des Zulaufs und der Solldruck P_{soll} gleich Null gesetzt werden (s. Gl. 4.16).

$$\begin{aligned} P_{soll} &= 0 \\ h_{geo\,AK} &= h_{geo\,EK} = h_{geo\,Zul} \end{aligned} \tag{4.16}$$

Die Vorgehensweise ist in Abbildung 4.12 veranschaulicht. In der Abbildung ist der Schnitt einer Wasserkammer mit Zulauf über dem maximalen Wasserspiegel und die Umsetzung im Modell mit Druckunterstützer schematisch dargestellt. Zum Vergleich ist außerdem die Kammer mit Zulauf unter dem minimalen Wasserspiegel und die entsprechende Modellierung abgebildet. Die qualitativ eingezeichneten Drucklinien veranschaulichen die Funktionsweise der Modellierungen. Im Beispiel ist der Behälterknoten K_1 in der Wasserkammer definiert. Die Zulaufleitung wird durch den Strang S_3 repräsentiert. Die zwei konstruktiven Stränge S_1 und S_2 verbinden den Behälterknoten K_1 mit dem Zu-

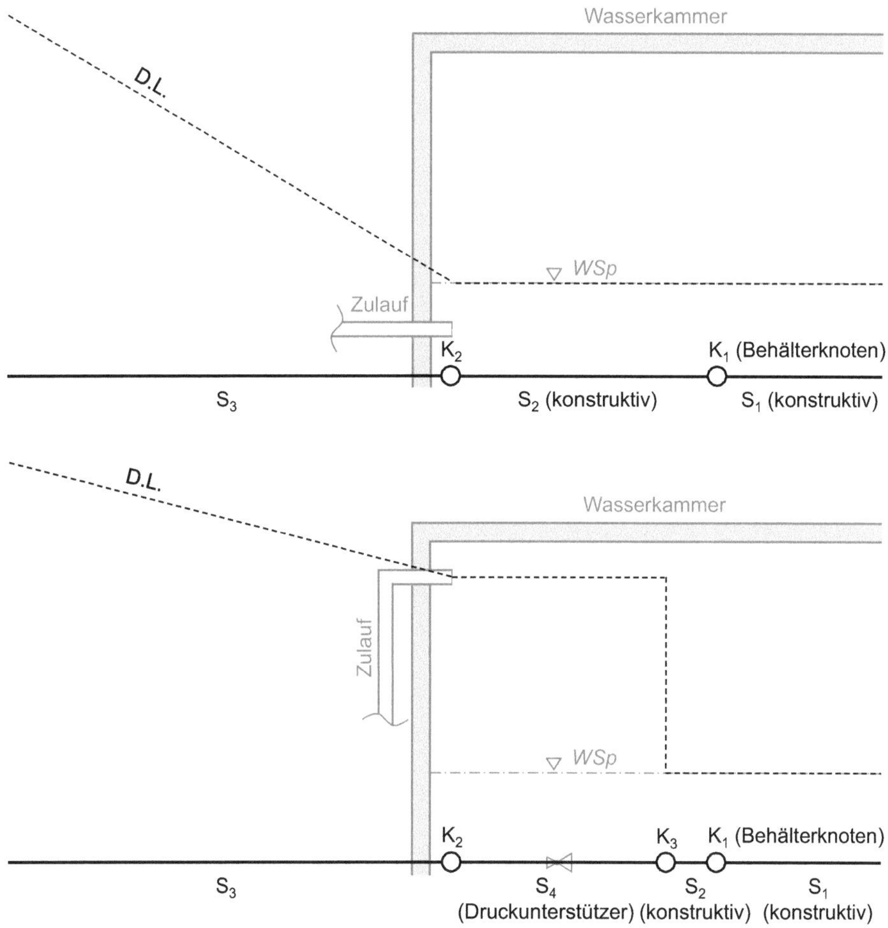

Abbildung 4.12: Schnitt einer Wasserkammer mit Zulauf unter dem minimalen (*oben*) und über dem maximalen Betriebwasserspiegel (*unten*) sowie deren Modellierung

lauf und der Entnahme entsprechend der in Kapitel 4.5.2.1 beschrieben Vorgehensweise zur Modellierung der räumlichen Lage eines Wasserbehälters. Im Fall des Zulaufs über dem maximalen Wasserspiegel ist im Beispiel der zusätzliche konstruktive Strang S_4 mit dem Endknoten K_3 zur Modellierung des Druckunterstützers eingefügt. Der Anfangsknoten des Druckunterstützers entspricht dem Endknoten des Zulaufs, also dem Knoten K_2. Die geodätischen Höhen des Anfangsknotens K_2 und des Endknotens K_3 des Druckunterstützers entsprechen der des Behälterknotens ($h_{geo\,AK} = h_{geo\,EK} = h_{geo\,BK}$). Der Solldruck P_{soll} am Anfangsknoten K_2 ist gleich der Differenz der geodätischen Höhen des Zulaufs und des Behälterknotens bzw. des Anfangs- und Endknotens des Druckunterstützers ($P_{soll} = h_{geo\,Zul} - h_{geo\,BK}$). Während beim Zulauf unter dem minimalen Wasserspiegel die Zulaufpotentialhöhe H_{Zul} am Knoten K_2 der geodätischen Wasserspiegelhöhe $h_{geo\,WSp}$ und somit der Potentialhöhe H_{BK} am Behälterknoten entspricht, ist sie bei einem Zulauf über dem maximalen Wasserspiegel gleich der geodätischen Zulaufhöhe $h_{geo\,Zul}$. Durch die größere Zulaufpotentialhöhe bei einem Zulauf über dem maximalen Wasserspiegel im Vergleich zur Umsetzung unter dem minimalen Wasserspiegel ist auch der Durchfluss q_{Zul} und der Gradient der Drucklinie entlang der Zulaufleitung (Strang S_3) vergleichsweise kleiner. Die Potentialhöhe H_{Ent}, die in die Berechnung der Entnahme q_{Ent} eingeht, entspricht in beiden Fällen der Potentialhöhe H_{BK} am Behälterknoten.

4.5.3 Druckbehälter

Während in der Wasserkammer eines Wasserbehälters das gespeicherte Wasser durch einen freien Wasserspiegel, an dem Atmosphärendruck anliegt, begrenzt wird, ist die Speicherkammer eines Druckbehälters druckfest ausgeführt. Über dem Wasserspiegel WSp ist der Behälter mit komprimierter Luft gefüllt, in der der absolute Druck p_{abs} bzw., bezogen auf die freie Umgebung, der relative Überdruck p_{rel} herrscht (s. Kap. 4.2). Die an der Behältersohle anliegende Druckhöhe P_{DB} in m ist gemäß Gleichung 4.17 die relative Überdruckhöhe P_{rel} in m zuzüglich der aus dem Behälterwasserspiegel WSp_{DB} in m resultierenden Druckhöhe.

$$P_{DB} = P_{rel} + WSp_{DB} \tag{4.17}$$

Steht keine eigene Modellierungsoption zur Umsetzung eines Druckbehälters im Rohrnetzmodell zur Verfügung, kann der Druckbehälter für eine stationäre Rohrnetzberechnung mit den in Kapitel 4.5.1 vorgestellten Optionen Druckknoten und Behälterknoten umgesetzt werden. Wenn als geodätische Höhe des Druck- oder Behälterknotens die geodätische Sohlhöhe $h_{geo\,Soh}$ des Druckbehälters angegeben wird, ist es ausreichend, die an der Sohle herrschende Druckhöhe P_{DB} als Druckhöhe P_{DK} des Druckknotens oder als Wasserspiegel WSp_{BK} des Behälterknotens, jeweils in m, anzugeben (s. Gl. 4.18).

$$P_{DK} = WSp_{BK} = P_{DB} \tag{4.18}$$

Bei einer zeitabhängigen Rohrnetzberechnung ist neben der Druckhöhe P_{DB} auch das gespeicherte Volumen V_{DB} im Druckbehälter zu berücksichtigen. Für die modelltechnische Umsetzung ist daher die Modellierungsoption Behälterknoten mit senkrechten Wänden geeignet. Der Behälterknoten wird auf der geodätischen Höhe der Behältersohle $h_{geo\,Soh}$ definiert. Um den Überdruck P_{rel} im Druckbehälter bei der Modellierung mit einem Behälterknoten korrekt zu berücksichtigen, muss gemäß Gleichung 4.18 der Wasserspiegel WSp_{BK} des Behälterknotens der Druckhöhe P_{DB} entsprechen. Die Druckhöhe P_{DB} ergibt sich aus der Summe von relativer Überdruckhöhe P_{rel} und Wasserspiegel WSp_{DB} im Druckbehälter (s. Gl. 4.17). Demnach ist der äquivalente Wasserspiegel WSp_{BK} des Behälterknotens um die relative Überdruckhöhe P_{rel} größer als der Wasserspiegel WSp_{DB} im Druckbehälter. Damit das gespeicherte Volumen im Druckbehälter V_{DB} dem gespeicherten Volumen des Behälterknotens V_{BK} entspricht, muss gemäß Gleichung 4.8 dem Behälterknoten eine entsprechend kleinere Grundfläche A_{BK} zugeordnet werden, wie Gleichung 4.19 veranschaulicht.

$$\begin{aligned} V_{BK} &= V_{DB} \\ WSp_{BK} &\geq WSp_{DB} \\ A_{BK} &\leq A_{DB} \end{aligned} \tag{4.19}$$

Die Grundfläche A_{BK} in m^3 kann mit Gleichung 4.20 berechnet werden. In die Gleichung gehen der Druckbereich im Behälter zwischen den Druckhöhen $P_{DB\,min}$ und $P_{DB\,max}$ in m sowie das Nutzvolumen $V_{N\,DB}$ in m^3, also die Differenz der gespeicherten Volumina $V_{DB\,max}$ und $V_{DB\,min}$ bei diesen Druckhöhen, ein (Walski u. a., 2003; Rossman, 2000).

$$A_{BK} = \frac{V_{N\,DB}}{P_{DB\,max} - P_{DB\,min}} = \frac{V_{DB\,max} - V_{DB\,min}}{P_{DB\,max} - P_{DB\,min}} \tag{4.20}$$

Z. B. sind bei einem Druckbehälter auf der Nachdruckseite einer Druckerhöhungsanlage in der Regel das Nutzvolumen V_N sowie die Ein- und Ausschaltdrücke P_{ein} und P_{aus} bekannt und können für die Berechnung der äquivalenten Grundfläche A_{BK} genutzt werden (s. Kap. 4.2). Die Drücke P_{ein} und P_{aus} sind dabei mit Gleichung 4.17 in Wasserspiegel oder Druckhöhen umzurechnen und entsprechend der in Kapitel 4.5.2.3 dargelegten Vorgehensweise als Steuerung/Regelung im Modell umzusetzen.

Die Modellierung mit einem Behälterknoten ist in Abbildung 4.13 veranschaulicht. Der dargestellte Druckbehälter hat eine zylindrische Form mit der Grundfläche A_{DB}. Weiter sind die Ein- und Ausschaltwasserspiegel $WSp_{DB\,ein}$ und $WSp_{DB\,aus}$ sowie die relativen Überdruckhöhen $P_{rel\,ein}$ und $P_{rel\,aus}$ angegeben. Mit Gleichung 4.17 ergeben sich die Druckhöhen $P_{DB\,min}$ und $P_{DB\,max}$. Mit dem Nutzvolumen $V_{N\,DB}$ kann mit Gleichung 4.20 die äquivalente Grundfläche A_{BK} des Behälterknotens berechnet werden. Die Druckhöhe P_{BK} am Behälterknoten K_1 bei einem Wasserspiegel $WSp_{BK\,ein}$ bzw. $WSp_{BK\,aus}$ entspricht der Druckhöhe P_{DB} an der Sohle des Druckbehälters beim Wasserspiegel $WSp_{DB\,ein}$ bzw. $WSp_{DB\,aus}$. Die Nutzvolumina $V_{N\,DB}$ und $V_{N\,BK}$ sind entsprechend der in Gleichung 4.19 aufgestellten Forderung gleich groß.

4.5.4 Sonstige Wasserspeicher

Die in den vorigen Kapiteln 4.5.2 und 4.5.3 behandelten Wasser- und Druckbehälter sind im Wesentlichen die Wasserspeicher, die als Bestandteile eines Wasserverteilungssystems für die Rohrnetzmodellierung von Bedeutung sind. Die in Kapitel 4.3 kurz beschriebenen Wasserspeicher Talsperren, natürliche Oberflächengewässer und Grundwasserspeicher sind, wie in Kapitel 1.1 erläutert, im Kontext der Wasserversorgung der Wasserge-

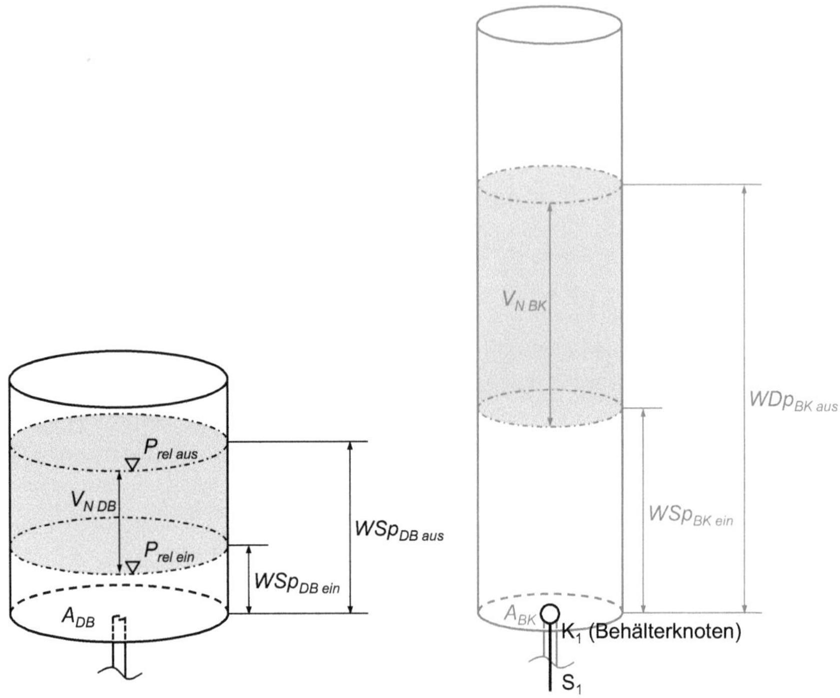

Abbildung 4.13: Darstellung eines Druckbehälters (*links*) und dessen Modellierung mit einem Behälterknoten (*rechts*) mit den Grundflächen A, den Nutzvolumina V_N sowie den Ein- und Ausschaltwasserspiegel WSp_{ein} und WSp_{aus}

winnung zugeordnet. Aus diesen Speichern wird Wasser in das Wasserverteilungssystem eingespeist, meist über eine Wasseraufbereitung, seltener auch direkt ohne Aufbereitung. Prinzipiell ist eine Modellierung dieser Speicher mit den in Kapitel 4.5.1 vorgestellten Optionen möglich. Die Wahl der Option hängt davon ab, ob der Einspeisedruck oder die Einspeisemenge im Simulationszeitraum als Parameter vorgegeben wird. Da diese Wasserspeicher aber meist außerhalb der Betrachtungsgrenzen liegen und nur indirekt an das zu modellierende Wasserverteilungssystem angeschlossen sind, werden diese Wasserspeicher in der Regel im Rohrnetzmodell auch nicht umgesetzt. Die in Kapitel 4.3 außerdem erwähnten Löschwasserspeicher sind meist nicht in ein Wasserverteilungssystem integriert und daher für die Rohrnetzberechnung irrelevant.

4.5.5 Wassereinspeisungen

Bei der Rohrnetzberechnung entspricht die Wassereinspeisung in einem Zeitschritt der Summe der Wasserentnahmen und der gespeicherten Wassermenge (s. Kap. 2.5.1). Während die Behälterknoten, mit denen Wasserspeicherungen modelliert werden, über Zulauf und Entnahme in das Rohrnetz integriert sind, stellen die Wasserentnahmen und die Wassereinspeisungen Modellgrenzen dar. (Auf Wasserentnahmen wird ausführlich in Kapitel 6 und 7 eingegangen.) Die Modellgrenzen werden zweckmäßig so gewählt, dass der gesamte Betrachtungsbereich, der von Interesse ist, im Rohrnetzmodell abgebildet wird und für die Modellgrenzen entweder die Einspeisemenge oder der Einspeisedruck bekannt ist. Für die Definition der Modellgrenzen auf der Einspeiseseite eignen sich daher z. B. Vorlagebehälter und Grundwasserspeicher mit bekannten Wasserspiegeln, Übergabestellen von Fern- und Zubringerleitungen mit bekannten Druckhöhen oder Übergabemengen sowie Förder- und Druckerhöhungsanlagen mit bekannten Förderhöhen.

Bei der Wahl der Modellierungsoption spielt die Steuerung/Regelung der Einspeisung eine entscheidende Rolle, die den Einspeisedruck oder die Einspeisemenge vorgibt. Bei bekanntem Einspeisedruck ist die Modellierungsoption Druckknoten, bei bekannter Einspeisemenge die Modellierungsoption Einspeiseknoten geeignet (s. Tab. 4.1). Für die zeitabhängige Rohrnetzberechnung werden die Parameter für jeden Zeitschritt vorgegeben. Die Modellierungsoption Behälterknoten ist lediglich zur Modellierung eines bekannten Einspeisedrucks im stationären Fall geeignet, da bei der zeitabhängigen Rohrnetzberechnung der Behälterwasserspiegel und damit der Einspeisedruck variabel und das Speichervolumen begrenzt sind.

5 Modellierung von Pumpen

In Wasserversorgungssystemen dienen Förder- und Druckerhöhungsanlagen der Überwindung von Höhenunterschieden und der Druckerhöhung beim Transport und der Verteilung von Wasser. Anlagenkomponenten sind in der Regel Pumpen, Rohrleitungen, Armaturen, Antriebsmotoren, ggf. Frequenzumrichter sowie Mess-, Steuer- und Regelungstechnik. Für die Rohrnetzberechnung ist insbesondere die Druckerhöhung und damit die Anlagenkomponente Pumpe von Interesse. In diesem Kapitel werden zunächst die Aufgaben und Komponenten von Förder- und Druckerhöhungsanlagen vorgestellt, die Systemhydraulik diskutiert und mögliche Systemvarianten beschrieben. Anschließend wird ausführlich auf Kreiselpumpen eingegangen, die Pumpenart, die in der Wasserverteilung hauptsächlich für die Druckerhöhung eingesetzt wird. Im Weiteren werden kurz die Dokumentation und abschließend die Modellierung von Kreiselpumpen behandelt. Dynamische Druckänderungen, also instationäre Vorgänge, die durch das Anfahren, das Abschalten oder den Ausfall von Pumpen verursacht werden, können mit Rohrnetzmodellen nicht untersucht werden. Die Thematik wird deshalb hier auch nicht behandelt.

5.1 Förder- und Druckerhöhungsanlagen

5.1.1 Anlagentypen

Im DVGW W 610 (A) (2010) werden unter dem Überbegriff Pumpensysteme die Begriffe Förderanlagen und Druckerhöhungsanlagen zusammengefasst, die im DVGW W 617 (A) (2006) definiert sind. Im Folgenden werden die zwei Begriffe und die Aufgaben der Anlagen entsprechend dieser Definition kurz erläutert. Die Anordnung von Förder- und Druckerhöhungsanlagen in einem Wasserverteilungssystem ist schematisch in Abbildung 5.1 dargestellt. Beispiele der Anlagen zeigt Abbildung 5.2.

Förderanlage: Eine Förderanlage ist im Zubringernetz angeordnet und fördert Wasser von der Wasseraufbereitung oder Wassergewinnung zum Versorgungsgebiet. Die Förderanlage erhöht dazu den Druck im System zur Überwindung geodätischer Höhenunterschiede und Energieverluste im Rohrnetz beim Wassertransport.

Druckerhöhungsanlage: Eine Druckerhöhungsanlage (DEA) ist im Gegensatz zu einer Förderanlage im Versorgungsnetz angeordnet, um den Druck in einem zugeordneten Netzbereich zu erhöhen.

P. Klingel, *Modellierung von Wasserverteilungssystemen*,
https://doi.org/10.1007/978-3-658-21270-4_5

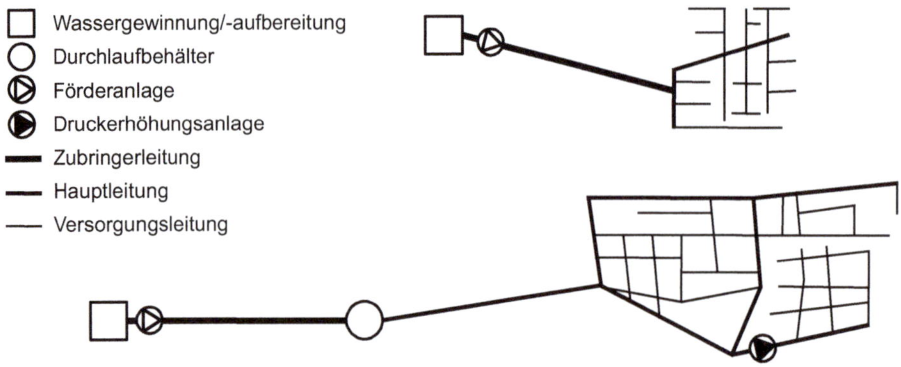

Abbildung 5.1: Anordnung von Förder- und Druckerhöhungsanlagen im Wasserverteilungssystem

Abbildung 5.2: Beispiele einer Förderanlage (*links*) und einer Druckerhöhungsanlage (*rechts*)

5.1.2 Anlagenkomponenten

Förder- und Druckerhöhungsanlagen bestehen in der Regel aus den Komponenten Pumpen, Rohrleitungen für die Systemanschlüsse der Pumpen, Armaturen für die Steuerung/Regelung und für die Wartung der Pumpen, Antriebe der Pumpen, Mess-, Steuer- und Regelungstechnik sowie Druckstoßsicherungen. Je nach Systemvariante und Erfordernis sind außerdem Vorlagebehälter vor- und Druckbehälter nachgeschaltet (s. Kap. 4.1 und 4.2). Die Anlagen sind üblicherweise in eigenen Gebäuden untergebracht. Im Folgenden werden die wichtigsten Anlagenkomponenten kurz beschrieben.

Pumpen: Pumpen sind Arbeitsmaschinen, die in der Wasserverteilung zur Förderung von Wasser eingesetzt werden. Durch Energieeintrag wird ein Förderstrom und eine Förderhöhe erzielt (s. Kap. 5.1.3). Die Förderhöhe dient dabei der Überwindung der geodätischen Höhenunterschiede und der durch den Förderstrom verursachten Energieverluste im Rohrnetz.

Es gibt verschiedene Pumpenarten (Grombach u. a., 2000): Eine Kolbenpumpe, beispielsweise, ist eine Verdrängerpumpe, bei der Wasser mit einem Kolben aus einem Zylinder, der nach jedem Kolbenhub wiederbefüllt wird, in eine Förderleitung gedrückt wird. Weiter zählt die Membranpumpe zu den Verdrängerpumpen. Statt des Kolbens wird eine elastische Membran zur Wasserverdrängung eingesetzt. Bei einer Schneckenpumpe, die zu den Gleichdruckpumpen gezählt wird, ist in der Förderleitung eine Welle mit einem spiralförmigen Band angebracht. Durch Drehung der Welle wird Wasser in der Spirale gehoben. Mammutpumpen (Treibmittelpumpen) nutzen den Auftrieb einer Wasser-Luft-Emulsion im Wasser. Hydraulische Widder erzeugen periodisch durch abruptes Stoppen eines Durchflusses einen Druckstoß, der genutzt wird einen Teil des Durchflusses in einer Förderleitung zu heben. Kreiselpumpen erhöhen den Druck und die Fließgeschwindigkeit mit einem rotierenden Laufrad, das mit Schaufeln besetzt ist. Dabei wird die Zentrifugalkraft genutzt, die das Wasser an den Rand des Pumpengehäuses und von dort in eine Förderleitung treibt.

In der Wasserverteilung finden fast ausschließlich Kreiselpumpen Verwendung (DVGW W 610 (A), 2010). Deshalb wird in den folgenden Kapiteln 5.2, 5.3 und 5.4 lediglich auf diese Pumpenart eingegangen und die für die Rohrnetzberechnung wichtigen Aspekte dargestellt. Für weiterführende Informationen wird auf die Fachliteratur, z. B. Grombach u. a. (2000), Bohl (2004), Gülich (2013) und Fritsch u. a. (2014), verwiesen.

Rohrleitungen: Die Pumpe oder die Pumpen einer Förder- oder Druckerhöhungsanlage sind über Rohrleitungen in das Verteilungssystem integriert. Diese Rohrleitungen werden auch Förderleitungen genannt. Bei Förderleitungen werden wiederum je nach Lage Saugleitungen, durch die Wasser zur Pumpe angesaugt wird, und Druckleitungen, in die von der Pumpe Wasser gedrückt wird, unterschieden (DVGW W 610 (A), 2010). Auf Rohrleitungen wird ausführlicher in Kapitel 3 eingegangen.

Armaturen: Armaturen werden in Pumpensystemen zur Absperrung, Steuerung/Regelung von Drücken und Durchflüssen, Rückflussverhinderung sowie Be- und Entlüftung eingesetzt. Für diese Aufgaben stehen unterschiedliche Armaturenbauarten und -typen zur Verfügung, die in Kapitel 3.2 beschrieben sind.

Pumpenantriebe: Zum Antrieb von Pumpen werden heute fast ausschließlich Elektromotoren eingesetzt. Selten werden auch Verbrennungsmotoren und Turbinen genutzt sowie, im Falle des hydraulischen Widders, die Energie einer Rohrströmung. Ein elektrischer Antrieb umfasst neben dem Motor ein Anlasssystem, ggf. eine Drehzahlregelung

(Frequenzumrichter) und ggf. einen Transformator zur Bereitstellung der erforderlichen Maschinenspannung. Elektrische Antriebe werden in knapper Form im DVGW W 610 (A) (2010) und ausführlich im DVGW W 630 (A) (2010) sowie den dort angeführten DVGW-Merkblättern behandelt.

Mess-, Steuerungs- und Regelungstechnik: Zur Steuerung/Regelung und zur Überwachung des Zustands werden mit geeigneter Messtechnik relevante Größen gemessen, wie z. B. Drücke, Durchflüsse, Temperaturen, Drehzahlen/Frequenzen und Leistungen (DVGW W 645-1 (A), 2007; DVGW W 610 (A), 2010; DVGW W 616 (M), 2011). Je nach Aufgabe, Konzeption und Grad der Automatisierung einer Förder- oder Druckerhöhungsanlage werden Einrichtungen zum Steuern und Regeln sowie zur Prozessleitung eingesetzt. Das DVGW W 645-2 (A) (2009) befasst sich mit der Steuerung/Regelung, das DVGW W 645-3 (A) (2006) mit der Prozessleittechnik. Auf die Steuerung/Regelung von Kreiselpumpen wird weiter in Kapitel 5.2.6 eingegangen.

Druckstoßsicherung: Dynamische Druckänderungen können z. B. beim Anfahren und Abschalten von Pumpen, beim Ausfall des Antriebs, Förderstromänderungen und Änderungen von Armaturenstellungen auftreten und erhebliche Schäden am System verursachen. Die Aufgabe der Druckstoßsicherung ist es, dynamische Druckänderungen in zulässigen Grenzen zu halten. Mögliche Maßnahmen sind z. B. die Anpassung der Stellgeschwindigkeiten von Armaturen zur Vermeidung kritischer Änderungen der Fließgeschwindigkeiten, die Installation von Schwungmassen an Pumpen, um einem abrupten Abstoppen der Pumpen entgegenzuwirken, sowie die Be- und Entlüftung. Außerdem können mit Druckbehältern schnelle Druck- und Durchflussänderungen vermieden werden. Bei sehr geringen Betriebsdrücken werden auch Wasserschlösser eingesetzt, an deren freiem Wasserspiegel Druckwellen reflektiert werden, wodurch die Transmission der Druckwellen verhindert wird. Im DVGW W 610 (A) (2010) wird ein Überblick der Druckstoßsicherungsmaßnahmen gegeben, das DVGW W 303 (A) (2005) befasst sich ausführlicher mit dynamischen Druckänderungen und Gegenmaßnahmen. Druckbehälter werden in Kapitel 4.2 behandelt.

5.1.3 Systemhydraulik

Mit den Pumpen von Förder- und Druckerhöhungsanlagen wird lokal Energie in ein System eingebracht, indem der Druck erhöht wird. Gemäß DVGW W 610 (A) (2010) wird der von der Anlage erzeugte Durchfluss als Förderstrom Q_A und die in das System eingebrachte Druckerhöhung als Förderhöhe H_A bezeichnet. In der Wasserversorgung wird der Förderstrom Q_A meist in $\mathrm{m^3/h}$ oder $\mathrm{l/s}$, die Förderhöhe H_A zweckmäßig in m angegeben (s. Fußnote 1, S. 10).

In Abbildung 5.3 ist ein System mit zwei Wasserbehältern, einer verbindenden Rohrleitung und einer Pumpe dargestellt. Anhand dieses Beispiels werden im Folgenden die

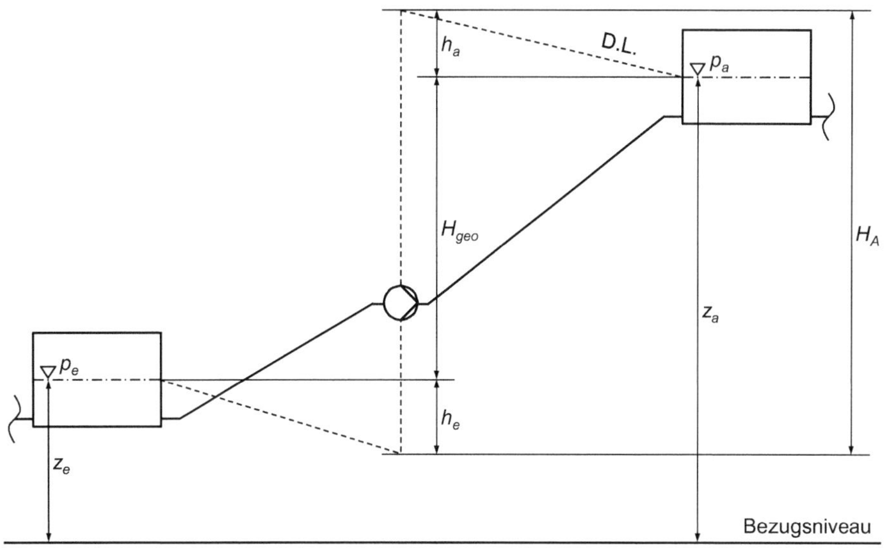

Abbildung 5.3: Drucklinie (D.L.), Förderhöhe H_A, geodätische Förderhöhe H_{geo}, geodätische Wasserspiegelhöhen z_e und z_a, Behälterdrücke p_e und p_a sowie Druckverlusthöhen h_e und h_a eines Beispielsystems

wesentlichen Aspekte der Hydraulik eines Pumpensystems erläutert. Weitere Ausführungen zur Systemhydraulik finden sich in Kapitel 2.1, im DVGW W 610 (A) (2010) und im DVGW W 617 (A) (2006) sowie in der Fachliteratur, z. B. bei Karger und Hoffmann (2013) und Fritsch u. a. (2014).

Im Beispielsystem hat der Wasserspiegel im Wasserbehälter auf der Eingangsseite der Pumpe die geodätische Höhe z_e und der Wasserspiegel auf der Ausgangsseite die geodätische Höhe z_a in m. Über den Wasserspiegeln herrschen die Drücke p_e bzw. p_a in bar. Bei freien Wasserspiegeln in den Behältern entsprechen die Drücke p_e und p_a dem Atmosphärendruck p_{Atm}. Die Durchmesser d und die betrieblichen Rauheiten k_2 in den zwei Rohrleitungsabschnitten sind im Beispiel jeweils konstant. Örtliche Druckverluste $h_{vö}$ sind vernachlässigt bzw. durch die betrieblichen Rauheiten k_2 berücksichtigt.

Wird zwischen dem Pumpenausgang und dem Eingang des Behälters auf der Ausgangsseite bilanziert, lässt sich die Bernoulli-Gleichung 2.8 aufstellen und nach der Förderhöhe H_A auflösen (s. Gl. 5.1). Neben den im vorigen Absatz erläuterten Größen z_e und z_a in m sowie p_e bzw. p_a in bar gehen in die Gleichung die Fließgeschwindigkeiten v_e und v_a in m/s im eingangs- bzw. ausgangsseitigen Rohrleitungsabschnitt, die Erdbeschleunigung g in m/s^2, die Fluiddichte ρ in kg/m^3 sowie die Druckverlusthöhen h_e und h_a in m ein.

$$\begin{aligned} H_A &= (z_a + \frac{p_a}{\rho \cdot g} + \frac{v_a^2}{2 \cdot g}) - (z_e + \frac{p_e}{\rho \cdot g} + \frac{v_e^2}{2 \cdot g}) + (h_a + h_e) \\ &= (z_a - z_e) + \frac{p_a - p_e}{\rho \cdot g} + \frac{v_a^2 - v_e^2}{2 \cdot g} + (h_a + h_e) \end{aligned} \tag{5.1}$$

Die Druckverlusthöhen h_e und h_a sind entsprechend Gleichung 2.5 die Summe h in m aller kontinuierlichen und örtlichen Druckverlusthöhen im System vor bzw. nach der Pumpe. Im DVGW W 610 (A) (2010) und im DVGW W 617 (A) (2006) wird die gesamte Druckverlusthöhe h mit $\sum h_v$ bezeichnet, wie in Gleichung 5.2 dargestellt ist.

$$h = \sum h_v = h_e + h_a \tag{5.2}$$

Der Höhenunterschied zwischen den Wasserspiegeln der eingangs- und ausgangsseitigen Wasserbehälter wird als geodätische Förderhöhe H_{geo} in m bezeichnet (s. Gl. 5.3).

$$H_{geo} = z_a - z_e \tag{5.3}$$

Die dynamische Förderhöhe H_{dyn} in m umfasst die Summe aller Druckverlusthöhen h und die Differenz der ausgangs- und eingangsseitigen Geschwindigkeitshöhen $V_a = v_a^2/(2 \cdot g)$ und $V_e = v_e^2/(2 \cdot g)$, siehe Gleichung 5.4. Der statische Förderhöhenanteil H_{stat} in m setzt sich aus der geodätischen Förderhöhe H_{geo} und der Differenz der Druckhöhen $P_a = p_a/(\rho \cdot g)$ und $P_e = p_e/(\rho \cdot g)$ zusammen (s. Gl. 5.5).

$$\begin{aligned} H_{dyn} &= h + (V_a - V_e) \\ &= (h_a + h_e) + \frac{v_a^2 - v_e^2}{2 \cdot g} \end{aligned} \tag{5.4}$$

$$\begin{aligned} H_{stat} &= H_{geo} + (P_a - P_e) \\ &= (z_a - z_e) + \frac{p_a - p_e}{\rho \cdot g} \end{aligned} \tag{5.5}$$

Gleichung 5.1 kann mit Gleichung 5.4 und 5.5 damit in Gleichung 5.6 überführt werden.

$$H_A = H_{dyn} + H_{stat} \tag{5.6}$$

Die Differenz der Geschwindigkeitshöhen V_a und V_e kann bei den in der Wasserverteilung vorherrschenden Fließgeschwindigkeiten in der Regel vernachlässigt werden (s. Gl. 5.7 und Fußnote 2, S. 12).

$$V_a - V_e = \frac{v_a - v_e}{2 \cdot g} \approx 0 \tag{5.7}$$

Im Fall freier Wasserspiegel in den Wasserspeichern herrscht dort Atmosphärendruck p_{Atm}. Die Differenz der Druckhöhen P_a und P_e ergibt entsprechend Null (s. Gl. 5.8).

$$P_a - P_e = \frac{p_a - p_e}{\rho \cdot g} = \frac{p_{Atm} - p_{Atm}}{\rho \cdot g} = 0 \tag{5.8}$$

Umfasst also ein System lediglich Speicher mit freien Wasserspiegeln und wird die Differenz der Geschwindigkeitshöhen $V_a - V_e$ vernachlässigt, kann Gleichung 5.1 bzw. 5.6 vereinfacht und in Gleichung 5.9 überführt werden.

$$\begin{aligned} H_A &= H_{geo} + h \\ &= (z_a - z_e) + (h_a + h_e) \end{aligned} \tag{5.9}$$

Ist die geodätische Höhe z_P der Pumpe größer als die des Wasserspiegels z_e des eingangsseitig angeordneten Behälters, wird von einem Saugbetrieb gesprochen ($z_P \geq z_e$). Dies ist z. B. bei dem beispielhaften System in Abbildung 5.3 der Fall. Dagegen liegt bei einem Zulaufbetrieb das Pumpenniveau z_P unter der geodätischen Höhe z_e des Wasserspiegels ($z_P < z_e$).

5.1.4 Systemvarianten

Sowohl bei Förderanlagen als auch bei Druckerhöhungsanlagen sind unterschiedliche Systemvarianten möglich. Es können vier Varianten von Förderanlagen bzgl. ihrer Anordnung im System und damit ihrer Aufgabe unterschieden werden (DVGW W 610 (A), 2010). Die Systemvarianten sind im Folgenden kurz vorgestellt.

Förderung in ein offenes System mit Wasserbehälter: Die Förderanlage ist im Zubringernetz angeordnet, das von den Bedarfsschwankungen im Verteilungsnetz durch einen Wasser- bzw. Durchlaufbehälter abgekoppelt ist. Die Bedarfsschwankungen werden durch das fluktuierende Volumen V_F des Behälters ausgeglichen. Diese Anordnung ermöglicht einen gleichmäßigen Betrieb bei nahezu konstanter Förderhöhe (s. Kap. 4.1.3). In Abbildung 5.1 ist im unteren Verteilungsnetz die Lage einer Förderanlage schematisch dargestellt, die in einen Durchlaufbehälter, also in ein offenes System, fördert.

Förderung in ein geschlossenes System ohne Wasserbehälter: Die Förderanlage ist im Zubringer- oder Verteilungsnetz angeordnet und gewährleistet die Versorgung eines Gebiets mit ausreichendem Druck. Der Förderstrom muss daher zu jeder Zeit gleich dem Wasserverbrauch sein. Zur Umsetzung bieten sich der Betrieb mehrerer parallel aufgestellter Pumpen oder die Drehzahlregelung an (s. Kap. 5.2.6). In Abbildung 5.1 ist im oberen Verteilungsnetz die Lage einer Förderanlage schematisch dargestellt, die in ein geschlossenes System fördert.

Förderung in Fallleitungen: Zur Überwindung der Energieverluste bei langen Zubringerleitungen kann eine Druckerhöhung mit Förderanlagen ökonomisch günstiger sein, als eine Rohrleitung mit größerer Nennweite.

Förderung in Systeme mit Druckbehälter: Bei der Förderung in ein geschlossenes System ohne Wasserbehälter ermöglicht ein auf der Ausgangsseite der Pumpe angeordneter Druckbehälter einen kurzzeitigen Ausgleich zwischen Förderstrom und Wasserverbrauch (s. Kap. 4.2). Diese Systemvariante, in der Druckbehälter nicht (nur) zur Druckstoßsicherung, sondern zur Wasserspeicherung eingesetzt werden, findet hauptsächlich Anwendung in Druckerhöhungsanlagen, auf die im Folgenden weiter eingegangen wird.

Bei Druckerhöhungsanlagen werden im DVGW W 617 (A) (2006) Systeme mit direktem (unmittelbarem) und indirektem (mittelbarem) Anschluss an das vorgelagerte Versorgungsgebiet sowie Systeme mit und ohne Gegenbehälter unterschieden. Die Systemvarianten sind im Folgenden kurz erläutert.

Druckerhöhungsanlage mit unmittelbarem Rohrnetzanschluss: In dieser Systemvariante ist die Eingangsseite der Druckerhöhungsanlage direkt an das vorgelagerte Rohrnetz angeschlossen. Die Hydraulik der Druckerhöhungsanlage und des vorgelagerten Rohrnetzes beeinflussen sich damit gegenseitig. Der Druck am Anschluss stellt den Vordruck der Druckerhöhungsanlage dar.

Druckerhöhungsanlage mit mittelbarem Rohrnetzanschluss: Bei einem mittelbaren Anschluss ist zwischen vorgelagertem Rohrnetz und Druckerhöhungsanlage ein Vorlagebehälter mit freiem Wasserspiegel angeordnet, der als Durchlaufbehälter betrieben wird. Wie in Kapitel 4.1 erläutert, wird durch den Vorlage- bzw. Durchlaufbehälter die Hydraulik des vorgelagerten Rohrnetzes von der Hydraulik der Druckerhöhungsanlage entkoppelt. Der Wasserspiegel im Vorlagebehälter bestimmt den Vordruck der Druckerhöhungsanlage.

Druckerhöhungsanlage mit Gegenbehälter: Fördert eine Druckerhöhungsanlage in ein offenes Netz mit Gegenbehälter, wird der Druck in diesem Netzbereich durch die geodätische Höhe des Wasserspiegels des Gegenbehälters sowie die Auslegung und den Betrieb der Druckerhöhungsanlage bestimmt (s. auch Kap. 4.1). Diese Systemvariante ist in der Regel so ausgelegt, dass in den verbrauchsarmen Stunden eines Tags der Gegenbehälter befüllt und Spitzenverbräuche durch Einspeisungen aus dem Gegenbehälter und der Druckerhöhungsanlage gedeckt werden.

Druckerhöhungsanlage ohne Gegenbehälter: Wie bereits oben für die Förderung in ein geschlossenes System ohne Wasserbehälter beschrieben, muss der Förderstrom einer Druckerhöhungsanlage, die ein Netz ohne Gegenbehälter versorgt, dem Wasserverbrauch entsprechen. Dazu ist ein großes Regelungsspektrum des Förderstroms und der Förderhöhe notwendig. Ein begrenzter Ausgleich von Förderstrom und Wasserverbrauch und damit eine geringere Regelungsbreite kann mit der Anordnung eines nachgeschalteten Druckbehälters erreicht werden (s. Kap. 4.2).

5.2 Kreiselpumpen

5.2.1 Arbeitsprinzip und Bauarten

In Kreiselpumpen wird Energie durch Strömungsumlenkung übertragen. Ein mit Schaufeln besetztes Laufrad wird dazu über eine Antriebswelle in Rotation versetzt. Wasser strömt durch einen Saugstutzen dem Laufrad zu, das die mechanische Energie auf den Förderstrom überträgt. Das Wasser wird in den Schaufeln des rotierenden Laufrads zum Laufradrand hin beschleunigt. Die erzielte Geschwindigkeit wird anschließend durch Umlenkung und Querschnittsvergrößerung im Gehäuse weitgehend in Druck umgewandelt. Durch einen Druckstutzen fließt das Wasser in die angeschlossene Druckleitung. Je nach Strömungsrichtung am Laufradaustritt gegenüber der Wellenachse werden Axial-, Halbaxial- und Radialräder unterschieden (Karger und Hoffmann, 2013; Fritsch u. a., 2014).

Die Förderhöhe, die mit einem Laufrad erreicht werden kann, ist begrenzt. Mit den sogenannten mehrstufigen Pumpen können größere Förderhöhen erzielt werden, indem mehrere Laufräder hintereinander angeordnet sind. Fließt das Wasser zwei Laufrädern über getrennte Saugkanäle zu, die in einem Gehäuse angeordnet sind, wird von zweiflutigen oder doppelflutigen Pumpen gesprochen (Gülich, 2013; Karger und Hoffmann, 2013).

In Abbildung 5.4 sind die Hauptbestandteile einer Kreiselpumpe schematisch dargestellt. In der Abbildung ist ein Radialrad skizziert. Arbeitsprinzip und unterschiedliche Bauarten von Kreiselpumpen werden ausführlich von Gülich (2013) beschrieben.

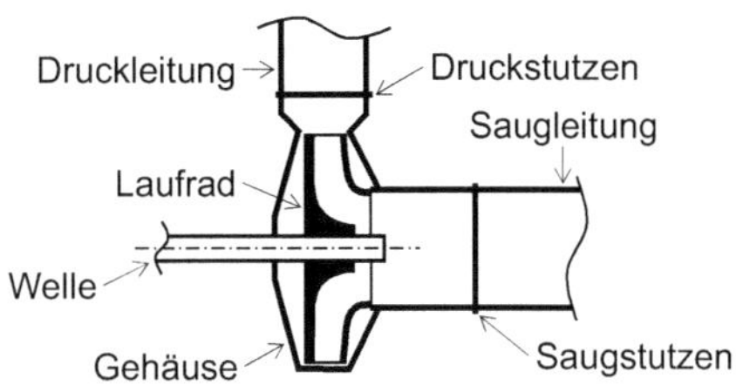

Abbildung 5.4: Hauptbestandteile einer Kreiselpumpe

5.2.2 Pumpenkennlinie und Betriebspunkt

Bei Kreiselpumpen hängt die Förderhöhe H vom Förderstrom Q ab. Der Förderstrom Q nimmt mit zunehmender Förderhöhe H ab (Karger und Hoffmann, 2013). Den Zusammenhang gibt die Pumpenkennlinie, auch Drosselkurve oder Q-H-Linie genannt, für eine konstante Drehzahl n wieder. Die Förderhöhe H wird als Nullförderhöhe H_0 bezeichnet, wenn kein Förderstrom Q erzielt wird ($Q = 0$). Abbildung 5.5 zeigt eine beispielhafte Pumpenkennlinie. Auf die Drehzahl wird näher in Kapitel 5.2.5 eingegangen.

Die Förderhöhe H, die in einem System erforderlich ist, um einen Förderstrom Q zu erzielen, kann mit der Systemkennlinie, auch Anlagenkennlinie genannt, beschrieben werden. Die Förderhöhe H setzt sich dabei gemäß Gleichung 5.6 aus der dynamischen Förderhöhe H_{dyn} und der statischen Förderhöhe H_{stat} zusammen, wie Gleichung 5.10 und Abbildung 5.5 zeigen.

$$H = H_{dyn} + H_{stat} \tag{5.10}$$

Unter Vernachlässigung der Geschwindigkeitshöhen V und mit der Annahme gleicher Behälterdrücke p_e und p_a ergibt sich gemäß Gleichung 5.9 die erforderliche Förderhöhe H aus der Summe der geodätischen Förderhöhe H_{geo} und der Druckverlusthöhe h, siehe Gleichung 5.11.

$$H = H_{geo} + h \tag{5.11}$$

Die geodätische Förderhöhe H_{geo} ist konstant. Dagegen hängt die Druckverlusthöhe h vom Förderstrom Q ab und kann mit den Gleichungen 2.5, 2.10 und 2.21 ermittelt werden.

Der Schnittpunkt der Pumpenkennlinie mit der Systemkennlinie ergibt den Betriebs- oder Arbeitspunkt der Anlage, also die Förderhöhe H_A und den Förderstrom Q_A der Anlage entsprechend der Definition in Kapitel 5.1.3. Abbildung 5.5 veranschaulicht den Zusammenhang.

5.2.3 Leistung

Die Förderleistung P_Q ist die von einer Pumpe erbrachte nutzbare Leistung bei der Erzeugung einer Förderhöhe H und eines Förderstroms Q, also die dem System zugeführte Energie (DIN 4046, 1983). Die Förderleistung P_Q in W ergibt sich aus dem Produkt von Dichte ρ in kg/m^3, Erdbeschleunigung g in m/s^2, Förderhöhe H in m und Förderstrom Q in m^3/s, siehe Gleichung 5.12 (DIN 4046, 1983; Fritsch u. a., 2014).

$$P_Q = \rho \cdot g \cdot Q \cdot H \tag{5.12}$$

Zur Erbringung der Förderleistung P_Q ist die vom Pumpenaggregat aufgenommene Antriebsleistung P_M erforderlich, die neben der erzeugten Förderleistung P_Q die gesamten elektrischen, mechanischen und hydraulischen Energieverluste des Pumpenaggregats um-

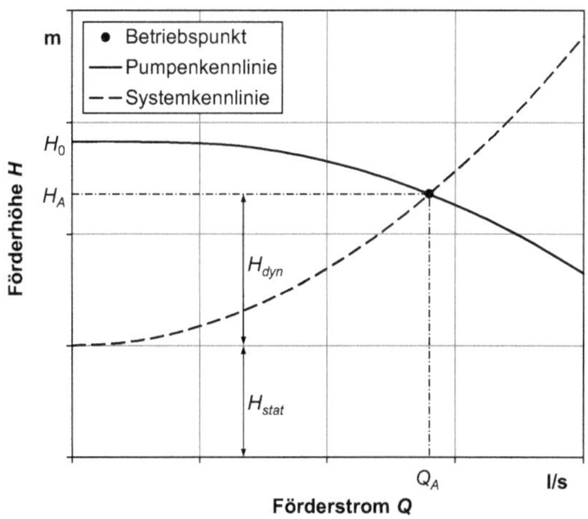

Abbildung 5.5: Pumpen- und Systemkennlinie sowie Betriebspunkt

fasst (DIN 4046, 1983; DVGW W 610 (A), 2010). Die Energieverluste werden mit dem dimensionslosen Gesamtwirkungsgrad η_g ausgedrückt, der das Verhältnis von Förderleistung P_Q und Antriebsleistung P_M angibt, siehe Gleichung 5.13 (DVGW W 610 (A), 2010).

$$\eta_g = \frac{P_Q}{P_M} \tag{5.13}$$

Der Gesamtwirkungsgrad η_g liegt meist im Bereich zwischen 0,6 und 0,8 (Fritsch u. a., 2014). Aus Gleichung 5.12 und 5.13 ergibt sich Gleichung 5.14 für die Antriebsleistung P_M in W.

$$\begin{aligned} P_M &= \frac{P_Q}{\eta_g} \\ &= \frac{\rho \cdot g \cdot Q \cdot H}{\eta_g} \end{aligned} \tag{5.14}$$

Bei der Ermittlung des Leistungsbedarfs P an der Pumpenwelle werden mit dem dimensionslosen Pumpenwirkungsgrad η lediglich die mechanischen und hydraulischen Energieverluste der Pumpe berücksichtigt (s. Gl. 5.15).

$$\begin{aligned} P &= \frac{P_Q}{\eta} \\ &= \frac{\rho \cdot g \cdot Q \cdot H}{\eta} \end{aligned} \tag{5.15}$$

Der Wirkungsgrad η einer Kreiselpumpe ist für verschiedene Förderströme Q und Dreh-

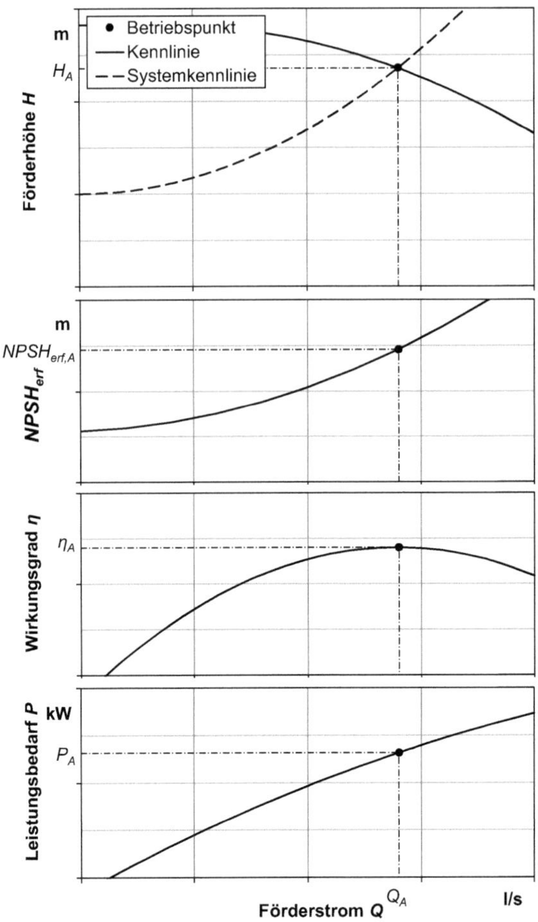

Abbildung 5.6: Pumpenkennlinie mit Betriebspunkt sowie Kennlinien des erforderlichen Net Positive Suction Head $NPSH_{erf}$, des Pumpenwirkungsgrads η und des Leistungsbedarfs P

zahlen n nicht konstant. Er wird mit der Wirkungsgradkennlinie angegeben, die einen Bestwert aufweist (Fritsch u. a., 2014). Hinsichtlich der Energieeffizienz liegt der Betriebspunkt einer Pumpe optimalerweise im Bestpunkt der Kennlinie des Wirkungsgrads η. Zu jeder Pumpenkennlinie ist also eine Kennlinie des Wirkungsgrads η und eine Kennlinie des Leistungsbedarfs P zugehörig. Abbildung 5.6 zeigt die Kennlinien für eine Pumpenkennlinie mit konstanter Drehzahl n.

5.2.4 Net Positive Suction Head

Ein Pumpensystem kann im Saugbetrieb arbeiten, da am Wasserspiegel des saugseitigen Wasserbehälters mindestens der Atmosphärendruck p_{Atm} anliegt. Der größte theoretisch mögliche negative Druck an der Saugseite einer Pumpe, bei der noch keine Dampfbildung (Kavitation) auftritt, ist demnach die Differenz des im Behälter herrschenden Drucks p_e und des Dampfdrucks p_D (Fritsch u. a., 2014).

Die für einen kavitationsfreien Betrieb einer Pumpe mindestens erforderliche Druckhöhe in der Mitte des Saugstutzens, also am Pumpeneingang, wird mit dem erforderlichen Net Positive Suction Head $NPSH_{erf}$ ausgedrückt (DVGW W 610 (A), 2010). Der erforderliche Net Positive Suction Head $NPSH_{erf}$ entspricht praktisch der Haltedruckhöhe einer Pumpe gemäß DIN 4046 (1983). Der $NPSH_{erf}$-Wert hängt vom Förderstrom Q ab und wird vom Hersteller in einer Kennlinie angegeben (s. Abb. 5.6 und 5.14).

Um Kavitation zu vermeiden, muss nach DVGW W 610 (A) (2010) der vorhandene Net Positive Suction Head $NPSH_{vorh}$ der Anlage mindestens über dem erforderlichen Net Positive Suction Head $NPSH_{erf}$ zuzüglich einem Sicherheitszuschlag von 0,5 m liegen (s. Gl. 5.16). Der vorhandene Net Positive Suction Head $NPSH_{vorh}$ wird in der DIN 4046 (1983) als Haltedruckhöhe einer Anlage bezeichnet.

$$NPSH_{vorh} > NPSH_{erf} + 0{,}5\,\mathrm{m} \tag{5.16}$$

Aus Gleichung 5.1 lässt sich Gleichung 5.17 ableiten, mit der der vorhandene Net Positive Suction Head $NPSH_{vorh}$ in m errechnet werden kann.

$$NPSH_{vorh} = \frac{p_e - p_D}{\rho \cdot g} + \frac{v_e^2}{2 \cdot g} + (z_e - z_P) - h_e \tag{5.17}$$

Dabei ist p_e der über dem Wasserspiegel des saugseitigen Behälters herrschende absolute Druck und p_D der Dampfdruck, jeweils in bar, ρ die Dichte in kg/m^3, g die Erdbeschleunigung in m/s^2 und $V_e = v_e^2/(2 \cdot g)$ die Geschwindigkeitshöhe in der Saugleitung in m (s. Kap. 5.1.3). Werte für den Dampfdruck p_D von Wasser in Abhängigkeit der Temperatur T sind in Tabelle 2.1 gegeben. Weiter ist $z_e - z_P$ in m die Differenz der geodätischen Höhen des Behälterwasserspiegels und der Pumpe, wobei sich z_P auf die Mitte des Laufradeintritts bezieht, und h_e in m die Druckverlusthöhe in der Saugleitung. (Um eindeutige Bezeichnungen zu gewährleisten, sind die Größensymbole p_e und z_e abweichend zu den Ausführungen zum Net Positive Suction Head im DVGW W 610 (A) (2010) gewählt.)

5.2.5 Drehzahl

Die Pumpenkennlinie einer Kreiselpumpe gibt für eine bestimmte Drehzahl n, auch als Nenndrehzahl n_n bezeichnet, den Zusammenhang zwischen Förderhöhe H und Förderstrom Q an (s. Kap. 5.2.2). Mit einer Änderung der Drehzahl n ändert sich die Rotationsgeschwindigkeit des Laufrads der Pumpe und damit die Pumpenkennlinie. Eine bekannte

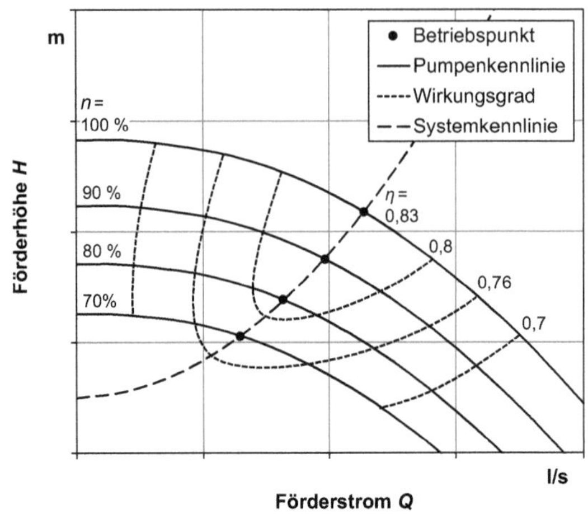

Abbildung 5.7: Pumpenkennlinie, Betriebspunkt und Wirkungsgrad η bei unterschiedlichen Drehzahlen n

Pumpenkennlinie kann für weitere Drehzahlen mit dem sogenannten Affinitätsgesetz umgerechnet werden (DVGW W 610 (A), 2010). Für die Umrechnung bekannter Werte des Förderstroms Q_1, der Förderhöhe H_1 und des Leistungsbedarfs P_1 einer Pumpe bei der Drehzahl n_1 auf die Drehzahl n_2 gelten die Gleichungen 5.18, 5.19 und 5.20.

$$Q_2 = \frac{n_2}{n_1} \cdot Q_1 \tag{5.18}$$

$$H_2 = \left(\frac{n_2}{n_1}\right)^2 \cdot H_1 \tag{5.19}$$

$$P_2 = \left(\frac{n_2}{n_1}\right)^3 \cdot P_1 \tag{5.20}$$

Für eine Kreiselpumpe können also Pumpenkennlinien für verschiedene Drehzahlen n angegeben werden. In Abbildung 5.7 sind in einem Diagramm beispielhaft die Pumpenkennlinien für die vier Drehzahlen $n = 100 / 90 / 80$ und $70\,\%$ der Nenndrehzahl n_n aufgetragen. Zusätzlich sind die Linien gleicher Pumpenwirkungsgrade η für $\eta = 0{,}83 / 0{,}8 / 0{,}76$ und $0{,}7$ angegeben, die sich aus den Wirkungsgradkennlinien ergeben (s. Kap. 5.2.3). Solche Diagramme werden auch Muscheldiagramme genannt.

5.2.6 Steuerung/Regelung

Wird eine Kreiselpumpe in ein System integriert, stellt sich bei konstanter Drehzahl ein bestimmter Betriebspunkt (Förderstrom Q_A und Förderhöhe H_A) ein. Der Betriebspunkt ergibt sich aus der Systemhydraulik, d. h. der Systemkennlinie, und der Pumpencharakteristik bzw. der Pumpenkennlinie (s. Kap. 5.1.3 und 5.2.2). Zur Beeinflussung des Betriebsverhaltens einer Anlage mit einer oder mehreren Kreiselpumpen stehen verschiedene Möglichkeiten zur Verfügung, bei denen entweder die Pumpenkennlinie der Anlage oder die Systemkennlinie verändert wird. Die für die Wasserverteilung wichtigsten Steuerungen/Regelungen sind im Folgenden beschrieben (DVGW W 610 (A), 2010).

Drehzahlregelung: Bei der Drehzahlregelung wird die Änderung des Betriebspunkts über eine Änderung der Drehzahl n erreicht. Ist die Pumpenkennlinie in einem Q-H-Diagramm aufgetragen, bewirkt eine Erhöhung der Drehzahl eine Verschiebung der Pumpenkennlinie nach oben, eine Verringerung eine Verschiebung nach unten. Ist die Systemkennlinie konstant, hat die Verschiebung der Pumpenkennlinie durch eine Drehzahländerung auch eine Änderung des Betriebspunkts zur Folge, wie aus Abbildung 5.7 ersichtlich wird. Eine Verringerung der Drehzahl bewirkt eine Verschiebung des Betriebspunkts auf der Systemkennlinie nach links. Es wird also eine geringere Förderhöhe H und ein geringerer Förderstrom Q erreicht. Mit einer Erhöhung wird eine Verschiebung nach rechts und damit eine Erhöhung von Förderhöhe H und Förderstrom Q erzielt. Die Drehzahlregelung eignet sich besonders bei Systemen mit geringer statischer Förderhöhe H_{stat} (s. Gl. 5.5 und 5.5).

Zu- und Abschalten von Pumpen: In einer Anlage können mehrere Pumpen parallel oder in Reihe geschaltet betrieben werden. Abbildung 5.8 zeigt eine Parallel- und eine Reihenschaltung zweier Pumpen. Über Zu- und Abschalten von Pumpen kann die Pumpenkennlinie der Anlage und damit der Betriebspunkt verändert werden.

Bei der Parallelschaltung addieren sich die Förderströme Q bei gleicher Förderhöhe H. Sie bietet sich daher zur Steuerung/Regelung des Förderstroms Q an. Im Fall unterschiedlicher Nullförderhöhen H_0 bestimmt die niedrigere den Grenzwert, bis zu dem ein Parallelbetrieb möglich ist. Im Diagramm in Abbildung 5.9 sind die Pumpenkennlinien I und II zweier gleicher Kreiselpumpen sowie die resultierende Pumpenkennlinie I+II bei Parallelschaltung dargestellt. Im Parallelbetrieb ist der Betriebspunkt auf der Systemkennlinie nach rechts verschoben, also hin zu größerer Förderhöhe H und größerem Förderstrom Q.

Bei der Reihenschaltung addieren sich die Förderhöhen H bei gleichen Förderströmen Q. Sie dient daher insbesondere zur Steuerung/Regelung des Drucks. Das Diagramm in Abbildung 5.10 zeigt die Pumpenkennlinien I und II zweier gleicher Kreiselpumpen sowie die resultierende Pumpenkennlinie I+II bei Reihenschaltung. Im Fall der Reihenschaltung ist der Betriebspunkt auf der Systemkennlinie nach rechts verschoben. Es wird also eine Erhöhung von Förderhöhe H und Förderstrom Q erreicht.

Abbildung 5.8: Parallelschaltung (*links*) und Reihenschaltung (*rechts*) von zwei Pumpen

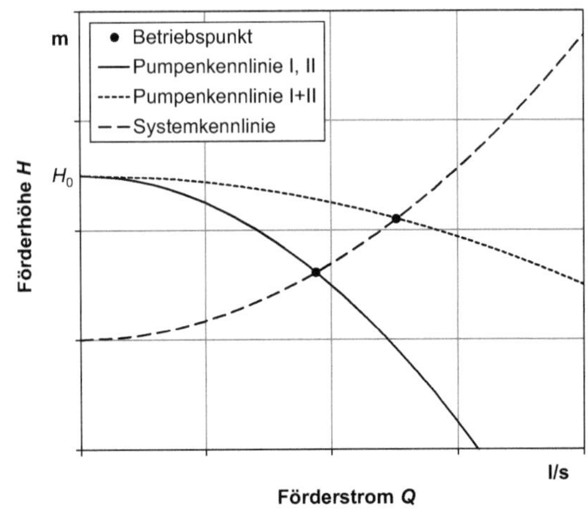

Abbildung 5.9: Resultierende Pumpenkennlinie I+II bei Parallelschaltung von zwei Kreiselpumpen mit gleichen Pumpenkennlinien I und II

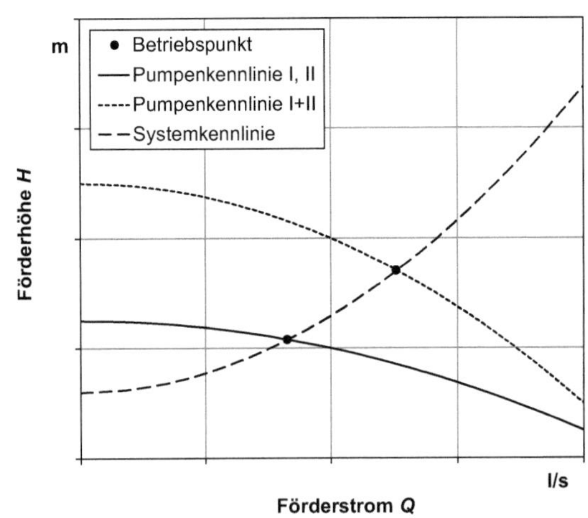

Abbildung 5.10: Resultierende Pumpenkennlinie I+II bei Reihenschaltung von zwei Kreiselpumpen mit gleichen Pumpenkennlinien I und II

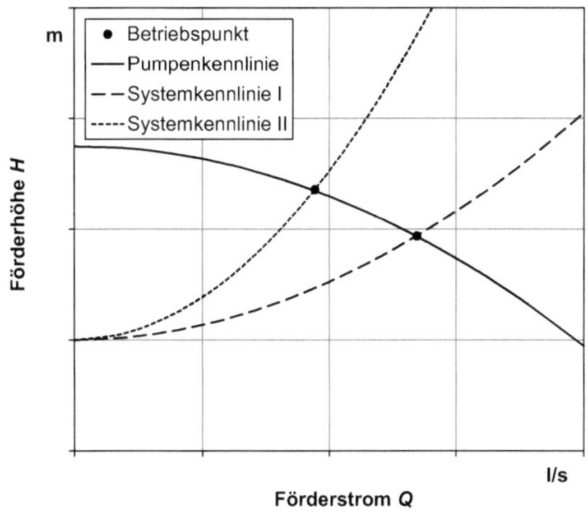

Abbildung 5.11: Systemkennlinie I bei geringerer und Systemkennlinie II bei größerer Drosselung einer Kreiselpumpen

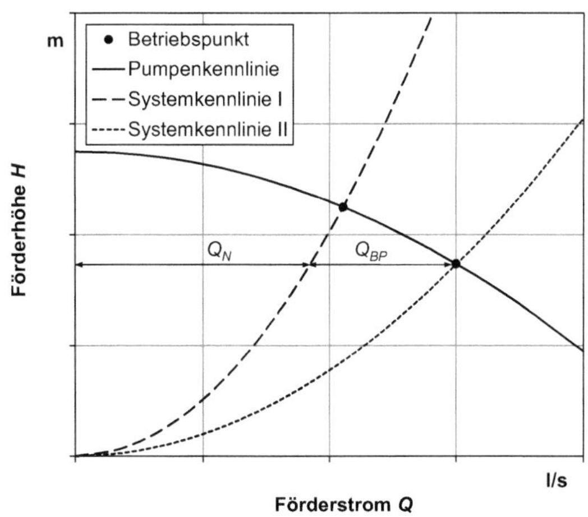

Abbildung 5.12: Systemkennlinie I bei geschlossenem und Systemkennlinie II bei geöffnetem Bypass mit dem Bypassförderstrom Q_{BP} und dem Nutzförderstrom Q_N

Drosselung: Bei der Drosselung wird mit einer Drosselarmatur, die auf der Druckseite der Kreiselpumpe angeordnet ist, ein örtlicher Druckverlust $h_{vö}$ erzeugt. Örtliche Druckverluste sind näher in Kapitel 2.1.5, Drosselarmaturen in Kapitel 3.2 und 3.4.2 beschrieben. Der zusätzliche örtliche Druckverlust $h_{vö}$ bewirkt einen steileren Verlauf der Systemkennlinie und damit eine Änderung des Betriebspunkts. Das Diagramm in Abbildung 5.10 zeigt zwei Systemkennlinien. Systemkennlinie II weist auf Grund einer größeren Drosselung einen steileren Verlauf als Systemkennlinie I auf. Der Betriebspunkt ist im Falle der größeren Drosselung auf der Pumpenkennlinie nach links verschoben, also hin zu einer größeren Förderhöhe H bei niedrigerem Förderstrom Q. Allerdings bedingt die Drosselung dabei einen zusätzlichen Energieverlust.

Bypass-Regelung: Bei der Bypass-Regelung wird ein Teil des Förderstroms Q über eine parallel angeordnete Rohrleitung zurück zur Saugseite der Pumpe geführt. Die resultierende Systemkennlinie von Druck- und Bypassleitung ergibt sich, analog zur Parallelschaltung, aus der Summe der Förderstromanteile bei konstanter Förderhöhe H. Gegenüber dem Fall eines geschlossenen Bypass ist die Systemkennlinie bei Bypass-Regelung flacher. Der Betriebspunkt verschiebt sich entsprechend auf der Pumpenkennlinie nach rechts, was in einem größeren Förderstrom Q und einer kleineren Förderhöhe H resultiert. In Abbildung 5.12 stellt die Systemkennlinie I den Fall mit geschlossenem Bypass und Systemkennlinie II im Vergleich dazu die aktive Bypass-Regelung dar. Außerdem sind die Anteile des Förderstroms Q eingezeichnet, die durch den Bypass zurückgeführt (Q_{BP}) und tatsächlich gefördert (Q_N) werden.

5.2.7 Ermittlung von Pumpenkennlinie und Antriebsleistung

Die tatsächliche Pumpenkennlinie einer Kreiselpumpe weicht meist etwas von der Pumpenkennlinie ab, die im Herstellerkatalog für diese Bauart und -größe angegeben ist. (Auf Herstellerangaben wird kurz in Kapitel 5.3 eingegangen, die Abbildungen 5.13 und 5.14 zeigen Auszüge aus einem Herstellerkatalog.) Die Abnutzung im Betrieb in einer Anlage führen zu einer weiteren Änderung des Betriebsverhaltens (Walski u. a., 2003; AWWA Manual M32, 2012). Mit fortschreitender Betriebsdauer nimmt die Abweichung von der prototypischen Pumpenkennlinie in der Regel zu.

Das tatsächliche Betriebsverhalten einer Kreiselpumpe kann mit Messungen bestimmt werden (Walski u. a., 2003). Dazu werden die ein- und ausgangsseitigen Drücke p_e bzw. p_a an der Pumpe sowie der erzeugte Förderstrom Q_A gemessen. Die Messwerte können genutzt werden, um die Förderhöhe H_A mit Gleichung 5.1 zu berechnen. Gleichung 5.1 kann dazu weiter vereinfacht werden: Da die ein- und ausgangsseitigen Höhen z_e und z_a in der Regel gleich sind, kann der Term $(z_a - z_e)$ in Gleichung 5.1 entfallen. Des Weiteren kann die Druckverlusthöhe $h = h_e + h_a$ bei der alleinigen Betrachtung der Pumpe vernachlässigt werden. Damit kann Gleichung 5.1 in Gleichung 5.21 überführt werden.

$$H_A = \frac{p_a - p_e}{\rho \cdot g} + \frac{v_a^2 - v_e^2}{2 \cdot g} \tag{5.21}$$

Werden nun Messungen für eine bestimmte Anzahl unterschiedlicher Drosselungen der Pumpe durchgeführt, kann die gleiche Anzahl einzelner Betriebspunkte der Pumpe, also jeweils ein Wertepaar Förderstrom Q_A und Förderhöhe H_A, ermittelt werden. Für die Drosselung einer Kreiselpumpe ist eine auf der Ausgangsseite angeordnete Drosselarmatur erforderlich. Die Drosselung ist näher in Kapitel 5.2.6 erläutert. Aus den ermittelten Betriebspunkten kann wiederum die tatsächliche Pumpenkennlinie abgeleitet werden. Optimalerweise wird der komplette Betriebsbereich der Pumpe ermittelt, d. h. Betriebspunkte zwischen maximalem Förderstrom bei vollständig geöffneter Drosselarmatur ($Q_A = Q_{max}$, $H_A = H_{min}$) und minimalem Förderstrom bei geschlossener Drosselarmatur ($Q_A = 0$, $H_A = H_0$). Um große Förderströme zu erzielen kann es mitunter notwendig werden, Hydranten zu öffnen.

Die Messung des Leistungsbedarfs P, also die von der Pumpenwelle aufgenommene Leistung einer Pumpe ist relativ schwierig. Dagegen ist die Messung der gesamten Antriebsleistung P_M vergleichsweise einfach (Walski u. a., 2003). Im besten Fall kann die aktuelle Leistung P_M an einem vorhandenen Zähler abgelesen werden. Kann nur der Strombedarf gemessen werden, muss die Leistung mit den bekannten Größen Spannung, Leistungsfaktor und Verkettungsfaktor berechnet werden, siehe dazu Walski u. a. (2003) und Fritsch u. a. (2014). Sind die Förderhöhe H und der Förderstrom Q zum Zeitpunkt der Messung bekannt, kann mit Gleichung 5.14 auch der Gesamtwirkungsgrad η_g in diesem Betriebspunkt berechnet werden. Um Kennlinien der Antriebsleistung P_M und des Gesamtwirkungsgrads η_g zu erstellen, kann wie bei der oben beschriebenen Ermittlung einer Pumpenkennlinie vorgegangen werden. Für verschiedene Drosselungen werden die Antriebsleistung P_M, die Drücke p_e und p_a sowie der Förderstrom Q_A gemessen. Mit Gleichung 5.21 werden damit die Förderhöhe H_A und mit Gleichung 5.14 der Gesamtwirkungsgrad η_g bei entsprechendem Förderstrom Q_A berechnet. Aus den ermittelten Werten der Antriebsleistung P_M und des Gesamtwirkungsgrads η_g bei unterschiedlicher Drosselung bzw. bei unterschiedlichen Förderströmen werden letztlich die Kennlinien abgeleitet.

5.3 Dokumentation

Förder- und Druckerhöhungsanlagen werden in der Regel in Lageplänen sowie in Bau- bzw. Bestandsplänen dokumentiert. Die Bau- bzw. Bestandspläne zeigen in Schnitten alle wesentlichen Anlagenkomponenten sowie deren Bestandteile und Unterbringung in Betriebsgebäuden. Ausführungsbeispiele finden sich z. B. bei Fritsch u. a. (2014). Funktionsweise und Zusammenhang der wesentlichen Komponenten einer Anlage werden in R&I-Schemata dargestellt. Lage und Maße von Rohrleitungen und Armaturen sind in

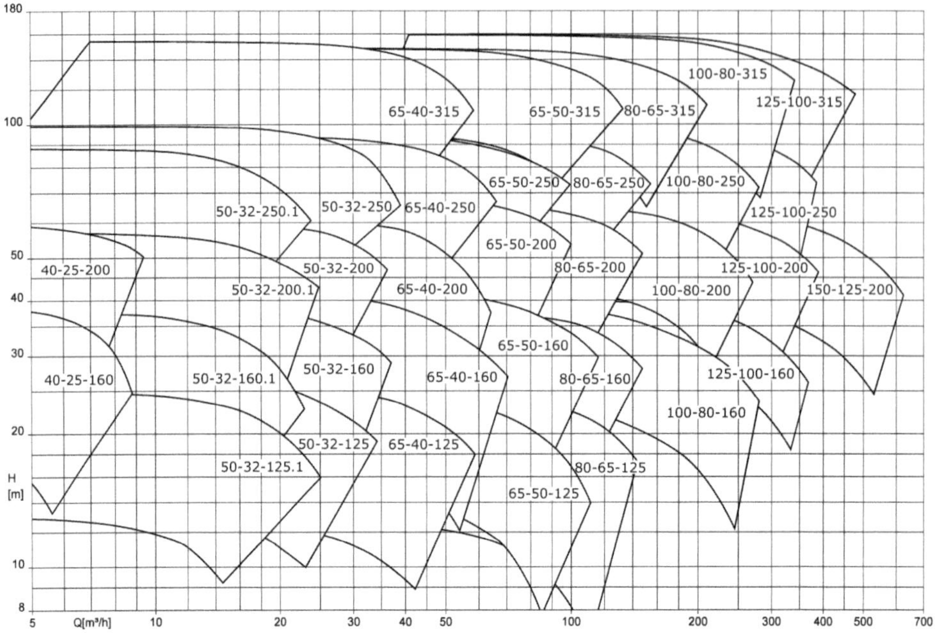

Abbildung 5.13: Kennfeld für verschiedene Kreiselpumpenbaugrößen (KSB Aktiengesellschaft, 2016)

Rohrleitungsplänen, bauliche Ausführungen und hydraulische Eigenschaften von Armaturen und Druckbehältern sind in technischen Spezifikationen dokumentiert (s. Kap. 3.3 und 4.4). Förder- und Druckerhöhungsanlagen sind in der Regel einfach zugängig, was die Erhebung fehlender Daten erleichtert.

Die in Kapitel 5.2.2 bis 5.2.5 erläuterten Kenngrößen von Kreiselpumpen werden von Pumpenherstellern in Katalogen oder Kennlinienheften zusammengefasst. Für die Pumpenauswahl ist in Kennfeldern dargestellt, welchen Bereich von Förderhöhe H und Förderstrom Q verschiedene Baugrößen mit einer bestimmten Drehzahl n abdecken. Die wesentlichen Kennlinien jeder Baugröße mit einer bestimmten Drehzahl sind in Datenblättern zusammengefasst.

Abbildung 5.13 zeigt ein Kennfeld verschiedener Arbeitsbereiche der Baugrößen einer Kreiselpumpe mit der Drehzahl $n = 2900\,\text{min}^{-1}$ des Herstellers KSB Aktiengesellschaft (2016). Das Beispiel eines Datenblatts einer Baugröße mit unterschiedlichen Laufraddurchmessern desselben Herstellers ist in Abbildung 5.14 dargestellt (KSB Aktiengesellschaft, 2005). Kennlinien können in der Regel relativ einfach mit den Angaben des Typenschilds beim Hersteller erfragt werden. Die Angaben des Typenschilds können dazu meist ohne größeren Aufwand vor Ort an der Pumpe abgelesen werden.

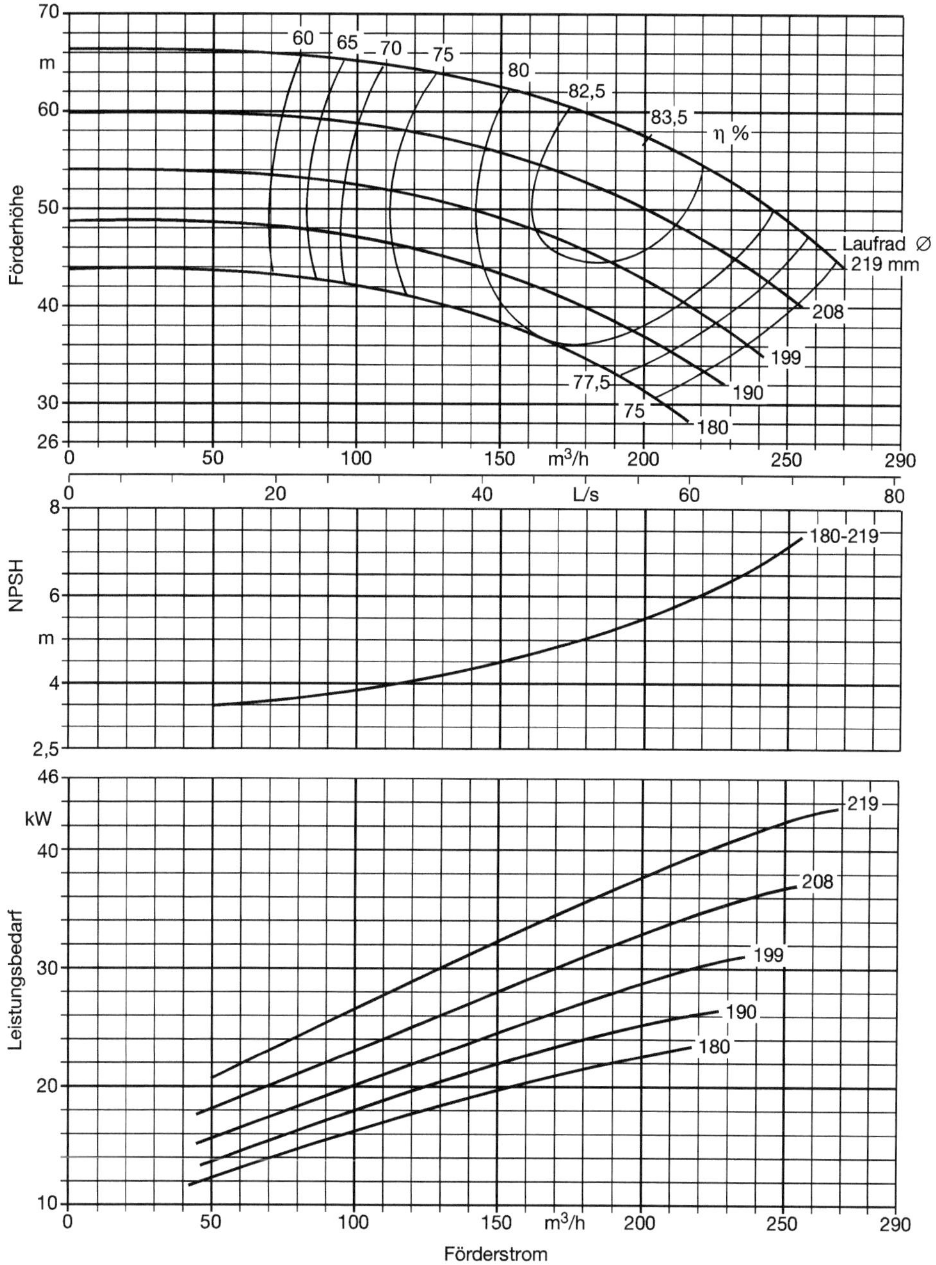

Abbildung 5.14: Datenblatt mit Kennlinien einer Kreiselpumpe (KSB Aktiengesellschaft, 2005)

5.4 Modellierung

5.4.1 Modellierungsoptionen

Bei der Modellierung einer Förder- oder Druckerhöhungsanlage müssen alle für die Wasserverteilung relevanten Anlagenkomponenten berücksichtigt werden. Dies sind insbesondere die Pumpen, Rohrleitungen, Armaturen, Druckbehälter und Wasserschlösser zur Druckstoßsicherung sowie die Steuerung/Regelung der Anlage. Auf die Modellierung von Rohrleitungen und Armaturen wird in Kapitel 3 eingegangen. Die Umsetzung von Druckbehältern und Wasserschlössern, die mit Behälterknoten modelliert werden können, ist in Kapitel 4 beschrieben. Die wesentlichen Informationen zur Modellierung dieser Komponenten sind, wie in Kapitel 5.3 bereits erwähnt, üblicherweise in Bau- und Bestandsplänen, R&I-Schemata, Rohrleitungsplänen und technischen Spezifikationen dokumentiert. Die Modellierung von Kreiselpumpen wird im Weiteren behandelt.

Bei der Rohrnetzmodellierung werden Pumpen im Prinzip wie Armaturen behandelt, die zur Druckerhöhung dienen. Je nach Software werden Pumpen mit einem Strang (Pumpenstrang) oder mit einem Knoten (Pumpenknoten) abgebildet. Häufiger ist die Abbildung als Strang. Der Druck wird zwischen Anfangs- und Endknoten des Pumpenstrangs bzw. am Pumpenknoten erhöht. Neben der Definition der räumlichen Lage ist bei beiden Modellierungsoptionen die Angabe einer Pumpenkennlinie und des Betriebszustands, also ob die Pumpe an- oder abgeschaltet ist, erforderlich. Optional können für eine Leistungsbedarfsanalyse eine Wirkungsgradkennlinie angegeben und eine Steuerung/Regelung definiert werden, sofern dies von der genutzten Software unterstützt wird. Die Attribute eines Pumpenstrangs sind in Abbildung 5.15, die eines Pumpenknotens in Abbildung 5.16 zusammengefasst. Die Modellierung der räumlichen Lage einer Kreiselpumpe wird im folgenden Kapitel 5.4.2 behandelt. Die erforderlichen Angaben zur Charakterisierung einer Kreiselpumpe sowie deren Steuerung/Regelung sind in den Kapiteln 5.4.3 bis 5.4.6 beschrieben.

5.4.2 Räumliche Lage

Wird eine Pumpe als Strang modelliert, ist zur Definition der räumlichen Lage die Angabe eines Anfangs- und eines Endknotens mit den Attributen geodätische Höhe h_{geo}, X-Koordinate und Y-Koordinate erforderlich (s. Abb. 5.15). Zu beachten ist dabei, dass die Strangrichtung auch die Richtung des Durchflusses der Pumpe vorgibt, d. h. der Anfangsknoten befindet sich auf der Saugseite, der Endknoten auf der Druckseite. Bei der Modellierung als Knoten ist die Lage des Knotens über die Angabe der geodätischen Höhe h_{geo} sowie der X- und Y-Koordinaten zu definieren (s. Abb. 5.16). Die Richtung des Förderstroms der Pumpe wird über die Angabe der Stränge auf der Saug- und Druckseite festgelegt. Die Informationen zu Lage und geodätischer Höhe können, wie in Kapitel 5.3 kurz zusammengefasst, Bau- und Bestandsplänen entnommen werden.

Eine Genauigkeitsanforderung für die geodätische Höhe einer Pumpe im Rahmen der

Strang:
- Eindeutige Bezeichnung
- Eindeutige Bezeichnung Anfangsknoten
- Eindeutige Bezeichnung Endknoten
- Pumpenkennlinie
- Betriebszustand (aktiv oder inaktiv)[1]
- Wirkungsgradkennlinie[2]
- Nenndrehzahl n_n [2]
- Aktuelle Drehzahl n_i [1,2]
- Eindeutige Bezeichnung Behälterknoten[2]
- Ein- und Abschaltwasserspiegel WSp_{ein} und WSp_{aus} am Behälterknoten[1,2]
- Eindeutige Bezeichnung Kontrollknoten[2]
- Solldruck P_{soll} am Kontrollknoten[1,2]

Knoten:
- Eindeutige Bezeichnung
- X-Koordinate
- Y-Koordinate
- Geodätische Höhe h_{geo}

[1] Ggf. zeitabhängig.
[2] Optional.

Abbildung 5.15: Erforderliche Knoten- und Strangattribute zur Modellierung von Pumpen als Strang (Pumpenstrang)

Rohrnetzberechnung findet sich im DVGW GW 303-1 (A) (2006) nicht. Allerdings wirken sich (begrenzte) Ungenauigkeiten in der geodätischen Höhe z_P einer Pumpe lediglich auf die saugseitigen und druckseitigen Anteile $H_{geo\,e}$ und $H_{geo\,a}$ der geodätischen Förderhöhe H_{geo} aus, nicht aber auf die gesamte geodätische Förderhöhe H_{geo} selbst (s. Gl. 5.22 und Kap. 5.1.3).

$$\begin{aligned} H_{geo} &= H_{geo\,e} + H_{geo\,a} \\ &= (z_P - z_e) + (z_a - z_P) \\ &= z_a - z_e \end{aligned} \tag{5.22}$$

Unter Berücksichtigung dieses Umstands stellt die im DVGW GW 303-1 (A) (2006) für die geodätischen Höhen h_{geo} der Knoten eines Rohrnetzmodells genannte tolerierte Ab-

Knoten:

- Eindeutige Bezeichnung
- X-Koordinate
- Y-Koordinate
- Geodätische Höhe h_{geo}
- Eindeutige Bezeichnung des Strangs auf der Saugseite
- Eindeutige Bezeichnung des Strangs auf der Druckseite
- Pumpenkennlinie
- Betriebszustand (aktiv oder inaktiv)[1]
- Wirkungsgradkennlinie[2]
- Nenndrehzahl n_n [2]
- Aktuelle Drehzahl n_i [1,2]
- Eindeutige Bezeichnung Behälterknoten[2]
- Ein- und Abschaltwasserspiegel WSp_{ein} und WSp_{aus} am Behälterknoten[1,2]
- Eindeutige Bezeichnung Kontrollknoten[2]
- Solldruck P_{soll} am Kontrollknoten[1,2]

[1] Ggf. zeitabhängig.
[2] Optional.

Abbildung 5.16: Erforderliche Knotenattribute zur Modellierung von Pumpen als Knoten (Pumpenknoten)

weichung $a_{h_{geo}}$ von $\pm 1{,}0\,\mathrm{m}$ eine sinnvolle Größenordnung dar (s. Gl. 5.23).

$$a_{h_{geo}} = \pm 1{,}0\,\mathrm{m} \tag{5.23}$$

Bei der Modellierung einer Pumpe als Strang sollte der Strang möglichst so definiert werden, dass er lediglich die Pumpe repräsentiert. Eine Vernachlässigung der exakten Lage durch die Modellierung der Pumpe zusammen mit einem größeren Rohrleitungsabschnitt sollte vermieden werden; auch wenn die benutzte Softwarelösung die Möglichkeit bietet, Rohreigenschaften bei der Modellierung einer Pumpe anzugeben. (Dies ist aber bei den meisten Softwareprodukten nicht der Fall.) Wird in diesem Sinn eine Pumpe nicht lagegetreu abgebildet, ist u. U. bei der Rohrnetzberechnung der Verlauf der Drucklinie über den Saug- und Druckleitungen nicht nachvollziehbar. Der Zusammenhang wird in Abbildung 5.17 veranschaulicht. In der oberen Systemskizze der Abbildung ist eine Pumpe mit dem Strang S_2 lagegetreu modelliert. Die untere Skizze zeigt die nicht lagegetreue Umsetzung, in der der Strang S_2 sowohl die Pumpe als auch den Rohrleitungsabschnitt zwischen den Knoten K_1 und K_3 repräsentiert. Bei der lagegetreuen Modellierung stellt die Drucklinie zwischen den Knoten K_1 und K_2 lediglich die Druckerhöhung durch die

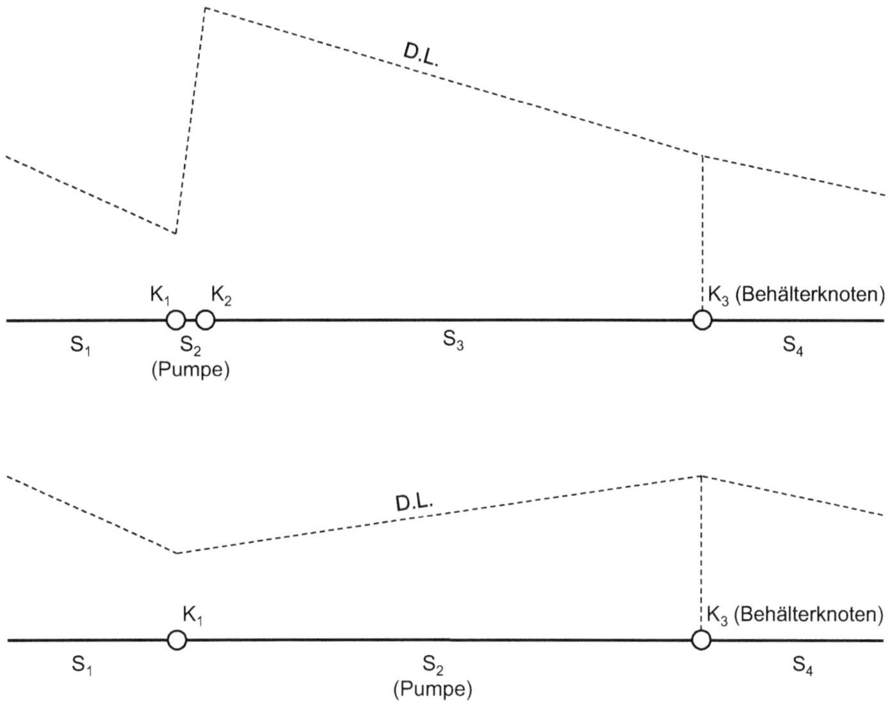

Abbildung 5.17: Lagegetreue (*oben*) und nicht lagegetreue (*unten*) Modellierung einer Pumpe sowie Drucklinie (D.L.) über den Saug- und Druckleitungen

Pumpe dar. Die Druckhöhendifferenz zwischen den Knoten K_2 und K_3 ist ausschließlich auf die Druckverlusthöhe im Strang S_2 zurückzuführen. Dagegen stellt bei der nicht lagegetreuen Modellierung die Drucklinie zwischen den Knoten K_1 und K_3 den Verlauf der Summe von Druckerhöhung durch die Pumpe und Druckverlusthöhe im Strang S_2 dar. Im Gegensatz dazu kann dieses Vorgehen beispielsweise bei Absperrarmaturen zur Verringerung der Gesamtknotenanzahl eines Modells zielführend sein (s. Kap. 3.4.2 und 3.4.3).

5.4.3 Pumpenkennlinie

Bei Kreiselpumpen ist die Förderhöhe H eine Funktion des Förderstroms Q, wie in Kapitel 5.2.2 ausgeführt wird. Die Abhängigkeit der Förderhöhe H vom Förderstrom Q wird mit der Pumpenkennlinie beschrieben. Der Schnittpunkt von Pumpenkennlinie und Systemkennlinie ergibt den Betriebspunkt der Pumpe. Bei der Rohrnetzberechnung wird für einen Zeitpunkt oder für jeden Zeitschritt i einer zeitabhängigen Berechnung der Betriebspunkt einer Pumpe, also Förderhöhe H_i und Förderstrom Q_i, ermittelt und bei der Berechnung des hydraulischen Systemzustands berücksichtigt. Förderhöhe H_i und Förderstrom Q_i werden im Zeitschritt i mit der Zeitschrittdauer Δt als konstant angenommen (s. Kap 2.5). Die Pumpenkennlinie der Pumpe geht in diese Berechnung als Parameter ein.

Jeder Pumpe ist demnach eine Pumpenkennlinie als Attribut zuzuordnen (s. Abb. 5.15 und 5.16). Damit die Berechnung des Schnittpunkts von Systemkennlinie und Pumpenkennlinie eine eindeutige Lösung, den Betriebspunkt, ergibt, muss die Pumpenkennlinie bei der Berechnung durch eine monoton fallende Funktion oder einen Polygonzug, bei dem mit steigendem Förderstrom die Förderhöhe abnimmt, abgebildet werden. Dies ist bei realen Pumpenkennlinien, vor allem im unteren Förderstrombereich, nicht immer der Fall. Einige Softwarelösungen verfügen bereits über eine integrierte Auswahl gängiger Pumpenkennlinien. Daneben bieten Softwarelösungen weitere Möglichkeiten zur Definition von Pumpenkennlinien. Gemein ist den Möglichkeiten, dass auf Basis mehrerer, vorgegebener Kennlinienpunkte die Pumpenkennlinie ermittelt wird. Beispielsweise kann aus drei vorgegebenen Q-H-Wertepaaren eine Funktion der in Gleichung 5.24 dargestellten Form ermittelt werden (Rossman, 2000).

$$H = -a \cdot Q^b + H_0 \tag{5.24}$$

Dabei sind a und b konstante Koeffizienten, die die Kurvenform bestimmen und H_0 die Nullförderhöhe, also der Betriebspunkt bei $Q = 0$. Wird nur ein Kennlinienpunkt (Q_{geg}, H_{geg}) vorgegeben, kann ebenfalls die vorgenannte Funktion ermittelt werden, indem zwei weitere Punkte automatisch generiert werden: Ein weiterer Punkt wird ermittelt, indem die Nullförderhöhe H_0 mit 133 % der Förderhöhe H_{geg} angenommen wird ($Q = 0$, $H_0 = 1{,}33 \cdot H_{geg}$). Außerdem wird angenommen, dass der Förderstrom Q_{max} bei $H = 0$ das doppelte des Förderstroms Q_{geg} beträgt ($Q_{max} = 2 \cdot Q_{geg}$, $H = 0$). Eine dritte Möglichkeit ist die Verbindung vorgegebener Punkte mit einem Polygonzug, d. h. zwei benachbarte Punkte sind jeweils mit einer Geraden verbunden. Je mehr Punkte angegeben werden, desto genauer wird die zu Grunde liegende Kennlinie im Rohrnetzmodell abgebildet. In Abbildung 5.18 sind die drei Möglichkeiten dargestellt.

Wie in Kapitel 5.2.7 beschrieben, weicht das Betriebsverhalten einer Pumpe in der Regel von der Pumpenkennlinie entsprechend Herstellerangaben ab. Deshalb wird im AWWA Manual M32 (2012) empfohlen, wenn möglich immer auf gemessene Pumpenkennlinien bei der Rohrnetzberechnung zurückzugreifen. Sind keine Messdaten verfügbar, muss auf das Datenblatt des Herstellers zurückgegriffen werden (s. Kap. 5.3).

5.4.4 Wirkungsgradkennlinie

Zur Berechnung des Leistungsbedarfs bieten einige Softwarelösungen die Möglichkeit an, einer Pumpe eine Wirkungsgradkennlinie zuzuordnen (s. Abb. 5.15 und 5.16). Die Wirkungsgradkennlinie gibt den Pumpenwirkungsgrad η oder den Gesamtwirkungsgrad η_g in Abhängigkeit des Förderstroms Q an (s. Kap. 5.2.3). Je nachdem ob die Kennlinie des Pumpenwirkungsgrads η oder des Gesamtwirkungsgrads η_g angegeben wird, kann der Leistungsbedarf P der Pumpe oder die Antriebsleistung P_M des Aggregats berechnet

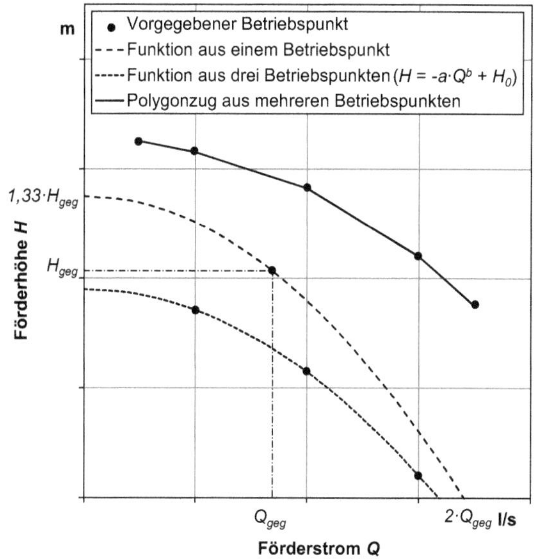

Abbildung 5.18: Möglichkeiten zur Definition von Pumpenkennlinien

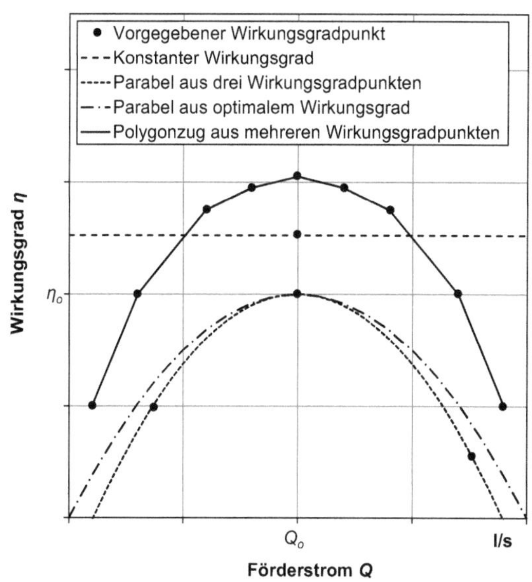

Abbildung 5.19: Möglichkeiten zur Definition von Wirkungsgradkennlinien

werden. Bei der Rohrnetzberechnung wird dazu zunächst für jeden Zeitschritt i der Betriebspunkt der Pumpe ermittelt, also Förderstrom Q_i und Förderhöhe H_i. Förderstrom Q_i und Förderhöhe H_i werden im Zeitschritt i mit der Dauer Δt als konstant angenommen (s. Kap. 2.5 und 5.4.3). Mit dem Förderstrom Q_i und der Wirkungsgradkennlinie kann der Wirkungsgrad η_i bzw. $\eta_{g\,i}$ für jeden Zeitschritt i ermittelt werden. Die von der Pumpe bzw. vom Aggregat benötigte Leistung P_i bzw. $P_{M\,i}$ während des Zeitschritts i wird mit Gleichung 5.15 bzw. 5.14 berechnet. Außerdem ergibt sich aus Gleichung 5.12 die Förderleistung $P_{Q\,i}$.

Bei einer stationären Rohrnetzberechnung stellt der berechnete Leistungsbedarf P oder P_M sowie die Förderleistung P_Q das Ergebnis der Energiebetrachtung dar. Bei einer zeitabhängigen Rohrnetzberechnung kann durch Multiplikation des Leistungsbedarfs P_i oder $P_{M\,i}$ in W mit der Zeitschrittdauer Δt in s die von der Pumpe bzw. vom Aggregat benötigte Energie W_i bzw. $W_{M\,i}$ in Ws im Zeitschritt i berechnet werden. Analog kann die geleistete Arbeit $W_{Q\,i}$ im Zeitschritt i mit der Förderleistung $P_{Q\,i}$ ermittelt werden. Die Summe der Energiebeträge aller ni Zeitschritte i ergibt die im Simulationszeitraum $T = \Delta t \cdot ni$ aufgewandte Energie W bzw. W_M und die erbrachte Förderarbeit W_Q in Ws (s. Gl. 5.25, 5.26 und 5.27).

$$\begin{aligned} W &= \sum_{i=1}^{ni} (P_i \cdot \Delta t) \\ &= \sum_{i=1}^{ni} W_i \end{aligned} \tag{5.25}$$

$$\begin{aligned} W_M &= \sum_{i=1}^{ni} (P_{M\,i} \cdot \Delta t) \\ &= \sum_{i=1}^{ni} W_{M\,i} \end{aligned} \tag{5.26}$$

$$\begin{aligned} W_Q &= \sum_{i=1}^{ni} (P_{Q\,i} \cdot \Delta t) \\ &= \sum_{i=1}^{ni} W_{Q\,i} \end{aligned} \tag{5.27}$$

Durch Multiplikation des Energiebedarfs $W_{M\,i}$ in kWh mit dem Energiepreis C_i in €/kWh im Zeitschritt i und anschließender Aufsummierung können die Energiekosten C in € im Simulationszeitraum T ermittelt werden.

$$C = \sum_{i=1}^{ni} (C_i \cdot W_{M\,i}) \tag{5.28}$$

Ähnlich zur Pumpenkennlinie sind in Softwarelösungen verschiedene Möglichkeiten zur Angabe der Wirkungsgradkennlinie umgesetzt. Die einfachste Möglichkeit ist die Angabe eines konstanten Wirkungsgrads. Hierbei ist zu beachten, dass die Angabe eines konstanten Wirkungsgrads lediglich für einen konstanten Betriebspunkt gilt. Sobald die Pumpe in einem anderen Betriebspunkt arbeitet, ist die Wirkungsgradangabe nicht mehr korrekt, d. h. Leistungsbetrachtungen sind fehlerbehaftet. Des Weiteren kann die Wirkungsgradkennlinie mit einer nach unten geöffneten Parabel abgebildet werden. Die entsprechende Funktion zeigt Gleichung 5.29.

$$\eta = a \cdot Q^2 + b \cdot Q + c \tag{5.29}$$

Darin ist der Wirkungsgrad η eine Funktion des Förderstroms Q und der Konstanten a, b und c. Werden mindestens drei Punkte der Kennlinie vorgegeben, können die Koeffizienten a, b und c ermittelt und die Wirkungsgradkennlinie mit der Parabelfunktion abgebildet werden. Walski u. a. (2003) beschreiben außerdem eine Möglichkeit zur Ermittlung einer Parabelfunktion, wenn nur der optimale Betriebspunkt vorgegeben wird: Mit den Annahmen, dass die Steigung der Parabelfunktion im Scheitelpunkt Null ist und die Kurve durch den Koordinatenursprung verläuft, kann mit Gleichung 5.30 eine Näherung der Koeffizienten berechnet werden.

$$a = \frac{-\eta_o}{Q_o^2}, b = \frac{2 \cdot \eta_o}{Q}, c = 0 \tag{5.30}$$

Dabei ist Q_o der Förderstrom bei optimalem Wirkungsgrad η_o. Eine vierte Möglichkeit ist die Angabe der Wirkungsgradkennlinie als Polygonzug. Dabei werden, wie bei der im vorigen Kapitel beschriebenen Möglichkeit zur Angabe von Pumpenkennlinien als Polygonzug, Punkte der Wirkungsgradkennlinie vorgegeben. Benachbarte Punkte werden zur Bildung der Kennlinie mit Geraden verbunden. In Abbildung 5.19 sind die vier Möglichkeiten veranschaulicht.

Als Datengrundlage zur Modellierung einer Kennlinie des Pumpenwirkungsgrads η dienen in der Regel die Herstellerangaben, also die vom Hersteller bereit gestellte Kennlinie (s. Kap. 5.3). Der Modellierung einer Kennlinie des Gesamtwirkungsgrads η_g werden möglichst Messdaten zu Grunde gelegt. Auf die Messung des Gesamtwirkungsgrads η_g wird in Kapitel 5.2.7 eingegangen.

5.4.5 Drehzahl

Bei einigen Softwarelösungen kann mit einer Pumpenkennlinie auch die zugehörige Nenndrehzahl n_n definiert werden. Dies ermöglicht die Berücksichtigung einer Drehzahländerung bei der Rohrnetzberechnung, indem zusätzlich die Drehzahl n_i im Zeitschritt i angegeben wird (s. Abb. 5.15 und 5.16). Die Pumpenkennlinie wird in jedem Zeitschritt i mit den Gleichungen 5.18 und 5.19 für die angegebene Drehzahl n_i umgerechnet. Bei der stationären Rohrnetzberechnung wird lediglich eine aktuelle Drehzahl n_i für den untersuchten Zeitpunkt angeben.

Wie Gleichung 5.24 zeigt, kann die Pumpenkennlinie beispielsweise mit einer Funktion der Form $H = -a \cdot Q^b + H_0$ definiert werden. Ist dies der Fall, kann die Pumpenkennlinie mit der Nenndrehzahl n_n mit Gleichung 5.31 für die Drehzahl n_i im Zeitschritt i umgerechnet werden (Walski u. a., 2003).

$$H_i = -a \cdot \left(\frac{n_i}{n_n}\right)^{2-b} \cdot Q_i^b + \left(\frac{n_i}{n_n}\right)^2 \cdot H_{0\,i} \tag{5.31}$$

Dabei sind H_i die Förderhöhe, Q_i der Förderstrom und $H_{0\,i}$ die Nullförderhöhe im Zeitschritt i, a und b sind Koeffizienten.

Alternativ zur Angabe der Nenndrehzahl n_n und der Drehzahl n_i im Zeitschritt i kann bei einigen Softwarelösungen auch eine relative Drehzahl $n_{r\,i}$ angegeben werden (Rossman, 2000; Walski u. a., 2003). Die dimensionslose relative Drehzahl $n_{r\,i}$ drückt das Verhältnis von Drehzahl n_i und Nenndrehzahl n_n im Zeitschritt i aus (s. Gl. 5.32).

$$n_{r\,i} = \frac{n_i}{n_n} \tag{5.32}$$

Die ursprüngliche Pumpenkennlinie mit der Nenndrehzahl n_n hat demnach eine relative Drehzahl $n_r = 1$. Eine Drehzahl n_i in Höhe der halben Nenndrehzahl n_n entspricht beispielsweise der relativen Drehzahl $n_r = 0{,}5$.

5.4.6 Steuerung/Regelung

Das Betriebsverhalten von Kreiselpumpen kann im Rahmen der Steuerung/Regelung über eine Änderung der Systemkennlinie oder der Pumpenkennlinie beeinflusst werden (s. Kap. 5.2.6). Bei der Drosselung und Bypass-Regelung wird mittels Armaturen bzw. Bypass-Leitung die Systemkennlinie und damit das Betriebsverhalten der Pumpe verändert. Die Pumpe selbst wird dazu nicht genutzt. Beim Zu- und Abschalten von Pumpen bzw. beim An- und Abschalten einer Pumpe wird direkt Einfluss auf den Betriebszustand der Pumpe genommen. Bei der Drehzahlregelung wird die Pumpenkennlinie verändert. Zur Umsetzung derartiger Steuerungen/Regelungen existieren verschiedene Optionen, die im Folgenden beschrieben sind. Die Abbildungen 5.15 und 5.16 fassen die dazu notwendigen Angaben zusammen.

Vorgegebener Betriebszustand: Eine zwingende Angabe ist meist der Betriebszustand einer Pumpe, also ob die Pumpe aktiv oder inaktiv ist. Bei der zeitabhängigen Rohrnetzberechnung kann diese Steuerungsvorschrift für jeden Zeitschritt vorgenommen werden.

Betriebszustand in Abhängigkeit eines Wasserspiegels: In Ergänzung zu einem vorgegebenen Betriebszustand gibt es die Möglichkeit, das An- und Abschalten einer Pumpe über eine Regelungsvorschrift mit dem Wasserspiegel eines Behälterknotens zu verknüpfen. Wird ein vorgegebener minimaler Wasserspiegel WSp_{ein} erreicht, wird der Betriebszustand der Pumpe automatisch auf aktiv gesetzt. Beim Erreichen des vorgegebenen maximalen Wasserspiegels WSp_{aus} wird die Pumpe abgeschaltet, der Betriebszustand auf inaktiv gesetzt. Der Wasserspiegel WSp kann sich also nur zwischen dem minimalen und maximalen Wasserspiegel WSp_{ein} und WSp_{aus} bewegen, sofern die Pumpenleistung zum Anheben des Wasserspiegels ausreicht.

Vorgegebene Drehzahl: Wie bei der Vorgabe des Betriebszustands gibt es auch die Möglichkeit, eine aktuelle Drehzahl n_i oder eine relative Drehzahl n_{ri} vorzugeben, um die Pumpenkennlinie und damit den Betriebspunkt zu verändern (s. Kap. 5.4.5). Bei der zeitabhängigen Rohrnetzberechnung kann eine Drehzahl n_i oder eine relative Drehzahl n_{ri} für jeden Zeitschritt i oder als Konstante für den gesamten Simulationszeitraum angegeben werden.

Vorgegebener Solldruck: Außerdem ist die Vorgabe eines Solldrucks P_{soll} an einem definierten Kontrollknoten möglich. Die notwendige Drehzahländerung zur Erreichung des Solldrucks am Kontrollknoten wird für jeden Zeitschritt berechnet. Alternativ dazu existieren Anwendungen, bei denen lediglich die benötigte Förderhöhe H berechnet wird. Es ist zu beachten, dass durch die Vorgabe eines relativ großen Solldrucks P_{soll} u. U. eine unrealistisch große Förderhöhe H berechnet wird. Durch die Vorgabe einer maximalen Drehzahl n_{max}, wie bei einigen Softwarelösungen möglich, kann dies vermieden werden. Ist der Druck P am Kontrollknoten größer als der Solldruck P_{soll}, wird der Betriebszustand der Pumpe automatisch auf inaktiv gesetzt.

Bei dieser Regelungsvorschrift sollte darauf geachtet werden, dass der Druck am Kontrollknoten ausschließlich von der zugehörigen Pumpe beeinflusst wird. Dies ist z. B. gegeben, wenn lediglich eine Pumpe in ein hydraulisch diskretes Rohrnetz integriert ist. Umfasst das Rohrnetz neben einer Pumpe auch einen Potentialknoten, z. B. einen Behälterknoten, empfiehlt es sich, diesen Potentialknoten als Kontrollknoten zu wählen (s. Kap. 2.2.1). Die Wahl eines Kontrollknotens in der Nähe des Potentialknotens sollte vermieden werden, weil sonst die Möglichkeit besteht, dass bei der Rohrnetzberechnung keine Lösung gefunden wird (Haestad Methods, 2002). Wird ein Behälterknoten als Kontrollknoten definiert, entspricht der Wasserspiegel WSp_{BK} dem Solldruck P_{soll}, d. h. der Wasserspiegel WSp_{BK} wird durch Drehzahländerung gehalten (s. Kap. 4.5.1).

6 Modellierung von Wasserbedarf

Bei der Berechnung des hydraulischen Systemzustands stellen die Netzabgaben in einem Wasserverteilungssystem zusammen mit den Wasserverlusten die Belastung des Rohrnetzes dar. Netzabgaben sind neben dem Wasserexport der Wasserverbrauch der Kunden sowie unentgeltliche Wasserabgaben, wie z. B. der Eigenverbrauch des Versorgers und Löschwasserabgaben. In diesem Kapitel werden zunächst die wesentlichen Begriffe definiert, bevor Grundlagen der Wassermessung und des Wasserverbrauchs dargestellt werden. Anschließend wird auf den Wasserbedarf eingegangen, der einen Planungswert für den Wasserverbrauch darstellt. Dabei werden Ansätze zur Ermittlung des Wasserbedarfs der Einwohner, der öffentlichen Einrichtungen und des Gewerbes sowie des Löschwasserbedarfs vorgestellt. Abschließend wird die Modellierung des Wasserbedarfs behandelt.

6.1 Terminologie

Für ein reales Wasserverteilungssystem wie für ein Rohrnetzmodell gilt das Prinzip der Massenerhaltung. Die Wassermenge, die in ein System bzw. Modell eingespeist wird, muss, abzüglich der in Wasserspeichern zwischengespeicherten Menge, das System oder Modell in der gleichen Zeit auch verlassen (s. Kap. 2.5). Gemäß der im DVGW W 392 (A) (2017) definierten Wasserbilanz entspricht die Netzeinspeisung Q_E der Summe von Netzabgabe Q_A und Wasserverlust Q_V (s. Kap. 7.1).

Die Netzabgabe Q_A umfasst den abgerechneten Wasserverbrauch der Kunden Q_{AR} und die unentgeltlichen Abgaben Q_{AN}. Netzabgaben, die nicht in Rechnung gestellt werden, sind z. B. der Eigenverbrauch des Versorgers, Wasserabgaben für die Brandbekämpfung und entsprechende Übungen, der Verbrauch an Zier- und Trinkbrunnen sowie in öffentlichen Toiletten und Bädern. Zu beachten ist, dass die Netzabgabe gemäß DVGW W 392 (A) (2017) nicht der nutzbaren Wasserabgabe entspricht, die in der DIN 4046 (1983) als Netzeinspeisung abzüglich des Eigenverbrauchs, der Wasserverluste und der zwischengespeicherten Mengen definiert ist. Der Wasserverlust Q_V umfasst die scheinbaren Wasserverluste Q_{VS}, also Abgaben, die nicht oder nicht korrekt erfasst wurden, und die realen Wasserverluste Q_{VR}, d. h. Leckagen bei der Wasserverteilung.

Der Begriff Wasserverbrauch, definiert in der DIN 4046 (1983) und im DVGW W 410 (A) (2008), bezieht sich auf eine in einem Betrachtungszeitraum tatsächlich abgegebene Wassermenge, die meist durch Messungen ermittelt wird. In Abgrenzung dazu stellt der Wasserbedarf einen Planungswert für das in einer bestimmten Zeitspanne voraussichtlich benötigte Wasservolumen dar.

P. Klingel, *Modellierung von Wasserverteilungssystemen*,
https://doi.org/10.1007/978-3-658-21270-4_6

Die Netzabgabe Q_A und der Wasserverlust Q_V sind die für die Rohrnetzberechnung zu modellierenden Entnahmen. Auf die Ermittlung und Modellierung der Wasserverluste wird in Kapitel 7 eingegangen. Die Netzabgabe Q_A wird im Folgenden behandelt. Für die Rohrnetzberechnung relevant sind alle Wasserabgaben, die während des betrachteten Zeitpunkts oder Zeitraums stattfinden. Dies sind insbesondere der häusliche, öffentliche und gewerbliche Wasserverbrauch sowie der Löschwasserbedarf. Die Höhe der Entnahmen stellt die Netzbelastung bzw. den Lastfall dar. Bei der Rohrnetzberechnung werden in der Regel Lastfälle für ein bestehendes System oder für einen Planungszustand analysiert. Die Lastfälle stellen Planungswerte dar, auch wenn sie aus gemessenen Verbrauchswerten abgeleitet werden. Deshalb wird hier im Kontext der Rohrnetzberechnung und Rohrnetzmodellierung meist der Begriff Wasserbedarf verwendet. Im DVGW W 410 (A) (2008) sind verschiedene Begriffe, Symbole und Größen definiert, die sich auf den Wasserbedarf beziehen. Diese Definitionen können analog für den Wasserverbrauch herangezogen werden. Die in Kapitel 6.3 angeführten Definitionen aus dem DVGW W 410 (A) (2008) beziehen sich dort also eigentlich auf den Wasserbedarf[1].

6.2 Wassermessung

6.2.1 Volumenmessung

Bei der Volumenmessung wird die Wassermenge gemessen, die, unabhängig von der dafür benötigten Zeit, das Messgerät durchströmt. Volumenmessgeräte werden deshalb auch Wasserzähler genannt. Die den Zähler durchströmende Wassermenge wird fortlaufend gemessen sowie kumuliert gespeichert und angezeigt. Wasserlieferungen an Haushalte, Kleingewerbe und Großkunden sowie Weiterverteiler werden in der Regel mit Wasserzählern gemessen.

Zur Messung von Netzabgaben an Kunden kommen vorwiegend Ein- und Mehrstrahlflügelradzähler, aber auch Ringkolbenzähler zum Einsatz (Berndt u. a., 2001). Flügelradzähler messen die Fließgeschwindigkeit des Wassers über die Umdrehungsgeschwindigkeit eines angeströmten Flügelrads. Bei Ringkolbenzählern wird das durchströmende Wasservolumen über eine rotierende, zylindrische Messkammer mit bekanntem Volumen, die abwechselnd die Zu- und Abflussöffnung des Zählers freigibt, ermittelt (DVGW W 406 (A), 2012). Abbildung 6.1 zeigt drei Flügelradzähler und einen Ringkolbenzähler. Für Durchflüsse über $15\,m^3/h$ werden Woltmannzähler eingesetzt, also in der Regel lediglich für die Messung des Verbrauchs von Großkunden und von Wasserexport an Weiterverteiler (Fritsch u. a., 2014). Woltmannzähler messen die Fließgeschwindigkeit des Wassers mit Hilfe eines axial angeströmten, schraubenförmigen Flügelrads (DVGW W 406 (A), 2012).

Da die Belieferung von Kunden mit Wasser in der Regel dem geschäftlichen Verkehr zuzuordnen ist, unterliegen Wasserzähler, mit denen verkaufte Wassermengen erfasst werden, dem Mess- und Eichgesetz (MessEG, 2016). Im MessEG (2016) ist die Verwendung

[1] Mit Ausnahme des jährlichen Wasserverbrauchs Q_a (s. Kap. 6.3.1).

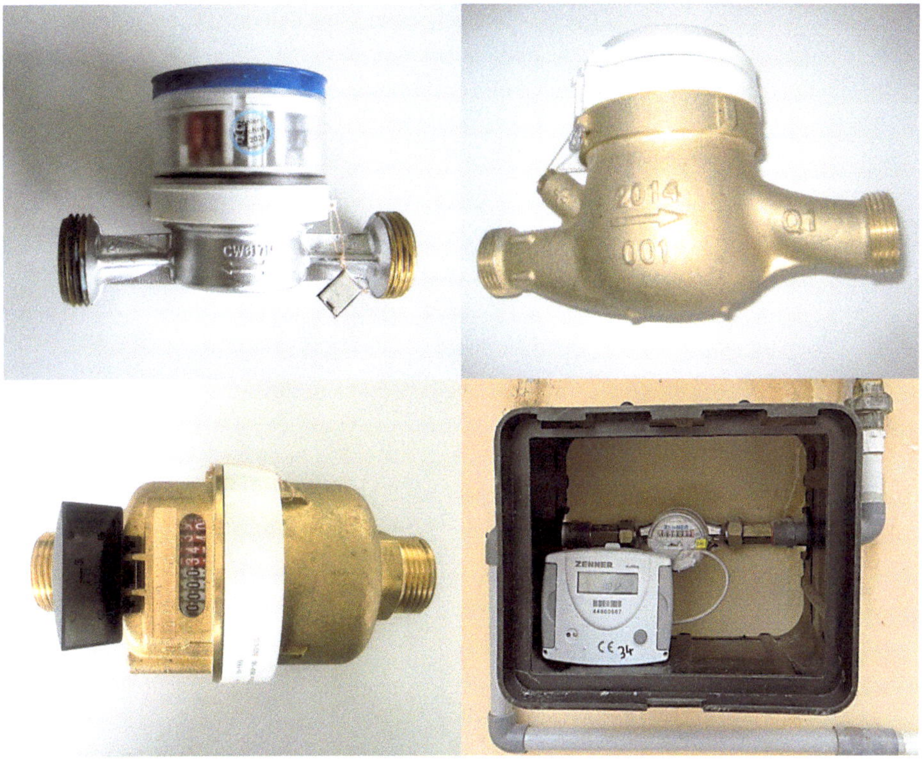

Abbildung 6.1: Einstrahlflügelradzähler (*oben links*), Mehrstrahlflügelradzähler (*oben rechts*), Ringkolbenzähler (*unten links*, Foto: D. Walter) und installierter Flügelradzähler mit Impulsgeber und Datenlogger (*unten rechts*, Foto: M. Mastaller)

von Messgeräten im geschäftlichen Verkehr allgemein geregelt. Das MessEG (2016) wird in der Mess- und Eichverordnung (MessEV, 2017) konkretisiert, in der die Beschaffenheit und Kennzeichnung von Messgeräten festgelegt ist. Seit 2006 gilt für das erste Inverkehrbringen von Wasserzählern die Europäische Richtlinie 2014/32/EU (2014). Weitergehende Anforderungen nach dem Inverkehrbringen, z. B. Verkehrsfehlergrenzen und Nacheichung, sind in Deutschland im MessEG (2016) und in der MessEV (2017) geregelt.

Gemäß 2014/32/EU (2014) ist ein neuer Wasserzähler über die Größen Mindestdurchfluss Q_1, Übergangsdurchfluss Q_2, Dauerdurchfluss Q_3 und Überlastdurchfluss Q_4 definiert (DVGW W 406 (A), 2012). Der Mindestdurchfluss Q_1 stellt den kleinsten Durchfluss dar, bei dem der Zähler Anzeigen liefert und innerhalb der Fehlergrenzen arbeitet. Der Dauerdurchfluss Q_3 ist der größte Durchfluss, bei dem der Zähler unter normalen Einsatzbedingungen zufriedenstellend arbeitet. Der Übergangsdurchfluss Q_2 liegt zwischen Mindestdurchfluss Q_1 und Dauerdurchfluss Q_3 und teilt den Durchflussbereich in einen oberen und unteren Belastungsbereich ein, für die jeweils unterschiedliche Fehlergrenzen gelten. Der Überlastdurchfluss Q_4 markiert den größten Durchfluss, bei dem der Zähler vorübergehend zufriedenstellend arbeitet. Bis zum Inverkehrbringen bzw. der Eichung gelten die in Gleichung 6.1 genannten Fehlergrenzen.

$$\begin{aligned} Q_2 \leq Q < Q_4 &: 2\,\% \text{ (oberer Belastungsbereich)} \\ Q_1 < Q < Q_2 &: 5\,\% \text{ (unterer Belastungsbereich)} \end{aligned} \tag{6.1}$$

Nach dem Inverkehrbringen gelten die Verkehrsfehlergrenzen, die das Doppelte der Werte in Gleichung 6.1 betragen (s. Gl 6.2).

$$\begin{aligned} Q_2 \leq Q < Q_4 &: 4\,\% \text{ (oberer Belastungsbereich)} \\ Q_1 < Q < Q_2 &: 10\,\% \text{ (unterer Belastungsbereich)} \end{aligned} \tag{6.2}$$

Weiter ist in der Richtlinie 2014/32/EU (2014) festgelegt, dass die Größe eines Wasserzählers über die Angabe des Dauerdurchflusses Q_3 und des Verhältnisses $\mathrm{R} = Q_3/Q_1$ definiert und gekennzeichnet ist. Außerdem sind die Verhältnisse $Q_3/Q_1 \geq 10$, $Q_2/Q_1 = 1{,}60$ und $Q_4/Q_3 = 1{,}25$ festgelegt. Damit lassen sich mit der Kennzeichnung eines Wasserzählers alle genannten Größen ermitteln.

Wie oben erläutert, zeigen Wasserzähler lediglich den kumulierten Wert der Wassermenge an, die insgesamt durch den Zähler geflossen ist. Um Durchflüsse oder Ganglinien der gezählten Wassermenge zu ermitteln, können geeignete Wasserzähler mit einem Impulsgeber und einem Datenlogger ausgerüstet werden (Berndt u. a., 2001). Der Impulsgeber gibt jedes Mal, wenn eine bestimmte Wassermenge, z. B. 1 l oder 10 l, durch den Zähler geströmt ist, einen Impuls. Der Datenlogger speichert bei jedem Impuls die Zeit. Damit kann der Volumenstrom über die Zeit ermittelt werden. Abbildung 6.1 zeigt einen Einstrahlflügelradzähler mit Impulsgeber und Datenlogger.

Weiterführende Informationen zur Volumenmessung finden sich in der Fachliteratur, beispielsweise behandeln Hirner u. a. (1999), Berndt u. a. (2001) und Fritsch u. a. (2014) sowie das DVGW W 406 (A) (2012) das Thema Wasserzählung. Eine detaillierte Ausführung zu Wasserzählern ist das Fachbuch von Arregui u. a. (2006).

6.2.2 Durchflussmessung

Im Gegensatz zur Volumenmessung wird bei der Durchflussmessung eine Wassermenge in einem definierten Zeitabschnitt erfasst und so der Volumenstrom bzw. Volumendurchfluss ermittelt (Fritsch u. a., 2014). Durchflussmessgeräte werden hauptsächlich zur technischen Betriebsführung eingesetzt, z. B. bei der Steuerung und Regelung von Anlagen, zur Kontrolle von Durchflüssen und zur Erfassung der Netzeinspeisung. Zur Durchflussmessung werden Magnetisch-Induktive Durchflussmessgeräte (MID-Geräte) und Ultraschall-Durchflussmessgeräte (USD-Geräte) verwendet.

Bei MID-Geräten wird durch ein Magnetfeld eine elektrische Spannung im Wasser induziert. Die induzierte Spannung hängt linear von der mittleren Strömungsgeschwin-

Abbildung 6.2: Magnetisch-Induktive Durchflussmessgeräte (*links*) und mobiles Ultraschall-Durchflussmessgerät (*rechts*)

digkeit ab und wird mit Elektroden gemessen. Aus diesem zur Strömungsgeschwindigkeit proportionalen Messsignal wird der Durchfluss gebildet (DVGW W 406 (A), 2012). Dichte, Viskosität und Strömungsprofil beeinflussen die Messung nicht wesentlich. MID-Geräte weisen daher geringe Messabweichungen über einen großes Durchflussspektrum auf (Brucker u. a., 2008). Auf Grund des Messprinzips ist das durchströmte Rohr Bestandteil eines MID-Geräts. Demnach müssen MID-Geräte in bestehende Rohrleitungen, ähnlich einer Armatur, eingebaut werden. Informationen zu Bauformen, Anforderungen und Anwendung von MID-Geräten finden sich im DVGW W 420 (A) (2001). Abbildung 6.2 zeigt zwei in Reihe eingebaute MID-Geräte. (Ein weiteres MID-Gerät zeigt das rechte Foto in Abbildung 8.3).

USD-Geräte senden Schallsignale durch die Rohrleitung, deren Ausbreitungsgeschwindigkeit in Strömungsrichtung erhöht und entgegen der Strömung verzögert wird. Die Laufzeit-Differenzen sind proportional zur mittleren Strömungsgeschwindigkeit. Durch Messung der Laufzeit-Differenzen kann die mittlere Strömungsgeschwindigkeit und damit der mittlere Durchfluss ermittelt werden (DVGW W 406 (A), 2012). Das Messprinzip erlaubt die Umsetzung mobiler USD-Geräte, sogenannte Clamp-on-USD-Geräte, die mit geringem Aufwand an bestehende Rohrleitungen angebracht und wieder entfernt werden können, ohne die Rohrleitung auftrennen zu müssen. Für hohe Messgenauigkeiten sind neben einem rotationssymmetrischen Strömungsprofil die genaue Kenntnis von Rohrwerkstoff und Wandstärke notwendig. Die mobile Ausführung eines USD-Geräts im Einsatz zeigt Abbildung 6.2.

Auf die Durchflussmessung wird im DVGW W 645-1 (A) (2007) und DVGW W 406 (A) (2012) eingegangen. Weitere Ausführungen können der Fachliteratur entnommen werden, siehe z. B. Hirner u. a. (1999), Berndt u. a. (2001), Brucker u. a. (2008) und Fritsch u. a. (2014).

6.3 Wasserverbrauch

6.3.1 Mittlerer Wasserverbrauch

Der jährliche Wasserverbrauch Q_a in m^3/a bezeichnet gemäß DVGW W 410 (A) (2008) die gesamte in einem Jahr benötigte Wassermenge. Der Wasserverbrauch Q_a kann dabei auf alle Verbraucher in einem Versorgungsgebiet oder auch nur auf eine Verbrauchergruppe, z. B. die der Haushalte und des Kleingewerbes oder der öffentlichen Einrichtungen, bezogen werden.

Der mittlere Tagesverbrauch Q_{dm} in m^3/d stellt den durchschnittlichen Tagesverbrauch in einem Betrachtungszeitraum T in d dar, in dem die Wassermenge V_T in m^3 verbraucht wurde. Üblicherweise ist der Betrachtungszeitraum ein Jahr. Dann lässt sich der mittlere Tagesverbrauch Q_{dm} aus der im Jahr verbrauchten Wassermenge V_a und dem Zeitraum $T = 365\,\mathrm{d}$ bzw. dem jährlichen Wasserverbrauch Q_a ableiten (s. Gl. 6.3).

$$\begin{aligned} Q_{dm} &= \frac{V_T}{T} \\ &= \frac{V_a}{365\,\mathrm{d}} \\ &= \frac{Q_a}{365\,\mathrm{d/a}} \end{aligned} \tag{6.3}$$

Aus dem jährlichen Wasserverbrauch Q_a in m^3/a oder dem mittleren Tagesverbrauch Q_{dm} in m^3/d kann der mittlere Stundenverbrauch Q_{hm} in m^3/h abgleitet werden, wie Gleichung 6.4 zeigt.

$$\begin{aligned} Q_{hm} &= \frac{Q_a}{365\,\mathrm{d/a} \cdot 24\,\mathrm{h/d}} \\ &= \frac{Q_{dm}}{24\,\mathrm{h/d}} \end{aligned} \tag{6.4}$$

Sind die Anzahl der Einwohner E in E und der mittlere Jahresverbrauch Q_a in m^3/a oder der mittlere Tagesverbrauch Q_{dm} in m^3/d der Einwohner eines Versorgungsgebiets bekannt, kann mit Gleichungen 6.5 der mittlere einwohnerbezogene Tagesverbrauch q_{dm} in $\mathrm{l/(d \cdot E)}$ ermittelt werden, der den Wasserverbrauch pro Einwohner E an einem Tag angibt.

$$\begin{aligned} q_{dm} &= \frac{Q_a}{E \cdot 365\,\mathrm{d/a}} \cdot \frac{1}{1000\,\mathrm{l/m^3}} \\ &= \frac{Q_{dm}}{E} \cdot \frac{1}{1000\,\mathrm{l/m^3}} \end{aligned} \tag{6.5}$$

Der mittlere einwohnerbezogene Tagesverbrauch q_{dm} kann, entsprechend dem eingehenden mittleren Jahresverbrauch Q_a oder mittleren Tagesverbrauch Q_{dm}, auf alle Verbraucher

Tabelle 6.1: Zusammenfassung der definierten Größen des Wasserverbrauchs bzw. Wasserbedarfs

Größe	Einheit	Bezeichnung (Erläuterung)
f_d	-	Tagesspitzenfaktor ($f_d = Q_{dmax}/Q_{dm}$)
$f(h)$	-	tageszeitabhängiger Lastfaktor ($f(h) = Q(h)/Q_{hm}$)
f_h	-	Stundenspitzenfaktor ($f_h = Q_{hmax}/Q_{hm}$)
$f_{h,dm}$	-	höchster Stundenfaktor am Tag mit mittlerem Wasserverbrauch/-bedarf ($f_{h,dm} = Q_{hmax,dm}/Q_{hm}$)
$f(t)$	-	Lastfaktor ($f(t) = Q(t)/Q_m$)
Q_a	m^3/a	jährlicher Wasserverbrauch/-bedarf
q_{dm}	$m^3/(d \cdot E)$	mittlerer einwohnerbezogener Tagesverbrauch/-bedarf
Q_{dm}	m^3/d	mittlerer Tagesverbrauch/-bedarf
Q_{dmax}	m^3/d	Spitzentagesverbrauch/-bedarf (höchster Tagesverbrauch/-bedarf)
$Q(h)$	m^3/h	tageszeitabhängiger Stundenverbrauch/-bedarf
Q_h	m^3/h	Stundenverbrauch/-bedarf
Q_{hm}	m^3/h	mittlerer Stundenverbrauch/-bedarf
q_{hmax}	$(l/s \cdot E)$	einwohnerbezogener Spitzenverbrauch/-bedarf
Q_{hmax}	m^3/h	Spitzenverbrauch/-bedarf (höchster Stundenverbrauch/-bedarf am Tag mit höchstem Wasserverbrauch/-bedarf)
$Q_{hmax,dm}$	m^3/h	höchster Stundenverbrauch/-bedarf am Tag mit mittlerem Wasserverbrauch/-bedarf
Q_m	m^3/h	mittlerer Wasserverbrauch/-bedarf
Q_{Mt}	m^3/d	monatlicher Wasserverbrauch/-bedarf
$Q(t)$	m^3/h	Wasserverbrauch/-bedarf zum Zeitpunkt t

in einem Versorgungsgebiet oder auch nur auf eine Verbrauchergruppe, z. B. Haushalte und Kleingewerbe, bezogen werden. Die Größen sind in Tabelle 6.1 zusammengefasst.

Da bei der Messung schwer zwischen häuslichem Wasserverbrauch, also dem Wasserverbrauch der Einwohner, und dem Wasserverbrauch des Kleingewerbes differenziert werden kann, werden diese beiden Verbrauchergruppen in der Regel zusammengefasst. Zum Kleingewerbe zählen z. B. Arztpraxen, Bäckereien und Metzgereien (Statistisches Bundesamt, 2015). In den Jahren 2012 und 2014 betrug der Wasserverbrauch der Einwohner und des Kleingewerbes 79 % der gesamten Wasserabgabe Q_A in Deutschland. 21 % der Wasserabgabe Q_A entfielen auf das Gewerbe und sonstige Verbraucher (Lauruschkus u. a., 2015; BDEW Bundesverband der Energie- und Wasserwirtschaft e.V., 2016).

Laut DVGW W 410 (A) (2008) kann der aus dem mittleren Jahresverbrauch ermittelte einwohnerbezogene Tagesmittelwert q_{dm} in Deutschland im Normalfall einen Bereich von 90 bis $140\,l/(d \cdot E)$ und im Extremfall einen Bereich von 60 bis $500\,l/(d \cdot E)$ aufweisen. Einer Erhebung des BDEW Bundesverband der Energie- und Wasserwirtschaft e.V. (2016) zufolge lag der auf den Verbrauch der Haushalte und des Kleingewerbes bezogene einwohnerbezogene Tagesverbrauch q_{dm} in Deutschland in den Jahren 2009 bis 2014 jeweils zwischen 121 und $122\,\mathrm{l}/(\mathrm{d}\cdot\mathrm{E})$, wie Abbildung 6.3 zeigt. Entsprechend wird im DVGW W 410 (A) (2008) davon ausgegangen, dass der durchschnittliche Wasserbedarf q_{dm} der Haushalte und des Kleingewerbes mittelfristig bei ca. $120\,\mathrm{l}/(\mathrm{d}\cdot\mathrm{E})$ liegt (DVGW W 410 (A), 2008). Dieser Tagesverbrauch setzt sich dabei aus den in Tabelle 6.2 gelisteten Verbrauchskomponenten $q_{K\,dm}$ zusammen. Abbildung 6.4 zeigt den mittleren einwohnerbezogenen Tagesverbrauch q_{dm} im Jahr 2012 in Deutschland und anderen europäischen Ländern, Abbildung 6.5 im Jahr 2010 in den deutschen Bundesländern.

6.3.2 Schwankung des Wasserverbrauchs

Der Wasserverbrauch ist zeitlich nicht konstant. Die Schwankung des Wasserverbrauchs kann mit einer Verbrauchsganglinie beschrieben werden. Die Ganglinie gibt den Wasserverbrauch $Q(t)$ zum Zeitpunkt t im Betrachtungszeitraum T an. Weiter kann ein zeitabhängiger, dimensionsloser Lastfaktor $f(t)$ definiert werden, der das Verhältnis von Wasserverbrauch $Q(t)$ zu mittlerem Wasserverbrauch Q_m angibt (s. Gl. 6.6). (Zur Ermittlung des mittleren Wasserverbrauchs Q_m siehe Gleichung 6.3 und 6.4). Die zeitliche Änderung des Lastfaktors $f(t)$ im Betrachtungszeitraum T kann ebenfalls mit einer Ganglinie angegeben werden.

$$f(t) = \frac{Q(t)}{Q_m} \tag{6.6}$$

Der Betrachtungszeitraum T und die Einheiten können dabei je nach Aufgabenstellung gewählt werden. Wird ein Jahr betrachtet, wird für den Wasserverbrauch $Q(t)$ üblicherweise die Einheit $\mathrm{m^3/d}$ genutzt. Bei einem Bezugszeitraum $T = 24\,\mathrm{h} = 86\,400\,\mathrm{s}$ kann die Tagesganglinie des Wasserverbrauchs $Q(t)$ beispielsweise in $\mathrm{m^3/h}$ oder in $\mathrm{l/s}$ angegeben werden.

Die Schwankungen des Wasserverbrauchs eines Versorgungsgebiets werden durch unterschiedliche Faktoren beeinflusst, wie z. B. Klima, wirtschaftliche und gesellschaftliche Struktur sowie Größe des Versorgungsgebiets und besondere Ereignisse. Im Folgenden werden für verschiedene Betrachtungszeiträume kurz die wichtigsten Einflussfaktoren nach Mutschmann u. a. (2007), DVGW W 410 (A) (2008) und Fritsch u. a. (2014) sowie die relevanten Definitionen gemäß DVGW W 410 (A) (2008) beschrieben.

Schwankung des Jahresverbrauchs: Die Schwankungen des jährlichen Wasserverbrauchs Q_a hängen unter anderem von den klimatischen Bedingungen ab. In trockenen Jahren werden mitunter größere Mengen Wasser konsumiert. Faktoren wie die Veränderung der Gesellschaftsstruktur, Anzahl der Einwohner usw. dominieren jedoch die auf ein Versorgungsgebiet bezogenen Schwankungen. Allerdings lassen sich Wasserabgaben bei veränderter Struktur des Versorgungsgebiets nicht mehr im eigentlichen Sinne vergleichen und daraus Schwankungen ableiten.

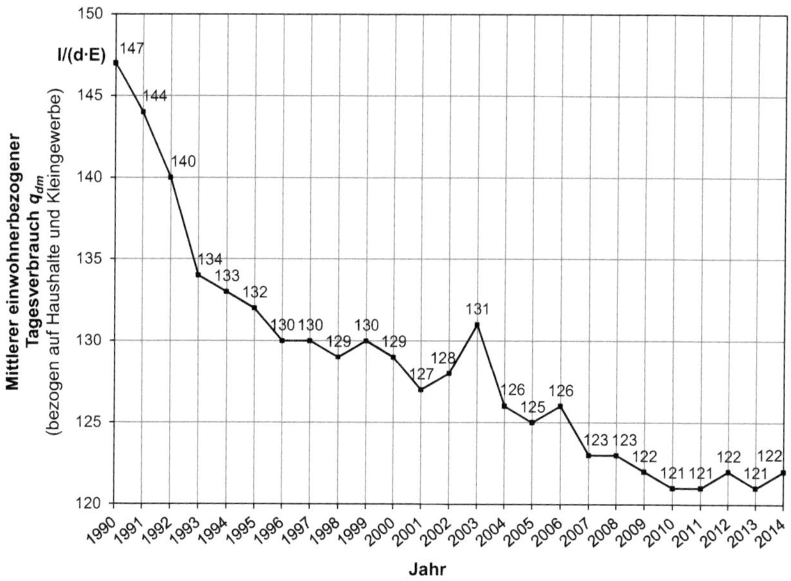

Abbildung 6.3: Entwicklung des mittleren einwohnerbezogenen Tagesverbrauchs q_{dm} in Deutschland bezogen auf den Wasserverbrauch der Haushalte und des Kleingewerbes (BDEW Bundesverband der Energie- und Wasserwirtschaft e.V., 2016)

Tabelle 6.2: Verbrauchskomponenten $q_{K\,dm}$ des mittleren einwohnerbezogenen Tagesverbrauchs q_{dm} in Deutschland bezogen auf den Wasserverbrauch der Haushalte und des Kleingewerbes (DVGW W 410 (A), 2008)

Wasserverbrauchskomponente	$q_{K\,dm}$ in %	$q_{K\,dm}$ in $l/(d \cdot E)$
Baden, Duschen, Körperpflege	36	43
Toilettenspülung	27	32
Wäschewaschen	12	15
Geschirrwaschen	6	7
Raumreinigung, Autopflege, Garten	6	7
Essen und Trinken	4	5
Kleingewerbe	9	11
Summe	100	120

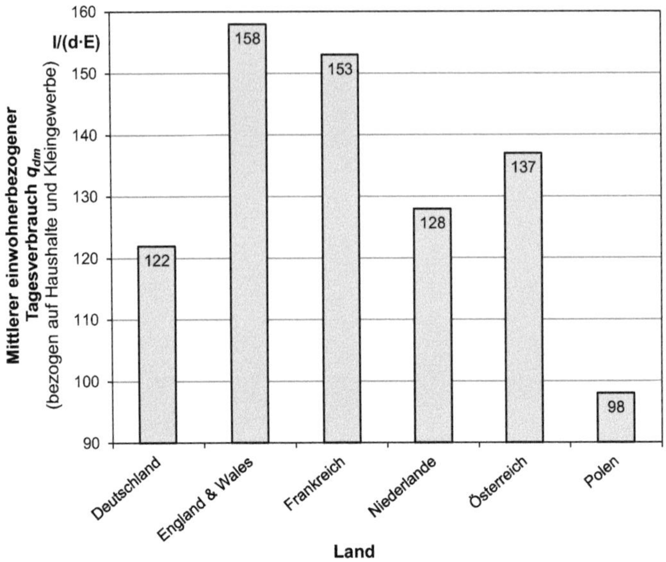

Abbildung 6.4: Mittlerer einwohnerbezogener Tagesverbrauch q_{dm} im Jahr 2012 in europäischen Ländern bezogen auf den Wasserverbrauch der Haushalte und des Kleingewerbes (Lauruschkus u. a., 2015)

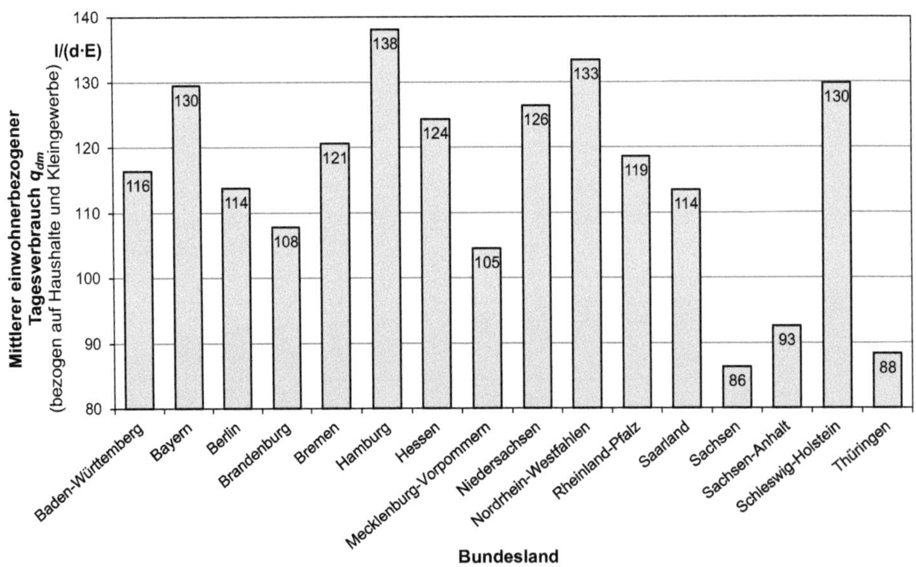

Abbildung 6.5: Mittlerer einwohnerbezogener Tagesverbrauch q_{dm} im Jahr 2010 in den deutschen Bundesländern bezogen auf den Wasserverbrauch der Haushalte und des Kleingewerbes (Statistisches Bundesamt, 2015)

Schwankung des Monatsverbrauchs: Die Schwankungen des monatlichen Wasserverbrauchs Q_{Mt} innerhalb eines Jahres sind hauptsächlich auf das Klima zurückzuführen. Dabei wird der größte Wasserverbrauch in Deutschland meist im trockenen Sommermonat Juli und der kleinste in den Wintermonaten Januar und Februar verzeichnet. Gegenüber Kleinstädten und Landgemeinden sind die Schwankungen in Städten auf Grund des geringeren Flächenanteils von Grünflächen und dem größeren Verbraucheranteil von Gewerbe weniger ausgeprägt.

Schwankung des Tagesverbrauchs: Die wesentlichen Faktoren für die Schwankung des Tagesverbrauchs Q_d in einem Jahr sind die Größe und Struktur des Versorgungsgebiets. Die Schwankung ist umso stärker ausgeprägt, je kleiner das Versorgungsgebiet ist, und je größer der gewerbliche Anteil am Wasserverbrauch. Abbildung 6.6 veranschaulicht die Schwankung des Tagesverbrauchs übers Jahr. Die Abbildung zeigt die Jahresganglinie der Netzeinspeisung Q_E einer Gemeinde mit ca. 3000 Einwohnern und vorwiegend häuslichen Verbrauchern. (Die Netzeinspeisung Q_E beinhaltet neben der Netzabgabe Q_A die Wasserverluste Q_V, siehe Kapitel 6.1.)

In einer Woche wird die Schwankung des Tagesverbrauchs hauptsächlich vom Rückgang des Verbrauchs an arbeitsfreien Tagen, also am Wochenende und an Feiertagen, beeinflusst. Der Unterschied ist umso größer, je größer das Versorgungsgebiet und je größer der Anteil an gewerblichen Verbrauchern.

Der höchste Tagesverbrauch in einem Betrachtungszeitraum ist der Spitzentagesverbrauch Q_{dmax} in m^3/d. Analog zu dem in Gleichung 6.6 definierten Lastfaktor $f(t)$ kann

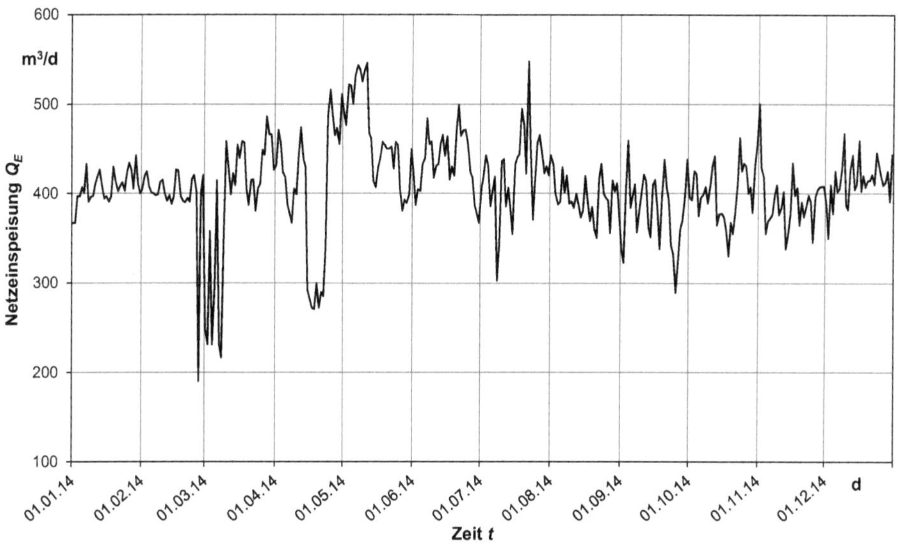

Abbildung 6.6: Beispiel einer Jahresganglinie der täglichen Netzeinspeisung Q_E

mit dem mittleren Tagesverbrauch Q_{dm} in m^3/d der dimensionslose Tagesspitzenfaktor f_d definiert werden (s. Gl. 6.7). Der in die Gleichung eingehende mittlere Tagesverbrauch Q_{dm} kann mit Gleichung 6.3 ermittelt werden.

$$f_d = \frac{Q_{dmax}}{Q_{dm}} \tag{6.7}$$

Schwankung des Stundenverbrauchs: Die Schwankungen des Wasserverbrauchs am Tag werden hauptsächlich durch die Größe und Struktur des Versorgungsgebiets beeinflusst. Bei vorwiegend häuslichem Wasserverbrauch ist die Anzahl der Einwohner ein wesentlicher Einflussfaktor. Die Höhe der Schwankungen wird von der Wahrscheinlichkeit bestimmt, dass kurzzeitige Entnahmen gleichzeitig stattfinden. Dieser Einfluss ist umso größer, je weniger Einwohner das Versorgungsgebiet umfasst. Typische Tagesganglinien weisen Verbrauchsspitzen zur Aufsteh- und Abendzeit, bei geringerer Einwohnerzahl auch zur Mittagszeit, auf. An arbeitsfreien Tagen ist die Charakteristik der Schwankungen nahezu gleich, jedoch ist die Schwankungsbreite geringer. Mit zunehmender Einwohnerzahl sinkt tendenziell die Schwankungsbreite und die Verbrauchsspitzen am Morgen und am Abend gleichen sich an. Ein verhältnismäßig großer gewerblicher Anteil am Wasserverbrauch führt ebenfalls zu einer Vergleichmäßigung der Verbrauchsganglinie, da der gewerbliche Wasserverbrauch während der Arbeitszeit den häuslichen Verbrauch überlagert. Die typischen Spitzen des häuslichen Verbrauchs in den Morgen- und Abendstunden sind dadurch abgeflacht, zeitlich verschoben oder nicht mehr stark ausgeprägt. Außerdem nimmt die Schwankung mit zunehmender Temperatur zu. Der größte Wasserverbrauch liegt an Spitzentagen meist in den Abendstunden.

Üblicherweise werden die Schwankungen mit dem tageszeitabhängigen Stundenverbrauch $Q(h)$ in m^3/h beschrieben, der den Stundenverbrauch zur Stunde h an einem bestimmten Tag angibt. Entsprechend Gleichung 6.6 lässt sich der dimensionslose tageszeitabhängige Lastfaktor $f(h)$ definieren, der den Quotienten von Stundenverbrauch $Q(h)$ und mittlerem Stundenverbrauch Q_{hm} angibt. Der mittlere Stundenverbrauch Q_{hm} kann mit Gleichung 6.4 berechnet werden.

$$f(h) = \frac{Q(h)}{Q_{hm}} \tag{6.8}$$

Abbildung 6.7 zeigt das Beispiel einer Ganglinie des tageszeitabhängigen Stundenverbrauchs $Q(h)$ in m^3/h und des entsprechenden Lastfaktors $f(h)$. Die Abbildungen 6.8, 6.9 und 6.10 zeigen Zusammenstellungen beispielhafter Ganglinien des tageszeitabhängigen Lastfaktors $f(h)$ für verschiedene Siedlungsgrößen (Gujer, 2007; Mutschmann u. a., 2007; DVGW W 410 (A), 2008). Die entsprechenden Werte sind in Tabelle 6.3 zusammengefasst.

Der Spitzendurchfluss $Q_s(1\,\text{h})$, der am Tag mit höchstem Wasserverbrauch Q_{dmax} insgesamt in einem Zeitraum $t_B = 1\,\text{h}$ überschritten wird, ist als Spitzenverbrauch Q_{hmax} in m^3/h

Tabelle 6.3: Beispielhafte Ganglinien des tageszeitabhängigen Lastfaktors $f(h)$ für verschiedene Siedlungsgrößen

Zeit in h	$f(h)$								
	ländlich	städtisch	großstädtisch	Dorf	Stadt	Landgemeinde	Kleinstadt	Mittelstadt	Großstadt
	(DVGW W 410 (A), 2008)			(Gujer, 2007)		(Mutschmann u. a., 2007)			
0 bis 1	0,54	0,41	0,79	0,19	0,48	0,24	0,48	0,36	0,62
1 bis 2	0,48	0,28	0,72	0,19	0,24	0,12	0,36	0,36	0,58
2 bis 3	0,43	0,23	0,65	0,00	0,12	0,12	0,24	0,36	0,53
3 bis 4	0,46	0,20	0,62	0,00	0,12	0,12	0,12	0,36	0,50
4 bis 5	0,55	0,22	0,65	0,00	0,12	0,12	0,12	0,48	0,53
5 bis 6	0,75	0,31	0,60	3,19	0,48	1,56	0,36	0,72	1,01
6 bis 7	1,41	0,58	0,77	2,88	0,72	2,88	0,60	1,08	1,27
7 bis 8	1,59	1,23	1,11	1,15	0,72	2,04	0,72	1,32	1,37
8 bis 9	1,49	1,59	1,19	0,38	0,96	0,84	0,84	1,44	1,34
9 bis 10	1,39	1,66	1,17	1,03	0,96	0,72	0,96	1,32	1,30
10 bis 11	1,28	1,59	1,20	0,38	1,44	0,72	1,20	1,44	1,27
11 bis 12	1,16	1,37	1,16	1,68	1,92	1,08	1,68	1,44	1,27
12 bis 13	1,13	1,27	1,16	3,62	2,52	2,40	2,28	1,32	1,25
13 bis 14	1,11	1,23	1,23	1,32	2,16	2,16	2,40	1,32	1,22
14 bis 15	1,17	1,13	1,29	0,07	1,92	0,36	2,04	1,32	1,18
15 bis 16	1,11	1,06	1,21	0,34	0,96	0,36	1,20	1,44	1,08
16 bis 17	1,15	1,05	1,22	0,38	0,72	0,48	0,84	1,32	1,01
17 bis 18	1,08	1,23	1,16	0,38	0,72	0,48	0,72	1,44	1,13
18 bis 19	1,18	1,54	1,11	1,10	1,68	0,72	1,20	1,32	1,20
19 bis 20	1,23	1,66	1,04	1,51	1,80	1,32	1,92	1,20	1,20
20 bis 21	1,08	1,52	1,03	2,66	1,08	2,16	1,44	0,96	1,01
21 bis 22	0,92	1,23	1,03	1,51	0,96	2,04	0,96	0,72	0,79
22 bis 23	0,70	0,84	0,96	0,00	0,72	0,72	0,72	0,48	0,70
23 bis 24	0,60	0,60	0,90	0,00	0,48	0,24	0,60	0,48	0,65

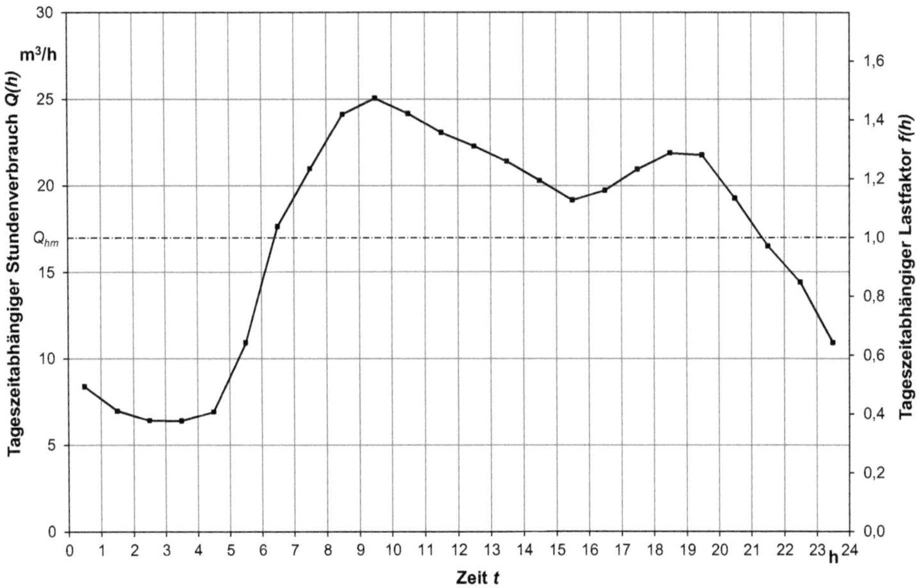

Abbildung 6.7: Ganglinie des tageszeitabhängigen Stundenverbrauchs $Q(h)$ bzw. des entsprechenden Lastfaktors $f(h)$

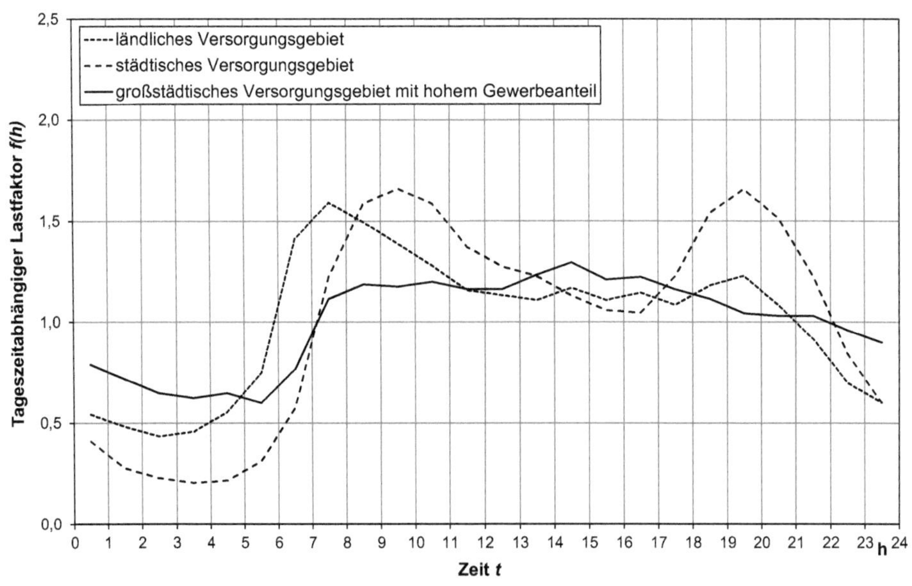

Abbildung 6.8: Beispielhafte Ganglinien des tageszeitabhängigen Lastfaktors $f(h)$ für verschiedene Siedlungsgrößen gemäß DVGW W 410 (A) (2008)

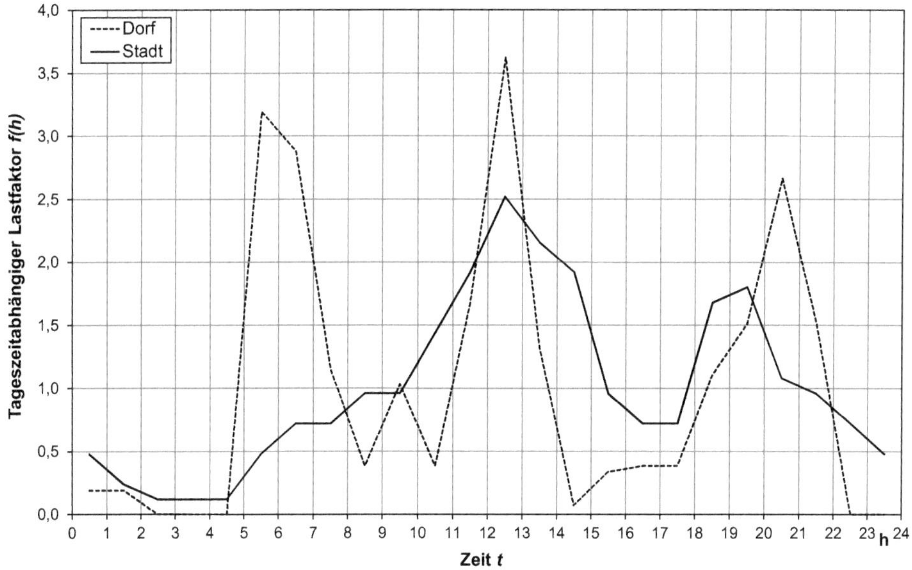

Abbildung 6.9: Beispielhafte Ganglinien des tageszeitabhängigen Lastfaktors $f(h)$ für verschiedene Siedlungsgrößen gemäß Gujer (2007)

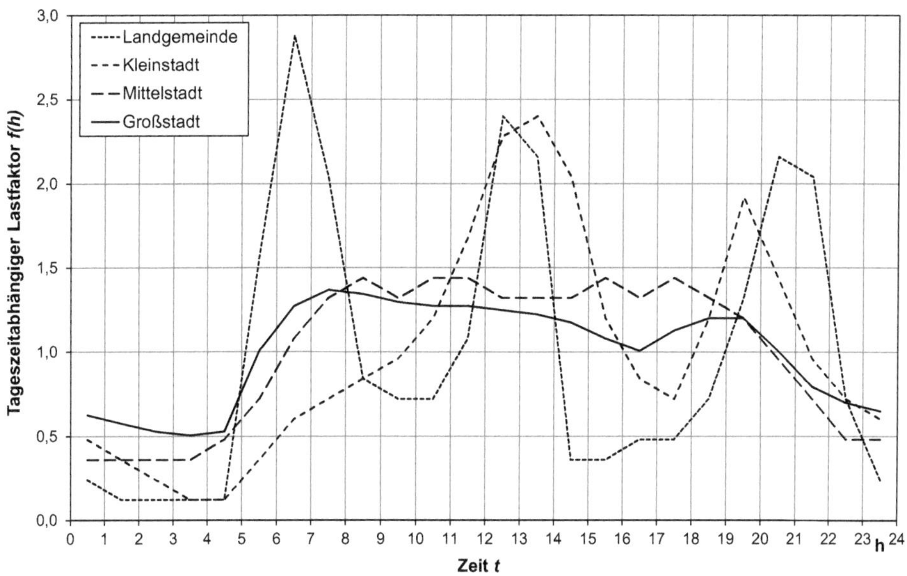

Abbildung 6.10: Beispielhafte Ganglinien des tageszeitabhängigen Lastfaktors $f(h)$ für verschiedene Siedlungsgrößen gemäß Mutschmann u. a. (2007)

definiert. Die sogenannte Bezugszeit t_B des Spitzendurchflusses bzw. Spitzenverbrauchs gibt also die über den Tag kumulierte Zeit an, in der der Spitzendurchfluss überschritten wird. Das Konzept der Bezugszeiten ist näher in Kapitel 9.1.1, die Ermittlung des Spitzenverbrauchs Q_{hmax} mit einer Durchfluss-Dauerlinie in Kapitel 6.3.4 beschrieben. Anzumerken ist, dass in einem mehrere Tage umfassenden Betrachtungszeitraum der höchste Spitzendurchfluss $Q_s(1\,\mathrm{h})$ nicht zwingend am Tag mit Spitzentagesverbrauch Q_{dmax} stattfindet. Der Spitzenverbrauch Q_{hmax} entspricht also u. U. nicht dem tatsächlich höchsten Spitzendurchfluss $Q_s(1\,\mathrm{h})$ im Betrachtungszeitraum. Mit dem einwohnerbezogenen Spitzenverbrauch q_{hmax} in $\mathrm{l}/(\mathrm{s}\cdot\mathrm{E})$ wird der Spitzenverbrauch je Einwohner im Versorgungsgebiet angegeben. Der dimensionslose Stundenspitzenfaktor f_h gibt das Verhältnis von Spitzenverbrauch Q_{hmax} zu mittlerem Stundenverbrauch Q_{hm} in m^3/h an (s. Gl. 6.9). Mit Gleichung 6.4 kann der mittlere Stundenverbrauch Q_{hm} berechnet werden.

$$f_h = \frac{Q_{hmax}}{Q_{hm}} \tag{6.9}$$

Darüber hinaus lässt sich der höchste Stundenverbrauch am Tag mit mittlerem Tagesverbrauch $Q_{hmax,dm}$ in m^3/h definieren, der den maximalen Stundenverbrauch am Durchschnittstag angibt. Entsprechend Gleichung 6.9 gibt der Lastfaktor $f_{h,dm}$ das Verhältnis von maximalem Stundenverbrauch am Tag mit mittlerem Tagesverbrauch $Q_{hmax,dm}$ zu mittlerem Stundenverbrauch Q_{hm} an, wie Gleichung 6.10 zeigt.

$$f_{h,dm} = \frac{Q_{hmax,dm}}{Q_{hm}} \tag{6.10}$$

Die oben angeführte Definition des maximalen Stundenverbrauchs am Durchschnittstag $Q_{hmax,dm}$ im DVGW W 410E (A) (2007) fand keinen Eingang in das DVGW W 410 (A) (2008). Auf Grund der Bedeutung für die Bereitstellung von Löschwasser wird die Größe hier trotzdem eingeführt (s. DVGW W 405 (A) (2008) und Kap. 9.2). Die in diesem Kapitel definierten Größen des Wasserverbrauchs sind in Tabelle 6.1 zusammengefasst.

6.3.3 Umrechnung gemessener Wasserverbrauchsmengen auf einen Bezugszeitraum

Die Netzabgaben an Kunden werden mit Wasserzählern gemessen (s. Kap. 6.2.1). Heute werden die Wasserzähler bei den Verbrauchern meist jährlich bis vierteljährlich abgelesen (s. Kap. 6.8). Aus der Differenz zweier Zählerstände ergibt sich die vom Wasserzähler gemessene Wassermenge im Zeitraum zwischen den Ablesungen, die dem Wasserverbrauch des Kunden entspricht. Der Wasserverbrauch eines Versorgungsgebiets ergibt sich aus der Summe der gemessenen Einzelverbräuche der Kunden. Allerdings werden nicht alle Wasserzähler zum exakt gleichen Zeitpunkt abgelesen, d. h. die über die Differenzen der Zählerstände ermittelten Wassermengen bzw. Wasserverbrauchswerte beziehen sich auf unterschiedliche Betrachtungszeiträume. Bezogen auf einen Betrachtungszeitraum kann die letzte verfügbare Zählerablesung innerhalb oder nach dem Ende des Betrachtungszeitraums liegen. Die vorhergehende Ablesung kann in diesen Fällen vor Beginn oder innerhalb des Betrachtungszeitraums erfolgt sein. Außerdem können alle verfügbaren Ablesungen vor Beginn oder nach Ende des Zeitraums durchgeführt worden sein.

Zur Umrechnung der in unterschiedlichen Ablesezeiträumen gemessenen Wassermengen auf einen einheitlichen Betrachtungszeitraum, auch Annualisierung genannt, beschreiben Renaud u. a. (2009) drei mögliche Ansätze, die im Folgenden zusammengefasst sind. Eine weitere Ausführung der Ansätze findet sich bei Knobloch (2014).

Die einfachste Methode zur Ermittlung der von einem Wasserzähler gemessenen Wassermenge V_T im Betrachtungszeitraum T ist die Bildung der Differenz der zu den Zeitpunkten d_2 und d_1 durchgeführten Zählerablesungen V_2 und V_1, meist in m^3 (s. Gl. 6.11). Dabei sind die Zählerablesungen zu wählen, die dem Ende mit Datum d_e und dem Beginn mit Datum d_a des Betrachtungszeitraums zeitlich am nächsten liegen. Dem Ansatz liegt die Annahme zu Grunde, dass die im Ablesezeitraum gemessene Wassermenge V_A der Wassermenge V_T im Betrachtungszeitraum entspricht. Allerdings nimmt mit zunehmender Abweichung des Betrachtungszeitraums vom Ablesezeitraum auch die Ungenauigkeit des Ergebnisses zu. Diese Methode sollte also nur angewandt werden, wenn Betrachtungs- und Ablesezeitraum weitgehend übereinstimmen.

$$V_T = V_2 - V_1 \tag{6.11}$$

Ist dies nicht der Fall, liefert die zeitanteilige Berechnung des Wasserverbrauchs mit den Gleichungen 6.12 und 6.13 ein genaueres Ergebnis. Bei dieser Methode wird der Wasserverbrauch als konstant angenommen und proportional zur Zeit auf den Betrachtungszeitraum umgerechnet. Gleichung 6.12 ist für den Fall anzuwenden, dass lediglich zwei an einem Wasserzähler abgelesene Mengen V_1 und V_2 mit Datum d_1 bzw. d_2 verfügbar sind. Liegt ein Ablesewert V_v mit Datum d_v vor Beginn, ein Ablesewert V_i mit Datum d_i innerhalb und ein Ablesewert V_n mit Datum d_n nach Ende des Betrachtungszeitraums vor, gilt Gleichung 6.12 ($d_v < d_a < d_i < d_e < d_n$). Liegen mehrere Ablesungen innerhalb des Betrachtungszeitraums vor, kann die Wassermenge der Intervalle zwischen den Ablesungen mit Gleichung 6.11 berechnet werden. Die Wassermengen vor der ersten und nach der letzten Ablesung im Betrachtungszeitraum werden dann mit Gleichung 6.13 ermittelt; wobei im ersten Term der erste und im zweiten Term der letzte Ablesewert im Bezugszeitraum für V_i und das entsprechende Datum für d_i eingesetzt werden.

$$V_T = (V_2 - V_1) \cdot \frac{d_e - d_a}{d_2 - d_1} \tag{6.12}$$

$$V_T = (V_i - V_v) \cdot \frac{d_i - d_a}{d_i - d_v} + (V_n - V_i) \cdot \frac{d_e - d_i}{d_n - d_i} \tag{6.13}$$

Eine dritte Möglichkeit ist die Umrechnung der gemessenen Wassermengen auf den Betrachtungszeitraum proportional zur Zeit und zur Netzeinspeisung Q_E bzw. der eingespeisten Menge V_E. Dieses Vorgehen folgt der Annahme, dass sich die Ganglinie des Wasserverbrauchs wie die Ganglinie der Netzeinspeisung verhält. Gleichung 6.14 gilt für zwei verfügbare Ablesemengen V_2 und V_1, deren Differenz mit dem Verhältnis von eingespeister Menge $V_E(d_a, d_e)$ im Betrachtungszeitraum zu eingespeister Menge $V_E(d_1, d_2)$ im Ablesezeitraum skaliert wird. Gleichung 6.15 kann für vorliegende Ablesewerte V_v mit Datum d_v vor Beginn, V_i mit Datum d_i innerhalb und V_n mit Datum d_n nach Ende des Betrachtungszeitraums herangezogen werden. Liegen mehrere Ablesungen innerhalb des Betrachtungszeitraums vor, wird wie oben für die zeitanteilige Berechnung in diesem Fall beschrieben vorgegangen.

$$V_T = (V_2 - V_1) \cdot \frac{V_E(d_a, d_e)}{V_E(d_1, d_2)} \tag{6.14}$$

$$V_T = (V_i - V_v) \cdot \frac{V_E(d_a, d_i)}{V_E(d_v, d_i)} + (V_n - V_i) \cdot \frac{V_E(d_i, d_e)}{V_E(d_i, d_n)} \tag{6.15}$$

6.3.4 Ermittlung der Spitzenverbräuche und Spitzenfaktoren

6.3.4.1 Spitzentagesverbrauch und Tagesspitzenfaktor

Der Spitzentagesverbrauch Q_{dmax} wird üblicherweise auf einen Betrachtungszeitraum von einem Kalenderjahr bezogen und lässt sich relativ einfach ermitteln. Liegen die Tagesverbräuche Q_d aller Tage im Betrachtungszeitraum vor, ist der obere Extremwert der Spitzentagesverbrauch Q_{dmax}. Der Tagesspitzenfaktor f_d kann dann mit Gleichung 6.7 berechnet werden.

Ist der Verbrauch Q_d im Betrachtungszeitraum nicht tagesscharf bekannt, kann die Ganglinie der Netzeinspeisung Q_E zur Ermittlung herangezogen werden. Mit der Annahme, dass die Netzeinspeisung $Q_E(t)$ und der Tagesverbrauch $Q_d(t)$ zu jedem Zeitpunk t im Betrachtungszeitraum konstant proportional sind, entspricht der Tagesspitzenfaktor f_d dem Verhältnis von maximaler täglicher Einspeisemenge $Q_{E,dmax}$ in m^3/d und mittlerer täglicher Netzeinspeisung $Q_{E,dm}$ in m^3/d (s. Gl. 6.16).

$$f_d = \frac{Q_{E,dmax}}{Q_{E,dm}} \tag{6.16}$$

Der Spitzentagesverbrauch Q_{dmax} kann dann mit Gleichung 6.7 ermittelt werden, in die der berechnete Tagesspitzenfaktor f_d und der mittlere Tagesverbrauch Q_{dm} entsprechend Gleichung 6.3 eingehen.

Zu beachten ist bei diesem Vorgehen, dass die Netzeinspeisung Q_E neben der Netzabgabe Q_A auch die Wasserverluste Q_V umfasst (s. Kap. 6.1 und 7.1). Da reale Wasserverluste Q_{VR} im Leitungsnetz druckabhängig sind, liegen diese an verbrauchsreichen Tagen, die mit unterdurchschnittlichem Betriebsdruck einhergehen, ebenfalls unter dem Durchschnitt (s. Kap. 7.2.2). Mit der Annahme einer Entwicklung der Netzabgabe Q_A proportional zur

Netzeinspeisung Q_E wird der Spitzentagesverbrauch Q_{dmax} also u. U. überschätzt. Je größer die realen Wasserverluste Q_{VR} und die Druckschwankungen sind, desto größer ist auch die Überschätzung.

6.3.4.2 Spitzenverbrauch und Stundenspitzenfaktor

Der Spitzenverbrauch Q_{hmax} kann mit einer Durchfluss-Dauerlinie ermittelt werden. Eine Durchfluss-Dauerlinie zeigt die in einem festen Zeitintervall über den Betrachtungszeitraum gemessenen Durchflüsse nach abnehmendem Wert sortiert. Für die Ermittlung des Spitzenverbrauchs Q_{hmax} werden die über den Tag mit maximalem Verbrauch gemessenen Verbrauchswerte betrachtet. Abbildung 6.11 zeigt das Beispiel einer Verbrauchsganglinie, die in Intervallen von 15 min gemessen wurde. Die entsprechende Dauerlinie ist in Abbildung 6.12 dargestellt. Gemäß der Definition in Kapitel 6.3.2 wird der Spitzenverbrauch Q_{hmax} mit einer Bezugszeit $t_B = 1\,\text{h}$ ermittelt. Wird diese Bezugszeit im Beispiel in Abbildung 6.12 angesetzt, ergibt sich ein Spitzendurchfluss $Q_s(1\,\text{h}) = 9{,}93\,\text{m}^3/\text{h}$, der dem Spitzenverbrauch Q_{hmax} entspricht. Der Spitzenverbrauch Q_{hmax} ist auch in Abbildung 6.11 markiert. Im Beispiel wird der Spitzenverbrauch an zwei Tageszeiten überschritten. Bei Verbrauchsganglinien mit einer prominenten Spitze tritt nicht selten der Spitzenverbrauch in einer zusammenhängenden Stunde auf. Mit dem mittleren Stundenverbrauch Q_{hm} im Betrachtungszeitraum und Gleichung 6.9 kann damit der Stundenspitzenfaktor f_h berechnet werden. Weitere Ausführungen zur Ermittlung eines Spitzendurchflusses mit einer bestimmten Bezugszeit finden sich z. B. bei Hirner u. a. (1999) und im DVGW W 410 (A) (2008).

Meist liegen jedoch keine Messungen einer Verbrauchsganglinie des Versorgungsgebiets am Tag mit Spitzentagesverbrauch Q_{dmax} vor. Wie im vorigen Kapitel für den Spitzentagesverbrauch Q_{dmax} bzw. den Tagesspitzenfaktor f_d erläutert, kann in diesem Fall die Ganglinie der Netzeinspeisung Q_E am Tag mit der höchsten Tageseinspeisung $Q_{E,dmax}$ genutzt werden. Über eine Durchfluss-Dauerlinie dieser Netzeinspeisung kann der Spitzendurchfluss $Q_s(1\,\text{h})$ in m^3/h mit einer Bezugszeit $t_B = 1\,\text{h}$, also die Spitzennetzeinspeisung $Q_{E,hm}$ in m^3/h, ermittelt werden. Der Stundenspitzenfaktor f_h ergibt sich dann aus dem Verhältnis von Spitzennetzeinspeisung $Q_{E,hm}$ und mittlerer stündlicher Netzeinspeisung $Q_{E,hm}$ in m^3/h im gesamten Betrachtungszeitraum (s. Gl. 6.17).

$$f_h = \frac{Q_{E,hmax}}{Q_{E,hm}} \tag{6.17}$$

Der Spitzenverbrauch Q_{hmax} kann dann mit Gleichung 6.9 ermittelt werden, in die der berechnete Tagesspitzenfaktor f_h und der mittlere Stundenverbrauch Q_{hm} entsprechend Gleichung 6.4 eingehen. Auch hier ist anzumerken, dass der Spitzenverbrauch Q_{hmax} und der Stundenspitzenfaktor f_h zunehmend überschätzt werden, je größer die realen Wasserverluste Q_{VR} und die Druckschwankungen im Versorgungsgebiet sind.

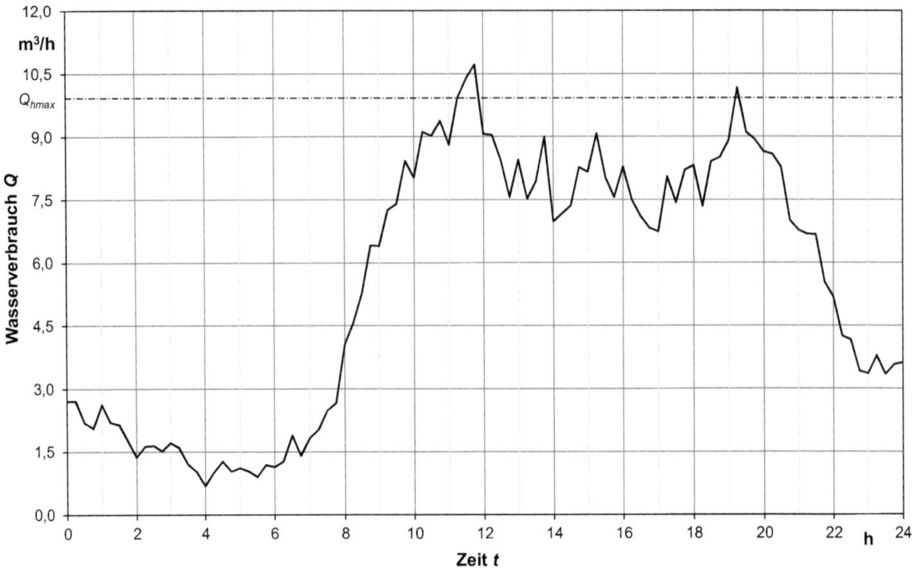

Abbildung 6.11: In 15-minütigen Intervallen gemessene Ganglinie des Wasserverbrauchs Q am Tag mit Spitzentagesverbrauch Q_{dmax}

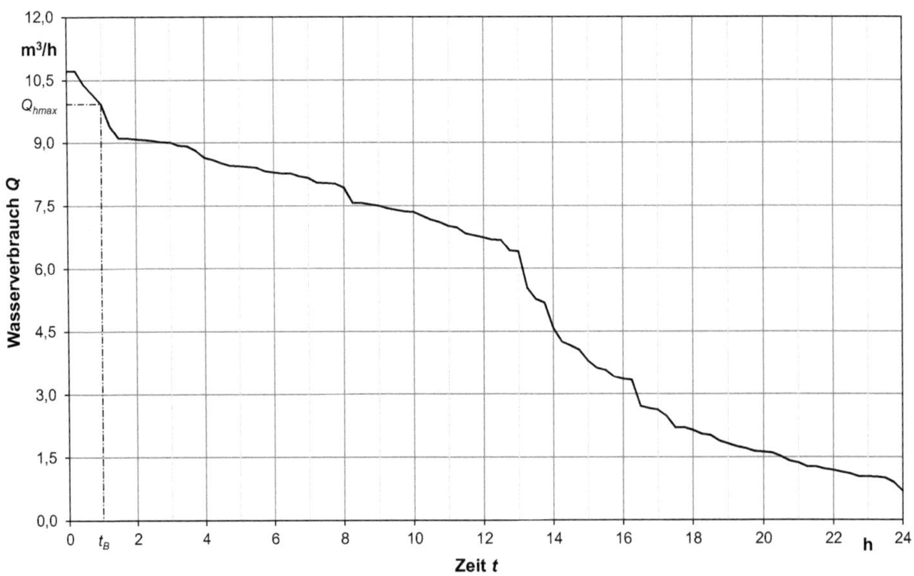

Abbildung 6.12: Aus der Ganglinie in Abbildung 6.11 gebildete Dauerlinie des Wasserverbrauchs Q am Tag mit Spitzentagesverbrauch Q_{dmax} mit 15-minütigem Messintervall

6.4 Wasserbedarfsprognose

In der DIN EN 805 (2000) wird für Wasserverteilungssysteme eine Nutzungsdauer von mindestens 50 Jahren gefordert. Im DVGW W 400-1 (A) (2015) wird dies präzisiert, indem die in Tabelle 6.4 gelisteten Planungszeiträume bzw. Mindestnutzungsdauern für verschiedene Systemkomponenten angeführt werden. Die relativ langen Planungszeiträume erfordern eine Berücksichtigung der langfristigen Entwicklungen der Bemessungsgrundlagen. Dies betrifft insbesondere den Wasserbedarf, der als Planungswert für die zum betrachteten Zeitpunkt bzw. im Betrachtungszeitraum im Versorgungsgebiet bereit zu stellende Wassermenge in die Rohrnetzplanung und -analyse eingeht.

Bei der Ermittlung des Wasserbedarfs sind grundsätzlich der häusliche Wasserbedarf, der öffentliche und gewerbliche Wasserbedarf sowie der Löschwasserbedarf zu unterscheiden (DVGW W 410 (A), 2008). Zur Bestimmung eines Lastfalls des aktuellen Wasserbedarfs können, wie in Kapitel 6.3 beschrieben, Messungen des Wasserverbrauchs und der Netzeinspeisung herangezogen werden. Für die Prognose zukünftiger Wasserbedarfswerte unterscheiden und beschreiben Billings und Jones (2011) die im Folgenden kurz zusammengefassten Methoden.

Einheitskoeffizientenmethoden: Bei dieser Methode werden Koeffizienten ermittelt, die den Wasserbedarf pro Einheit angeben. Durch Multiplikation des Koeffizienten mit der Anzahl der Einheit ergibt sich der gesamte Wasserbedarf. Meist wird ein mittlerer einwohnerbezogener Tagesverbrauch q_{dm} ermittelt, der eine Verbrauchergruppe oder alle Verbrauchergruppen umfasst. Eine weitere Möglichkeit ist die Aufstellung von Koeffizienten, die den Wasserbedarf pro Fläche für verschiedene Landnutzungen angeben. Aus dem Flächennutzungsplan lässt sich dann der zukünftige Wasserbedarf ableiten.

Subjektive Methoden: Als subjektive Methoden werden Prognoseansätze bezeichnet, die auf Schätzungen basieren. Weit verbreitet ist z. B. die Abschätzung der zukünftigen

Tabelle 6.4: Planungszeiträume bzw. Mindestnutzungsdauern für verschiedene Systemkomponenten gemäß DVGW W 400-1 (A) (2015)

Systemkomponente	Planungszeitraum in a
leicht austauschbare Anlagen (z. B. EMSR-Technik)	10 bis 15
leicht erweiterbare Anlagen (z. B. Druckerhöhungsanlagen)	15 bis 25
langfristig zu planende Anlagen (z. B. Rohrleitungen und Behälter)	≥ 50

Bedarfsentwicklung auf Grund der Erfahrung eines oder mehrerer Experten. Eine weiterführende Methode ist die Betrachtung von Szenarien, in die verschiedene mögliche Entwicklungen von Einflussfaktoren einbezogen werden.

Endnutzermodelle: Endnutzermodelle nutzen umfangreiche Informationen über das Verbraucherverhalten. Die Prognose ergibt sich aus der prognostizierten Nutzung aller Geräte und Vorrichtungen, bei deren Nutzung Wasser verbraucht wird. Zum Beispiel kann der typische Wasserverbrauch bei einer Toilettennutzung in einem Einfamilienhaushalt über Messungen bei repräsentativen Haushalten ermittelt werden.

Zeitreihenmodelle: Mit Zeitreihenmodellen werden historische Entwicklungen des Wasserverbrauchs extrapoliert. Dabei wird davon ausgegangen, dass zukünftig lediglich die gleichen Einflussfaktoren von Relevanz sind, die auch den zurückliegenden Wasserverbrauch beeinflusst haben. Da zukünftige Entwicklungen des Wasserverbrauchs selten den zurückliegenden Entwicklungen entsprechen, eignen sich Zeitreihenmodelle weniger für langfristige Prognosen. Bei Vorhersagen über kurze Zeitspannen, in die starke Trends eingehen, liefert die Methode gute Ergebnisse (Neunteufel u. a., 2010).

Regressionsmodelle: Mit Regressionsmodellen wird die Abhängigkeit des zukünftigen Wasserverbrauchs von der Entwicklung mehrerer Einflussfaktoren berücksichtigt. Wichtige Einflussfaktoren bei längerfristigen Prognosen sind z. B. der Wasserpreis, das Einkommen der Verbraucher, der Einsatz wassersparender Armaturen, die Entwicklung der Bevölkerungsdichte und des Klimas. Anhand historischer Daten wird die Abhängigkeit des Wasserverbrauchs von den Einflussfaktoren ermittelt und zukünftig als konstant angenommen. Über eine Vorhersage der Entwicklung der Einflussfaktoren wird dann der zukünftige Wasserbedarf prognostiziert.

Weitere Ansätze: Darüber hinaus existieren Ansätze, die mehrere der oben genannten Methoden kombinieren. Außerdem können neuronale Netzwerke oder Fuzzylogik genutzt werden. Die Anwendung derartiger Ansätze ist allerdings auf Grund der hohen Abstraktion der Modelle nicht verbreitet.

Im DVGW W 410 (A) (2008) sind zur Abschätzung einer zukünftigen Bedarfssituation Ansätze für den häuslichen sowie den öffentlichen und gewerblichen Bereich beschrieben. Für die Verbrauchergruppen sind mittlere Verbrauchswerte und Spitzenfaktoren aufgeführt. Der Löschwasserbedarf wird im DVGW W 405 (A) (2008) behandelt. In den folgenden Kapiteln 6.5, 6.6 und 6.7 werden die relevanten Inhalte der Arbeitsblätter zusammengefasst.

6.5 Häuslicher Wasserbedarf

6.5.1 Mittlerer Wasserbedarf

Wie bereits in Kapitel 6.3.1 ausgeführt, liegt der mittlere einwohnerbezogene Tagesbedarf q_{dm} gemäß DVGW W 410 (A) (2008) im Normalfall in einem Bereich zwischen 90 und $140\,\mathrm{l/(d \cdot E)}$. Mittelfristig kann von einem durchschnittlichen Wasserbedarf von $120\,\mathrm{l/(d \cdot E)}$ ausgegangen werden (s. Gl. 6.18).

$$q_{dm} \approx 120\,\mathrm{l/(d \cdot E)} \tag{6.18}$$

6.5.2 Spitzenbedarf und Spitzenfaktoren

Der Spitzenbedarf für die Bemessung der Anschlussleitung eines Wohngebäudes wird mit einer Bezugszeit $t_B = 10\,\mathrm{s}$ ermittelt. Für die Bemessung der Zubringer-, Haupt-, und Versorgungsleitungen eines Versorgungsgebiets reduziert sich der Spitzenbedarf durch die größere Bezugszeit $t_B = 1\,\mathrm{h}$ (s. Kap. 9.1.1).

Im DVGW W 410 (A) (2008) sind die wesentlichen Einflüsse des Spitzenbedarfs kurz umrissen. Der Spitzenbedarf in einem Wohngebäude und in einem kleinen Versorgungsgebiet mit bis zu 1000 Einwohnern wird hauptsächlich von der Gleichzeitigkeit der einzelnen Entnahmen bestimmt, im Endeffekt also von der Anzahl der Bewohner bzw. Einwohner. Bei Versorgungsgebieten mit mehr als 1000 Einwohnern wirken neben der Gleichzeitigkeit der Entnahmen noch weitere Einflussfaktoren, wie z. B. die soziale Struktur des Versorgungsgebiets, das Klima, die Siedlungsstruktur und das Kleingewerbe. Daher werden im DVGW W 410 (A) (2008) zur Ermittlung des Spitzenbedarfs und der Spitzenfaktoren jeweils Ansätze für Versorgungsgebiete mit bis zu und mit mehr als 1000 Einwohnern beschrieben, die im Folgenden dargestellt sind.

Versorgungsgebiete bis 1000 Einwohner: Bei Versorgungsgebieten mit bis zu ca. 1000 Einwohnern bestimmt die Anzahl der Einwohner die Höhe des Spitzenbedarfs Q_{hmax}. Die empirische Gleichung 6.19 und Abbildung 6.13 zeigen den Zusammenhang zwischen einwohnerbezogenem Spitzenbedarf q_{hmax} in $\mathrm{l/(s \cdot E)}$ und der Anzahl der Einwohner E in E an. Der Spitzenbedarf Q_{hmax} in $\mathrm{m^3/h}$ in Abhängigkeit der Einwohnerzahl E in E ist in Abbildung 6.14 dargestellt.

$$\log q_{hmax} = 0{,}1099 \cdot (\log E)^2 - 0{,}9729 \cdot (\log E) - 0{,}1624 \tag{6.19}$$

Versorgungsgebiete über 1000 Einwohner: Für Versorgungsgebiete mit mehr als 1000 Einwohnern sind im DVGW W 410 (A) (2008) die empirischen Gleichungen 6.20 und 6.21 angeführt, mit denen der Tagesspitzenfaktor f_d und der Stundenspitzenfaktor f_h

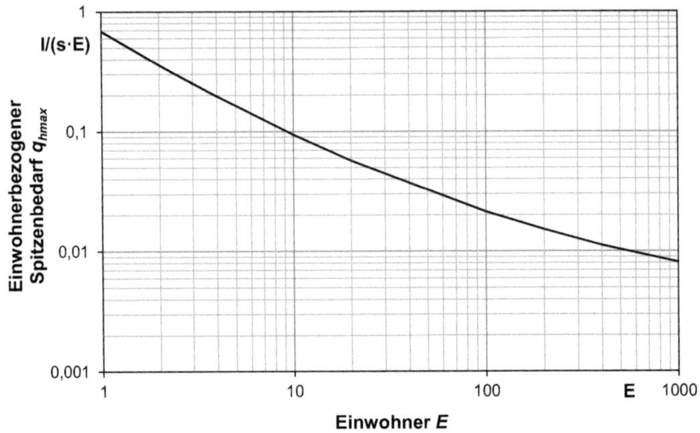

Abbildung 6.13: Zusammenhang von einwohnerbezogenem Spitzenbedarf q_{hmax} und Einwohneranzahl E für Versorgungsgebiete mit bis zu 1000 E gemäß DVGW W 410 (A) (2008)

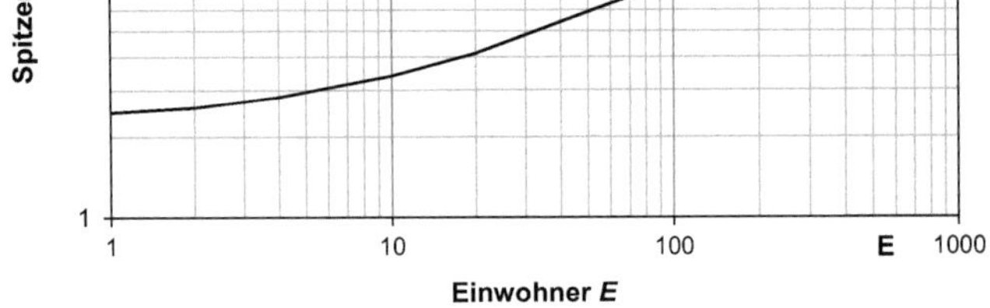

Abbildung 6.14: Zusammenhang von Spitzenbedarf Q_{hmax} und Einwohneranzahl E für Versorgungsgebiete mit bis zu 1000 E gemäß DVGW W 410 (A) (2008)

ermittelt werden können. In die Gleichungen geht die Einwohneranzahl E in E des Versorgungsgebiets ein. Die Abhängigkeit der Spitzenfaktoren f_d und f_h von der Anzahl der Einwohner E zeigt Abbildung 6.15.

$$f_d = 3{,}90 \cdot E^{-0{,}0752} \tag{6.20}$$

$$f_h = 18{,}10 \cdot E^{-0{,}1682} \tag{6.21}$$

Indem die Gleichungen 6.7 und 6.9 in die Gleichungen 6.22 und 6.23 überführt werden, kann mit dem mittleren Wasserbedarf Q_{dm} und Q_{hm} sowie den Spitzenfaktoren f_d und f_h der Spitzentagesbedarf Q_{dmax} in $\mathrm{m^3/h}$ und der Spitzenbedarf Q_{hmax} in $\mathrm{m^3/h}$ ermittelt werden. Dazu kann der prognostizierte mittlere Wasserbedarf in den mittleren Tagesbedarf Q_{dm} in $\mathrm{m^3/h}$ und den mittleren Stundenbedarf Q_{hm} in $\mathrm{m^3/h}$ umgerechnet werden. Die Ermittlung des mittleren Wasserbedarfs wird in Kapitel 6.4 und 6.5.1 behandelt.

$$Q_{dmax} = f_d \cdot Q_{dm} \tag{6.22}$$

$$Q_{hmax} = f_h \cdot Q_{hm} \tag{6.23}$$

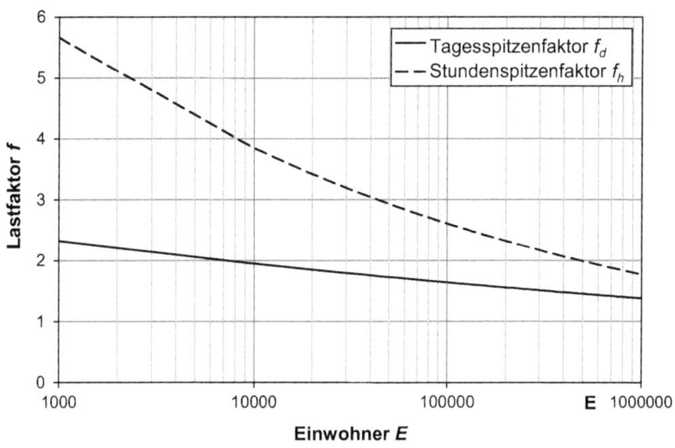

Abbildung 6.15: Zusammenhang von Tagesspitzenfaktor f_d bzw. Stundenspitzenfaktor f_h und Einwohneranzahl E für Versorgungsgebiete mit über 1000 E gemäß DVGW W 410 (A) (2008)

6.6 Öffentlicher und gewerblicher Wasserbedarf

6.6.1 Mittlerer Wasserbedarf

Für verschiedene Verbraucher des öffentlichen und gewerblichen Bereichs sind im DVGW W 410 (A) (2008) Einheitskoeffizienten gelistet (s. Tab. 6.5). Mit der Anzahl einer Einheit EH in EH und dem Einheitskoeffizienten EK in $\mathrm{m}^3/(\mathrm{d} \cdot \mathrm{EH})$ kann durch Multiplikation der mittlere Wasserbedarf $Q_{EH\,dm}$ in $\mathrm{m}^3/(\mathrm{d})$ ermittelt werden (s. Gl. 6.24).

$$Q_{EH\,dm} = EH \cdot EK \tag{6.24}$$

Der Wasserbedarf von landwirtschaftlichen Anwesen mit Tierhaltung wird hauptsächlich von der Tierhaltung und den beschäftigten Personen bestimmt. Beide Verbrauchergruppen werden im sogenannten Großviehgleichwert V zusammengefasst. Der Großviehgleichwert V in GVGW kann mit Gleichung 6.25 ermittelt werden, in die die Anzahl des Großvieh GV in GV und die Anzahl der Personen E in E eingehen.

$$V = GV + 2 \cdot E \tag{6.25}$$

Zur Umrechnung einzelner Tierarten auf eine Großvieheinheit GV sind im DVGW W 410 (A) (2008) Faktoren angegeben (s. Tab. 6.6). Für die Umrechnung wird die Anzahl der Tiere TA in TA einer bestimmten Tierart mit dem entsprechenden Faktor f_{TA} multipliziert (s. Gl. 6.26).

$$GV = f_{\mathrm{TA}} \cdot TA \tag{6.26}$$

Des Weiteren sind im DVGW W 410 (A) (2008) Ansätze zur Ermittlung des Wasserbedarfs von Sporthallen, Fitnessclubs, Schwimm- und Freizeitbädern, Stadien und Rennbahnen, Messe- und Kongresshallen, Einkaufszentren sowie Festplätzen erläutert. Weitere Ausführungen zur Ermittlung des öffentlichen und gewerblichen Wasserbedarfs finden sich in der Fachliteratur, beispielsweise bei Hirner u. a. (1999), Mutschmann u. a. (2007), Karger und Hoffmann (2013) und Fritsch u. a. (2014).

6.6.2 Spitzenbedarf

Für die in Tabelle 6.5 gelisteten Verbraucher sind im DVGW W 410 (A) (2008) Spitzenfaktoren angeführt. Tabelle 6.7 fasst die genannten Tagesspitzenfaktoren f_d und Stundenspitzenfaktoren f_h zusammen. Weitere Ausführungen finden sich in der Fachliteratur (s. Kap. 6.6.1).

Tabelle 6.5: Einheitskoeffizienten *EK* für öffentliche und gewerbliche Verbraucher gemäß DVGW W 410 (A) (2008)

Verbraucher	*EH* in EH	*EK* in $m^3/(d \cdot EH)$ Bereich	Mittelwert
Krankenhaus	Patienten und Beschäftigte	0,12 bis 0,83	0,34
	Betten	0,13 bis 1,20	0,50
Schule	Schüler und Lehrer		0,006
Bürogebäude	Beschäftigte	0,013 bis 0,111	0,025
Hotel	Gäste	0,10 bis 1,40	0,29
	Zimmer	0,07 bis 1,40	0,39
landwirtschaftliches Anwesen	Großviehgleichwert		0,052
gemischtes Gewerbegebiet	Fläche in ha	1,5 bis 4,0	2,0
	Arbeitsplätze	0,025 bis 0,125	0,050

Tabelle 6.6: Faktoren f_{TA} zur Umrechnung einzelner Tierarten auf eine Großvieheinheit *GV* gemäß DVGW W 410 (A) (2008)

Tierart	f_{TA}	Tierart	f_{TA}
Ente	0,004	Mastschwein 20 bis 110 kg	0,13
Fohlen	0,3	Pferd	1,0
Gans	0,004	Schaf	0,1
Huhn	0,004	Weibl. Rind unter 1 Jahr	0,3
Kalb bis 4 Wochen	0,1	Weibl. Rind 1 bis 2 Jahre	0,7
Kuh	1,2	Weibl. Rind über 2 Jahre	1,0
Mastbulle bis 350 kg	0,5	Ziege	0,1
Mastbulle 350 bis 550 kg	0,9	Zuchteber	0,3
Mastkalb bis 100 kg	0,15	Zuchtsau	0,3
Mastkalb bis 180 kg	0,23	Zuchtsau mit Ferkel	0,5

Tabelle 6.7: Tagesspitzenfaktoren f_d und Stundenspitzenfaktoren f_h für öffentliche und gewerbliche Verbraucher gemäß DVGW W 410 (A) (2008)

Verbraucher	f_d	f_h
Krankenhaus	1,3	3,2
Schule	1,7	7,5
Verwaltungs- und Bürogebäude	1,8	5,6
Hotel	1,4	4,4
landwirtschaftliches Anwesen	1,5	7,6
gemischtes Gewerbegebiet	1,8	5,6

6.7 Löschwasserbedarf

Der Brandschutz ist nach den geltenden Rechtsvorschriften der Bundesländer Aufgabe der Gemeinden (DVGW W 405 (A), 2008; DVGW W 400-1 (A), 2015). Dabei wird zwischen Grund- und Objektschutz unterschieden. Unter Grundschutz wird der Brandschutz für Wohngebiete, Gewerbegebiete, Mischgebiete und Industriegebiete ohne erhöhtes Risiko verstanden. Der Objektschutz geht über den Grundschutz hinaus und trägt einem höheren Risiko eines Objekts Rechnung. Dies kann z. B. ein Objekt mit erhöhtem Brandrisiko (Verarbeitung und Lagerung leicht entzündbarer Stoffe usw.), ein Objekt mit erhöhtem Risiko für Personen im Objekt (Hotels, Kaufhäuser, Krankenhäuser usw.) oder ein Einzelobjekt in Außenbereichen (Aussiedlerhöfe, Raststätten, Wochenendhäuser usw.) sein.

Der Löschwasserbedarf wird von der für den Brandschutz zuständigen Stelle ermittelt und festgelegt. Die Gemeinde prüft und legt fest, in welchem Umfang das benötigte Löschwasser aus sogenannten unerschöpflichen Wasserquellen, z. B. offene Gewässer, dem öffentlichen Wasserversorgungsnetz oder durch andere Maßnahmen, wie z. B. die Nutzung von Behälterfahrzeugen, Brauchwasser oder Löschwasserteichen, bereit gestellt werden kann. Im Falle des Objektschutzes ist der Objektinhaber oder -eigentümer mit einzubeziehen.

Tabelle 6.8: Richtwerte für den Löschwasserbedarf Q_{LW} in Abhängigkeit der Vollgeschossanzahl N, Geschossflächenzahl GFZ, Baumassenzahl BMZ und Brandausbreitungsgefahr gemäß DVGW W 410 (A) (2008)

Bauliche Nutzung	Q_{LW} in m^3/h bei Brandausbreitungsgefahr klein	mittel	groß
ländliche Ansiedlungen und Wochenendsiedlungen mit 2 bis 10 Anwesen	48	48	48
Wohn-, Misch- und Dorfgebiete $N \leq 3$, $0{,}3 \leq GFZ \leq 0{,}7$	48	96	96
Wohn-, Misch- und Dorfgebiete $N > 3$, $0{,}7 < GFZ \leq 1{,}2$	96	96	192
Gewerbegebiete $N \leq 3$, $0{,}3 \leq GFZ \leq 0{,}7$	48	96	96
Gewerbe- und Kerngebiete $N = 1$, $0{,}7 < GFZ \leq 1{,}0$	96	96	192
Gewerbe- und Kerngebiete $N > 1$, $1{,}0 < GFZ \leq 2{,}4$	96	192	192
Industriegebiete $BMZ \leq 9$	96	192	192

Für den Löschwasserbedarf Q_{LW} zum Grundschutz sind im DVGW W 405 (A) (2008) Richtwerte in Abhängigkeit der baulichen Nutzung und der Brandausbreitungsgefahr genannt. Tabelle 6.8 zeigt, etwas vereinfacht, die Richtwerte. Die Unterscheidung der baulichen Nutzung bezieht sich dabei auf die Baunutzungsverordnung und wird über die Vollgeschossanzahl N, die Geschossflächenzahl GFZ (Verhältnis Geschossfläche zu Grundstücksfläche) und die Baumassenzahl BMZ (Verhältnis umbauter Raum zu Grundstücksfläche) ausgedrückt (BauNVO, 2017). Die Brandausbreitungsgefahr ist in klein, mittel und groß unterteilt. Mit klein werden Objekte mit feuerbeständigen, hochfeuer- oder feuerhemmenden Umfassungen und harter Bedachung bewertet. Mittlere Gefahr besteht bei nicht feuerbeständigen oder -hemmenden Umfassungen und harter Bedachung sowie bei feuerbeständigen oder -hemmenden Umfassungen und weicher Bedachung. Die Einstufung große Gefahr gilt für Bebauungen mit nicht feuerbeständigen oder -hemmenden Umfassungen und weicher Bedachung, Umfassungen aus Holzfachwerk, stark eingeschränkter Zugängigkeit, Häufung von Feuerbrücken usw. (DVGW W 405 (A), 2008; DIN 14011, 2010). Kommen für eine bauliche Nutzung zwei Werte aus Tabelle 6.8 in Frage, ist grundsätzlich der größere Löschwasserbedarf anzusetzen.

Bei der Deckung des Löschwassers aus dem Wasserversorgungsnetz muss der Löschwasserbedarf in einem Umkreis von 300 m um das Brandobjekt für 2 h bereit gestellt werden. Demnach kann die geforderte Löschwassermenge durch Entnahmen an mehreren Hydranten gedeckt werden. Liegt zwischen Brand und Hydrant ein unüberwindbares Hindernis, wodurch die Strecke zum Hydranten unverhältnismäßig länger als 300 m ist, kann dieser Hydrant nicht berücksichtigt werden. Werden mehrere Hydranten genutzt, sollte bei jedem Hydrant eine Mindestentnahme $Q_{LW\,min}$ von 24 m^3/h über eine Zeit von 2 h möglich sein (s. Gl. 6.27).

$$Q_{LW\,min} = 24\,\mathrm{m}^3/\mathrm{h} \tag{6.27}$$

6.8 Dokumentation

6.8.1 Wasserverbrauch

Der Wasserverbrauch der Kunden eines Wasserversorgers wird, wie in Kapitel 6.2.1 beschrieben, in der Regel mit Wasserzählern erfasst. Das von den Wasserzählern angezeigte Volumen wird vom Wasserversorger oder dem von ihm beauftragten Dienstleister regelmäßig abgelesen. Die abgelesenen Werte werden in Ableseunterlagen eingetragen, digital mit einem mobilen Endgerät erfasst oder kabellos übertragen. Alternativ kann die Ablesung vom Kunden selbst durchgeführt und der abgelesene Wert an den Versorger übermittelt werden (Hirner u. a., 1999). Dies geschieht meist per Post mit einer vorbereiteten Ablesekarte oder digital über ein Portal im Internet. Die Ablesung der Wasserzähler wird in der Regel nur noch in einem jährlichen bis vierteljährlichen Zyklus durchgeführt (Fritsch u. a., 2014).

Die abgelesenen Zählerstände sind Grundlage der Verbrauchsabrechnung mit den Kunden. In der Verbrauchsabrechnung wird anhand der abgelesenen Zählerstände mit Kundenbezug der Wasserverbrauch der Kunden ermittelt und die Rechnungsstellung ausgelöst. Für die Verbrauchsabrechnung gibt es zahlreiche Softwarelösungen zur digitalen Datenverarbeitung. Die Verbrauchsabrechnung wird oft auch an externe Dienstleister vergeben. Demnach ist in der Regel die Dokumentation des Wasserverbrauchs in der für die Verbrauchsabrechnung zuständigen Stelle angesiedelt. Die Dokumentation umfasst bestenfalls die aktuellen und zurückliegenden Zählerstände mit Ablesedaten, die berechneten Verbrauchsmengen sowie eine Information zur Lage des Zählers, z. B. die Kundenadresse. Zudem finden technische Lösungen Anwendung, die einen Zugriff auf die Daten der Verbrauchsabrechnung über weiterführende Systeme ermöglichen. Beispielsweise können die Daten über Adressinformationen der Kunden georeferenziert im GIS bzw. NIS angezeigt und dort weiterverarbeitet werden (s. Kap. 3.3.2).

6.8.2 Netzeinspeisung

Die Netzeinspeisung wird in der Regel mit Durchflussmessgeräten erfasst (s. Kap. 6.2.2). Heutzutage werden bei den meisten Wasserversorgungssystemen die Messdaten der Durchflussmessgeräte mittels Fernwirktechnik kontinuierlich in vorgegebenen Intervallen ausgelesen und an eine zentrale Datenspeicherung übertragen. Fernwirksysteme sind oft im Rahmen von Prozessleitsystemen umgesetzt (Fritsch u. a., 2014). In der Zentrale des Prozessleitsystems werden in der Regel alle Messdaten archiviert (DVGW W 645-3 (A), 2006). Verfügen die Messgeräte nicht über eine Speicherung, werden die Messungen üblicherweise in Betriebstagebüchern aufgezeichnet. Einheitliche Betriebstagebücher gibt es allerdings nicht (Fritsch u. a., 2014). Die Wasserversorger verwenden vielmehr individuelle Lösungen, z. B. mit Tabellenkalkulationsprogrammen erstellte digitale Formulare, in die abgelesene Durchflüsse und Mengen eingetragen werden. Auch gibt es keine vorgeschriebenen Ableseintervalle.

6.9 Modellierung

6.9.1 Modellierungsoptionen

Stellen zur Entnahme des Wasserbedarfs werden auf Grund ihrer punktuellen Verortung als Knoten modelliert (s. Kap. 2.2.1). Hinsichtlich der Hydraulik können prinzipiell zwei Modellierungsoptionen unterschieden werden: Entnahmeknoten und Sprinklerknoten (engl.: *emitter*). Mit einem Entnahmeknoten wird ein vorgegebener Wasserbedarf modelliert, während bei einem Sprinklerknoten die Entnahme vom Druck abhängt. In manchen Softwarelösung sind weiterführende Funktionalitäten zur Modellierung des Wasserbedarfs umgesetzt, z. B. die Möglichkeit der Definition von Haus- und Wasserzählerobjekten zur komfortableren Ermittlung und Verwaltung des Wasserbedarfs (Fischer-Uhrig,

2014). Letztlich wird auch bei diesen Lösungen der Wasserbedarf zur Rohrnetzberechnung an Knoten des Knoten-Stränge-Modells angesetzt. Die zwei genannten Modellierungsoptionen sind im Folgenden beschrieben.

Entnahmeknoten: Einem Entnahmeknoten wird eine Wasserentnahme Q_{EK} als Parameter zugewiesen. Die Druckhöhe P_{EK} am Entnahmeknoten wird als Variable berechnet. Bei der Rohrnetzberechnung wird folglich die Wasserentnahme Q_{EK} unabhängig von der zu berechnenden Druckhöhe P_{EK} als Entnahme berücksichtigt, d. h. die Druckhöhe P_{EK} hat keinen Einfluss auf die Höhe der Wasserentnahme Q_{EK}. Der Entnahmeknoten entspricht damit im Prinzip dem in Kapitel 4.5.1 beschriebenen Einspeiseknoten. Die Unabhängigkeit von Wasserentnahme Q_{EK} und Druckhöhe P_{EK} kann dazu führen, dass der berechnete Druck in der Realität nicht für die Entnahme der im Rohrnetzmodell angesetzten und berücksichtigten Entnahmemenge ausreichen würde. Beispielsweise kann die Rohrnetzberechnung an einem Entnahmeknoten eine Druckhöhe $P_{EK} \leq 0\,\text{m}$ liefern. Die vorgegebene Wasserentnahme Q_{EK} wäre in diesem Fall praktisch nicht möglich, wird bei der Rohrnetzberechnung aber ungeachtet dessen berücksichtigt (s. Kap. 2.6 und 9.1.5).

Einem Entnahmeknoten wird also die Wasserentnahme Q_{EK} als Attribut zugewiesen. Die Wasserentnahme Q_{EK} wird auch als Basisbedarf bezeichnet. Meist ist die optionale Angabe eines dimensionslosen Faktors f_s zur Skalierung der Wasserentnahme Q_{EK} möglich. Damit lässt sich z. B. die Modellierung eines konstanten Lastfaktors leicht realisieren (s. Kap. 6.3.2). Zur Berücksichtigung der Schwankungen einer Wasserentnahme Q_{EK} in einem Betrachtungszeitraum bzw. einem Simulationszeitraum kann jedem Entnahmeknoten eine Ganglinie zugeordnet werden (s. Kap. 2.5). Die Ganglinie beschreibt die Schwankungen der Wasserentnahme Q_{EK} mit Skalierungsfaktoren, analog zu der in Kapitel 6.3.2 beschriebenen Darstellung einer Verbrauchsganglinie. Für jeden Zeitschritt i des Simulationszeitraums wird ein Skalierungsfaktor f_i vorgegeben. Die Wasserentnahme $Q_{EK\,i}$ im Zeitschritt i errechnet sich dann mit Gleichung 6.28 aus dem Produkt von Wasserentnahme Q_{EK}, Skalierungsfaktor f_i des Zeitschritts i und konstantem Skalierungsfaktor f_s.

$$Q_{EK\,i} = f_s \cdot f_i \cdot Q_{EK} \tag{6.28}$$

Alternativ zur Angabe von Lastfaktoren gibt es auch die Möglichkeit der Angabe von Prozentwerten st_i der Wasserentnahme Q_{EK}, die in den Zeitschritten i als Wasserentnahmen $Q_{EK\,i}$ angesetzt werden. Einige Softwarelösungen erlauben die Angabe mehrerer Wasserentnahmen $Q_{EK\,q}$ mit eigenen Ganglinien pro Entnahmeknoten. Die mit Gleichung 6.28 berechneten nq Einzelentnahmen $Q_{EK\,q,i}$ eines Zeitschritts i werden dabei kumuliert als Wasserentnahme $Q_{EK\,i}$ angesetzt (s. Gl. 6.29).

$$Q_{EK\,i} = \sum_{q=1}^{nq} Q_{EK\,q,i} \tag{6.29}$$

Für die Berechnung der Druckhöhe P_{EK} am Entnahmeknoten ist die Angabe der geodätischen Knotenhöhe $h_{geo\,EK}$ notwendig (s. Kap. 2.4). Wie für Einspeiseknoten gilt für Entnahmeknoten gemäß DVGW GW 303-1 (A) (2006) die in Gleichung 3.1 angegebene Genauigkeitsanforderung $a_{h_{geo}}$ von $\pm 1{,}0\,\text{m}$, da die Wasserentnahme Q_{EK} unabhängig von der Druckhöhe P_{EK} ist (s. Gl. 6.30).

$$a_{h_{geo}} = a_{h_{geo\,EK}} = \pm 1{,}0\,\text{m} \tag{6.30}$$

Zur Definition des Knoten-Stränge-Modells ist die Angabe einer eindeutigen Knotenbezeichnung erforderlich. Die räumliche Lage wird mit X- und Y-Koordinaten sowie der geodätischen Höhe $h_{geo\,EK}$ definiert. Die genannten Attribute eines Entnahmeknotens sind in Abbildung 6.16 zusammengefasst.

Sprinklerknoten: Druckabhängige Wasserentnahmen können mit einem Sprinklerknoten modelliert werden. Bei Sprinklerknoten ist die Wasserentnahme Q_{SK} in l/s eine Funktion der anstehenden Druckhöhe P_{SK} in m. Gleichung 6.31 zeigt die Funktion, in die der Sprinklerkoeffizient K in $\text{l}/(\text{s}\cdot\text{m}^{0,5})$ und der dimensionslose Sprinklerexponent e eingehen (Walski u. a., 2003).

$$Q_{SK} = K \cdot P_{SK}^{e} \tag{6.31}$$

In Abbildung 6.17 sind beispielhaft die Funktionen für $e = 0{,}5\,/\,1{,}0\,/\,1{,}5$ und $2{,}0$ sowie $K = 1\,/\,5\,/\,10$ und 20 dargestellt. Es ist ersichtlich, dass im Gegensatz zum Entnahmeknoten bei einer Wasserentnahme Q_{SK} keine Druckhöhen $P_{SK} \leq 0\,\text{m}$ auftreten können.

Gleichung 6.31 stellt eine verallgemeinerte Form der Torricelli-Gleichung 6.32 für die Durchströmung einer Blende dar (Zoebl und Kruschik, 1978).

$$Q = A \cdot \mu \cdot \sqrt{2 \cdot g \cdot h_o} \tag{6.32}$$

Darin ist Q der Durchfluss, A die Fläche der Blendenöffnung und $\sqrt{2 \cdot g \cdot h_o}$ die Austrittsgeschwindigkeit mit dem Ortsfaktor g und der Druckdifferenz h_o an der Blende. Der Koeffizient μ beschreibt die Öffnung, die Kontraktion und die Reibungserscheinungen im Austrittsquerschnitt. Das Produkt $A \cdot \mu$ ist somit der tatsächlich wirksame Querschnitt der Öffnung.

Bei einem Sprinklerknoten ist also die Angabe des Sprinklerkoeffizienten K und des Sprinklerexponenten e erforderlich. Für die Berechnung der Wasserentnahme Q_{SK} und Druckhöhe P_{EK} am Sprinklerknoten ist außerdem die geodätische Knotenhöhe $h_{geo\,SK}$ anzugeben. Wie bei Entnahmeknoten kann bei Sprinklerknoten die in Gleichung 3.1 angegebene Abweichung $a_{h_{geo}}$ von $\pm 1{,}0\,\text{m}$ toleriert werden (s. Gl. 6.33). Der durch eine Höhenabweichung in dieser Größenordnung verursachte Fehler bei der Berechnung der Wasserentnahme Q_{EK} am Sprinklerknoten hat in der Regel keinen wesentlichen Fehlereinfluss

Entnahmeknoten:

- Eindeutige Bezeichnung
- Geodätische Höhe $h_{geo\,EK}$
- X-Koordinate
- Y-Koordinate
- Wasserentnahme Q_{EK} [1]
- Skalierungsfaktor f_s [1]
- Ganglinie mit Lastfaktoren f_i oder Prozentwerten st_i [2,3]

Sprinklerknoten:

- Eindeutige Bezeichnung
- Geodätische Höhe $h_{geo\,SK}$
- X-Koordinate
- Y-Koordinate
- Sprinklerkoeffizient K
- Sprinklerexponent e [4]

[1] Ggf. Angabe mehrerer Werte $Q_{EK\,q}$ möglich.
[2] Bei zeitabhängiger Rohrnetzberechnung.
[3] Ggf. Angabe einer Ganglinie pro Wasserentnahme $Q_{EK\,q}$.
[4] Optional, falls Angabe möglich.

Abbildung 6.16: Erforderliche Knotenattribute der Modellierungsoptionen von Wasserbedarf

bei der Berechnung des Systemzustands.

$$a_{h_{geo}} = a_{h_{geo\,SK}} = \pm 1{,}0\,\mathrm{m} \tag{6.33}$$

Außerdem ist eine eindeutige Knotenbezeichnung erforderlich. Für die Definition der räumlichen Lage sind X- und Y-Koordinaten anzugeben. Die genannten Attribute sind in Abbildung 6.16 zusammengefasst.

Grundsätzlich ist jede Wasserentnahme abhängig vom anstehenden Druck. Eine Modellierung mit Sprinklerknoten erscheint demnach sinnvoll. Die Nutzung von Sprinklerknoten zur Abbildung der Wasserentnahmen wird auch als druckabhängige Modellierung bezeichnet. Allerdings ist dazu für jeden Sprinklerknoten die Ermittlung des Sprinklerkoeffizienten K und -exponenten e aus Gleichung 6.31 notwendig. Dies kann theoretisch mit einer Kalibrierung erzielt werden, ist aber in der Regel nur mit sehr großem Aufwand oder nicht realisierbar.

Deshalb wird in der Praxis der häusliche, öffentliche und gewerbliche Wasserbedarf

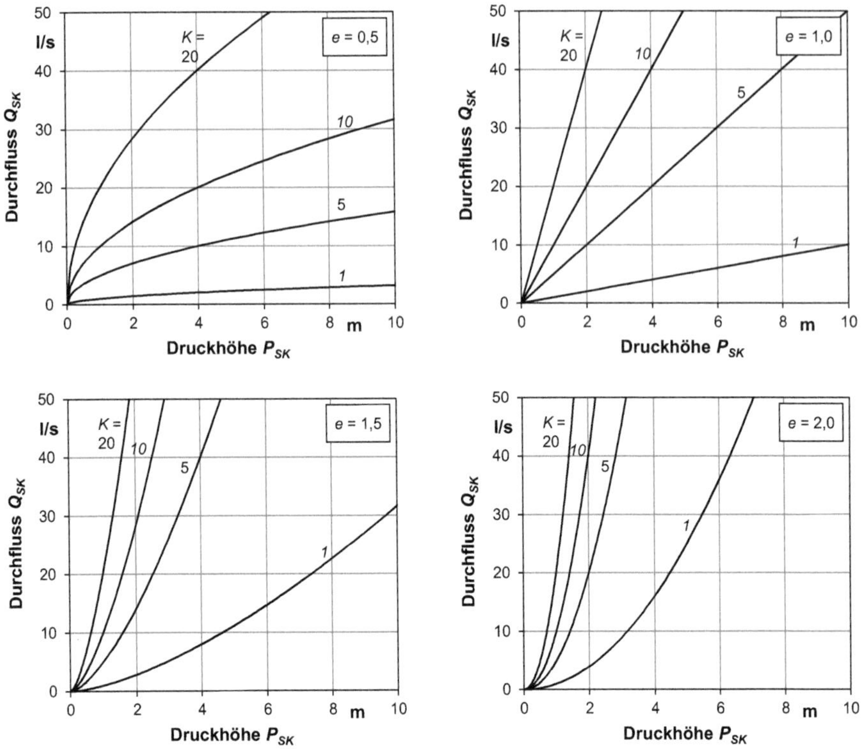

Abbildung 6.17: Durchfluss Q_{SK} an einem Sprinklerknoten in Abhängigkeit der Druckhöhe P_{SK} am Knoten sowie des Sprinklerkoeffizienten K und Sprinklerexponenten e

meist immer mit Entnahmeknoten im Rohrnetzmodell abgebildet. Dieser Ansatz wird auch bedarfsabhängige Modellierung oder bedarfsabhängige Rohrnetzberechnung genannt. Bei diesem Vorgehen wird davon ausgegangen, dass die Druckhöhen, in deren Berechnung die Wasserentnahmen als Parameter eingehen, auch tatsächlich für die Wasserentnahmen ausreichend groß sind. Dies ist mindestens der Fall, wenn sich die Systemdrücke im Bereich der Bemessungskriterien bewegen. Ergibt die Rohrnetzberechnung geringe oder negative Druckhöhen, bei denen die als Parameter angesetzten Wasserentnahmen tatsächlich nicht entnommen werden können, sind die Berechnungsergebnisse nicht korrekt und kritisch zu prüfen. Das Thema wird in Kapitel 9.1.5 weiter ausgeführt.

Im Gegensatz zur Modellierung von Verbrauchern können bei der Modellierung von Hydranten Näherungen für den Sprinklerkoeffizienten K und -exponenten e angenommen werden, um die mögliche maximale Entnahmemenge bei einer bestimmten Druckhöhe zu berechnen. Trotzdem ist die Modellierung mit Entnahmeknoten meist praktikabler, der dementsprechend die größere Bedeutung zukommt. In den folgenden Kapiteln 6.9.2, 6.9.3

und 6.9.4 wird näher auf die Modellierung des häuslichen Wasserbedarfs, des öffentlichen und gewerblichen Wasserbedarfs sowie des Löschwasserbedarfs eingegangen.

6.9.2 Häuslicher Wasserbedarf

6.9.2.1 Mittlerer Wasserbedarf und Lastfaktoren

Wie in Kapitel 6.9.1 erläutert, werden häusliche Verbraucher meist mit Entnahmeknoten modelliert. In diesem Kapitel wird auf die Modellierung des durchschnittlichen Wasserbedarfs, auch Basisbedarf genannt, eingegangen. Auf die Umsetzung von Bedarfsganglinien wird in Kapitel 6.9.2.2 eingegangen. Die Verteilung des Wasserbedarfs auf die Entnahmeknoten eines Rohrnetzmodells wird in Kapitel 6.9.2.3 behandelt.

Bei der Modellierung eines häuslichen Verbrauchers mit der Modellierungsoption Entnahmeknoten ist der Wasserbedarf Q des Verbrauchers als Wasserentnahme Q_{EK} anzugeben. Je nachdem, ob das aktuelle System oder ein zukünftiger Systemzustand analysiert wird, ist der aktuelle Wasserverbrauch oder ein prognostizierter Wasserbedarf zu verwenden. Auf den Wasserverbrauch wird näher in Kapitel 6.3, auf die Ermittlung des Wasserbedarfs in Kapitel 6.5 eingegangen.

In einem Rohrnetzmodell wird mit der Abbildung der Anschlussleitungen die maximale Detailtiefe erreicht (s. Kap. 3.4.3). Über eine Anschlussleitung werden, z. B. im Fall eines Mehrfamilienhauses, mitunter mehrere Abnehmer versorgt und deren Verbrauch separat mit Wasserzählern erfasst. Wird der über einen Anschluss bereit gestellte Wasserbedarf mit einem Entnahmenoten modelliert, stellt die Summe der Einzelwerte der Abnehmer die Wasserentnahme Q_{EK} am Knoten dar. Prinzipiell können auch die einzelnen Verbrauchs- bzw. Bedarfswerte dem Knoten als Wasserentnahmen $Q_{EK\,q}$ zugewiesen werden, sofern die genutzte Software dies zulässt. Die Summe der Einzelwerte $Q_{EK\,q}$ bildet wiederum die Wasserentnahme Q_{EK} am Knoten (s. Gl. 6.29). Dieses Vorgehen bietet sich insbesondere an, wenn die verwendete Software die Definition von Wasserzählerobjekten anbietet (s. Kap. 6.9.1). Im Folgenden werden aber unter einem Verbraucher alle Abnehmer verstanden, die über dieselbe Anschlussleitung versorgt werden. Werden die Anschlussleitungen nicht oder wird nicht jede Anschlussleitung modelliert, können auch mehrere Verbraucher bzw. Anschlüsse durch einen Entnahmeknoten abgebildet werden (s. Kap. 6.9.2.3). In diesem Fall sind die kumulierten Einzelwerte $Q_{EK\,q}$ der Verbraucher die Wasserentnahme Q_{EK} am Knoten (s. Gl. 6.29). Unterstützt die verwendete Software die Angabe mehrerer Einzelwerte an einem Entnahmeknoten, können auch die einzelnen Bedarfswerte angegeben werden, wodurch eine bessere Transparenz erreicht wird.

Grundsätzlich kann bei einer stationären Rohrnetzberechnung als Wasserentnahme Q_{EK} der Wasserbedarf Q zum Untersuchungszeitpunkt angegeben werden. Beispielsweise wird bei diesem Vorgehen zur Untersuchung der Spitzenstunde der Spitzenbedarf Q_{hmax} angegeben. Allerdings ist diese Vorgehensweise wenig flexibel, weil für jeden zu analysierenden Lastfall eine neue Modellierung der Bedarfswerte erforderlich ist.

Da die Modellierung des Wasserbedarfs aufwändig und mit einem Rohrnetzmodell selten lediglich ein Lastfall untersucht wird, bietet sich daher an, den mittleren Wasserbedarf Q_m als Wasserentnahme Q_{EK} anzusetzen (s. Kap. 6.3.1 und 6.5.1). Der verfügbare Wert des Wasserbedarfs, z. B. der mittlere Tagesbedarf Q_{dm} in m^3/d, muss dazu ggf. in die im Rohrnetzmodell genutzte Einheit, z. B. m^3/h oder l/s, umgerechnet werden. Der jeweilige Lastfall wird über die Angabe eines Skalierungsfaktors f_s modelliert, der bei einem Entnahmeknoten als Attribut angegeben werden kann (s. Kap. 6.9.1). Der Skalierungsfaktor f_s kann meist unaufwändig global für alle Entnahmeknoten, die häuslichen Wasserbedarf abbilden, geändert werden. Zur Untersuchung des Spitzentagesbedarfs Q_{dmax} wird z. B. gemäß Gleichung 6.22 der Tagesspitzenfaktor f_d, zur Untersuchung des Spitzenbedarfs Q_{hmax} gemäß Gleichung 6.23 der Stundenspitzenfaktor f_h als Skalierungsfaktor f_s angegeben.

6.9.2.2 Bedarfsganglinie

Für die zeitabhängige Rohrnetzberechnung sind die Schwankungen des Wasserbedarfs zu modellieren. Dies kann über die Angabe einer Ganglinie mit Skalierungsfaktoren erreicht werden. Zur Definition der Ganglinie ist für jeden Zeitschritt i ein Skalierungsfaktor f_i anzugeben (s. Kap. 6.9.1). In die Berechnung der Wasserentnahme $Q_{EK\,i}$ im Zeitschritt i mit Gleichung 6.28 geht neben dem aktuellen Skalierungsfaktor f_i der Ganglinie auch der konstante Skalierungsfaktor f_s ein. Walski u. a. (2003) empfehlen für Bedarfsganglinien eine Zeitschrittlänge $\Delta t = 1\,\text{h}$. Wird dieser Empfehlung gefolgt, ist für eine Tagesganglinie des Stundenbedarfs $Q(h)$ der Simulationszeitraum mit der Dauer $T = 24\,\text{h}$ in $ni = 24$ Zeitschritte i zu diskretisieren (s. Kap. 2.5). Die Diskretisierung in Stundenwerte hat den Vorteil, dass die Spitzenfaktoren f_h und $f_{h,dm}$ direkt in der Ganglinie umgesetzt werden können. (Zur Ermittlung der Spitzenfaktoren siehe Kapitel 6.3.4 und 6.5.2.)

Häusliche Wasserverbraucher zeichnen sich durch ein weitgehend gleiches Verbrauchsverhalten über einen Zeitraum von einer Stunde bis zu einem Jahr aus (DVGW GW 303-1 (A), 2006). Daher ist es in der Regel genügend genau, eine einheitliche Bedarfsganglinie allen häuslichen Verbrauchern in einem Versorgungsgebiet zuzuordnen. Eine Tagesganglinie des Stundenbedarfs $Q(h)$ sollte die Schwankungen am Tag mit mittlerem Wasserbedarf Q_{dm} abbilden. Die Bedarfsganglinie kann aus Messungen des Wasserverbrauchs oder der Netzeinspeisung entwickelt werden. Zur Ermittlung der einzelnen Faktoren f_i kann wie bei der Ermittlung von Spitzenfaktoren vorgegangen werden (s. Kap. 6.3.4). Alternativ können für die Größe des Versorgungsgebiets beispielhafte Ganglinien genutzt werden. Den Abbildungen 6.8, 6.9 und 6.10 bzw. Tabelle 6.3 können dazu Ganglinien verschiedener Siedlungsgrößen entnommen werden.

Wird die Ganglinie des Stundenbedarfs $Q(h)$ für den häuslichen Wasserbedarf auf Annahmen basiert und nicht aus Messwerten abgeleitet, ist eine praktikable Vorgehensweise, die Ganglinie in der Form zu definieren, dass der höchste Stundenbedarf $Q(h)_{max}$ der Ganglinie dem Quotienten von Spitzenbedarf Q_{hmax} und Tagesspitzenfaktor f_d entspricht (s. Gl. 6.34). Entsprechend kann auch der maximale tageszeitabhängige Lastfaktor $f(h)_{max}$ der Ganglinie so gewählt werden, dass er dem Verhältnis von Spitzenfaktor f_h und Tagesspitzenfaktor f_d entspricht (s. Gl. 6.35).

$$Q(h)_{max} = Q_{hmax,dm} = \frac{Q_{hmax}}{f_d} \tag{6.34}$$

$$f(h)_{max} = f_{h,dm} = \frac{f_h}{f_d} \tag{6.35}$$

Bei diesem Vorgehen wird durch die Angabe eines konstanten Skalierungsfaktors $f_s = 1{,}0$ im Rohrnetzmodell ein Tagesgang mit mittlerem Tagesbedarf Q_{dm} und höchstem Stundenbedarf $Q_{hmax,dm}$ gemäß der Definition in Kapitel 6.3.2 berechnet. Indem ein konstanter Skalierungsfaktor $f_s = f_d$ den Entnahmeknoten mit häuslichem Wasserbedarf zugewiesen wird, kann mit wenig Aufwand der Tag mit Spitzentagesbedarf Q_{dmax} und Spitzenbedarf Q_{hmax} simuliert werden. Abbildung 6.18 veranschaulicht das Vorgehen.

Wird zur Entwicklung einer Bedarfsganglinie eine beispielhafte Ganglinie als Grundlage herangezogen, muss diese ggf. so verändert werden, dass der maximale Lastfaktor einem gewünschten Wert entspricht, z. B. wie oben dargestellt dem Lastfaktor $f_{h,dm}$. Mit Gleichung 6.36 können die Lastfaktoren $f_{i\,I}$ in den Zeitschritten i der Beispielganglinie I in die Lastfaktoren $f_{i\,II}$ umgerechnet werden. Der maximale Lastfaktor $f_{max\,I}$ der Beispielganglinie I wird dabei um den Skalierungsfaktor $f_{max\,II}/f_{max\,I}$ auf den gewünschten Wert $f_{max\,II}$ erhöht.

$$f_{i\,II} = (f_{i\,I} - 1{,}0) \cdot \frac{f_{max\,II}}{f_{max\,I}} + 1{,}0 \tag{6.36}$$

Abbildung 6.19 veranschaulicht das Vorgehen. Der maximale Lastfaktor $f_{max\,I} = 1{,}47$ der Bedarfsganglinie I wird auf $f_{max\,II} = 1{,}70$ erhöht, also mit $f_{max\,II}/f_{max\,I} = 1{,}70/1{,}47 = 1{,}16$ skaliert. Die übrigen Lastfaktoren der Bedarfsganglinie II ergeben sich aus Gleichung 6.36. Zu beachten ist, dass die Umrechnung mit Gleichung 6.36 negative Lastfaktoren ergeben kann. Negative Lastfaktoren bilden eine Einspeisung am Entnahmeknoten ab und sind daher zu vermeiden. In solch einem Fall kann entweder eine alternative Bedarfsganglinie mit weniger ausgeprägten unterdurchschnittlichen Lastfaktoren als Grundlage genutzt oder die Bedarfsganglinie I entsprechend modifiziert werden.

6.9.2.3 Bedarfsverteilung

In den beiden vorhergehenden Kapiteln wurde beschrieben, wie der mittlere Wasserbedarf Q_m sowie Lastfaktoren und Ganglinien definiert werden. Die Wahl der Anzahl und der räumlichen Lage der Entnahmeknoten sowie die Zuordnung von Verbraucheranschlüssen bzw. Bedarfswerten zu den Entnahmeknoten ist Aufgabe der sogenannten Bedarfsverteilung.

Die höchste Präzision wird dabei erreicht, wenn jeder Verbraucheranschluss lagegetreu modelliert wird. Dies ist allerdings nicht immer möglich oder zweckmäßig. Verein-

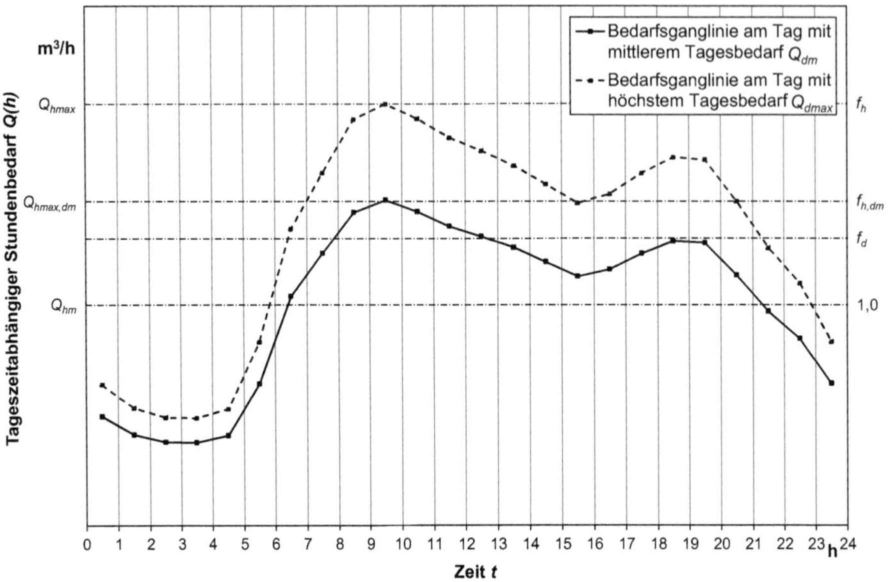

Abbildung 6.18: Mögliche Definition einer Ganglinie des häuslichen Stundenbedarfs $Q(h)$

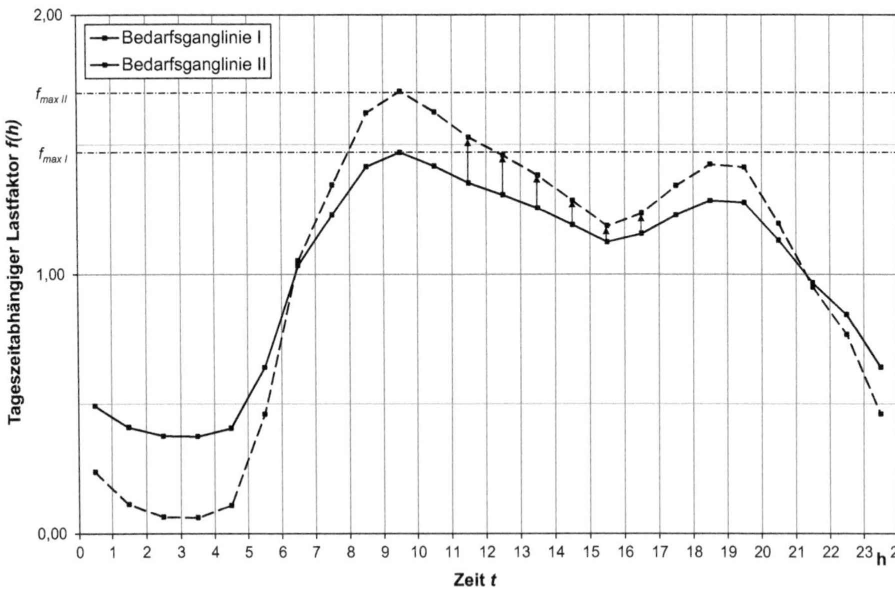

Abbildung 6.19: Skalierung einer Ganglinie des tageszeitabhängigen Lastfaktors $f(h)$

fachungen, also die Modellierung mehrerer Anschlüsse bzw. der entsprechende Wasserbedarf mit einem Entnahmeknoten, führen jedoch zu Verschiebungen in der räumlichen Verteilung des Wasserbedarfs. Die von einer 1:1-Modellierung abweichende Anordnung der Wasserentnahmen hat im Vergleich dazu unterschiedliche Durchflüsse und damit auch unterschiedliche Druckverlusthöhen und Druckhöhen in den Rohrleitungsabschnitten zur Folge. In verästelten Bereichen eines Rohrnetzes werden die Druckhöhen in Fließrichtung nach der Aggregierung verfälscht. In vermaschten Teilnetzen weichen die Durchflüsse und Druckhöhen in der Masche selbst sowie in den angeschlossenen Netzbereichen in Fließrichtung ab. Die Verschiebungen in der räumlichen Verteilung des Wasserbedarfs wirken sich also auf die Genauigkeit der berechneten Durchflüsse und Druckhöhen aus.

Hinsichtlich der verfügbaren Datengrundlage können bei der Bedarfsverteilung grundsätzlich zwei Ausgangssituationen unterschieden werden: Erstens, der Wasserbedarf der einzelnen Verbraucher sowie deren räumliche Lage bzw. Netzanschluss ist bekannt und zweitens, der Wasserbedarf liegt nicht spezifisch für jeden Verbraucher vor. Im Folgenden sind einige Ansätze zur Bedarfsverteilung unter Berücksichtigung der Datenverfügbarkeit beschrieben. Weitere Ausführungen finden sich bei Walski u. a. (2003). Abhängig vom gewählten Ansatz und der verfügbaren Datengrundlage kann die Bedarfsverteilung vollständig automatisiert durchgeführt werden oder muss teilweise oder komplett von Hand vorgenommen werden.

Bedarfsverteilung über die direkte Modellierung der Verbraucher: Im Fall, dass Wasserverbrauch bzw. -bedarf und Netzanschluss der Verbraucher bekannt sind, bietet es sich an, die Informationen zur Lage zu nutzen, und jeweils einen Verbraucher bzw. Anschluss einem Entnahmeknoten zuzuordnen, der den Wasserbedarf lagegetreu abbildet. Zur Definition der Entnahmeknoten ist die Nutzung eines GIS vorteilhaft, insbesondere dann, wenn die Informationen zum Rohrnetz digital im GIS vorliegen und auch das Knoten-Stränge-Modell der Rohrleitungen mit Hilfe eines GIS erstellt wird (s. Kap. 3.3.2 und 3.4.1). Werden die Anschlussleitungen im Rohrnetzmodell abgebildet, kann mit Hilfe des GIS am Ende jeder Anschlussleitung ein Entnahmeknoten definiert werden. Werden die Anschlussleitungen nicht modelliert, sind die Entnahmeknoten an den Anschlussstellen von Versorgungs- und Anschlussleitungen zu definieren. (Auf den Detaillierungsgrad wird näher in Kapitel 3.4.3 eingegangen.) Jedem Entnahmeknoten wird eine eindeutige Bezeichnung des zugehörigen Verbrauchers zugeordnet. Dies kann z. B. die Adresse des angeschlossenen Gebäudes sein. Über diese Information kann dann eine integrierte oder externe Datenbank mit Wasserbedarfswerten der über den Anschluss versorgten Abnehmer verknüpft und, ebenfalls automatisiert, jedem Entnahmeknoten ein Bedarfswert zugeordnet werden.

Wie in Kapitel 6.9.2.1 und 6.9.2.2 beschrieben, wird jedem Entnahmeknoten zweckmäßig der mittlere Wasserbedarf Q_m des jeweiligen Anschlusses als Wasserentnahme Q_{EK} und, sofern auch ein Tag simuliert werden soll, eine Ganglinie des häuslichen Wasserbedarfs am Tag mit mittlerem Wasserbedarf Q_{dm} vorgegeben. Lastfälle werden über die

Definition entsprechender Lastfaktoren modelliert. Wasserverbräuche oder Werte der Wasserzählerablesungen bei den Verbrauchern können in der Regel der Verbrauchsabrechnung entnommen werden. Ggf. sind die Werte noch auf den Betrachtungszeitraum umzurechnen (s. Kap. 6.3.3 und 6.8). Prognostizierte Wasserbedarfswerte liegen meist nicht spezifisch für jeden Verbraucher, sondern für ein ganzes Versorgungsgebiet vor. In diesem Fall kann der Prognosewert z. B. proportional zum Wasserverbrauch der Verbraucher auf die Entnahmeknoten der Verbraucher aufgeteilt werden.

Abbildung 6.20 veranschaulicht die Methode. Für die elf Verbraucher sind elf Entnahmeknoten an den Anschlussstellen der Anschlussleitungen an die Versorgungsleitungen definiert. Die schwarzen Pfeile verdeutlichen die Zuordnung und Lage der Anschlussleitungen. Zwei weitere Knoten dienen der Modellierung der Rohrleitungsverzweigungen.

Das Vorgehen bringt im Vergleich mit den anderen hier beschriebenen Ansätzen die größte Transparenz und Genauigkeit, aber auch die höchste Knotenanzahl. Zur Reduktion der Knotenzahl können alternativ oder ergänzend auch mehrere Verbraucher mit einem Entnahmeknoten modelliert werden, allerdings zu Lasten der Transparenz und der Genauigkeit der Rechenergebnisse. Um größere Verzerrungen in der Bedarfsverteilung zu vermeiden, ist darauf zu achten, dass nur Verbraucher, die an die gleiche Versorgungsleitung angeschlossen sind, durch einen Entnahmeknoten auf dieser Versorgungsleitung modelliert werden. Die Definition der Entnahmeknoten sowie die Aggregierung der Verbraucher kann dabei, basierend auf Erfahrung, von Hand oder automatisiert erfolgen. Als automatisierte Lösungen können z. B. die verschiedenen, weiter unten beschriebenen Ansätze mit Einzugsflächen mit den entsprechenden Vor- und Nachteilen genutzt werden. Werden als Einzugsflächen Thiessen-Polygone genutzt, wird jeder Verbraucher dem nächstgelegenen Entnahmeknoten zugeordnet. Die Zuordnung eines Punktobjekts einer Datengruppe zum nächstgelegenen Punktobjekt einer anderen Datengruppe ist eine GIS-Standardanwendung, die meist auch ohne vorhergehende Definition von Thiessen-Polygonen durchgeführt werden kann. Im Gegensatz zur 1:1-Modellierung der Verbraucher als Entnahmeknoten ergibt eine vollautomatisierte Anwendung dieser Ansätze aber u. U. in Bereichen nicht zufriedenstellende Ergebnisse. Eine Kontrolle und ggf. händische Modifikation ist daher angeraten.

Die Modellierung aggregierter Verbraucher mit einem Entnahmeknoten zeigt Abbildung 6.21. Die Verbraucher 6 und 11 sind an einem Knoten aggregiert. Die Verbraucher 3 und 4 sowie 9 und 10 sind den zwei Knoten zugeordnet, die außerdem Rohrleitungsverzweigungen abbilden. In diesem Beispiel werden also für die Modellierung von elf Verbrauchern acht Entnahmeknoten benötigt. Im Vergleich dazu umfasst die in Abbildung 6.20 dargestellte 1:1-Modellierung elf Entnahmeknoten sowie zwei Zwischenknoten.

Bedarfsverteilung über gleichmäßige Aufteilung auf die Entnahmeknoten: Liegen keine Informationen zu räumlicher Lage und spezifischem Wasserbedarf der Verbraucher vor, können die Verbraucher bzw. deren Wasserbedarfswerte nicht direkt einem Entnahmeknoten zugeordnet werden. In diesem Fall ist eine Möglichkeit, den Wasserbedarf des Versorgungsgebiets gleichmäßig auf die Entnahmeknoten zu verteilen. Jedem der nk Entnahmeknoten k in einem Versorgungsgebiet wird bei diesem Vorgehen also der gleiche Anteil $Q_{EK\,k} = Q_{EK}$ des gesamten mittleren Wasserbedarfs Q_m im Versorgungsgebiet zugewiesen. Der Anteil Q_{EK} berechnet sich dabei mit Gleichung 6.37.

$$Q_{EK} = \frac{Q_m}{nk} \tag{6.37}$$

Um größere Abweichungen in der Bedarfsverteilung zu vermeiden, ist darauf zu achten, dass jeder Entnahmeknoten möglichst den gleichen Wasserbedarf bzw. die gleiche Größenordnung an Verbrauchern repräsentiert. Durch die gezielte Definition der Entnahmeknoten können mit diesem Ansatz durchaus präzise Bedarfsverteilungen erreicht werden. Das bedeutet aber auch, dass eine automatisierte Definition der Entnahmeknoten kontrolliert und ggf. modifiziert oder die Definition komplett von Hand vorgenommen werden muss. Das Vorgehen eignet sich daher besonders für die Modellierung kleinerer Versorgungsgebiete mit homogener Bebauung.

Abbildung 6.22 zeigt ein Beispiel der Vorgehensweise. Im Vergleich zu der in Abbildung 6.21 dargestellten Bedarfsverteilung über die Zuordnung aggregierter Verbraucher zu den Entnahmeknoten ist eine Verschiebung der räumlichen Aufteilung des Wasserbedarfs ersichtlich. Beispielsweise bekommt der Knoten K_3 bei der gleichmäßigen Aufteilung die gleiche Entnahmemenge $Q_3 = Q_m/nk$ wie alle anderen Knoten zugewiesen. Bei der Zuordnung aggregierter Verbraucher bildet der Knoten K_3 die Verbraucher 3 und 4 ab, während z. B. den Knoten K_2 und K_5 jeweils nur der Wasserbedarf von einem Verbraucher zugeordnet ist.

Bedarfsverteilung proportional zu den Längen der Rohrleitungen: Eine alternative Vorgehensweise zur gleichmäßigen Aufteilung ist die Verteilung des Wasserbedarfs anhand der Längen l der Rohrleitungen. Dabei wird zunächst der sogenannte Metermengenwert m in $\mathrm{l/(s \cdot m)}$ errechnet, indem mit Gleichung 6.38 der gesamte mittlere Wasserbedarf Q_m in l/s auf die Gesamtlänge $\sum l$ in m der Rohrleitungen des Versorgungsgebiets umgelegt wird (Urban und Zimmermann, 2015).

$$m = \frac{Q_m}{\sum l} \tag{6.38}$$

Anschließend werden für jeden Entnahmeknoten k die Längen l_k in m der angeschlossenen Rohrleitungen bis zum nächsten Entnahmeknoten ermittelt, aufsummiert und halbiert. Um die Entnahmemenge $Q_{EK\,k}$ in l/s an einem Knoten k zu erhalten, wird die resultierende Länge $0{,}5 \cdot \sum l_k$ mit dem Metermengenwert m multipliziert (s. Gl. 6.39).

$$Q_{EK\,k} = 0{,}5 \cdot l_k \cdot m \tag{6.39}$$

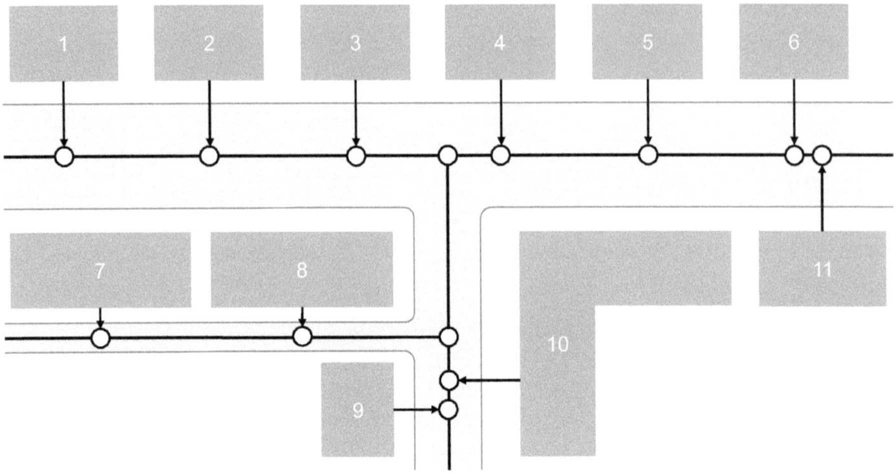

Abbildung 6.20: Bedarfsverteilung über die Zuordnung eines Verbrauchers zu einem Entnahmeknoten

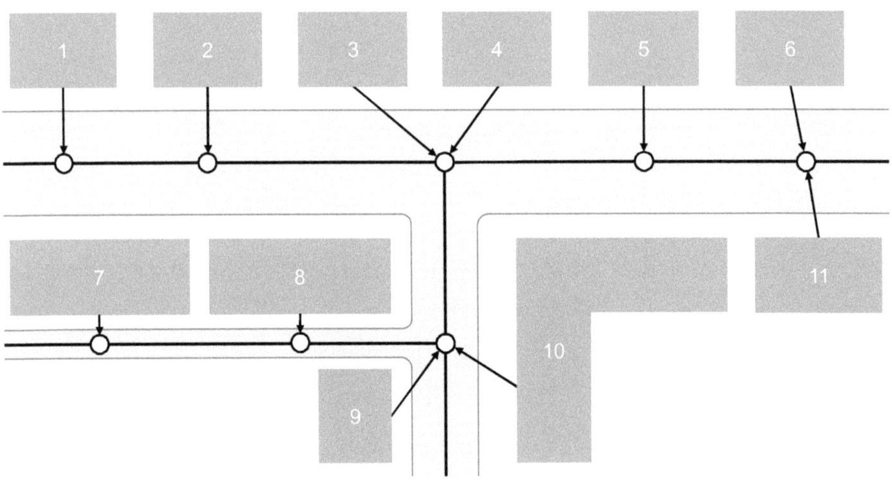

Abbildung 6.21: Bedarfsverteilung über die Zuordnung aggregierter Verbraucher zu einem Entnahmeknoten

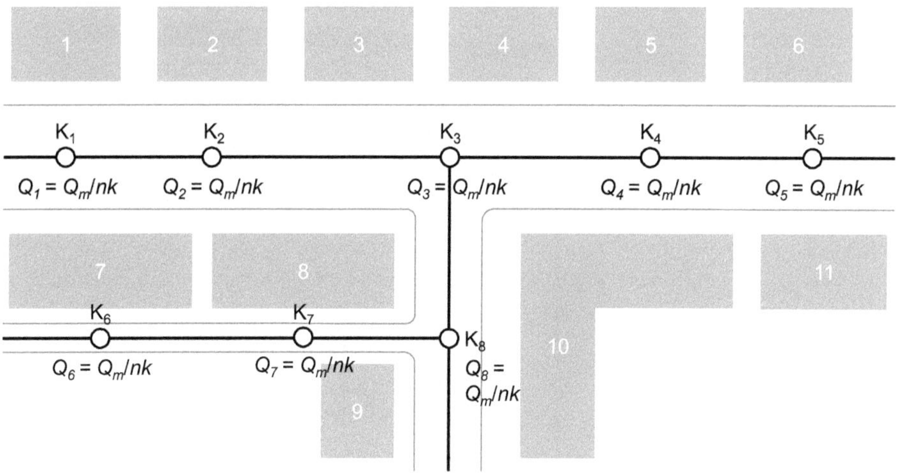

Abbildung 6.22: Bedarfsverteilung über gleichmäßige Aufteilung auf die Entnahmeknoten

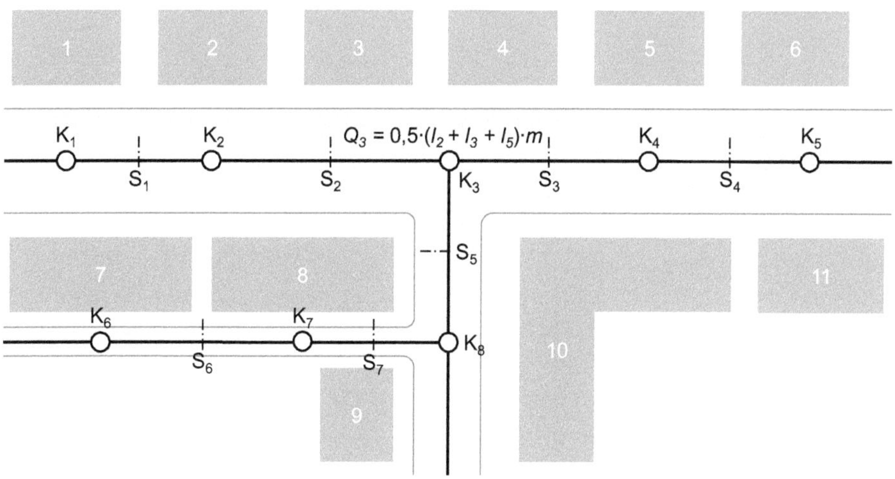

Abbildung 6.23: Bedarfsverteilung proportional zu den Längen der Rohrleitungen

Die Vorgehensweise ist in Abbildung 6.23 illustriert. Die Darstellung zeigt, dass im Vergleich zur Bedarfsverteilung über gleichmäßige Aufteilung auf die Entnahmeknoten eine höhere Genauigkeit erreicht wird. z. B. wird dem Knoten K_3 entsprechend seines vergleichsweise größeren Einzugsgebiets, das über die halben Längen der Rohrleitungen S_2, S_3 und S_5 ermittelt wird, auch eine größere Entnahmemenge Q_3 zugewiesen als bei der gleichmäßigen Aufteilung auf die Entnahmeknoten (s. Abb. 6.22).

Für eine Verfeinerung des Vorgehens können lediglich Knoten als Entnahmeknoten berücksichtigt werden, die mit Rohrleitungen mit einem Durchmesser d bis zu einem bestimmten Wert verbunden sind. Diesem Ansatz liegt die Annahme zu Grunde, dass Wasser lediglich an Rohrleitungen mit kleineren Durchmessern, also Anschluss- und Versorgungsleitungen, entnommen wird. Weiter wird davon ausgegangen, dass Rohrleitungen mit größeren Durchmessern Haupt- oder Zubringerleitungen sind, an denen Wasser nicht direkt entnommen wird (Walski u. a., 2003).

Bedarfsverteilung über Einzugsflächen der Entnahmeknoten: Eine weiterführende Methode ist die Bedarfsverteilung über Einzugsflächen der Entnahmeknoten. Bei diesem Vorgehen wird zunächst für jeden Entnahmeknoten eine Einzugsfläche definiert. Anschließend wird der Wasserbedarf innerhalb der Einzugsflächen ermittelt. Als letztes wird der ermittelte Wasserbedarf pro Einzugsfläche den jeweiligen Entnahmeknoten als Wasserentnahme Q_{EK} zugewiesen. Es können also drei Arbeitsschritte unterschieden werden:

1. Definition einer Einzugsfläche für jeden Entnahmeknoten
2. Ermittlung des Wasserbedarfs innerhalb der Einzugsflächen
3. Übertragung des Wasserbedarfs der Einzugsflächen auf die Entnahmeknoten als Wasserentnahmen Q_{EK}

Die Definition der Einzugsflächen, die Ermittlung des Wasserbedarfs pro Einzugsfläche und die Zuweisung zum jeweiligen Knoten kann grundsätzlich auch von Hand durchgeführt werden. Dies ist allerdings nur bei kleinen Rohrnetzmodellen effizient. Auf Grund des räumlichen Bezugs der genutzten Datengrundlage bietet sich die automatisierte Bearbeitung aller oder zumindest des zweiten und dritten Arbeitsschritts mit einem GIS an.

Im ersten Schritt ist eine Möglichkeit, die Einzugsflächen händisch, basierend auf Erfahrung und Abschätzung, zu definieren. Wird ein GIS genutzt, werden die Einzugsflächen als Polygone angelegt. Vorteil dieser Methode ist die hohe Kontrolle bei der Bedarfsverteilung. Bei der Definition der Flächen kann der Ansatz berücksichtigt werden, mit dem im zweiten Schritt der Wasserbedarf innerhalb der Einzugsflächen ermittelt wird. Demgegenüber steht der vergleichsweise große Aufwand. Es muss also eine Balance zwischen Aufwand und Genauigkeit gefunden werden. Abbildung 6.24 zeigt ein Beispiel für händisch definierte Einzugsflächen. Die punkt-gestrichelten Linien markieren die Einzugsflächen der Knoten K_1 bis K_5.

Für die automatisierte Erstellung von Einzugsflächen bieten sich Thiessen-Polygone an, die auch Voronoi-Diagramme genannt werden. Thiessen-Polygone können konstruiert werden, indem zunächst die sogenannte Delaunay-Triangulierung durchgeführt wird. Dabei werden die Entnahmeknoten mit Linien zu einem Netz der kleinstmöglichen Dreiecke verbunden. Der Umkreis eines Dreiecks darf dabei keine weiteren Entnahmeknoten enthalten, lediglich die das Dreieck aufspannenden. Die Mittelsenkrechten der Seiten der Dreiecke bilden die Thiessen-Polygone. Innerhalb eines Thiessen-Polygons ist die kürzeste Distanz zu einem Entnahmeknoten immer die zu dem im gleichen Thiessen-Polygon gelegenen. Zur Erstellung von Thiessen-Polygonen existieren effiziente Ansätze, wie z. B. der Sweep-Algorithmus oder der Teile und Herrsche-Ansatz (Shamos, 1975; Preparata und Shamos, 1985; Fortune, 1986). In den meisten GIS-Anwendungen sind entsprechende Funktionen integriert, wodurch die Erstellung von Thiessen-Polygonen mit relativ wenig Aufwand durchgeführt werden kann. Mit Thiessen-Polygonen kann demnach die Fläche des Versorgungsgebiets in Einzugsflächen der Entnahmeknoten unterteilt werden. Innerhalb einer Einzugsfläche ist der Entnahmeknoten in der Einzugsfläche immer der nächstgelegene. Abbildung 6.25 veranschaulicht die Methode. Die punkt-gestrichelten Linien in der Abbildung zeigen die Thiessen-Polygone der Knoten K_1 bis K_5.

Mit Hilfe von Thiessen-Polygonen können also z. B. Verbraucher dem nächstgelegenen Entnahmeknoten zugeordnet werden. Allerdings werden dabei Hindernisse, wie z. B. Bahntrassen oder Seen, deren Umgehung die Distanz erhöht, nicht berücksichtigt. Eine weitere Ungenauigkeit besteht an den Rändern des Versorgungsgebiets, die bei der Erstellung der Thiessen-Polygone, in die lediglich die Information zur Lage der Entnahmeknoten eingeht, ebenfalls nicht berücksichtigt werden. Einen Ansatz, der Ränder und Hindernisse berücksichtigt, beschreiben z. B. Guth und Klingel (2012). Die aus diesem Ansatz resultierenden Thiessen-Polygone markieren Einzugsflächen, in denen alle Punkte zum Entnahmeknoten der Fläche den kürzesten Pfad aufweisen, nicht, wie bei klassischen Thiessen-Polygonen, den kürzesten euklidischen Abstand. Solch weiterführende Ansätze sind in der Regel jedoch nicht als Standardanwendungen in GIS-Lösungen integriert. Deshalb ist im Hinblick auf den gewählten Ansatz des zweiten Arbeitsschritts eine Überarbeitung der Thiessen-Polygone empfehlenswert.

Die Ermittlung des Wasserbedarfs der Einzugsflächen im zweiten Schritt beruht auf dem Prinzip, die Anzahl einer Einheit innerhalb der Flächen zu ermitteln, für die der spezifische Wasserbedarf bekannt ist. Die Wahl der Methode im Einzelfall ist abhängig von der verfügbaren Datengrundlage. Sind beispielsweise ein Bebauungsplan mit Wohneinheiten sowie Informationen zum Wasserbedarf pro Wohneinheit verfügbar, kann die Summe der Wohneinheiten in einer Einzugsfläche gebildet und mit dem spezifischen Wasserbedarf multipliziert werden, um den Wasserbedarf des zugehörigen Entnahmeknotens zu berechnen. Liegen lediglich Informationen zur Einwohnerzahl im Versorgungsgebiet vor, können die Flächen der Einzugsflächen ermittelt und mit der Einwohnerdichte, also dem Quotienten von Einwohnerzahl und Gesamtfläche, sowie dem einwohnerbezogenen Wasserbedarf multipliziert werden. Ist der gesamte Wasserbedarf im Versorgungsgebiet bekannt, kann dieser auch direkt flächenproportional auf die Einzugsflächen umgelegt werden. Detaillierter und daher hinsichtlich des Ergebnisses präziser ist eine Verfeinerung dieser Be-

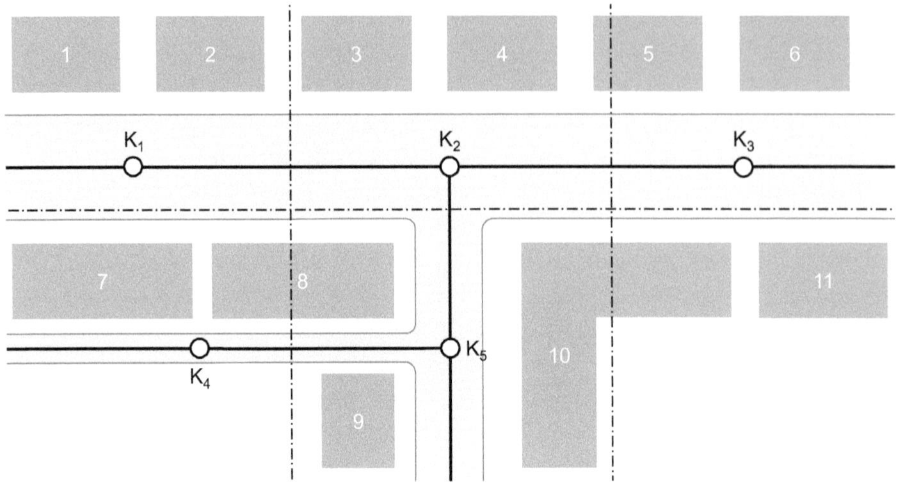

Abbildung 6.24: Bedarfsverteilung über händisch definierte Einzugsflächen der Entnahmeknoten

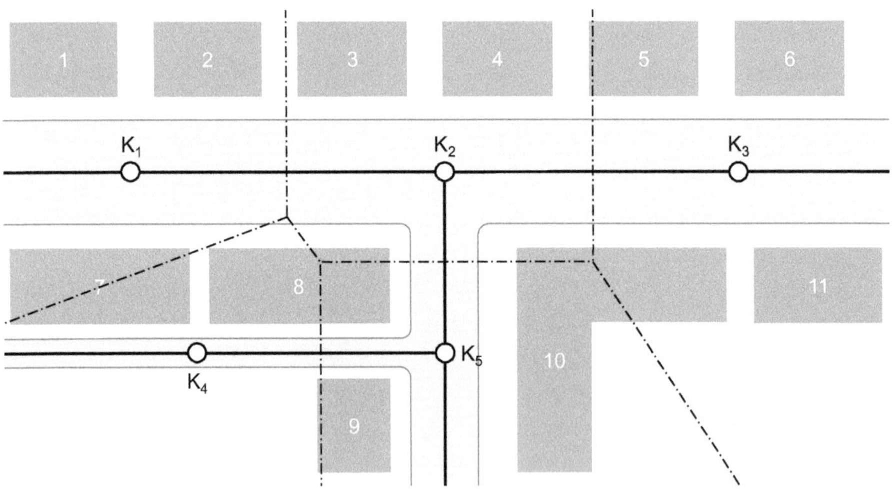

Abbildung 6.25: Bedarfsverteilung über Thiessen-Polygone als Einzugsflächen der Entnahmeknoten

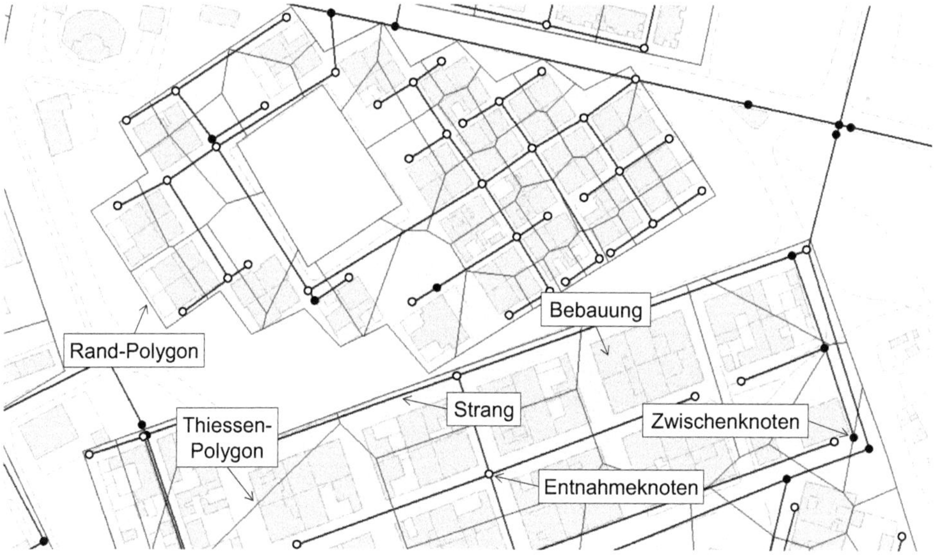

Abbildung 6.26: Beispiel von Thiessen- und Rand-Polygonen

rechnung, in die statt der gesamten Fläche einer Einzugsfläche nur die Grundflächen der Gebäude der Verbraucher innerhalb der Einzugsfläche eingehen. Eine weitere Detaillierung kann erzielt werden, indem zusätzlich Informationen zur Anzahl der Stockwerke berücksichtigt werden. Die Grundfläche eines Gebäudes wird dabei mit der Anzahl der Stockwerke multipliziert. Da die Anzahl der Stockwerke in der Regel in Stadtvierteln oder Häuserblocks homogen ist, lässt sich diese Information in Ortsbegehungen relativ einfach erheben. Die höchste Genauigkeit wird erreicht, wenn die Wasserbedarfswerte der georeferenzierten Verbraucher bekannt und über die Einzugsflächen an den Entnahmeknoten aggregiert werden, wie bereits weiter oben bei der Bedarfsverteilung über die direkte Modellierung der Verbraucher beschrieben. In diesem Fall ist darauf zu achten, dass die Einzugsflächen nur Verbraucher umschließen, die von derjenigen Rohrleitung versorgt werden, auf der auch der Entnahmeknoten definiert ist.

Bei der Definition von Einzugsflächen sollten möglichst nur Gebiete Berücksichtigung finden, die bebaut sind bzw. Verbraucher umfassen. Dazu können z. B. die bebauten Gebiete mit separaten Polygonen definiert und diese anschließend mit den Thiessen-Polygonen im GIS verschnitten werden. Dadurch werden die Umrandungspolygone bei der Ermittlung der Flächeninhalte auch als Ränder berücksichtigt. Abbildung 6.26 zeigt ein Beispiel. Sind die eingehenden Größen nicht nur als Gesamtwerte für das Versorgungsgebiet, sondern auch detaillierter für Teilgebiete verfügbar, sollten die Teilgebiete separat behandelt werden, um eine größere Genauigkeit zu erreichen.

6.9.3 Öffentlicher und gewerblicher Wasserbedarf

Wie bei der Modellierung des häuslichen Wasserbedarfs eignen sich für die Modellierung öffentlicher und gewerblicher Verbraucher Entnahmeknoten. Entnahmeknoten sind näher in Kapitel 6.9.1 beschrieben. Bei der Modellierung der räumlichen Lage, des Wasserbedarfs, der Lastfaktoren und der Bedarfsganglinien von öffentlichen oder gewerblichen Verbrauchern wird im Prinzip analog zur Modellierung häuslicher Verbraucher vorgegangen, die in Kapitel 6.9.2 beschrieben ist. Unterschiede bestehen lediglich in der Herleitung des Wasserbedarfs, der Spitzenfaktoren und der Bedarfsganglinien.

Es empfiehlt sich den mittleren Wasserbedarf Q_m dem Entnahmeknoten, der einen öffentlichen oder gewerblichen Verbraucher repräsentiert, als Wasserentnahme Q_{EK} zuzuweisen. Dann kann für stationäre Betrachtungen relativ einfach ein beliebiger Lastfall über die Angabe eines Skalierungsfaktors f_s, mit dem der mittlere Wasserbedarf Q_m multipliziert wird, eingestellt werden. Alternativ kann auch der Wasserbedarf zum Untersuchungszeitpunkt direkt angegeben werden. Allerdings ist dann für jede neue Untersuchung auch eine erneute Angabe der Wasserbedarfswerte notwendig. Für zeitabhängige Rohrnetzberechnungen kann zusätzlich eine Bedarfsganglinie definiert werden, die die Bedarfsschwankungen in den Zeitschritten i mit den Skalierungsfaktoren f_i beschreibt. Die Wasserentnahme $Q_{EK\,i}$ im Zeitschritt i ergibt sich dann gemäß Gleichung 6.28 durch die Multiplikation des mittleren Wasserbedarfs Q_m mit dem konstanten Skalierungsfaktor f_s und dem Skalierungsfaktor f_i der Ganglinie im entsprechenden Zeitschritt.

Das Verbraucherverhalten öffentlicher und gewerblicher Verbraucher weicht in der Regel beträchtlich von dem der häuslichen Verbraucher ab. Dagegen wird das Kleingewerbe meist zusammen mit dem häuslichen Verbrauch erfasst und modelliert (s. Kap. 6.3). Der mittlere Wasserbedarf Q_m der öffentlichen und gewerblichen Verbraucher ist daher nach Möglichkeit immer für jeden Verbraucher spezifisch zu ermitteln. Insbesondere ist der Wasserbedarf von Großabnehmern gesondert zu erfassen (DVGW GW 303-1 (A), 2006). Dies gilt auch für die Spitzenfaktoren und die Bedarfsganglinien. Der mittlere Wasserverbrauch kann für einen Betrachtungszeitraum aus Verbrauchsabrechnungen abgeleitet oder, falls nicht verfügbar, gemessen werden (s. Kap. 6.2.1 und 6.3.3). Der mittlere Wasserbedarf kann basierend auf gemessenen Wasserverbrauchswerten prognostiziert oder mit den in Kapitel 6.6.1 beschriebenen Ansätzen hergeleitet werden.

Spitzenfaktoren können wie in Kapitel 6.3.4 dargestellt aus Aufzeichnungen der Schwankungen des Verbrauchs oder der Netzeinspeisung abgeleitet werden. Alternativ können die in Kapitel 6.6.2 genannten Werte für den Tagesspitzenfaktor f_d und den Stundenspitzenfaktor f_h genutzt werden.

Auf Grund der individuellen Ausprägung der Bedarfsganglinien öffentlicher und gewerblicher Verbraucher kann nicht, wie beim häuslichen Wasserbedarf, eine Einheitsganglinie angesetzt werden. Daher ist auch die Modellierung mehrerer Verbraucher durch einen Entnahmeknoten nicht zweckmäßig, wenn auch prinzipiell möglich. Die einzelnen Skalierungsfaktoren f_i der Bedarfsganglinie eines öffentlichen oder gewerblichen Verbrauchers können aus Messdaten des Wasserverbrauchs abgeleitet werden. Die Vorgehensweise entspricht dem in Kapitel 6.3.4 beschriebenen Ansatz für Spitzenfaktoren. Liegen keine Messungen vor und sind Messungen nicht durchführbar, sind Annahmen zu treffen. Auf Grund der individuellen Ausprägung des Verbrauchs öffentlicher und gewerblicher Abnehmer können keine repräsentativen Ganglinien angegeben werden, auf deren Basis Ganglinien entwickelt werden könnten. Walski u. a. (2003) beispielsweise, zeigen deshalb lediglich Beispiele für den qualitativen Verlauf der Ganglinien einer Fabrik, eines Restaurants und eines Geschäfts. Bei der Entwicklung einer Ganglinie sind Öffnungs-, Arbeits- und Produktionszeiten sowie die Spitzenfaktoren zu berücksichtigen.

Wie auch bei Ganglinien für den häuslichen Wasserbedarf bietet es sich bezüglich der Spitzenfaktoren an, eine angenommene Ganglinie so zu definieren, dass die Multiplikation von maximalem tageszeitabhängigen Lastfaktor $f(h)_{max}$ der Ganglinie und Tagesspitzenfaktor f_d den Spitzenfaktor f_h ergibt (s. Gl. 6.35). So lässt sich durch die Angabe eines konstanten Skalierungsfaktors $f_s = 1{,}0$ ein Tagesgang mit mittlerem Tagesbedarf Q_{dm} und höchstem Stundenbedarf $Q_{hmax,dm}$ simulieren. Mit einem konstanten Skalierungsfaktor $f_s = f_d$ wird der Tag mit Spitzentagesbedarf Q_{dmax} und Spitzenbedarf Q_{hmax} betrachtet. Liegt eine Ganglinie als Grundlage vor, kann diese mit Gleichung 6.36 so skaliert werden, dass der maximale Lastfaktor f_{max} einen gewünschten Wert hat. Bei der Skalierung sind negative Werte im Ergebnis zu vermeiden (s. Kap. 6.9.2.2).

6.9.4 Löschwasserbedarf

Für die Entnahme des Löschwasserbedarfs, der über das Wasserverteilungsnetz gedeckt wird, sind im Netz Hydranten angeordnet (DVGW W 331 (M), 2000). Weitere Informationen zu Hydranten finden sich in Kapitel 3.2. Zur Entnahme des Löschwasserbedarfs werden an Hydranten Feuerwehrschläuche angeschlossen. In der Regel werden B-Schläuche verwendet, durch die Wasser zu einem Löschfahrzeug transportiert wird. Im Löschfahrzeug wird der Druck mit einer Feuerlöschpumpe erhöht und das Wasser durch Feuerwehrschläuche, die auf der Druckseite der Feuerlöschpumpe angeschlossene sind, zur Brandbekämpfung bereitgestellt.

Der Durchfluss an einem Hydranten ist druckabhängig. Deshalb bieten sich, wie bereits in Kapitel 6.9.1 diskutiert, theoretisch zur Umsetzung von Hydranten im Rohrnetzmodell Sprinklerknoten an. (Bei Sprinklerknoten wird sowohl die am Knoten anstehende Druckhöhe P_{SK} als auch die Wasserentnahme Q_{SK} berechnet.) Im Gegensatz zur Modellierung von Verbrauchern mit Sprinklerknoten kann bei Hydranten mit Näherungen für den Sprinklerkoeffizienten K und -exponenten e gearbeitet werden. Da aber die Modellierung mit Entnahmeknoten bei gleicher Genauigkeit meist einfacher ist, wird diese Option häufiger umgesetzt. Der Löschwasserbedarf wird dabei als Wasserentnahme Q_{EK} angesetzt, die Druckhöhe P_{EK} wird berechnet. Je nach Fragestellung wird die mögliche Wasserentnahme Q_{EK} unter Einhaltung von Druckkriterien iterativ bestimmt (s. Kap. 9.2).

Manche Softwarelösungen verfügen, oft in Verknüpfung mit Funktionen zur Löschwasserberechnung, über eine eigene Modellierungsoption für Hydranten. Die Hydraulik dieser Optionen entspricht aber meist der des Entnahme- oder Sprinklerknotens. Die Modellierung von Hydranten mit diesen beiden Modellierungsoptionen wird im Folgenden näher ausgeführt.

Modellierung mit Entnahmeknoten: Bei der Modellierung des Löschwasserbedarfs mit Entnahmeknoten wird dem Knoten, der einen Hydranten repräsentiert, der Löschwasserbedarf als Wasserentnahme Q_{EK} zugeordnet. Die Ermittlung des Löschwasserbedarfs ist in Kapitel 6.7 beschrieben. Die Berechnung ergibt dann die Druckhöhe P_{EK} am Knoten, die der Druckhöhe am Eingang des Hydranten entspricht. Diese Druckhöhe wird meist als Kriterium der Löschwasserberechnung herangezogen (s. Kap. 9.2). In diesem Fall ist es sinnvoll, die Lage des Entnahmeknotens an der Anschlussstelle von Hydrant und Rohrleitung zu definieren.

Allerdings ist der Durchfluss durch einen Hydranten mit Druckverlusten behaftet, wie in Kapitel 3.2 dargestellt ist. Deshalb liegt die Druckhöhe am Ausgang unter der am Eingang des Hydranten. Genügt die Betrachtung der Druckhöhe am Eingang nicht den Anforderungen der untersuchten Fragestellung, muss deshalb die Druckverlusthöhe im Hydranten mit berücksichtigt werden. Die Druckverlusthöhe h kann mit Gleichung 2.5 ausgedrückt werden, also als Summe der kontinuierlichen Druckverlusthöhe h_r und der örtlichen Druckverlusthöhe $h_{vö}$. In die Ermittlung der kontinuierlichen Druckverlusthöhe h_r mit Gleichung 2.10 gehen neben Konstanten der Durchmesser d, die Länge l und die betriebliche Rauheit k_2 des Hydrantenrohrs sowie der Durchfluss q ein. Die örtliche Druckverlusthöhe $h_{vö}$ kann mit Gleichung 2.21 ermittelt werden. In die Ermittlung gehen die Variablen Durchmesser d, Durchfluss q und Verlustbeiwert ζ ein.

Bei der Modellierungsoption Strang, die zur Abbildung einer Rohrleitung genutzt wird, besteht meist die Möglichkeit sowohl kontinuierliche als auch örtliche Druckverluste zu berücksichtigen. Diese Option kann deshalb genutzt werden, um die Druckverluste in einem Hydranten zu modellieren. Der Hydrant wird bei dieser Vorgehensweise als Strang mit einem Zwischen- und einem Entnahmeknoten im Rohrnetzmodell umgesetzt. Mit dem Zwischenknoten ist der Strang am Anfang an das Netz angeschlossen. Der Endknoten ist der Entnahmeknoten, dem der Löschwasserbedarf zugeordnet wird. Ist der Hydrant direkt an die Haupt- oder Versorgungsleitung angeschlossen, entspricht der Zwischenknoten der Position des Hydranten. Die geodätische Höhe $h_{geo\,EK}$ des Entnahmeknotens ist mit der des Zwischenknotens gleichzusetzen. Ist der Hydrant seitlich verschleppt angeordnet und wird die Stichleitung mit modelliert, kann der Strang, der die Stichleitung repräsentiert, zur Modellierung der Druckverlusthöhe h genutzt werden.

Wiegleb und Beilke (2004) geben für die Berechnung der örtlichen Druckverlusthöhe $h_{vö}$ in einem Hydranten die in Messungen ermittelten und in Tabelle 6.9 gelisteten Verlustbeiwerte ζ an. Der in der Tabelle angegebene Bereich für Überflurhydranten ergibt sich aus Messungen an Hydranten mit DN 80 ($\zeta = 3{,}2$), DN 100 ($\zeta = 3{,}3$) und DN 100 mit Fallmantel ($\zeta = 3{,}7$). Bei der Ermittlung wurden eine betrieblichen Rauheit $k_2 = 0{,}01$ mm sowie bei Unterflurhydranten eine Einbaulänge l von 1,0 m und bei Überflurhydranten von 2,0 m angenommen. Im Handbuch der Software STANET, in der eine eigene Modellierungsoption für Hydranten integriert ist, die der hier beschriebenen Modellierung im Prinzip entspricht, wird für den Verlustbeiwert ζ ein Bereich von 4,0 bis 5,0 genannt (Fischer-Uhrig, 2014). Osmancevic u. a. (2017) haben mit Messungen an Unterflurhydranten die gesamte Druckverlusthöhe h ermittelt und geben diese als Gesamtverlustbeiwert ζ an. Für Unterflurhydranten mit Baujahren zwischen 1965 und 1976 haben die Autoren einen mittleren Verlustbeiwert ζ von 5,0 ermittelt. Für Württemberger Schachthydranten mit Baujahren zwischen 1999 und 2005 nennen sie einen mittleren Verlustbeiwert $\zeta = 7{,}0$.

Diese Werte können zur Angabe der notwendigen Strangattribute Länge l, betriebliche Rauheit k_2 und Verlustbeiwert ζ genutzt werden (s. Kap. 3.4.1). Der Durchmesser d kann der Dokumentation entnommen werden (s. Kap. 3.3). Wird der Strang der Stichleitung zur Modellierung der Druckverlusthöhe h im Hydranten genutzt, ist als Länge l, ggf. abweichend von der tatsächlichen Länge, 1,0 m anzugeben.

Löschwasseruntersuchungen werden in der Regel mit stationären Rohrnetzberechnungen durchgeführt (s. Kap. 9.2). Die Zuordnung einer Bedarfsganglinie ist deshalb nicht erforderlich. Sollte dennoch die Löschwasserentnahme, z. B. zur Analyse der Kapazität der Speicherbehälter, in einer zeitabhängigen Rohrnetzberechnung untersucht werden und ist die Angabe einer Ganglinie in der genutzten Softwarelösung erforderlich, ist die Ganglinie so zu wählen, dass der angesetzte Löschwasserbedarf nicht verändert wird. Dies kann mit der Angabe einer konstanten Ganglinie mit Skalierungsfaktoren $f_i = 1{,}0$ erreicht werden.

Mit Ausnahme der Löschwasserberechnung und der Berechnung von Leitungsspülungen wird bei der Lastfallberechnung meist keine Wasserentnahme an Hydranten angesetzt. Wird der Löschwasserbedarf modelliert, muss deshalb die Entnahme des Löschwasserbedarfs für die Untersuchung anderer Lastfälle deaktiviert werden. Bietet die Software keine entsprechende Funktion, kann dies z. B. mit einem Skalierungsfaktor f_s bewerkstelligt werden, der den Entnahmeknoten, die Hydranten repräsentieren, zugeordnet wird. Zur Deaktivierung der Hydranten wird der Skalierungsfaktor f_s gleich Null gesetzt ($f_s = 0{,}0$). Zur Berücksichtigung des Löschwasserbedarfs eines Hydranten bei der Rohrnetzberechnung wird dessen Skalierungsfaktor f_s auf 1,0 geändert ($f_s = 1{,}0$). Die Berechnung der Wasserentnahme mit Gleichung 6.28 ergibt dann im deaktivierten Fall Null und bei einem aktivierten Hydranten den angegebenen Löschwasserbedarf.

Tabelle 6.9: Verlustbeiwerte ζ von Hydranten gemäß Wiegleb und Beilke (2004)

Hydrant	ζ	
	Bereich	Mittelwert
Unterflurhydrant alt	-	17,5
Unterflurhydrant neu	2,0 bis 5,5	4,6
Überflurhydrant neu	3,2 bis 3,7	3,3

Modellierung mit Sprinklerknoten: Wird ein Hydrant mit einem Sprinklerknoten modelliert, wird sowohl die am Knoten anstehende Druckhöhe P_{SK} als auch die Wasserentnahme Q_{SK} berechnet. Die Abhängigkeit von Druckhöhe P_{SK} und Wasserentnahme Q_{SK} beschreibt Gleichung 6.31. Zur Modellierung von Hydranten kann der Sprinklerexponent e mit 0,5 angenommen werden (Rossman, 2000; Walski u. a., 2003). Damit kann Gleichung 6.31 vereinfacht und in Gleichung 6.40 überführt werden. Gleichung 6.40 entspricht damit der Gleichung für Sprinkler gemäß DIN EN 12845 (2016).

$$Q_{SK} = K \cdot \sqrt{P_{SK}} \tag{6.40}$$

Zur Berechnung der Wasserentnahme Q_{SK} bei einer bestimmten Druckhöhe P_{SK} schlägt Rossman (2000) vor, zur geodätischen Höhe $h_{geo\,SK}$ des Sprinklerknotens die Druckhöhe P_{SK} zu addieren, also die Potentialhöhe H_{SK} anzugeben. Als Sprinklerkoeffizient K ist ein großer Wert zu wählen, z. B. das Hundertfache der erwarteten Wasserentnahme Q_{SK}. Die Rohrnetzberechnung ergibt dann die mögliche Löschwasserentnahme bei vorgegebener Druckhöhe P_{SK}.

7 Modellierung von Wasserverlusten

Zusammen mit den Netzabgaben, also dem Wasserbedarf, stellen die Wasserverluste die in einem Rohrnetzmodell zu berücksichtigenden Wasserentnahmen dar. Es werden scheinbare Wasserverluste, die nicht oder fehlerhaft erfasste Netzabgaben an Verbraucher umfassen, von realen Wasserverlusten, die durch Leckagen bei der Wasserverteilung entstehen, unterschieden. In diesem Kapitel wird zunächst die DVGW-Wasserbilanz vorgestellt, die wesentliche Begriffe definiert. Anschließend wird ausführlicher auf scheinbare und reale Wasserverluste sowie die Ermittlung von Wasserverlusten eingegangen, bevor deren Modellierung behandelt wird.

7.1 Wasserbilanz

Wie bereits in Kapitel 2.5 und 6.1 erläutert, muss nach dem Prinzip der Massenerhaltung die in ein Wasserverteilungssystem eingespeiste Wassermenge das System auch wieder verlassen. Zeitliche Verschiebungen zwischen Einspeisung und Abgabe können sich durch die Zwischenspeicherung im System ergeben. Im DVGW W 392 (A) (2017) ist ein Schema für die Bilanzierung der Systemeinspeisung und Systemabgaben definiert, die sogenannte Wasserbilanz. Die DVGW-Wasserbilanz entspricht im Wesentlichen den international gebräuchlichen Definitionen, siehe z. B. Lambert und Hirner (2000), ÖVGW-Richtlinie W 63 (2009), Lambert u. a. (2015) und AWWA Manual M36 (2016). Die Wasserbilanz gemäß DVGW W 392 (A) (2017) ist in Abbildung 7.1 dargestellt. Die Komponenten werden im Folgenden kurz erläutert. Auf scheinbare und reale Wasserverluste wird näher in Kapitel 7.2, auf die Erstellung der Wasserbilanz wird in Kap. 7.3 eingegangen.

Netzeinspeisung: Die Netzeinspeisung Q_E umfasst alle in das betrachtete System eingespeisten Eigen- und Fremdwassermengen. Die gewählten Bilanzierungsgrenzen definieren die Einspeisestellen. Die Wasserbilanz kann z. B. für ein gesamtes Trinkwasserverteilungssystem erstellt werden. Dann stellen die Gewinnungen/Aufbereitungen des Systems sowie ggf. die Übergabestellen von Fremdwasser die Einspeisestellen dar, an denen die Netzeinspeisung Q_E zu erfassen ist. Eine Wasserbilanz kann aber auch lediglich für das Verteilungssystem ohne Zubringersystem oder auch nur für eine Versorgungszone aufgestellt werden. Wird z. B. eine Versorgungszone bilanziert, die von Hochbehältern versorgt wird, stellen die Entnahmen aus den Behältern die Netzeinspeisung Q_E dar. Wenn die Behälter mit in der Bilanz berücksichtigt werden sollen, ist die Summe der Zuflüsse der Behälter die Netzeinspeisung Q_E.

P. Klingel, *Modellierung von Wasserverteilungssystemen*,
https://doi.org/10.1007/978-3-658-21270-4_7

<table>
<tr><td rowspan="6">Netzeinspeisung
Q_E</td><td rowspan="4">Netzabgabe
Q_A</td><td rowspan="2">in Rechnung gestellte Netzabgaben
Q_{AR}</td><td>gemessen
Q_{ARG}</td><td rowspan="2">in Rechnung gestellte Wassermenge</td></tr>
<tr><td>ungemessen
Q_{ARU}</td></tr>
<tr><td rowspan="2">nicht in Rechnung gestellte Netzabgaben
Q_{AN}</td><td>gemessen
Q_{ANG}</td><td rowspan="4">nicht in Rechnung gestellte Wassermenge</td></tr>
<tr><td>ungemessen
Q_{ANU}</td></tr>
<tr><td rowspan="2">Wasserverlust
Q_V</td><td>scheinbare Wasserverluste
Q_{VS}</td><td>Messfehler
Ablesefehler
Abgrenzungsfehler
Wasserdiebstahl</td></tr>
<tr><td>reale Wasserverluste
Q_{VR}</td><td>Behälter
Zubringerleitungen
Hauptleitungen
Versorgungsleitungen
Anschlussleitungen</td></tr>
</table>

Abbildung 7.1: Wasserbilanz gemäß DVGW W 392 (A) (2017)

Netzabgabe: Der Netzeinspeisung Q_E steht in der Wasserbilanz die Summe von Netzabgabe Q_A und Wasserverlust Q_V gegenüber. Die Netzabgabe Q_A setzt sich zusammen aus den in Rechnung gestellten Netzabgaben Q_{AR} und den nicht in Rechnung gestellten Netzabgaben Q_{AN}, die jeweils gemessen oder nicht gemessen sein können. Die in Rechnung gestellte Netzabgabe Q_{AR} ist im Wesentlichen der mit den Kunden abgerechnete Wasserverbrauch (s. Kap. 6). Nicht in Rechnung gestellte Netzabgaben Q_{AN} können beispielsweise folgende Verbräuche sein:

- Eigenverbrauch des Versorgers (im Wasserwerk, Hydranten- und Leitungsspülungen, Behälter- und Leitungsentleerungen, Desinfektionsmaßnahmen, Druckprüfungen)
- Löschwasserverbrauch
- Abgaben an Zier- und Trinkbrunnen
- Abgaben in öffentlichen Toiletten und Bädern
- Kanal- und Straßenreinigung
- Bewässerung öffentlicher Grünflächen

Wasserverluste: Die Differenz zwischen Netzeinspeisung Q_E und Netzabgabe Q_A ist der Wasserverlust Q_V. Es werden wiederum zwei Arten von Wasserverlusten unterschieden und in der Bilanz ausgewiesen. Die scheinbaren Wasserverluste Q_{VS} umfassen Mengen, die abgegeben, aber nicht oder inkorrekt erfasst werden (s. Kap. 7.2.1). Die realen

Wasserverluste Q_{VR} gehen dagegen tatsächlich beim Transport durch Leckagen verloren (s. Kap. 7.2.2).

In Rechnung gestellte und nicht in Rechnung gestellte Wassermenge: Auf der rechten Seite der Wasserbilanz ergeben sich die in Rechnung gestellten und die nicht in Rechnung gestellten Wassermengen. Die in Rechnung gestellte Wassermenge entspricht der in Rechnung gestellten Netzabgabe Q_{AR} und stellt die Menge dar, für die der Versorger Erlöse erzielt. Dagegen wird die nicht in Rechnung gestellte Wassermenge, die sich aus den Wasserverlusten Q_V und den nicht in Rechnung gestellten Netzabgaben Q_{AN} zusammensetzt, produziert, eingespeist und verteilt, nicht aber verkauft.

Die Wasserbilanz gibt Aufschluss darüber, welcher Anteil der produzierten und eingespeisten Wassermenge verkauft und welcher nicht abgerechnet wurde. Außerdem dient die Wasserbilanz der Quantifizierung des Wasserverlusts Q_V und der Aufschlüsselung dessen einzelner Komponenten. Die Wasserbilanz soll laut DVGW W 392 (A) (2017) jährlich oder in kürzeren Zeiträumen erstellt werden.

Zur Bilanzierungsgrenze findet sich keine quantitative Forderung im DVGW W 392 (A) (2017). Allerdings können die Wasserverluste in verschiedenen Netzbereichen eines Systems unterschiedlich stark ausgeprägt sein, wie das Beispiel in Abbildung 7.6 zeigt. Wasserbilanzen für einzelne Netzbereiche schaffen daher ein detaillierteres Bild der Wasserverlustsituation. Deshalb soll gemäß DVGW W 410 (A) (2008) ggf. auch eine zonenscharfe Ermittlung der Wasserverluste in Netzplanungen und -analysen einfließen. Außerdem stellen die Wasserverluste und die daraus abgeleiteten Kennzahlen wichtige Indikatoren für den Netzzustand dar. Detaillierte Wasserbilanzen ermöglichen deshalb für einzelne Bereiche eine spezifische Planung und Umsetzung gezielter und optimaler Instandhaltungsmaßnahmen (Osmancevic, 2010). Für die Bilanzierung können Struktureinheiten, wie z. B. die Zubringersysteme und die einzelnen Versorgungszonen, genutzt oder Messzonen (engl.: *district metered area (DMA)*) geschaffen werden. Die Messzonen können als hydraulisch abgegrenzte Netzbereiche oder alternativ im Rohrnetz als sogenannte virtuelle Messbereiche eingerichtet werden (DVGW W 392 (A), 2017). In jeder Messzone müssen Messgeräte zur Erfassung der Volumenströme installiert sein.

7.2 Wasserverluste

7.2.1 Scheinbare Wasserverluste

Der scheinbare Wasserverlust Q_{VS} stellt die Summe der Wassermengen dar, die in eine Bilanzierungszone eingespeist und an Verbraucher abgegeben, aber nicht oder nicht korrekt erfasst wird. Es werden Mess-, Ablese- und Abgrenzungsfehler sowie Wasserdiebstahl unterschieden. Die drei erstgenannten Komponenten können positiv oder negativ ausfallen (DVGW W 392 (A), 2017). Im Folgenden wird weiter auf die Komponenten eingegangen.

Messfehler: Messfehler entstehen bei der Messung oder Zählung der Netzeinspeisung Q_E sowie der Netzabgabe Q_{ARG} und Q_{ANG}. Die Höhe eines Messfehlers hängt von der Dimensionierung, dem Einbau und dem Verschleiß des Messgeräts ab. Messgeräte, die lediglich in der technischen Betriebsführung eingesetzt werden, unterliegen nicht der Eichpflicht. Deshalb sind insbesondere Messungen der Netzeinspeisung Q_E oft fehlerbehaftet. Messgeräte, mit denen verkaufte Mengen erfasst werden, unterliegen dagegen dem Mess- und Eichgesetz (s. Kap. 6.2.1). Für eingebaute Wasserzähler gelten die Verkehrsfehlergrenzen, die im oberen Belastungsbereich bis zu 4 % und im unteren Belastungsbereich bis zu 10 % Abweichungen zulassen (s. Gl. 6.2). Damit die Messabweichung möglichst klein ist, muss ein Zähler so bemessen werden, dass sein Haupteinsatzbereich innerhalb seines Belastungsbereichs zwischen Q_1 und Q_4 und der Mittelpunkt seines Haupteinsatzbereiches im oberen Belastungsbereich zwischen Q_2 und Q_3 mit seinen niedrigen Fehlergrenzen liegt (DVGW W 406 (A), 2012). Außerdem wirkt sich das An- und Nachlaufverhalten von Wasserzählern wesentlich auf den Messfehler aus. Durchflüsse unterhalb des Anlaufpunkts eines Zählers werden nicht erfasst (Feldtmann, 1985). Wechselnde, geringe Durchflüsse können dagegen bei mechanischen Zählern auf Grund deren Nachlaufverhaltens zu einer Überregistrierung führen (Wendt, 2011). Der inkorrekte Zählereinbau ist eine weitere Ursache von Messfehlern. Fehler in der Einbaulage können z. B. bei Flügelradzählern eine Unterregistrierung zur Folge haben (Arregui u. a., 2006). Luft in der Rohrleitung kann dagegen zu einer Überregistrierung führen (Berndt u. a., 2001; Walter u. a., 2016, 2017). Wird bei einem Woltmannzähler die Anlaufstrecke nicht wie gefordert ausgeführt, kann dies ebenfalls zu Messfehlern führen (Bonfig, 2002). Mit zunehmendem Alter eines Zählers nimmt auch der Verschleiß des Zählers zu und es können sich Ablagerungen im Zähler bilden. Beides sind Ursachen für Messfehler (Arregui u. a., 2006).

Ablese- und Datentransferfehler: Der Zählerstand eines Wasserzählers wird regelmäßig abgelesen, um aus der Differenz zweier Zählerstände die eingespeiste oder abgegebene Wassermenge im Zeitraum zwischen den Ablesungen zu ermitteln (s. Kap. 6.8). Fehler bei der Ablesung oder Protokollierung, wie z. B. Kommafehler, wirken sich zwangsläufig auf die ermittelte Wassermenge aus. Außerdem kann es vorkommen, dass Wasserzähler nicht zugängig sind und die Wasserabgabe deshalb geschätzt oder nicht berücksichtigt wird. Durch eine automatisierte, digitale Datenerfassung kann das Risiko von Ablesefehlern minimiert werden. Allerdings können Funktionsstörungen bei der Datenerfassung oder -übertragung zu einer Nichtberücksichtigung des Zählers führen. Falsch gesetzte Kommata, die zu einem Messfehler in Höhe von Zehnerpotenzen führen, können über Plausibilitätsprüfungen identifiziert werden (DVGW W 392 (A), 2017).

Abgrenzungsfehler: Nicht alle Wasserzähler können stichtagsexakt abgelesen werden. Dies führt dazu, dass die über die Differenzen der Zählerstände ermittelten Wasserabgaben sich auf unterschiedliche Ablesezeiträume beziehen (s. Kap. 6.3.3). Werden die Wassermengen, die von den einzelnen Zählern gemessen wurden, nicht auf einen einheitlichen

Betrachtungszeitraum umgerechnet, gehen diese fehlerhaft in die Ermittlung der gesamten gemessenen Netzabgabe ein. Abgrenzungsverluste betragen in der Regel zwischen 1,0 und 2,0 % der Netzabgabe Q_A (Hirner und Merkel, 2005).

Wasserdiebstahl: Unter Wasserdiebstahl wird die nicht autorisierte Wasserentnahme verstanden. Wasserdiebstahl findet z. B. über illegale Hausanschlüsse, nicht abgerechnete Standrohre, Entnahmen an Überflurhydranten, das Überbrücken, Manipulieren oder Zerstören von Wasserzählern und Abzweigungen vor dem Zähler statt. In Deutschland spielt Wasserdiebstahl eine untergeordnete Rolle (Knobloch, 2014). Für die USA und für Neuseeland werden z. B. in den jeweiligen Regelwerken die Größenordnungen 0,1 % bzw. 0,25 % der Netzeinspeisung Q_E genannt.

7.2.2 Reale Wasserverluste

Der reale Wasserverlust Q_{VR} umfasst den Anteil der Netzeinspeisung Q_E, der durch Leckagen bei der Verteilung des Wassers im Bilanzierungszeitraum verloren gegangen ist. Leckagen entstehen, mit Ausnahme überlaufender Wasserbehälter, durch Schäden an Behältern und am Rohrnetz. An Rohren und Rohrverbindungen können die Schadensarten Bruch, Riss, Loch und undichte Verbindung unterschieden werden (DVGW W 402 (A), 2010). Bei Armaturen tritt Wasser meist durch einen Bruch oder ein Loch im Gehäuse, an einer defekten Dichtung oder einer undichten Verbindung von Armatur und Rohr aus (Knobloch, 2014).

Der gesamte Wasserverlust Q_{VR} in m^3 in einem Betrachtungszeitraum ergibt sich aus den Leckraten q_l in m^3/h und den Laufzeiten t_l in h der nl Leckagen in der Bilanzierungszone (s. Gl. 7.1).

$$Q_{VR} = \sum_{l=1}^{nl} (q_l \cdot t_l) \tag{7.1}$$

Die Leckrate q_l lässt sich mit Gleichung 6.32 für die Durchströmung einer Blende beschreiben (van Zyl und Clayton, 2007). Dabei wird davon ausgegangen, dass die Druckenergie vollständig in kinetische Energie umgewandelt wird. Allerdings sind Rohrleitungen normalerweise unterirdisch verlegt. Die bei der Durchströmung des anstehenden Bodens auftretenden Druckverluste sind daher mit zu berücksichtigen (Walski u. a., 2004, 2006). Außerdem ändert sich der Koeffizient μ in Abhängigkeit des Fließzustands, der, wie in Kapitel 2.1.4.2 erläutert, durch die Reynoldszahl Re beschrieben wird (Lambert, 2001). Des Weiteren beeinflussen das Material der Rohrleitung und die Art des Schadens die Leckrate q_l. Zunehmende Drücke können außerdem zu einer Aufweitung der Öffnung führen. Um diese Einflüsse zu berücksichtigen, ist es zweckmäßig Gleichung 6.32 zu verallgemeinern und in Gleichung 7.2 zu überführen (van Zyl und Clayton, 2007).

$$q_l = c \cdot h^{\alpha} \tag{7.2}$$

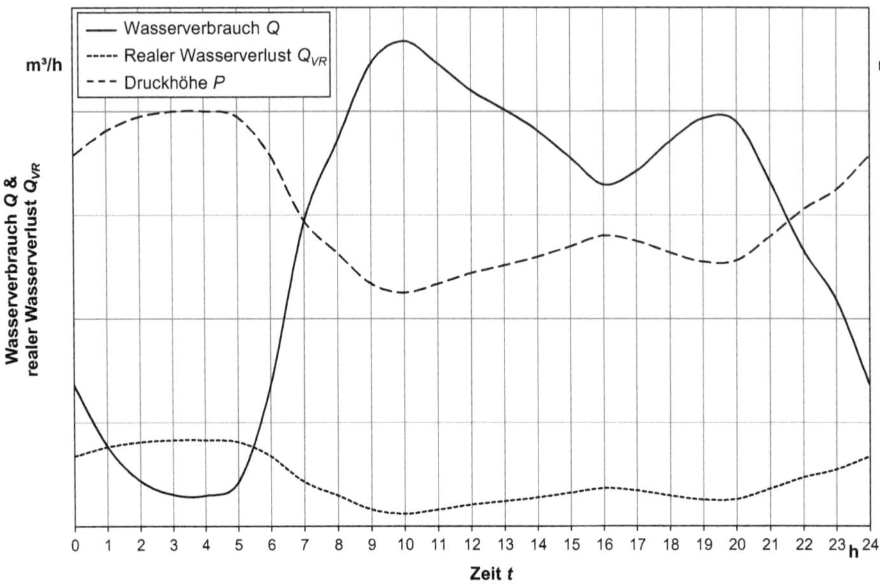

Abbildung 7.2: Qualitative Ganglinien des Wasserverbrauchs Q, der mittleren Druckhöhe P und des realen Wasserverlusts Q_{VR}

Darin ist c der Leckagekoeffizient und α der Leckageexponent, jeweils dimensionslos, und h der Druckverlust in der Leckage. Leckagekoeffizient c und Leckageexponent α können bestimmt werden, indem die Leckrate q_l bei verschiedenen Drücken bzw. Druckdifferenzen gemessen oder geschätzt wird. In Labor- und Feldstudien sowie in Berechnungen wurden für den Exponent α Werte in einem Bereich zwischen 0,3 und 2,9 ermittelt, mit der Mehrheit zwischen 0,5 und 1,5 (Lambert, 2001; Farley und Trow, 2003; Walski u. a., 2006; Greyvenstein und van Zyl, 2007; van Zyl und Clayton, 2007; Cassa u. a., 2010; Schwaller und van Zyl, 2014). Gleichung 7.2 kann auch genutzt werden, um die Abhängigkeit des gesamten realen Wasserverlusts Q_{VR} eines Netzbereichs vom anstehenden Druck zu beschreiben (Schwaller und van Zyl, 2014).

Der Betriebsdruck OP in einem Verteilungssystem ist in der Regel in Folge der Verbrauchsschwankungen nicht konstant. Während des maximalen Verbrauchs sind die Durchflüsse im Rohrnetz am größten und der Betriebsdruck OP an seinem Minimum. Auf Grund der Abhängigkeit der Leckrate q_l von der anstehenden Druckhöhe P sind auch die Leckrate q_l einer Leckage und der reale Wasserverlust Q_{VR} eines ganzen Netzbereichs nicht konstant. Die Ganglinie des realen Wasserverlusts Q_{VR} verläuft qualitativ wie die Ganglinie des Betriebsdrucks OP und gegenläufig zur Verbrauchsganglinie (s. Abb. 7.2).

Eine wichtige, im DVGW W 392 (A) (2017) definierte Kennzahl ist der spezifische reale Wasserverlust q_{VR} in $m^3/(h \cdot km)$, der sich mit Gleichung 7.3 ermitteln lässt. Darin ist Q_{VR} der reale Wasserverlust in m^3/a, K_1 die Stundenanzahl im Jahr und L_N die Rohrnetzlänge

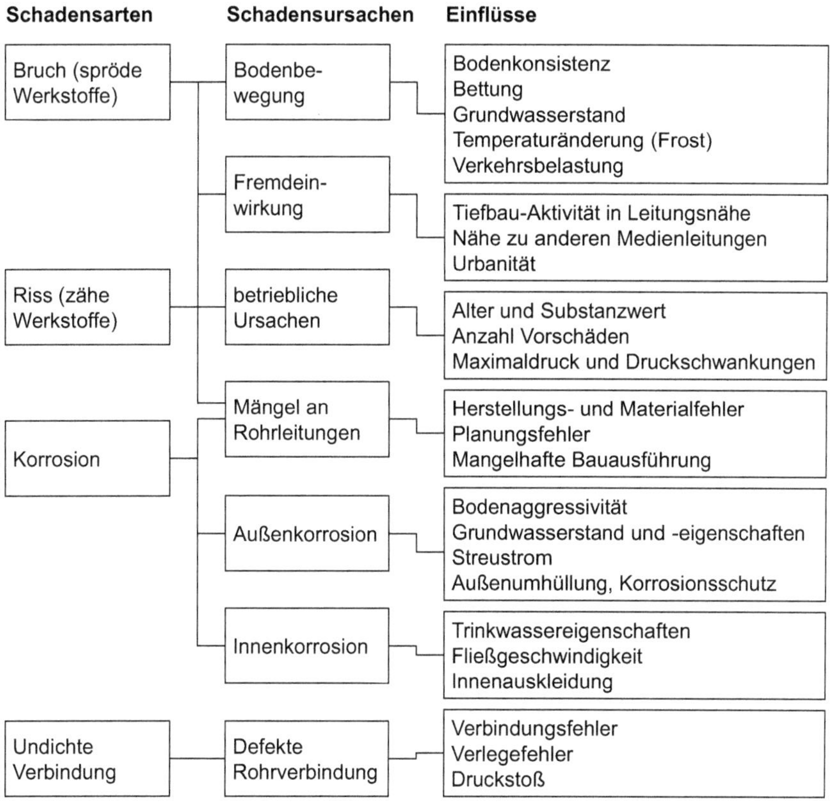

Abbildung 7.3: Ursachen und Einflüsse von Schäden je Schadensart (Knobloch, 2014)

ohne Anschlussleitungen in km. Unter Berücksichtigung der Netzeinspeisung Q_E kann mit dem spezifischen realen Wasserverlust q_{VR} die Wasserverlustsituation mit niedrig, mittel und hoch bewertet und ein entsprechender Handlungsbedarf abgeleitet werden (DVGW W 400-3-B1 (A), 2017).

$$q_{VR} = \frac{Q_{VR}}{K_1 \cdot L_N} \tag{7.3}$$

Die Ursachen für Schäden an Rohrnetz und Behältern, die letztlich zu Leckagen führen, sind vielfältig. Für jede der oben genannten Schadensart Bruch, Riss, Lochkorrosion und undichte Verbindung können charakteristische Ursachen ausgemacht werden. Die Ursachen werden wiederum von verschiedenen Faktoren beeinflusst. Abbildung 7.3 gibt einen Überblick über die Ursachen und Einflussgrößen der typischen Schadensarten. In Deutschland sind Schäden überwiegend auf Korrosion und Bodenbewegung zurückzuführen (Niehues, 2006). Weitere Ausführungen des Themas finden sich z. B. bei Roscher u. a.

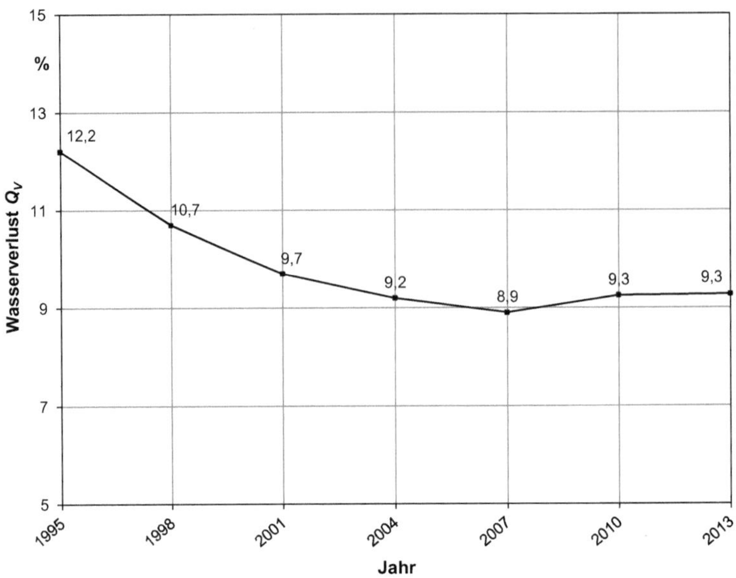

Abbildung 7.4: Entwicklung des Anteils des Wasserverlusts Q_V an der Netzeinspeisung Q_E in Deutschland (Statistisches Bundesamt, 2009, 2013, 2015; Knobloch, 2014)

(2009) und Knobloch (2014).

Leckagen an Behältern sind entweder auf Undichtheiten oder auf Überlaufen zurückzuführen. Ursachen für Undichtheiten können planerische oder bauliche Mängel sein, wie z. B. hydrolytische Zersetzung des Zementsteins, Bewehrungskorrosion oder undichte Fugen. Das Überlaufen eines Behälters wird meist durch Fehler in der technischen Betriebsführung bewirkt, z. B. eine inkorrekte Regelung der Förderung in den Behälter.

7.2.3 Größenordnung

Wasserverluste können die Höhe der für die Deckung des Wasserbedarfs zu verteilende Wassermengen wesentlich beeinflussen (DVGW W 410 (A), 2008). Laut Statistisches Bundesamt (2015) betrugen die Wasserverluste Q_V im Jahr 2013 in Deutschland 9,3 % der Netzeinspeisung Q_E. Seit 2001 hat sich dieser Wert nur unwesentlich verändert (s. Abb. 7.4). Im europäischen Vergleich fallen die Wasserverluste in Deutschland gering aus. Lediglich die Niederlande weisen geringere Verluste in der Größenordnung von 4 bis 5 % aus (VEWIN, 2010). In anderen EU-Ländern, wie z. B. Polen, Tschechien und Ungarn, liegen die Wasserverluste bei über 30 % (EUREAU, 2009). Knobloch (2014) gibt einen guten Überblick über die nationale und internationale Wasserverlustsituation. In den einzelnen deutschen Bundesländern sind deutliche Unterschiede in der Ausprägung der Was-

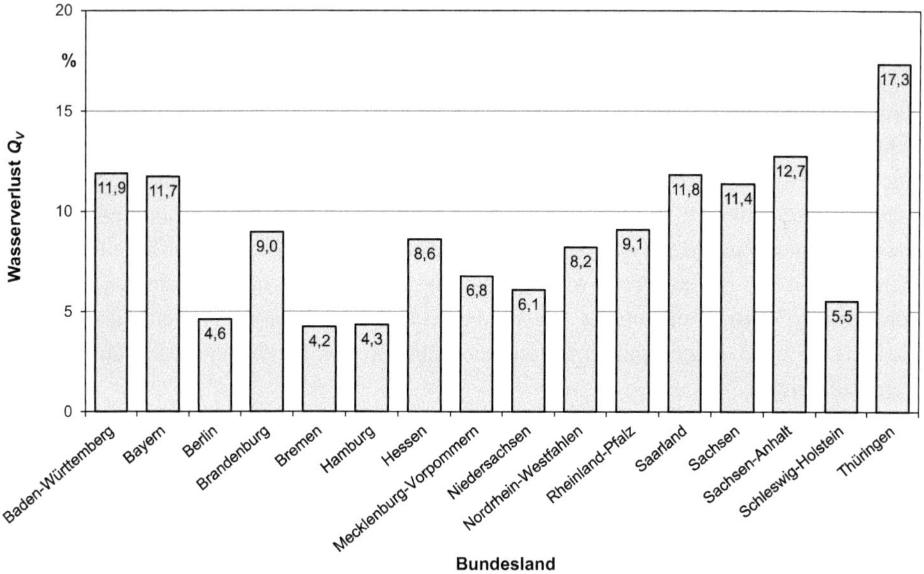

Abbildung 7.5: Anteil des Wasserverlusts Q_V an der Netzeinspeisung Q_E im Jahr 2013 in den deutschen Bundesländern (Statistisches Bundesamt, 2015)

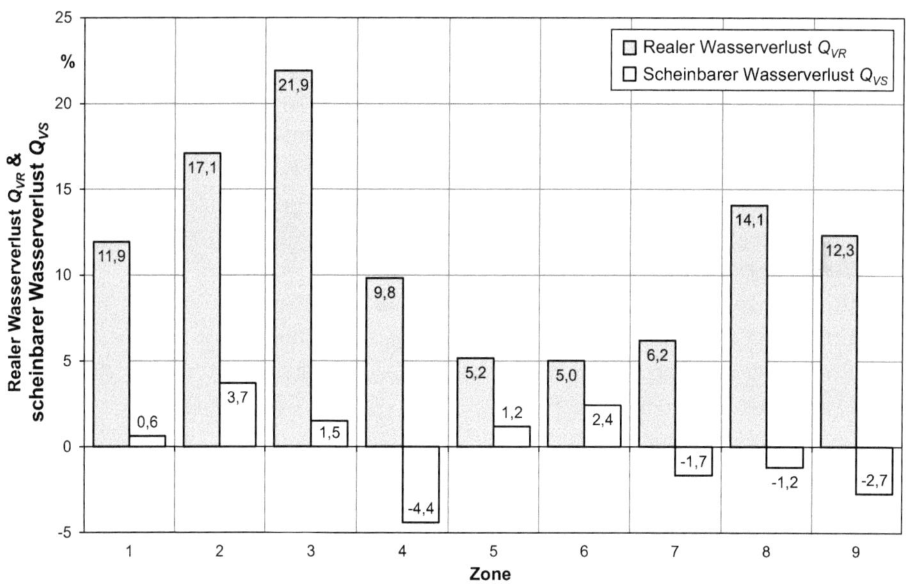

Abbildung 7.6: Anteile der realen Wasserverluste Q_{VR} und der scheinbaren Wasserverluste Q_{VS} an der Netzeinspeisung Q_E im Jahr 2012 in neun Zonen eines Wasserverteilungssystems in Süddeutschland (Klingel und Knobloch, 2015b)

serverluste Q_V auszumachen, wie Abbildung 7.5 zeigt. 2013 hatten die Wasserverluste Q_V eine Bandbreite von 4,2 % in Bremen bis 17,3 % der Netzeinspeisung Q_E in Thüringen. Auch kann die Höhe der Wasserverluste innerhalb eines Systems stark variieren. Abbildung 7.6 zeigt die realen Wasserverluste Q_{VR} und die scheinbaren Wasserverluste Q_{VS} im Jahr 2012 in neun Versorgungszonen eines Wasserversorgungssystems in Süddeutschland. Die Extremwerte des realen Wasserverlusts Q_{VR} unterscheiden sich um mehr als das Vierfache. Die scheinbaren Wasserverluste Q_{VS} in den Zonen haben eine Bandbreite von -4,4 bis 3,7 % und einen Mittelwert von ca. 0,1 % der Netzeinspeisung Q_E. Sie fallen also im Vergleich zu den realen Wasserverlusten gering aus. Und obwohl in einzelnen Zonen die scheinbaren Verluste mit bis zu 4,4 % eine relevante Größenordnung aufweisen, heben sie sich bei einer gemeinsamen Betrachtung aller Zonen im Wesentlichen auf und sind vernachlässigbar.

7.3 Ermittlung von Wasserverlusten

Da der Wasserverlust Q_V einen relevanten Anteil der Netzeinspeisung Q_E ausmachen kann, ist für die Analyse und Planung eines Wasserverteilungssystems der aktuelle Wasserverlust Q_V gemäß DVGW W 392 (A) (2017) zu ermitteln und in den zu untersuchenden Lastfällen zu berücksichtigen (DVGW W 410 (A), 2008). Einzelne Zonen sind dabei ggf. separat zu analysieren.

Die Wasserverluste Q_V können durch Aufstellen der in Kapitel 7.1 eingeführten Wasserbilanz bestimmt werden (DVGW W 392 (A), 2017). Die einzelnen Bilanzkomponenten werden dazu gemessen, geschätzt oder berechnet. Weil bei der Bilanzierung die einzelnen Komponenten ausgehend von der Netzeinspeisung Q_E schrittweise ermittelt werden, wird das Vorgehen auch als Top-down-Verfahren bezeichnet. Im DVGW W 392 (A) (2017) sind die folgenden fünf Schritte zur Erstellung der Wasserbilanz genannt:

1. Ermittlung der Netzeinspeisung Q_E (Messungen)
2. Ermittlung der Netzabgabe Q_A (Messungen und Schätzungen)
3. Ermittlung des Wasserverlusts $Q_V = Q_E - Q_A$ (Berechnung)
4. Ermittlung des scheinbaren Wasserverlusts Q_{VS} (Schätzungen)
5. Ermittlung des realen Wasserverlusts $Q_{VR} = Q_V - Q_{VS}$ (Berechnung)

Die Netzeinspeisung Q_E wird in der Regel gemessen. Ungemessene Netzeinspeisungen sollten möglichst vermieden werden. Allerdings unterliegen die zur Erfassung der Netzeinspeisung Q_E eingesetzten Messgeräte nicht der Eichpflicht (s. Kap. 6.2). Um Messfehler zu minimieren sollten die genutzten Messgeräte trotzdem regelmäßig ausgetauscht oder kalibriert werden (Gschleiner, 2009).

Die in Rechnung gestellte Netzabgabe Q_{AR} wird in der Regel vollständig gemessen, d. h. die ungemessene Komponente Q_{ARU} entfällt ($Q_{ARU} = 0$). Dagegen werden die nicht in Rechnung gestellten Netzabgaben Q_{AN} meist nicht vollumfänglich gemessen. Für die

Ermittlung der ungemessenen Netzabgaben Q_{ANU} sind deshalb geeignete systemspezifische Ansätze zu entwickeln. (Dies gilt ggf. auch für vorhandene ungemessene Netzabgaben Q_{ARU}). Abgaben für Leitungsspülungen, Brandbekämpfungen und Löschübungen können z. B. über eine Analyse der Ganglinie der Netzeinspeisung Q_E ermittelt werden (Klingel und Knobloch, 2015a,b). Richtwerte für die nicht in Rechnung gestellte Netzabgabe Q_{AN} werden im DVGW W 392 (A) (2017) im Unterschied zu Regelwerken anderer Länder nicht genannt. Für Neuseeland wird z. B. von Lambert und Taylor (2010) 0,5 % und für die USA im AWWA Manual M32 (2012) 1,25 % der Netzeinspeisung Q_E als Anhaltswert empfohlen.

Der gesamte Wasserverlust Q_V ergibt sich aus der Differenz von Netzeinspeisung Q_E und Netzabgabe Q_A ($Q_V = Q_E - Q_A$). Für eine überschlägige Abschätzung des jährlichen Wasserverlusts Q_V, z. B. für eine Netzneuplanung, wird im DVGW W 410 (A) (2008) als Größenordnung 10 % des jährlichen Wasserbedarfs Q_a genannt (s. Kap. 6.3.1).

Eine weitere Differenzierung des Wasserverlusts Q_V erfordert die Schätzung der scheinbaren Wasserverluste Q_{VS}, da diese nicht direkt gemessen werden können. Für die Abschätzung sind keine standardisierten Vorgehensweisen definiert, vielmehr sind individuelle Lösungen erforderlich. Für eine Bestimmung der Messfehler müssen z. B. die Durchflüsse und die Fehlerkurven der Messgeräte ermittelt und ausgewertet werden (Klingel und Knobloch, 2015b; DVGW W 392 (A), 2017). Wenn keine entsprechenden Daten zur Verfügung stehen und von einer Messung gemäß DVGW W 406 (A) (2012) ausgegangen werden kann, ist die Summe der Mess- und Ablesefehler zu vernachlässigen (DVGW W 392 (A), 2017). Außerdem ist im DVGW W 392 (A) (2017) ausgeführt, dass ohne eine konkrete Abschätzung von keinem scheinbaren Wasserlust auszugehen ist ($Q_{VS} = 0$). Weiter ist für abgeschätze scheinbare Wasserverluste Q_{VS}, die 0,5 % der Netzabgabe Q_A übersteigen, eine detaillierte Begründung erforderlich. Dagegen finden sich in Regelwerken anderer Länder konkrete, zum Teil deutlich voneinander abweichende Richtwerte. Laut ÖVGW-Richtlinie W 63 (2009) kann für den scheinbaren Wasserverlust Q_{VS} beispielsweise 0,5 % der Netzabgabe Q_A angesetzt werden.

Abschließend werden die realen Wasserverluste Q_{VR} berechnet. Dazu werden die scheinbaren Wasserverluste Q_{VS} vom Gesamtverlust Q_V abgezogen ($Q_{VR} = Q_V - Q_{VS}$).

Wasserbilanzen werden in der Regel mit Hilfe von Tabellenkalkulationsprogrammen erstellt. In den letzten Jahren wurden zur Unterstützung der Bilanzerstellung auch verschiedene kommerzielle und frei verfügbare Softwareprodukte entwickelt. Bei den meisten Softwarelösungen sind die Eingangsdaten manuell über die Benutzeroberfläche einzupflegen. Es gibt aber auch Lösungen, die an Datenbanken oder eine GIS angebunden werden können, um einen effizienteren Datentransfer automatisiert zu ermöglichen. Ein Vergleich von zehn Werkzeugen findet sich bei Knobloch (2014), eine Zusammenfassung bei Knobloch und Klingel (2013).

Während mit der Wasserbilanz die realen Wasserverluste Q_{VR} für einen längeren Bilanzierungszeitraum im Nachgang ermittelt werden, können diese Wasserverluste auch über die Messung und Auswertung des Zuflusses in eine Messzone direkt bestimmt oder abgeschätzt werden. Im DVGW W 392 (A) (2017) werden dazu zwei Verfahren empfohlen, die im Folgenden kurz erläutert sind. Weitere Verfahren zur direkten Bestimmung einzelner Bilanzkomponenten sind in der Fachliteratur beschrieben, siehe z. B. Berndt u. a. (2001), Farley (2001), Heydenreich und Hoch (2008) und Thornton u. a. (2008). Diese Ansätze werden auch als Bottom-up-Verfahren bezeichnet.

Nachtmindestverbrauchsmessung: Bei diesem Verfahren wird in den verbrauchsarmen Nachtstunden zwischen 02:00 und 04:00 Uhr die Netzeinspeisung in eine Messzone gemessen. Der gemessene Zufluss entspricht dem sogenannten Nachtmindestverbrauch Q_{NMV}, der sich aus dem Restverbrauch Q_{min} und den realen Wasserverlusten Q_{VR} in der Messzone zusammensetzt. Da der Betriebsdruck OP in den verbrauchsarmen Zeiten sein Maximum erreicht, ist auch der reale Wasserverlust Q_{VR} in dieser Zeit auf seinem Tageshöchstwert (s. Abb. 7.2). Dieser Höchstwert $Q_{VR\,max}$ kann über die Differenz von Nachtmindestverbrauch Q_{NMV} und Restverbrauchsmenge Q_{min} ermittelt werden (s. Gl. 7.4).

$$Q_{VR\,max} = Q_{NMV} - Q_{min} \tag{7.4}$$

Die Restverbrauchsmenge Q_{min} muss geschätzt werden. Im DVGW W 392 (A) (2017) sind als oberer Richtwert $2{,}0\,\mathrm{l}/(\mathrm{h}\cdot\mathrm{E})$ genannt. Heydenreich und Hoch (2008) empfehlen $1{,}5\,\mathrm{l}/(\mathrm{h}\cdot\mathrm{E})$. Der minimale Nachtmindestverbrauch $Q_{NMV\,min}$, der bisher gemessen wurde, kann als Referenzwert für die weitere kontinuierliche Überwachung des Wasserverlusts genutzt werden. Bei Änderung der Messzone, Wegfall oder Hinzukommen von Verbrauchern oder Wasserverlustreduzierung muss der Referenzwert angepasst werden.

Abbildung 7.7 veranschaulicht das Verfahren. Die Differenz der Flächeninhalte unter den Kurven des Nachtmindestverbrauchs Q_{NMV} und des Restverbrauchs Q_{min} ergibt die realen Wasserverluste Q_{VR} im Kalenderjahr. Der Referenzwert für die kontinuierliche Überwachung im Beispiel ist ab dem 01.09. der Minimalwert $Q_{NMV\,min}$, der zu Jahresbeginn und am 30.12. annähernd erreicht wurde. Liegt der Nachtmindestverbrauch Q_{NMV} über dem Referenzwert $Q_{NMV\,min}$, ist von Leckagen auszugehen, wenn neue Dauerverbraucher und eine Veränderung der Messzone ausgeschlossen werden können. Das Verfahren ist im Vergleich zur Nullverbrauchsmessung, die im nächsten Absatz beschrieben ist, mit einem geringeren Aufwand verbunden und ermöglicht auch in größeren Messzonen eine Überwachung der realen Wasserverluste.

Nullverbrauchsmessung: Bei der Nullverbrauchsmessung wird ebenfalls der Zufluss in eine hydraulisch abgegrenzte Messzone in den verbrauchsarmen Nachtstunden gemessen. Im Gegensatz zur Nachtmindestverbrauchsmessung wird der Zufluss in kleinen Zeitintervallen gemessen und geprüft, ob ein Minimalwert innerhalb eines kurzen Zeitraums mehrmals erreicht wird. Ist dieser Minimalwert gleich Null, wird von Nullverbrauch gesprochen und es kann davon ausgegangen werden, dass die Messzone leckagefrei ist. Ist der erreichte Minimalwert größer Null, existieren Dauerverbraucher und/oder Leckagen.

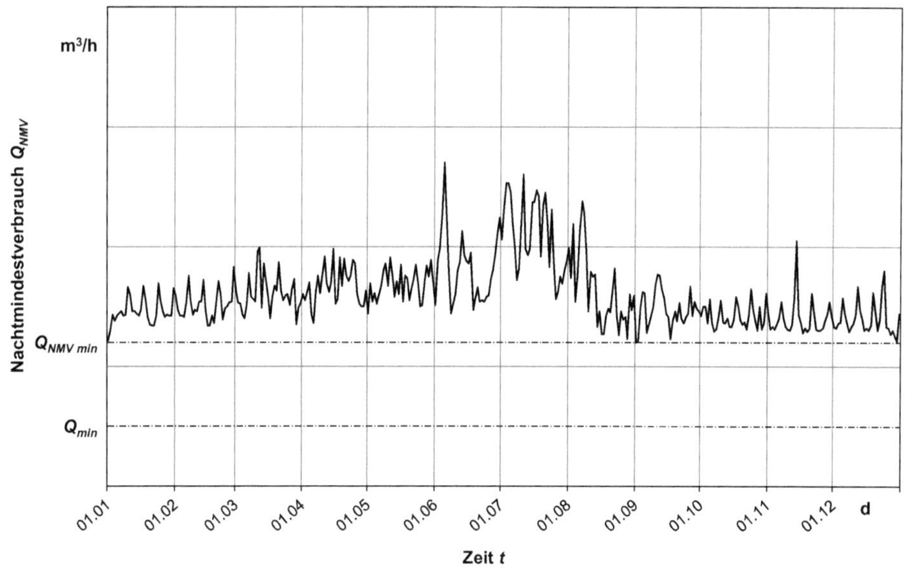

Abbildung 7.7: Messung des Nachtmindestverbrauchs Q_{NMV} über ein Jahr mit Referenzwert $Q_{NMV\,min}$ und Restverbrauch Q_{min}

Dauerverbraucher sind möglichst zu messen und vom Minimalwert abzuziehen, um Rückschlüsse auf die realen Wasserverluste zuzulassen.

7.4 Dokumentation

Wasserbilanzen werden meist in Berichten oder Datensätzen des genutzten Tabellenkalkulationsprogramms oder Werkzeugs dokumentiert. Allerdings werden von vielen Versorgern keine oder keine vollständigen Wasserbilanzen erstellt, obwohl im DVGW W 392 (A) (2017) gefordert (Knobloch und Klingel, 2013). Deshalb kann oft nicht auf vorliegende Daten zurückgegriffen werden, die Wasserbilanz muss neu erstellt werden. Für die Einteilung von Messzonen sind Lage- und Sachinformationen aller Komponenten des Wasserversorgungssystems erforderlich, die in der Regel in der Rohrnetzdokumentation verwaltet werden (s. Kap. 3.3). Notwendige Messdaten zur Netzeinspeisung Q_E werden üblicherweise im Prozessleitsystem gespeichert oder in Betriebstagebüchern dokumentiert (s. Kap. 6.8). Die in Rechnung gestellte Netzabgabe Q_{AR} kann der Verbrauchsabrechnung entnommen werden (s. Kap. 6.8). Welche Daten zur Ermittlung der nicht abgerechneten Netzabgabe Q_{AN} notwendig sind, hängt von den vorhandenen Netzabgaben und von den individuellen Ansätzen zur Ermittlung dieser Abgaben ab. Dies gilt im Prinzip auch für Daten, die zur Abschätzung der scheinbaren Wasserverluste Q_{VS} erforderlich sind. Für die Bestimmung von Ablese- und Abgrenzungsfehlern werden meist die Ablesedaten und die

Verbrauchsabrechnung genutzt. Zur Schätzung von Messfehlern sind Informationen zum Zählerpark, wie z. B. Fehlerkurven, Alter und Eichfristen, erforderlich, die meist in den Abteilungen des Mess- und Zählerwesens dokumentiert werden.

7.5 Modellierung

7.5.1 Modellierungsoptionen

Stellen, an denen Wasserverluste auftreten, werden wie Entnahmestellen des Wasserbedarfs auf Grund ihrer punktuellen Ausprägung als Knoten modelliert. Als Modellierungsoptionen können die in Kapitel 6.9.1 beschriebenen Entnahme- und Sprinklerknoten genutzt werden. Während bei Entnahmeknoten ein Durchfluss vorgegeben und der anstehende Druck berechnet wird, ist bei einem Sprinklerknoten der Durchfluss eine Funktion des Drucks. Theoretisch würde sich die Möglichkeit, druckabhängige Entnahmen mit Sprinklerknoten umzusetzen, für die Modellierung realer Wasserverluste eignen. Auf Grund der dann erforderlichen aufwändigen Kalibrierung zur Bestimmung der Funktionskonstanten hat diese Option aber keine wesentliche Bedeutung für die Praxis. Deshalb werden sowohl scheinbare als auch reale Wasserverluste in der Regel mit Entnahmeknoten umgesetzt. Kann nicht zwischen scheinbaren und realen Wasserverlustanteilen differenziert werden oder ist die separate Modellierung zu aufwändig, wird der gesamte Wasserverlust, ebenfalls mit Entnahmeknoten, modelliert. Im Folgenden werden die Möglichkeiten weiter ausgeführt.

7.5.2 Scheinbare Wasserverluste

Der Großteil der scheinbaren Wasserverluste Q_{VS} entsteht bei der Wassermessung durch Ablese-, Abgrenzungs- und Messfehler (s. Kap. 7.2.1). Wasserdiebstahl spielt in Deutschland dagegen eine untergeordnete Rolle. Mit der Umsetzung scheinbarer Wasserverluste Q_{VS} im Rohrnetzmodell werden deshalb vornehmlich Ungenauigkeiten in der ermittelten Netzeinspeisung Q_E und Netzabgabe Q_A korrigiert.

Während bei Messfehlern theoretisch das jeweilige Messgerät als Entstehungsort bei der Modellierung berücksichtigt werden kann, ist eine Zuordnung von Ablese- und Abgrenzungsfehlern zu spezifischen Messgeräten nicht möglich. Auch wird mit der örtlichen Zuordnung von Messfehlern, die die durchschnittliche Größenordnung nicht wesentlich übersteigen, normalerweise kein Zugewinn an Modellgenauigkeit erreicht, der den damit einhergehenden Aufwand rechtfertigen würde. Liegt im Einzelfall an einem Messgerät ein sehr großer Messfehler vor, ist es zweckmäßig, die ermittelte Wassermenge entsprechend zu korrigieren, bevor diese in die Erstellung der Wasserbilanz eingeht. Neben der Lage und Größe kann auch die zeitliche Variation einzelner scheinbarer Verluste nicht oder nur schwer quantifiziert werden. Deshalb müssen Abschätzungen bei der Verteilung der durchschnittlichen scheinbaren Wasserverluste auf Entnahmeknoten und bei der zeitlichen Skalierung getroffen werden.

Im Prinzip können zur Umsetzung im Rohrnetzmodell Entnahmeknoten definiert werden, die lediglich scheinbare Wasserverluste repräsentieren. Um aber die Knotenanzahl gering zu halten ist eine praktikable Lösung, den scheinbaren Wasserverlust Q_{VS} auf die Wasserzähler der Verbraucher, also auf die entsprechenden Entnahmeknoten des Rohrnetzmodells, zu verteilen. Damit wird der gesamte Fehlbetrag, der bei der Ermittlung der Netzeinspeisung Q_E und der Netzabgabe Q_A entstanden ist, auf die Entnahmeknoten des Wasserbedarfs umgelegt und im Rohrnetzmodell berücksichtigt. Zu beachten ist, dass die Aufteilung des Verlusts auf die einzelnen Knoten und die zeitliche Skalierung dieser Werte in die Berechnung der Fluss- und Druckverteilung im System eingehen und diese mit beeinflussen.

Zwei einfache Verfahren zur Verteilung des scheinbaren Wasserverlusts Q_{VS} sind die gleichmäßige Aufteilung auf die Entnahmeknoten und die Aufteilung proportional zum Wasserbedarf. Beim ersten Verfahren wird der gesamte scheinbare Wasserverlust Q_{VS} durch die Anzahl nk der Entnahmeknoten geteilt, wodurch sich der scheinbare Wasserverlust $Q_{VS\,k}$ an den Entnahmeknoten k ergibt (s. Gl. 7.5)

$$Q_{VS\,k} = \frac{Q_{VS}}{nk} \tag{7.5}$$

Letztgenanntem Verfahren liegt die Annahme zu Grunde, dass die Höhe der scheinbaren Wasserverluste von der Höhe des Wasserbedarfs bzw. des Durchflusses abhängt. Der scheinbare Wasserverlust $Q_{VS\,k}$ am Entnahmeknoten k kann mit Gleichung 7.6 berechnet werden, in die der gesamte Wasserbedarf Q des Versorgungsgebiets und der Wasserbedarf Q_k des jeweiligen Knotens eingehen.

$$Q_{VS\,k} = Q_{VS} \cdot \frac{Q_k}{Q} \tag{7.6}$$

Der scheinbare Wasserverlust $Q_{VS\,k}$ kann mit dem Wasserbedarf Q_k und ggf. dem realen Wasserverlust $Q_{VR\,k}$ addiert werden, wodurch sich die Wasserentnahme $Q_{EK\,k}$ des Entnahmeknotens k ergibt (s. Gl. 7.7).

$$\begin{aligned} Q_{EK\,k} &= Q_k + Q_{VS\,k} + Q_{VR\,k} \\ &= Q_k + Q_{V\,k} \end{aligned} \tag{7.7}$$

Wird an einem Knoten k eine Summe als Wasserentnahme $Q_{EK\,k}$ angegeben, muss auch aus der Bedarfsganglinie und der Ganglinie des scheinbaren Wasserverlusts eine gemeinsame Ganglinie erstellt werden. Ggf. ist außerdem noch die Ganglinie des realen Wasserverlusts einzubeziehen (s. Kap. 7.5.3). Dazu werden die Skalierungsfaktoren f_i der Ganglinien in jedem Zeitschritt i gewichtet und multipliziert (s. Gl. 7.8). Es ist offensichtlich, dass bei diesem Vorgehen Transparenz und Flexibilität in der Parameteränderung verloren geht.

$$\begin{aligned} f_i &= f_{Q\,i} \cdot \frac{Q_k}{Q_{EK\,k}} + f_{VS\,i} \cdot \frac{Q_{VS\,k}}{Q_{EK\,k}} + f_{VR\,i} \cdot \frac{Q_{VR\,k}}{Q_{EK\,k}} \\ &= f_{Q\,i} \cdot \frac{Q_k}{Q_{EK\,k}} + f_{V\,i} \cdot \frac{Q_{V\,k}}{Q_{EK\,k}} \end{aligned} \tag{7.8}$$

Eine größere Transparenz wird erreicht, wenn der Wasserverlust $Q_{VS\,k}$ und der Wasserbedarf Q_k getrennt als einzelne Wasserentnahmen $Q_{EK\,q}$ angegeben werden, sofern die genutzte Software dies zulässt (s. Kap. 6.9.1 und Gl. 6.29). Die getrennte Angabe erleichtert besonders die Umsetzung unterschiedlicher Ganglinien zur Skalierung der Entnahmekomponenten für die zeitabhängige Rohrnetzberechnung.

Eine einheitliche Ganglinie des scheinbaren Wasserverlusts, die wie eine Bedarfsganglinie allen Entnahmeknoten zugeordnet wird, lässt sich allerdings nicht direkt ermitteln. Es müssen vielmehr Abschätzungen getroffen werden. Da scheinbare Wasserverluste größtenteils durch Ungenauigkeiten bei der Wassermessung entstehen, kann davon ausgegangen werden, dass die zeitliche Entwicklung nicht, wie bei realen Wasserverlusten der Fall, gegenläufig zu der des Wasserbedarfs ist (s. Abb. 7.2). Sinnvolle Annahmen für eine Ganglinie liegen deshalb zwischen einer konstanten Entwicklung und einer Skalierung entsprechend der angesetzten Bedarfsganglinie. Bei der Annahme einer Ganglinie sollte deren Auswirkung auf die zu untersuchenden Lastfälle abgewogen werden (s. Kap. 9.1.2). Wird z. B. der Spitzenbedarf untersucht, sollte darauf geachtet werden, dass die Skalierung der scheinbaren Wasserverluste die resultierenden Wasserentnahmen nicht unrealistisch schmälert. Allerdings bewegen sich die scheinbaren Wasserverluste meist in einer Größenordnung, die die resultierenden Wasserentnahmen und damit die Berechnungsergebnisse nicht wesentlich beeinflussen. Eine Sensitivitätsanalyse, bei der die Auswirkungen verschiedener Ganglinien auf die Fließgeschwindigkeiten und Drücke im Rohrnetz rechnerisch ermittelt werden, kann Aufschluss darüber geben, welche Genauigkeit bei der Modellierung der scheinbaren Wasserverluste erforderlich ist.

7.5.3 Reale Wasserverluste

Der reale Wasserverlust Q_{VR} stellt meist den größten Anteil des gesamten Wasserverlusts Q_V dar. Im Gegensatz zu scheinbaren Wasserverlusten entstehen reale Wasserverluste zum Großteil im Rohrnetz an Leckagen und zu einem kleineren Teil an Behältern durch Undichtheiten und Überlaufen. Wegen der in Kapitel 7.2.2 thematisierten Druckabhängigkeit realer Wasserverluste bietet sich eigentlich eine Modellierung mit Sprinklerknoten an. Gleichung 7.2, die die Leckrate q_l als Funktion des Druckunterschieds h beschreibt, kann dazu direkt mit Gleichung 6.31 umgesetzt werden, mit der die druckabhängigen Entnahmen an Sprinklerknoten beschrieben werden. Allerdings sind weder die Lage der Leckagen noch die Koeffizienten und Exponenten der Funktionen der Leckraten q_l bekannt und müssten im Rahmen einer Modellkalibrierung ermittelt werden. Dies ist aber mit einem sehr großen Aufwand für die Datenerhebung und Kalibrierung verbunden und meist nicht mit manuellen Vergleichsrechnungen realisierbar (s. Kap. 8). Deshalb wird auch für die Modellierung realer Wasserverluste üblicherweise auf Entnahmeknoten zurückgegriffen.

Da umfassende Informationen zur Lage und Leckrate q_l der Leckagen sowie deren Entwicklung im Bilanzierungszeitraum zur Modellierung nicht zur Verfügung stehen, muss ein über die Wasserbilanz oder Bottom-up-Verfahren ermittelter Gesamtwert genutzt werden. Das bedeutet, dass zwangsläufig Annahmen zur Verteilung der realen Wasserverluste getroffen werden müssen. Die erreichbare Genauigkeit ist deshalb umso höher je kleiner die Bilanzierungszonen gewählt werden.

Eine Möglichkeit ist es, im Rohrnetz einer Bilanzierungszone die Verluste auf eigens dafür definierte Entnahmeknoten zu verteilen. Der reale Wasserverlust Q_{VR} kann beispielsweise so auf die nk Knoten k aufgeteilt werden, dass jedem Knoten k der gleiche Anteil $Q_{VR\,k}$ zugewiesen wird (s. Gl. 7.9).

$$Q_{VR\,k} = \frac{Q_{VR}}{nk} \tag{7.9}$$

Alternativ dazu können die Verluste aber auch auf die Entnahmeknoten des Wasserbedarfs verteilt und damit die Knotenanzahl reduziert werden. Die Verteilung auf Entnahmeknoten des Wasserbedarfs hat den Vorteil, dass der reale Wasserverlust Q_{VR}, analog zum Vorgehen bei scheinbaren Wasserverlusten, proportional zum Anteil des Wasserbedarfs Q_k eines Knotens k am Gesamtbedarf Q der Bilanzierungszone verteilt werden kann (s. Gl. 7.10).

$$Q_{VR\,k} = Q_{VR} \cdot \frac{Q_k}{Q} \tag{7.10}$$

Dem Vorgehen liegt die Annahme zu Grunde, dass in Netzbereichen mit größeren Durchflüssen auch die realen Wasserverluste überdurchschnittlich sind.

Der reale Wasserverlust $Q_{VR\,k}$ eines Knotens wird entweder als separate Wasserentnahme $Q_{EK\,q}$ dem Knoten zugewiesen oder mit dem Wasserbedarf Q_k und dem scheinbaren Wasserverlust $Q_{VS\,k}$ summiert (s. Gl. 6.29 und 7.7). Auf Grund der besseren Transparenz und der größeren Flexibilität bei der Skalierung und Veränderung der Parameter ist die erstgenannte Methode vorzuziehen (s. Kap. 6.9.1). Entsprechend ist die separate Definition einer Ganglinie für den realen Wasserverlust gegenüber der Aufstellung einer Ganglinie, die sowohl die scheinbaren und realen Wasserverluste als auch den Wasserbedarf skaliert, von Vorteil, wie weiter in Kapitel 7.5.2 ausgeführt ist.

Für die Umsetzung von Verlusten an Behältern und in Zubringersystemen sind separate Entnahmeknoten zu definieren oder Zwischenknoten umzudefinieren. Bei Zubringersystemen, die in der Regel verästelt ausgeführt sind, ist zu beachten, dass die Verteilung des Wasserverlusts entlang einer Zubringerleitung Auswirkungen auf die Drucklinie hat (s. Abb. 8.12). Wird der Wasserverlust in Fließrichtung am Ende einer Zubringerleitung konzentriert, ist der Druckverlust in der Leitung am größten und die berechnete Potentialhöhe am Leitungsende am kleinsten. Bei einer Berücksichtigung am Beginn wird der Druckverlust minimal und die Potentialhöhe maximal. Bei einer gleichmäßigen Verteilung ergibt eine Berechnung einen durchschnittlichen Druckverlust.

Wie bei scheinbaren Wasserverlusten kann eine Ganglinie einzelner Leckagen oder des gesamten realen Wasserverlusts einer Zone nicht direkt ermittelt werden. Allerdings kann der Verlauf der Ganglinie auf Grund der Abhängigkeit realer Wasserverluste vom anstehenden Druck zumindest qualitativ beschrieben werden. In einer Versorgungszone ist die Ganglinie im Prinzip gegenläufig zur Bedarfsganglinie (s. Kap. 7.2.2). Folglich ist ein Extrem der Ganglinie ein kontinuierlicher Verlauf. Eine weitere Annäherung an die Ausprägung der Bedarfsganglinie ist nicht möglich. In einer Zubringerleitung ist der Druck bei einer Förderung in einen Hochbehälter meist über einen längeren Zeitraum konstant, mit kleineren Schwankungen (s. Abb. 9.3 und 9.4).

Da die Ganglinien üblicherweise nicht im Rahmen einer Kalibrierung ermittelt werden, sind Annahmen zu treffen. Wie beim scheinbaren Wasserverlust sollten dabei die Auswirkung auf die geplanten Lastfallanalysen mit in die Überlegungen einbezogen werden (s. Kap. 9.1.2). In einer Versorgungszone wird z. B. die resultierende Wasserentnahme an einem Knoten zur Stundenspitze maximal und bei minimalem Wasserbedarf minimal, wenn eine Ganglinie mit kontinuierlichem Verlauf gewählt wird. Die Drücke sind entsprechend minimal bei größter und maximal bei kleinster Wasserentnahme. Damit liegt beispielsweise die Analyse des Spitzenbedarfs und des kleinsten Stundenbedarfs auf der sicheren Seite. Dagegen werden mit einer nicht kontinuierlichen Ganglinie des realen Wasserverlusts die resultierende, in die Berechnung eingehende Ganglinie der Wasserentnahme gestaucht und die Extremwerte weniger ausgeprägt.

7.5.4 Gesamter Wasserverlust

Oft wird der Wasserverlust Q_V bei der Bilanzierung nicht weiter in scheinbare Wasserverluste Q_{VS} und reale Wasserverluste Q_{VR} differenziert. In diesem Fällen ist der gesamte Wasserverlust Q_V im Rohrnetzmodell umzusetzen. Da die realen Wasserverluste Q_{VR} in der Regel die dominierende Komponente des Wasserverlusts Q_V ist, ist es zweckmäßig den Wasserverlust Q_V wie den realen Wasserverlust Q_{VR} zu modellieren (s. Kap. 7.5.3).

Vorzugsweise wird der Wasserverlust Q_V entsprechend Gleichung 7.10 proportional zum Wasserbedarf Q_k auf die Entnahmeknoten k des Wasserbedarfs verteilt. Damit wird letztlich die Summe der relevanten Komponenten der Netzabgabe Q_A und des Wasserverlusts Q_V, also die Netzeinspeisung Q_E, auf die Entnahmeknoten des Wasserbedarfs verteilt.

8 Modellkalibrierung

In die Berechnung des hydraulischen Systemzustands geht das Widerstandsverhalten der Rohrleitungen des Rohrnetzes als Parameter ein. Das Widerstandsverhalten einer Rohrleitung wird hauptsächlich durch die Rauheitsverteilung sowie durch örtliche Druckverluste, z. B. an Formstücken und Armaturen, bestimmt. Weder die Rauheiten noch die örtlichen Druckverluste lassen sich direkt bestimmten. Deshalb findet bei der Rohrnetzmodellierung die sogenannte betrieblichen Rauheit Anwendung, die das gesamte Widerstandsverhalten in einer Rohrleitung beschreibt. Die betrieblichen Rauheiten der Rohrleitungsabschnitte eines Modells werden in der Regel ermittelt, indem sie iterativ verändert werden, bis gemessene und berechnete Betriebszustände übereinstimmen. Dieser, Kalibrierung genannte, Prozess wird in diesem Kapitel erläutert. Dazu wird zunächst ein Überblick über die Zielsetzung und den Prozess gegeben, bevor auf die Vergleichsmessungen und Vergleichsrechnungen eingegangen wird.

8.1 Zielsetzung

Nicht alle Parameter, die für die Modellierung eines Wasserverteilungssystems benötigt werden, können direkt und in der erforderlichen Qualität erhoben werden (s. Kap. 2.2.3). Dies betrifft insbesondere die betriebliche Rauheit k_2, mit der alle den Druckverlust steigernden oder mindernden Einflüsse im betrachteten Rohrleitungsabschnitt berücksichtigt werden (s. Kap. 2.1.4.3). Bei der Rohrnetzmodellierung wird jedem Strang die betriebliche Rauheit k_2 als Parameter vorgegeben (s. Kap. 3.4.1.2). Zwischen Anfangs- und Endknoten eines Strangs wird die betriebliche Rauheit k_2 als konstant angenommen. Entsprechend weist die Drucklinie auch einen konstanten linearen Verlauf auf (s. Abb. 2.3).

Wichtige Einflüsse sind z. B. die Rauheitsverteilung und örtliche Druckverluste im Rohrleitungsabschnitt. Für Rohrleitungen werden relativ lange Planungszeiträume von mindestens 50 Jahren angesetzt (s. Tab. 6.4). Im Laufe ihrer Lebenszeit können Inkrustationen, Korrosion oder Ablagerungen zu einer wesentlichen Erhöhung der Rauheiten führen (s. Abb. 8.1). Mit Maßnahmen wie Spülen oder Molchen wird dagegen eine Verringerung der Rauheiten bewirkt. Außerdem können örtliche Druckverluste, z. B. durch Formstücke oder Armaturen, entstehen.

Im DVGW GW 303-1 (A) (2006) wird gefordert, dass für die Berechnung bestehender Rohrnetze die betrieblichen Rauheiten k_2 grundsätzlich durch eine Kalibrierung zu bestimmen sind. Aufgabe der Modellkalibrierung ist deshalb auch in erster Linie die Ermittlung der betrieblichen Rauheiten k_2 (DVGW GW 303-1 (A), 2006). Dazu werden gemessene

P. Klingel, *Modellierung von Wasserverteilungssystemen*,
https://doi.org/10.1007/978-3-658-21270-4_8

Abbildung 8.1: Rohrleitungen mit Inkrustationen

Systemzustände genutzt und mit Ergebnissen der Rohrnetzberechnung verglichen. Bei einer manuellen Vorgehensweise werden z. B., ausgehend von angenommenen Werten, die Rauheiten des Rohrnetzmodells verändert, bis die gemessenen und errechneten Systemzustände innerhalb zulässiger Abweichungen übereinstimmen. Die Messung von Systemzuständen zur Kalibrierung wird auch Vergleichsmessung und die Rohrnetzberechnung Vergleichsrechnung genannt.

Neben der betrieblichen Rauheit k_2 können z. B. auch der Wasserverbrauch und die Wasserverluste Gegenstand der Modellkalibrierung sein. Beim Wasserverbrauch liegt das Potential der Kalibrierung in der Korrektur der Verbrauchsverteilung und der Verbrauchsschwankungen. Die Gesamtmengen können üblicherweise genügend genau ermittelt werden. Dementsprechend können auch die Ermittlung der räumlichen Verteilung und der Mengen der einzelnen Wasserverluste Ziel der Modellkalibrierung sein. Die Gesamtmenge in einer Bilanzierungszone lässt sich mit einer Wasserbilanz wiederum in ausreichender Genauigkeit bestimmen. Für Standartaufgaben sind allerdings die in Kapitel 6 und 7 beschriebenen Ermittlungs- und Modellierungsansätze für den Wasserverbrauch und die Wasserverluste in der Regel ausreichend. Im Weiteren wird deshalb ausschließlich auf die Kalibrierung der betrieblichen Rauheit k_2 eingegangen. Die Bestimmung weiterer Parameter in einer Kalibrierung behandeln z. B. Kapelan (2002), Walski u. a. (2003) und das AWWA Manual M32 (2012).

Ist eine Kalibrierung nicht durchführbar, sind mit dem Rohrnetzmodell nur grobe Abschätzungen durchführbar (DVGW GW 303-1 (A), 2006). Dazu können Erfahrungswerte für die betriebliche Rauheit k_2 genutzt werden, die Besonderheiten, wie z. B. neue oder gereinigte Rohrleitungen, berücksichtigen. Als Richtwerte können die in Tabelle 3.8 genannten betrieblichen Rauheiten k_2 genutzt werden.

Neben der Bestimmung nicht direkt ermittelbarer Parameter trägt die Kalibrierung zu einem besseren Verständnis des Rohrnetzmodells bei (Walski u. a. (2003)). Durch den Kalibrierungsprozess wird greifbar, welche Parameter und Systemkomponenten hinsichtlich der Hydraulik besonders sensitiv und welche weniger relevant sind. Außerdem können eine fehlerhafte Modellierung von Systemkomponenten oder inkorrekte Parametereingaben durch die Kalibrierung sichtbar werden.

8.2 Kalibrierungsprozess

Generell kann der Kalibrierungsprozess in mehrere Schritte unterteilt werden, die üblicherweise nacheinander abgearbeitet werden:

1. Festlegung der benötigten Modellqualität
2. Planung der Vergleichsmessungen
3. Durchführung der Vergleichsmessungen
4. Ermittlung und Behebung von Modellierungsfehlern (Makro- oder Grobkalibrierung)
5. Ermittlung der betrieblichen Rauheiten k_2 mit Vergleichsrechnungen (Mikro- oder Feinkalibrierung)

Die Genauigkeit der Ergebnisse von Rohrnetzberechnungen werden von der Qualität der Eingangsparameter des Rohrnetzmodells bestimmt. Mit der Modellkalibrierung soll sicher gestellt werden, dass das Rohrnetzmodell Berechnungsergebnisse in einer Genauigkeit liefert, die den Anforderungen genügt. Dementsprechend entscheidet die Definition der Modellanforderungen im ersten Schritt auch über die benötigte Genauigkeit (s. Kap. 1.3).

Der zweite und dritte Schritt umfassen die Planung und Durchführung der Vergleichsmessungen. Zunächst sind in Abhängigkeit der Modellanforderungen und der benötigten Modellgenauigkeit Messbereiche mit Druck- und Durchflussmessstellen sowie ggf. zusätzlichen Wasserentnahmen an Hydranten zu definieren. Für die Messabschnitte zwischen zwei Druckmessstellen werden später im fünften Schritt die betrieblichen Rauheiten k_2 bestimmt. Ein Messbereich kann einzelne Rohrleitungsabschnitte oder ganze Rohrnetzbereiche umfassen. In die Planung geht auch die Anzahl und der Typ der verfügbaren Messgeräte ein. Abschätzungen, ob mit den geplanten Vergleichsmessungen notwendige Fließgeschwindigkeiten und Druckverluste erreicht werden, können mit Berechnungen mit dem unkalibrierten Rohrnetzmodell getroffen werden, in dem dazu Anhaltswerte für die betrieblichen Rauheiten k_2 angegeben werden (s. Tab. 3.8). Auf Vergleichsmessungen wird näher in Kapitel 8.3 eingegangen.

Vor der Bestimmung der betrieblichen Rauheiten k_2 mit Vergleichsrechnungen wird das unkalibrierte Rohrnetzmodell meist getestet, indem Rohrnetzberechnungen mit den Vergleichsmessungen abgeglichen werden. Für die betrieblichen Rauheiten k_2 können dazu, wie im vorigen Absatz bereits erwähnt, Erfahrungswerte oder die Richtwerte aus Tabelle 3.8 genutzt werden. Der Abgleich dient der Aufdeckung größerer Diskrepanzen, die nur mit unrealistisch großen Rauheiten beseitigt werden können. Solche Diskrepanzen sind meist auf Fehler bei der Modellierung zurückzuführen, z. B. fehlerhafte Angaben von

Rohrleitungslängen, Durchmessern, geodätischen Höhen oder Schieberstellungen. Dieser, auch Makrokalibrierung oder Grobkalibrierung genannte, vierte Schritt kann zusammen mit dem zweiten oder dem fünften Schritt vorgenommen werden.

Im fünften Schritt wird die eigentliche Aufgabe der Kalibrierung durchgeführt, nämlich die Ermittlung der betrieblichen Rauheiten k_2. Für die Kalibrierung werden Vergleichsmessungen bei stationären Strömungsverhältnissen und bekannten Betriebsbedingungen genutzt. Entsprechend werden auch stationäre Vergleichsrechnungen durchgeführt. Grundsätzlich können zwei Vorgehen unterschieden werden. Beim manuellen Verfahren werden die Rauheiten iterativ verändert und die Vergleichsmessungen mit Vergleichsrechnungen verglichen, bis die Abweichungen an den Messstellen innerhalb der Genauigkeitsanforderungen liegen. Das Vorgehen wird auch als Probierverfahren (engl.: *trial and error*) bezeichnet (Walski u. a., 2003; U.S. Environmental Protection Agency, 2005). Für den eigentlichen Vergleich können die Druckverlusthöhen zwischen zwei Messstellen, die Potentialhöhen an den Messstellen oder die Differenzen zwischen den Ruhedrücken und den gemessenen Drücken an den Messstellen herangezogen werden. Des Weiteren existieren zahlreiche automatisierte Verfahren, mit denen die Rauheiten iterativ bestimmt, direkt berechnet oder mit einem Optimierungsansatz ermittelt werden können. Die Vergleichsrechnung wird näher in Kapitel 8.4 beschrieben.

8.3 Vergleichsmessung

8.3.1 Messgrößen und Genauigkeitsanforderungen

Vergleichsmessungen werden in definierten und meist nur temporär eingerichteten Bereichen des Netzes durchgeführt (s. Kap. 8.3.3). In diesen Messbereichen müssen zeitgleich folgende Größen erfasst werden (DVGW GW 303-1 (A), 2006):

- Druckhöhe P und Durchfluss q an den Einspeisestellen
- Druckhöhe P und Durchfluss q an den Ausspeisestellen
- Druckhöhe P, ggf. auch Durchfluss q, an den Messstellen im Rohrnetz
- Zusätzliche Wasserentnahmen Q_{VM}
- Wasserverbrauch Q von Großabnehmern

Oft sind Wasserbehälter die Einspeisestellen des Messbereichs. In diesem Fall ist der Wasserspiegel WSp zu erfassen, da dieser der Druckhöhe P an der Einspeisestelle entspricht. Die Messung des Wasserspiegels WSp ist gemäß DVGW GW 303-1 (A) (2006) mit einer Genauigkeit a_{WSp} von $\pm 0{,}1$ m durchzuführen (s. Gl. 8.1). Die Anforderung gilt außerdem für die Zulaufhöhe h_{Zul}.

$$a_{WSp} = a_{h_{Zul}} = \pm 0{,}1\,\mathrm{m} \tag{8.1}$$

Für die geodätischen Höhen h_{geo} der gewählten Messstellen sind im DVGW GW 303-1 (A) (2006) ebenfalls Genauigkeitsanforderungen definiert. Werden Druckhöhen P oder

Potentialhöhen H an den Messstellen oder Druckverlusthöhen h zwischen den Messstellen als Basis des Abgleichs von Vergleichsmessung und Vergleichsrechnung herangezogen, ist die Genauigkeit $a_{h_{geo\,h}} = \pm 0{,}5\,\text{m}$ einzuhalten (s. Gl. 8.2). Bei der Analyse von Differenzen zwischen der Ruhedruckhöhe OP_0 an der Messstelle und der Druckhöhe P zum Zeitpunkt der Messung gilt die Genauigkeitsanforderung $a_{h_{geo\,H}} = \pm 1{,}0\,\text{m}$ (s. Gl. 8.3).

$$a_{h_{geo\,h}} = \pm 0{,}5\,\text{m} \tag{8.2}$$

$$a_{h_{geo\,H}} = \pm 1{,}0\,\text{m} \tag{8.3}$$

Die geodätische Höhe h_{geo} einer Messstelle kann überprüft werden, indem die Ruhedruckhöhe OP_0 an der Messstelle gemessen und von der Potentialhöhe H der Einspeisung abgezogen wird ($h_{geo} = H - OP_0$). Ist die Einspeisung ein Wasserbehälter entspricht die geodätische Höhe h_{geo} einer Messstelle der Differenz der geodätischen Höhe des Behälterwasserspiegels $h_{geo\,WSp}$ und des Ruhedrucks OP_0 ($h_{geo} = h_{geo\,WSp} - OP_0$). Dieses Verfahren bietet sich besonders bei unvermaschten Messbereichen an, die ausschließlich oder überwiegend aus Hauptleitungen bestehen, an die keine Verbraucher angeschlossen sind (s. Kap. 8.3.3). Bei diesen Messbereichen kann davon ausgegangen werden, dass ohne eine zusätzliche Entnahme der Durchfluss gegen Null geht und sich deshalb annähernd der Ruhedruck OP_0 einstellt. Ansonsten sind Messungen in den verbrauchsarmen Zeiten zielführend. Wird der Ruhedruck OP_0 nicht erreicht, können zumindest größere Fehler identifiziert werden.

Sind die Druckverluste im Rohrnetz nicht ausgeprägt genug, ist die Bestimmung der Rauheit nicht eindeutig möglich. Der Zusammenhang ist in Abbildung 8.2 veranschaulicht. Das Diagramm zeigt die Druckverlusthöhe h einer Rohrleitung mit der Länge $l = 100\,\text{m}$ und dem Durchmesser $d = 50\,\text{mm}$ für verschiedene Rauheiten k. Es ist ersichtlich, dass bei geringen Durchflüssen q die unterschiedlichen Rauheiten k keine signifikanten Unterschiede der Druckverlusthöhen h bewirken. Umgekehrt ist die Bestimmung der Rauheiten k mit einer gemessenen Druckverlusthöhe h schwer möglich, wenn diese nicht ausreichend groß ist. Um aussagekräftige Vergleichsmessungen zu erzielen, muss deshalb für einen genügend großen Druckabfall Δp_{min} an den Messstellen gesorgt werden. Dass wird erreicht, indem ein ausreichend großer Durchfluss q im Rohrleitungsabschnitt erzeugt wird. Gemäß DVGW GW 303-1 (A) (2006) beträgt der minimale Druckabfall Δp_{min} während der Messung 20 % des Ruhedrucks OP_0 oder mindestens 1,5 bar (s. Gl. 8.4). Der Ruhedruck OP_0 tritt auf, wenn keine Durchflüsse im System stattfinden. Da in der Regel jedoch immer ein gewisser Wasserverbrauch oder Wasserverlust stattfindet, ist der tatsächliche Maximalwert des Betriebsdrucks OP, der zum Zeitpunkt des geringsten Wasserverbrauchs Q_{min} auftritt, kleiner als der Ruhedruck OP_0 (s. Kap. 9.1.2).

$$\Delta p_{min} = 0{,}2 \cdot OP_0 \geq 1{,}5\,\text{bar} \tag{8.4}$$

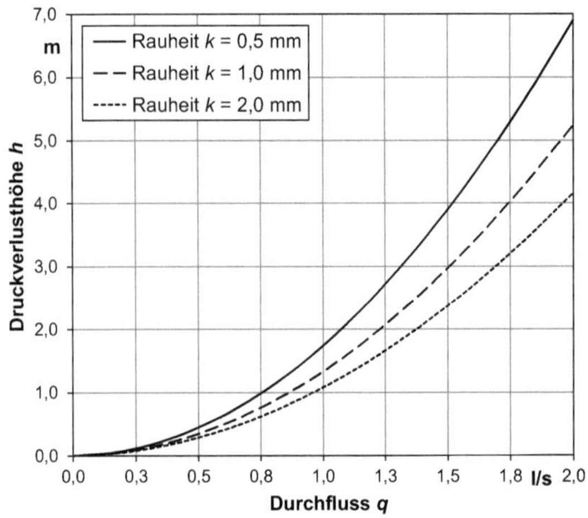

Abbildung 8.2: Druckverlusthöhe h in Abhängigkeit des Durchflusses q bei einer Rohrleitung mit der Länge $l = 100\,\mathrm{m}$, dem Durchmesser $d = 50\,\mathrm{mm}$ und den Rauheiten k

8.3.2 Messgeräte

8.3.2.1 Durchflussmessung

Für die Messung der Durchflüsse an Ein- und Ausspeisestellen sind in der Regel fest installierte Messgeräte vorhanden. Die wichtigsten Volumen- und Durchflussmessgeräte sind näher in Kapitel 6.2 beschrieben. Ist an einer Einspeisestelle kein Messgerät installiert, kann ggf. ein mobiles USD-Gerät eingesetzt werden.

Bei Wasserbehältern kann die Einspeisung auch über die Aufzeichnung des Wasserspiegels WSp während der Messungen ermittelt werden (s. Abb. 8.3). Dazu wird in einem gewählten Zeitintervall regelmäßig der Wasserspiegel WSp erfasst. Bei bekannter Behältergeometrie kann dann aus der Wasserspiegeldifferenz das eingespeiste Volumen V_i im Zeitintervall i berechnet werden, das zum Zeitpunkt t beginnt und zum Zeitpunkt $t + \Delta t$ endet. Der über das Zeitintervall als konstant angenommene Durchfluss $q_{Ent\,i}$ ergibt sich dann aus dem Quotienten von Volumen V_i und Dauer Δt des Zeitintervalls zuzüglich des Zulaufs $q_{Zul\,i}$ in den Behälter im Zeitintervall i. Bei senkrechter Bewandung der Wasserkammer mit der Grundfläche A_{WK} kann dazu Gleichung 8.5 genutzt werden.

$$\begin{aligned} q_{Ent\,i} &= \frac{V_i}{\Delta t} + q_{Zul\,i} \\ &= \frac{(WSp_t - WSp_{t+\Delta t}) \cdot A_{WK}}{\Delta t} + q_{Zul\,i} \end{aligned} \tag{8.5}$$

Abbildung 8.3: Wasserspiegelanzeige (*links*, Foto: D. Walter) und Aufzeichnung einer Durchflussmessung mit einer Digitalkamera (*rechts*, Foto: A. Knobloch)

Vorteilhaft ist es, den Zulauf q_{Zul} während der Messung zu unterbinden, um größere Wasserspiegländerungen zu erzielen und einen möglichen Fehlereinfluss auszuschließen. Auch sollte die Dauer Δt so gewählt werden, dass der Durchfluss während der sich einstellenden stationären Strömungsverhältnisse ermittelt werden kann (s. Kap. 8.3.4).

Für zusätzliche Wasserentnahmen werden vorzugsweise Hydranten genutzt (s. Kap. 3.2). An Unterflurhydranten wird dazu ein Standrohr angebracht. Für die Ableitung des Wassers können Feuerwehrschläuche und ggf. ein Spülkasten angeschlossen werden. Es gibt Standrohre, die bereits über ein integriertes Durchfluss- oder Volumenmessgerät verfügen. Ist dies nicht der Fall, kann ein Messgerät über Feuerwehrschläuche an das Standrohr angeschlossen werden. Abbildung 8.4 zeigt die Wasserentnahme und Durchflussmessung an Hydranten im Rahmen von Vergleichsmessungen.

Bei fest installierten Geräten wird der Durchfluss bzw. der Wasserspiegel im Rahmen der Betriebsgrößenerfassung oft bereits digital gespeichert. Die Daten können meist mit geringem Aufwand ausgespielt und genutzt werden. Allerdings ist auf einen Abgleich der Uhrzeit zu achten, um die Durchflussmessungen mit den übrigen Messdaten synchronisieren zu können. Auch Standrohre mit integriertem MID-Gerät oder MID-Geräte, die über Feuerwehrschläuche an Standrohre angeschlossen werden, verfügen meistens bereits über eine digitale Datenanzeige und mitunter auch über eine Speicherung.

Ist keine Datenspeicherung vorhanden, muss an diesen Messgeräten während der Messungen in regelmäßigen Abständen gleichzeitig der aktuelle Durchfluss abgelesen und notiert oder fotografisch festgehalten werden. Alternativ kann die Anzeige auch mit einer Digitalkamera mit synchronisierter Systemuhrzeit oder angebrachter Uhr gefilmt und die Aufzeichnung im Nachgang ausgewertet werden (s. Abb. 8.3).

Werden Volumenzähler genutzt, muss ebenfalls das gezählte Volumen in regelmäßigen Abständen aufgezeichnet werden, um den Durchfluss zu bestimmen. Das Volumen V_i, das

Abbildung 8.4: Standrohr mit angeschlossenem Durchflussmessgerät (*oben links*, Foto: A. Knobloch), MID-Gerät und Spülkasten (*oben rechts*), Standrohr mit Wasserzähler (*unten links*, Foto: A. Knobloch), Überflurhydrant mit angeschlossenem Feuerwehrschlauch und Druckmessung (*unten Mitte*) und Standrohr mit integriertem MID-Gerät und Manometer (*unten rechts*)

den Zähler im Zeitintervall i durchströmt hat, ergibt sich aus der Differenz der abgelesenen Volumina $V_{t+\Delta t}$ am Ende und V_t zu Beginn des Zeitintervalls. Mit der Zeitintervalldauer Δt lässt sich dann der Durchfluss q_i im Zeitintervall i berechnen (s. Gl. 8.6).

$$q_i = \frac{V_{t+\Delta t} - V_t}{\Delta t} \tag{8.6}$$

8.3.2.2 Druckmessung

Für Druckmessungen im Rohrnetz bieten sich Armaturen, insbesondere Hydranten, als Messstellen an. An die Klaue von Unterflurhydranten und an die Abgänge von Überflurhydranten können mit wenig Aufwand und reversibel Drucksonden angebracht werden (s. Abb. 8.5). Zur Aufzeichnung der Druckmessungen bieten sich Datenlogger an. Es ist

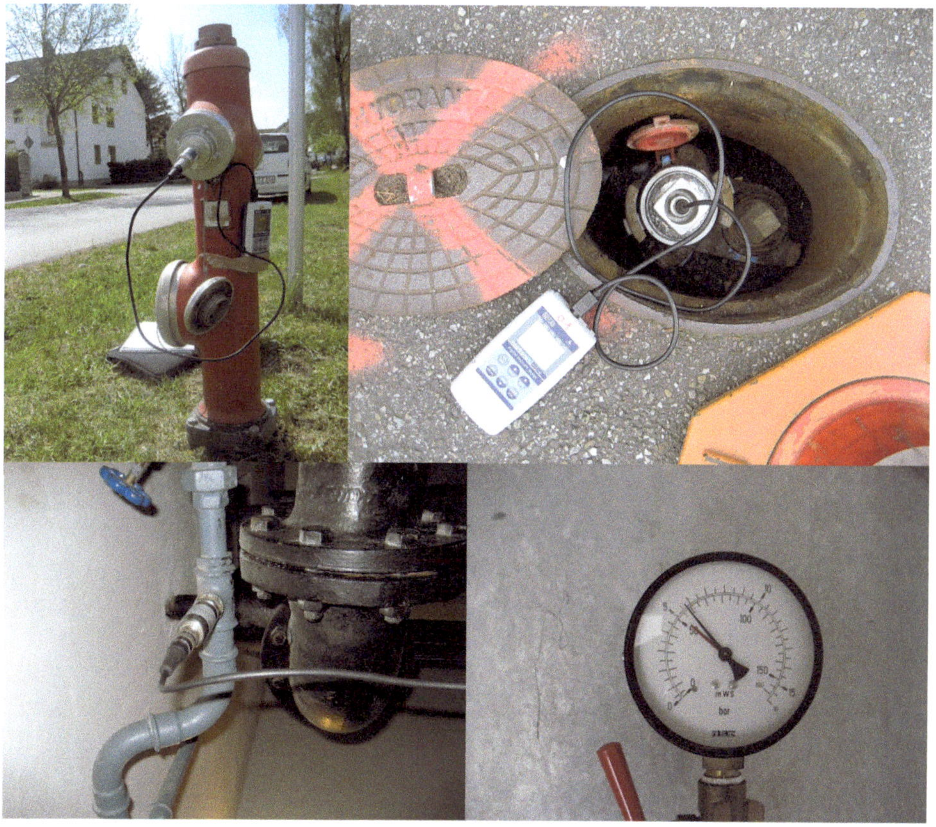

Abbildung 8.5: Drucksonde mit Datenlogger an Überflurhydrant (*oben links*), Drucksonde mit Datenlogger an Unterflurhydrant (*oben rechts*), Drucksonde in Pumpenanlage (*unten links*) und Manometer mit analoger Anzeige (*unten rechts*)

darauf zu achten, dass die Datenlogger über eine genügend große Auflösung, z. B. eine Messung pro Sekunde, und Speicherkapazität zur Aufzeichnung aller geplanten Messungen verfügen.

Eine besondere Bedeutung kommt der exakten Erfassung des Drucks der Netzeinspeisung zu. Wird Wasser aus einem Wasserbehälter in das Netz eingespeist, ist oft keine Druckmessung am Behälterausgang vorhanden. Allerdings entspricht die geodätische Wasserspiegelhöhe $h_{geo\,WSp}$ der Potentialhöhe H_{Ent} an der Behälterentnahme (s. Kap. 4.1.1). Wird also der Wasserspiegel WSp während der Messungen aufgezeichnet, ist auch die Potentialhöhe H_{Ent} der Einspeisung bekannt. An den Ausgängen von Förder- und Druckerhöhungsanlagen sind meist Druckmessungen fest installiert. Die Druckmessungen sind möglichst mit Druckschreibern oder Druckdatenloggern aufzuzeichnen.

Ist keine automatische Speicherung der Druckmessungen möglich, können die Drücke auch in regelmäßigen Abständen, ggf. entsprechend der zur Aufzeichnung von Durchflussmessungen gewählten Abstände, abgelesen und notiert werden. Alternativ dazu kann auch eine Digitalkamera mit synchronisierter Systemuhrzeit zur Aufzeichnung genutzt werden (s. Abb. 8.3).

Die Genauigkeit der genutzten Messgeräte ist gemäß DVGW GW 303-1 (A) (2006) vor und nach der Messung zu prüfen. Außerdem sollten nur Geräte eingesetzt werden, deren Messbereichsendwert nicht wesentlich über dem maximal zulässigen Betriebsdruck *MDP* liegt (s. Kap. 9.1.3.1). Des Weiteren sollte bei der Messung von absoluten Drücken zu Beginn der Vergleichsmessung der Luftdruck festgehalten werden. Wird mit Druckdifferenzen bzw. Druckverlusten gearbeitet, ist der Luftdruck allerdings unerheblich, da er bei der Ermittlung gekürzt wird.

8.3.3 Messbereich

Um die betriebliche Rauheit k_2 eines Rohrleitungsabschnitts eindeutig bestimmen zu können, ist der Druckverlust im Abschnitt mit mindestens einer Messung zu ermitteln (s. Kap. 8.4.1). Im Umkehrschluss bestimmen demnach Anzahl und Lage der Druckmessstellen die Rohrleitungsabschnitte, die kalibriert werden können. Im DVGW GW 303-1 (A) (2006) sind Anhaltswerte für die Anzahl der benötigten Druckmessstellen in Abhängigkeit der Länge l des Rohrnetzes genannt (s. Tab. 8.1). Generell wird im DVGW GW 303-1 (A) (2006) empfohlen, die Messstellen gleichmäßig über das Netz zu verteilen. Allerdings kommt druckverlustbestimmenden Rohrleitungsabschnitten eine besondere Bedeutung zu. Diese Abschnitte sollten dichter mit Messungen ausgerüstet werden.

Auch mit einer großen Anzahl von Messgeräten können in der Regel nicht alle Rohrleitungsabschnitte kalibriert werden. Deshalb werden meist Rohrleitungsgruppen gebildet, die Rohrleitungsabschnitte zusammenfassen, bei denen von einer ähnlichen Entwicklung der Rauheiten ausgegangen werden kann (Ormsbee und Lingireddy, 1997). Bei der Kalibrierung ist möglichst für jede Rohrleitungsgruppe eine resultierende betriebliche Rauheit k_2 zu ermitteln, die dann auf nicht kalibrierte Abschnitte übertragen wird. Durch die Zusammenfassung von Rohrleitungen kann also die Anzahl der notwendigen Messpunkte reduziert werden. Ähnlich dem Vorgehen bei der Rehabilitationsplanung sind die wichtigsten Kriterien der Gruppenbildung die im Folgenden gelisteten Einflussgrößen:

- Werkstoff und Schutz vor Innenkorrosion
- Baujahr bzw. Bereich für das Baujahr
- Durchmesser bzw. Bereich für den Durchmesser
- Lage und Zugehörigkeit zu einer Versorgungszone im Rohrnetz

Die Lage ist deshalb von Interesse, weil sie für weitere Einflussfaktoren, wie die Wasserqualität und Fließgeschwindigkeiten, verantwortlich ist.

Prinzipiell können Vergleichsmessungen in einer kompletten Versorgungszone vorgenommen werden, wenn eine genügend große Anzahl von Messstellen in der Zone eingeplant wird. Dieses Vorgehen bietet sich an, wenn eine entsprechende Anzahl von Druck-

Tabelle 8.1: Anhaltswerte für die erforderliche Anzahl von Druckmessstellen in Abhängigkeit der Rohrnetzlänge l gemäß DVGW GW 303-1 (A) (2006)

Rohrnetzlänge l in km	Messpunktanzahl
0 bis 100	20 bis 30
100 bis 200	30 bis 50
200 bis 400	50 bis 70
400 bis 800	70 bis 100

messgeräten zur Verfügung steht, die für einen längeren Zeitraum im Netz ausgebracht werden, und keine zusätzlichen Entnahmen zur Erzeugung der notwendigen Druckverluste erforderlich sind.

Meist ist aber das temporäre Einrichten von Messbereichen für die Vergleichsmessungen vorteilhaft, weil dabei die folgenden Kriterien berücksichtigt und umgesetzt werden können:

- Anzahl von Personal und Messgeräten
- Transparenz und Übersicht auf Grund kleinerer Netzgrößen
- Kontrolle und Messung der Ein- und Ausspeisungen
- Möglichkeit der Ausgrenzung des Wasserverbrauchs
- Berücksichtigung der druckverlustbestimmenden Rohrleitungsabschnitte
- Berücksichtigung aller Rohrleitungsgruppen
- Erzeugung von Druckverlusten durch Zwangsführung des Wassers
- Erzeugung von Druckverlusten durch zusätzliche Wasserentnahmen

Wie oben bereits erwähnt, sollten mit den Messbereichen die druckverlustbestimmenden Rohrleitungsabschnitte erfasst werden. Meist sind dies die Zubringer- und Hauptleitungen eines Netzes. In Versorgungszonen sollten deshalb, ausgehend von der Netzeinspeisung, für alle relevanten Hauptleitungen, die in und durch die Zone führen, Vergleichsmessungen durchgeführt werden. Die Druckmessstellen sind so zu wählen, dass möglichst alle gebildeten Rohrleitungsgruppen erfasst werden.

Wird der Mindestdruckabfall Δp_{min} unter normalen Betriebsbedingungen nicht erreicht, kann dies durch zusätzliche Wasserentnahmen an Hydranten und/oder die Zwangsführung des Wassers durch Bereichseinteilung und ggf. zusätzliches Schließen von Schiebern erzielt werden.

Ein Messbereich, der ausschließlich verästelte Netzbereiche umfasst, hat gegenüber einem vermaschten Messbereich den Vorteil, dass die betriebliche Rauheit k_2 in einem Rohrleitungsabschnitt zwischen zwei Druckmessstellen eindeutig und auch händisch ermittelt werden kann (s. Kap. 8.4.1). Des Weiteren weist ein verästelter gegenüber einem vermaschten Messbereich eine größere Transparenz auf, die Hydraulik ist weniger komplex und auch vor Ort leichter nachvollziehbar. Es bietet sich deshalb an, Vermaschungen in

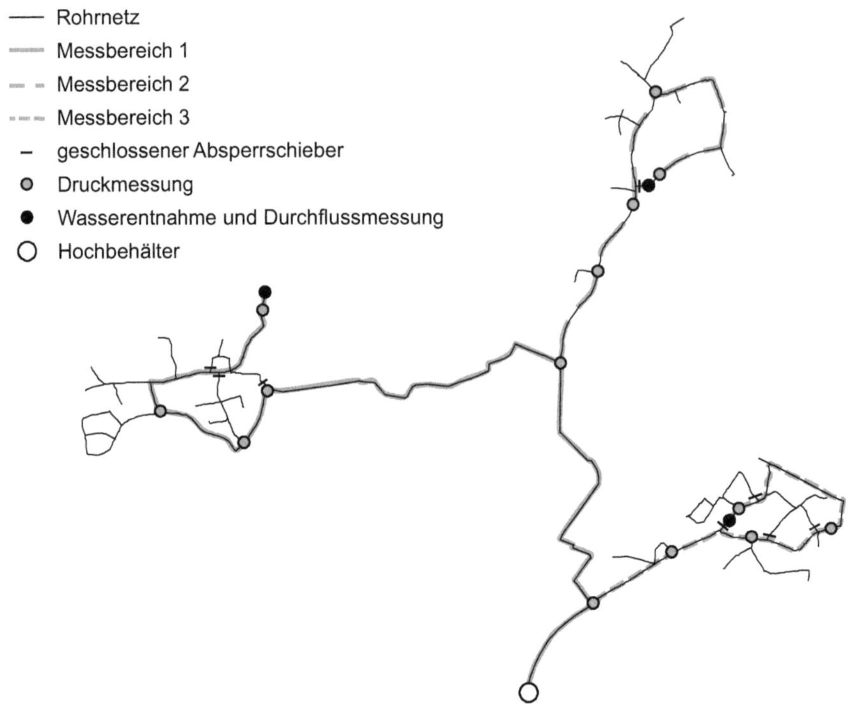

Abbildung 8.6: Einteilung einer Versorgungszone in drei Messbereiche

einem Messbereich durch das temporäre Schließen von Absperrarmaturen für die Zeit der Vergleichsmessungen aufzuheben.

Die zu erwartenden Druckverluste in einem Messbereich können mit überschlägigen Rohrnetzberechnungen ermittelt werden, für die Anhaltswerte der betrieblichen Rauheiten k_2 genutzt werden können (s. Tab. 3.8). Dazu ist der zu prüfende Messbereich im Modell nachzubilden sowie der Wasserbedarf zur Messzeit und die voraussichtliche zusätzliche Wasserentnahme anzusetzen. Die Modellierung von Wasserentnahmen an Hydranten ist näher in Kapitel 6.9.4, 9.2 und 9.3 beschrieben. Auch sollte bei der Planung rechnerisch überprüft werden, ob die Versorgungssicherheit während der geplanten Vergleichsmessungen gewährleistet ist.

Messungen des Durchflusses im bestehenden Rohrnetz sind schwierig oder gar nicht umzusetzen, wenn nicht bereits Messgeräte fest installiert sind. Zusätzliche Wasserentnahmen an Hydranten sollten deshalb nach Möglichkeit an Endsträngen der Messbereiche geplant werden. In diesen Fällen muss lediglich der Durchfluss der Entnahme gemessen werden, was leicht zu bewerkstelligen ist. Der Endstrang das Messbereichs kann dabei tatsächlich ein Endstrang des Rohrnetzes sein oder temporär mit einer in Fließrichtung nach dem Entnahmehydranten gelegenen Absperrarmatur eingerichtet werden.

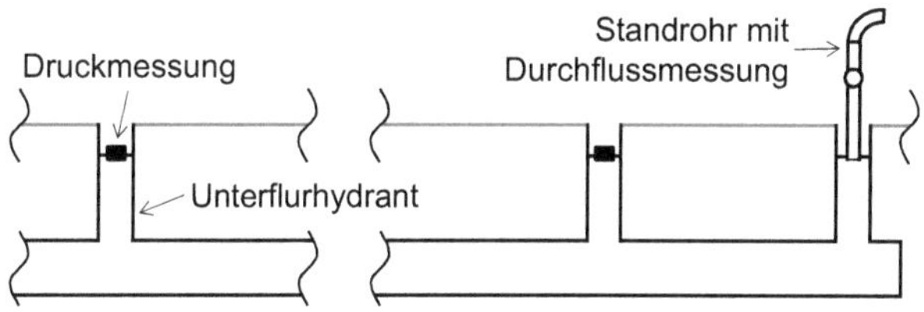

Abbildung 8.7: Schematischer Schnitt einer Instrumentierung mit Druckmessungen an Unterflurhydranten sowie einer Wasserentnahme und Durchflussmessung über ein Standrohr mit integriertem Messgerät

In Abbildung 8.6 ist eine Versorgungszone dargestellt, in die aus einem Hochbehälter eingespeist wird. Außerdem sind drei geplante Messbereiche für Vergleichsmessungen eingezeichnet. Die Messbereiche werden über Schieberstellungen temporär hergestellt und erfassen ausgehend vom Hochbehälter alle relevanten Hauptleitungen. Die vom Hochbehälter abgehende Hauptleitung wird zumindest teilweise in allen drei Messbereichen erfasst. Für die Durchführung der Vergleichsmessungen entsprechend der Planung genügen sechs Druckmessungen, sofern die Messbereiche nacheinander abgearbeitet werden. Je Messbereich ist eine Entnahme an einem Endstrang vorgesehen. Eine typische Instrumentierung eines Messbereichs mit Unterflurhydranten zeigt Abbildung 8.7. An den geplanten Druckmessstellen im Messbereich sind an Unterflurhydranten Drucksonden angebracht. Über ein Standrohr am Endstrang wird Wasser während der Vergleichsmessung entnommen und der Durchfluss der Entnahme gemessen. Weitere Möglichkeiten der Instrumentierung werden von Walski u. a. (2003) und im AWWA Manual M32 (2012) beschrieben.

8.3.4 Messzeit und Messdauer

Für die Durchführung von Vergleichsmessungen sind Wochentage den Tagen am Wochenende vorzuziehen, da die Verbrauchsganglinie am Wochenende u. U. von der üblicherweise im Rohrnetzmodell implementierten Ganglinie der Wochentage abweicht. Auch ist die Durchführung an Zeiten mit geringem Verbrauch von Vorteil, wenn zusätzliche Entnahmen während der Vergleichsmessungen geplant sind. Zufälligkeiten im Verbrauchsverhalten werden durch hohe, zusätzliche Entnahmen überlagert und fallen bei Vergleichsrechnungen nicht wesentlich ins Gewicht (DVGW GW 303-1 (A), 2006). Vergleichsmessungen in verbrauchsarmen Zeiten ermöglichen zudem die Überprüfung der geodätischen Höhen der Messstellen durch die Messung des Ruhedrucks OP_0 (s. Kap. 8.3.1).

Alle relevanten Messgrößen müssen in einer Vergleichsmessung gleichzeitig erfasst werden. Für die spätere Datenverarbeitung im Rahmen der Vergleichsrechnung ist darauf zu achten, dass bei digitaler Speicherung der Messdaten die Uhrzeiten der einzelnen Messgeräte bzw. Datenlogger synchronisiert sind. Die Messung eines Betriebszustands ist

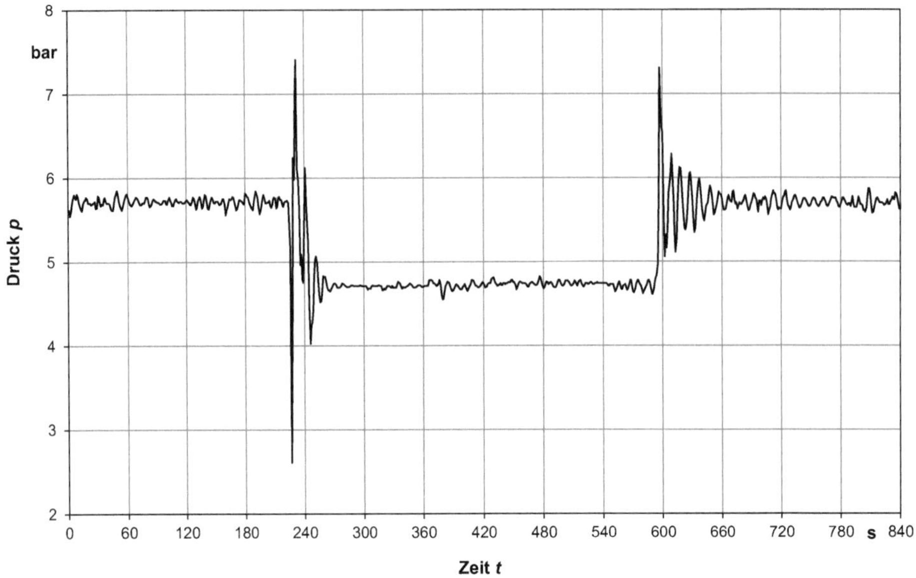

Abbildung 8.8: Ergebnis einer Messung des Drucks p über die Zeit t im Rahmen einer Vergleichsmessung

so lange durchzuführen, bis sichergestellt ist, dass sich stationäre Strömungsverhältnisse eingestellt haben (DVGW GW 303-1 (A), 2006). Dies kann überprüft werden, indem z. B. während der Messung der Durchfluss oder der Druck an der Entnahme beobachtet wird. Sobald die Größe einen, mit kleineren Abweichungen nach oben und unten, konstanten Wert annimmt, kann von stationären Strömungsverhältnissen ausgegangen werden.

Abbildung 8.8 zeigt das Ergebnis einer Druckmessung. Zwischen Sekunde 220 und 240 wurde bei der Messung der Hydrant geöffnet, was zu deutlichen Druckschwankungen durch instationäre Strömungsverhältnisse führte, die ab ca. Sekunde 265 wieder abgeklungen sind. Anschließend hat sich eine stationäre Strömung eingestellt, bis in ca. Sekunde 565 wieder mit dem Schließen des Hydranten begonnen wurde.

8.4 Vergleichsrechnung

8.4.1 Aufgabenstellung

Aufgabe der Vergleichsrechnung ist die Ermittlung der betrieblichen Rauheiten k_2 der Rohrleitungsabschnitte, für die Vergleichsmessungen vorliegen. Auf Grund des in Kapitel 2.1.4 beschriebenen Zusammenhangs zwischen Druckverlusthöhe h und Durchfluss q in einem Rohrleitungsabschnitt genügt theoretisch lediglich eine Messung dieser Größen bei stationären Strömungsverhältnissen, um dessen betriebliche Rauheit k_2 zu bestimmen.

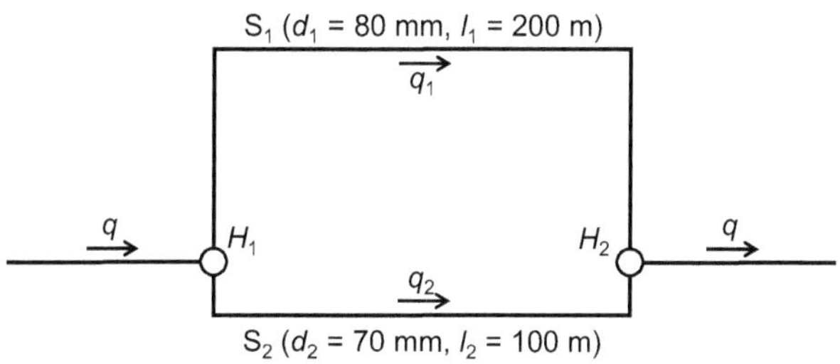

Abbildung 8.9: Masche mit den zwei Strängen S_1 und S_2 mit unbekannten betrieblichen Rauheiten k_{21} und k_{22}

Tabelle 8.2: Auswertung von zwei Messungen für die Masche aus Abbildung 8.9

Messung 1 $q = 10{,}0\,\mathrm{l/s}$, $h = 5{,}0\,\mathrm{m}$				Messung 2 $q = 17{,}1\,\mathrm{l/s}$, $h = 15{,}0\,\mathrm{m}$				
k_{21} in mm	q_1 in l/s	q_2 in mm	k_{22} in l/s	k_{21} in mm	q_1 in l/s	q_2 in mm	k_{22} in l/s	Δk_{22} in mm
0,1	6,5	3,5	4,6	0,1	11,5	5,6	6,5	-1,9
0,5	5,4	4,6	1,3	0,5	9,5	7,6	1,7	-0,4
1,0	4,9	5,1	0,7	1,0	8,5	8,6	0,9	-0,2
2,0	**4,3**	**5,7**	**0,4**	**2,0**	**7,4**	**9,7**	**0,4**	**0,0**
3,0	4,0	6,0	0,3	3,0	6,9	10,2	0,2	0,1

Die Ermittlung ist relativ einfach, es muss lediglich das Widerstandsgesetz gelöst oder eine Iteration der Rauheit durchgeführt werden. (Bei der Iteration wird die Rauheit so lange verändert, bis die berechnete der gemessenen Druckverlusthöhe entspricht.) Das Diagramm in Abbildung 8.2 zeigt die Druckverlusthöhe h in Abhängigkeit des Durchflusses q einer Rohrleitung mit der Länge $l = 100\,\mathrm{m}$ und dem Durchmesser $d = 50\,\mathrm{mm}$ bei verschiedenen Rauheiten k. Ergibt beispielsweise eine Messung bei einem Durchfluss $q = 1{,}5\,\mathrm{l/s}$ eine Druckverlusthöhe $h = 3{,}0\,\mathrm{m}$, ist die Rauheit k des Rohrleitungsabschnitts folglich 1,0 mm.

Komplexer ist der Sachverhalt in vermaschten Rohrnetzbereichen, wie das Beispiel in Abbildung 8.9 veranschaulicht. Die Abbildung zeigt eine Masche mit den zwei Rohrleitungsabschnitten bzw. Strängen S_1 und S_2. Eine erste Messung ergab die Druckverlusthöhe $h = H_1 - H_2 = 5{,}0\,\mathrm{m}$ und den Durchfluss $q = 10{,}0\,\mathrm{l/s}$ durch die Masche. (Die Druckverlusthöhe h ist in beiden Strängen gleich groß, siehe Kapitel 2.3.3.) Zur Ermittlung der betrieblichen Rauheiten k_{21} und k_{22} sind die Durchflüsse q_1 und q_2 in den Strängen S_1 und S_2 erforderlich, die in Summe den Durchfluss q ergeben. Für die Aufteilung des Durchflusses q in die Durchflüsse q_1 und q_2 gibt es theoretisch unendlich viele Möglichkeiten. Entsprechend viele Lösungen existieren für die damit zu ermittelnden betrieblichen Rauheiten k_{21} und k_{22}. Um die Aufteilung des Durchflusses q bzw. die Rauheiten k_{21} und

k_{22} ermitteln zu können, müssen die Ergebnisse einer zweiten Messung genutzt werden. Im Beispiel wurden bei der zweiten Messung die Druckverlusthöhe $h = 15{,}0\,\mathrm{m}$ und der Durchfluss $q = 17{,}1\,\mathrm{l/s}$ gemessen. Mit einer angenommenen betrieblichen Rauheit k_{21} im Strang S_1 und der gemessenen Druckverlusthöhe h kann der Durchfluss q_1 berechnet werden. Mit dem Durchfluss $q_2 = q - q_1$ lässt sich dann die betriebliche Rauheit k_{22} im Strang S_2 ermitteln. Die Ergebnisse für fünf angenommene Rauheiten k_{21} zeigt Tabelle 8.2. In den ersten vier Spalten ist die Auswertung der ersten, in den Spalten fünf bis acht die der zweiten Messung gelistet. Es ist ersichtlich, dass genau eine Flussaufteilung korrekt ist, nämlich die bei der die ermittelten Rauheiten für beide Messungen gleich sind bzw. die Differenz Δk_{22} der Rauheiten k_{22} der Messungen Null ist.

Folglich werden in einer Masche mit zwei Rohrleitungsabschnitten auch mindestens zwei Messungen benötigt, um die Rauheiten exakt bestimmen zu können. Wird eine Masche oder ein Rohrnetz mit mehr als zwei Rohrleitungsabschnitten ganzheitlich betrachtet, sind für die Ermittlung der Rauheiten so viele Messungen wie Variablen, also Rauheiten bzw. Rohrleitungsabschnitte, erforderlich. Die Bestimmung der Rauheiten in diesen Fällen ist auf Grund der Abhängigkeit der Variablen komplexer als die separate Betrachtung einzelner Rohrleitungsabschnitte. Einzelne Rohrleitungsabschnitte können in der Regel effizient mit einem manuellen Verfahren abgearbeitet werden (s. Kap. 8.4.3). Dagegen ist dies bei vermaschten Netzen mit einem vergleichsweise großen Aufwand verbunden. Mit zunehmender Komplexität des betrachteten Netzes wird es auch schwieriger überhaupt eine Lösung zu finden. Deshalb eignen sich für vermaschte Netze eher automatisierte Verfahren (s. Kap. 8.4).

8.4.2 Genauigkeitsanforderungen

Da sich die Genauigkeiten der genutzten Messgeräte, mit Ausnahme der eingesetzten Druckmessgeräte, nur bedingt überprüfen lassen, werden im DVGW GW 303-1 (A) (2006) für die Messwerte eine Genauigkeitsbetrachtung gefordert und für ein kalibriertes Rohrnetzmodell Genauigkeitsanforderungen definiert. Weitere, in den USA und Großbritannien gebräuchliche Genauigkeitsanforderungen sind im AWWA Manual M32 (2012) beschrieben.

Gemäß DVGW GW 303-1 (A) (2006) darf sich, mit Ausnahme begründeter Abweichungen, ein berechneter Druck an einer Messstelle der Vergleichsmessungen nicht mehr als die zulässige Abweichung a vom gemessenen Druck unterscheiden. Die zulässige Abweichung a in bar beträgt 2 % des Ruhedrucks OP_0, jedoch nicht mehr als 0,2 bar (s. Gl. 8.7).

$$a = 0{,}2 \cdot OP_0 \leq 0{,}2\,\mathrm{bar} \tag{8.7}$$

Die Abweichung ΔH_M in bar an einer Einzelmessstelle M muss außerdem der in Gleichung 8.8 dargestellten und sich auf die Gesamtzahl nM aller Messstellen M beziehenden Bedingung genügen. Darin sind p_{mM} der gemessene und p_{eM} der errechnete Druck an der

Messstelle M und U die mittlere Druckabweichung, jeweils in bar.

$$\begin{aligned} -\frac{\Delta H_M}{\sqrt{nM}} \leq \sum_{M=1}^{nM}(p_{mM}-p_{eM})\cdot\frac{1}{nM} \leq +\frac{\Delta H_M}{\sqrt{nM}} \\ -\frac{\Delta H_M}{\sqrt{nM}} \leq U \leq +\frac{\Delta H_M}{\sqrt{nM}} \end{aligned} \tag{8.8}$$

Gleichung 8.8 liegt die Annahme zu Grunde, dass Unterschiede zwischen gemessenen und berechneten Drücken hauptsächlich auf zufällige Messungenauigkeiten zurückzuführen sind und daher normal verteilt sind. Der Mittelwert des Erwartungswerts U der Druckabweichungen ist bei Normalverteilung Null.

Einseitige Druckabweichungen innerhalb der zulässigen Genauigkeitsanforderungen weisen auf Fehler in der Verteilung der Rauheiten oder des Wasserbedarfs hin. Erhebliche Verletzungen der oben genannten Kriterien können entweder auf Fehler im Rohrnetzmodell, in den Vergleichsmessungen oder bei den Vergleichsrechnungen zurückzuführen sein. Typische Unzulänglichkeiten im Rohrnetzmodell sind z. B. nicht bekannte geschlossene Absperrarmaturen, Topologiefehler und falsche Rohrleitungsparameter wie Längen und Durchmesser. Fehler in den Ergebnissen der Vergleichsmessungen können beispielsweise auf mangelhafte Messgeräte, ungenaue Höhenangaben der Messstellen und eine inkorrekte Umsetzung des Messbereichs zurückzuführen sein. Einzelne Druckmessfehler fallen als Ausreißer in den Messdaten bei der Vergleichsrechnung meist auf. Dagegen führen fehlerhafte Durchflussmessungen zu einer systematischen Über- oder Unterbestimmung der Rauheiten. Die Vergleichsrechnungen können zu ungenügenden Ergebnissen führen, weil z. B. die Anzahl der Messungen und die gewählten Messstellen keine exakte Bestimmung der Rauheiten zulassen, die Bedarfsverteilung nicht stimmig ist oder die Rechnung fehlerhaft durchgeführt wurde.

8.4.3 Manuelles Verfahren

Bei der manuellen Vergleichsrechnung werden die betrieblichen Rauheiten k_2 der Rohrleitungsabschnitte des betrachteten Messbereichs schrittweise geändert, bis die berechnete Drucklinie ausreichend genau mit der gemessenen Drucklinie übereinstimmt. Für den Abgleich können entweder die Druckhöhen, die Potentialhöhen oder die Differenzen von Ruhedruck und gemessenen Druckhöhen an den Messstellen oder die Druckverlusthöhen in den Messabschnitten herangezogen werden. Es empfiehlt sich aber das Arbeiten mit Potentialhöhen (Walski u. a., 2003). Ein gemessener Druck p kann dazu in die Druckhöhe P und schließlich in die Potentialhöhe H umgerechnet werden, indem zur Druckhöhe P die geodätische Höhe h_{geo} addiert wird (s. Gl. 2.7). Wird mit Potentialhöhen gearbeitet, können Messfehler oder Defizite des Rohrnetzmodells, z. B. die inkorrekte Angabe der geodätischen Höhen h_{geo} eines Knotens, besser erkannt werden. Auch ist bei der Analyse von Potentialhöhen die Fließrichtung offensichtlich.

Die Potentialhöhe H in einem Messbereich nimmt ausgehend von der Netzeinspeisung auf Grund der Druckverlusthöhen h in den Rohrleitungsabschnitten in Fließrichtung ab. Die Potentialhöhe H_M an einer Messstelle wird von der Potentialhöhe H_E der Netzeinspeisung und der Druckverlusthöhe h_{E-M} zwischen Netzeinspeisung und Messstelle bestimmt ($H_M = H_E - h_{E-M}$). Deshalb sollte bei der Anpassung der Rauheiten mit dem Messabschnitt zwischen Netzeinspeisung und erster Druckmessstelle in Fließrichtung begonnen und die Ermittlung der betrieblichen Rauheit k_2 sukzessive für die einzelnen Abschnitte in Fließrichtung fortgesetzt werden.

Als Startwert für die betriebliche Rauheit k_2 eines Messabschnitts wird eine Annahme getroffen. Dazu können die in Tabelle 3.8 genannten Anhaltswerte entsprechend DVGW GW 303-1 (A) (2006) genutzt werden. Die gemessene Potentialhöhe H_E der Netzeinspeisung des Messbereichs wird als Parameter vorgegeben. Ist die Einspeisung ein Hoch- oder Druckbehälter, wird der Startwasserspiegel WSp_{BK1} des Behälterknotens oder die Potentialhöhe H_{DK} des Druckknotens auf die Höhe der gemessenen Potentialhöhe H_E gesetzt (s. Kap. 4.5). Bei einer Einspeisung über eine Pumpenanlage muss der Betriebspunkt unter Berücksichtigung des Wasserverbrauchs Q und der zusätzlichen Wasserentnahme Q_{VM} zum Zeitpunkt der Messung so angepasst werden, dass die Förderhöhe H der gemessenen Druckhöhe P_E entspricht (s. Kap. 5.4.3). Alternativ kann die Pumpe für die Vergleichsrechnungen auch durch einen Behälter- oder Druckknoten ersetzt werden.

Außerdem sind der Wasserverbrauch und die Wasserverluste zum Zeitpunkt der Messung zu berücksichtigen. Dazu sind im Modell möglichst die Verbrauchswerte des Ablesezeitraums, in dem die Vergleichsmessungen durchgeführt wurden, als Basis der Bedarfsverteilung zu verwenden (DVGW GW 303-1 (A), 2006). Sind im Rohrnetzmodell Ganglinien des Wasserbedarfs und ggf. der Wasserverluste umgesetzt, ist in den stationären Vergleichsrechnungen der Zeitpunkt bzw. der Zeitschritt der Messungen zu untersuchen. Alternativ kann auch der mittlere Wasserbedarf Q_m als Basisbedarf und ein Skalierungsfaktor f_s angegeben werden, dessen Wert dem Lastfaktor $f(t)$ zum Zeitpunkt t der Messung entspricht (s. Kap. 6.9 und 7.5). Der gemessene Durchfluss Q_{VM} einer zusätzlichen Entnahme an einem Hydranten wird mit einem Entnahmeknoten im Modell umgesetzt. Der Durchfluss Q_{VM} wird am Knoten als Entnahme Q_{EK} angesetzt und der Knoten bzw. Hydrant ggf. durch Angabe des Skalierungsfaktors $f_s = 1{,}0$ aktiviert (s. Kap. 6.9.4).

Die Lage der Mess- und Entnahmestellen sollte im Rohrnetzmodell möglichst exakt der Lage der für die Umsetzung im Modell genutzten Knoten entsprechen. Abweichungen in der Lage führen zu veränderten Längen der Abschnitte zwischen zwei Messstellen und Differenzen in den geodätischen Höhen. Beides führt zu einer fehlerhaften Kalibrierung. Insbesondere die Knotenhöhen h_{geo} der Druckmessstellen sollten über Messungen des Ruhedrucks OP_0 überprüft und ggf. korrigiert werden (s. Kap. 8.3.1).

Die iterative Ermittlung der Rauheit eines Abschnitts wird im Folgenden beschrieben. Abbildung 8.10 zeigt das Iterationsschema. Eine stationäre Berechnung liefert für jede Iteration i die Potentialhöhe $H_{e\,i}$ an der Druckmessstelle bei angenommener betrieblicher Rauheit $k_{2\,i}$. Die berechnete Potentialhöhe $H_{e\,i}$ wird mit der gemessenen Potentialhöhe H_m verglichen. Ist der Betrag der Differenz $\Delta H_i = H_{e\,i} - H_m$ kleiner als die zulässige Toleranz a

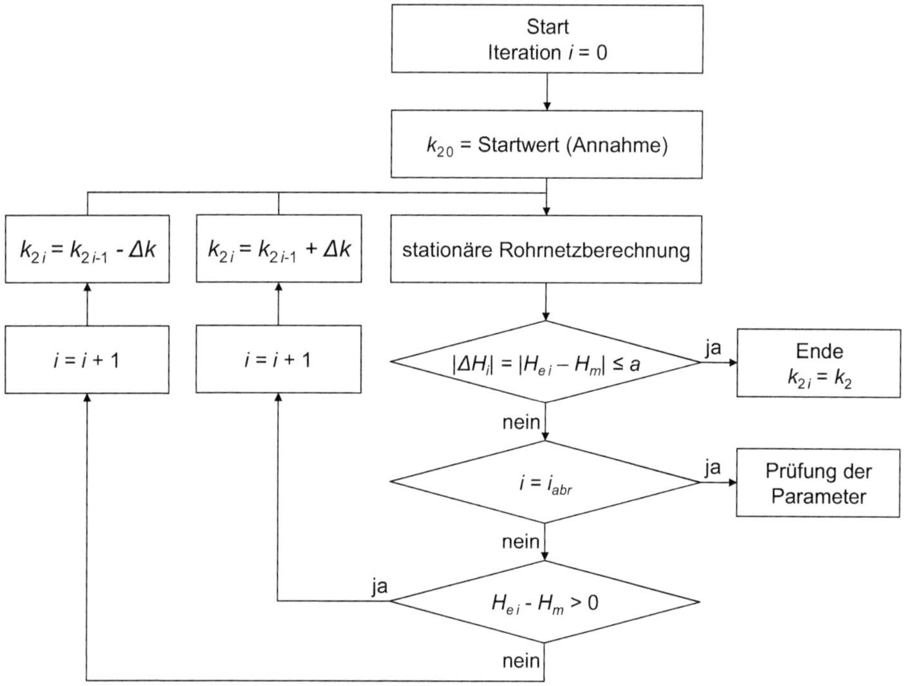

Abbildung 8.10: Iterationsschema der manuellen Ermittlung der betrieblichen Rauheit k_2 eines Mess- bzw. Rohrleitungsabschnitts über den Vergleich von gemessener Potentialhöhe H_m und berechneter Potentialhöhe H_e

aus Gleichung 8.7, kann die betriebliche Rauheit $k_2 = k_{2\,i}$ als genügend genau ermittelt angesehen werden. Ist der Betrag der Differenz ΔH größer als die geforderte Genauigkeit a, erfolgt eine weitere Iteration mit veränderter Rauheit (s. Gl. 8.9).

$$\begin{aligned} |\Delta H_i| &= |H_{e\,i} - H_m| \leq a \Rightarrow \text{Lösung} \\ |\Delta H_i| &= |H_{e\,i} - H_m| > a \Rightarrow \text{Iteration} \end{aligned} \tag{8.9}$$

Liegt die berechnete Potentialhöhe $H_{e\,i}$ über der gemessenen Potentialhöhe H_m, ist die angenommene betriebliche Rauheit $k_{2\,i}$ zu glatt und muss für die nächste Iteration $i+1$ erhöht werden, z. B. um den Betrag Δk. Ist die Potentialhöhe $H_{e\,i}$ kleiner als die gemessene Potentialhöhe H_m, hat die betriebliche Rauheit $k_{2\,i}$ einen zu großen Wert und muss verringert werden (s. Gl. 8.10 und Abb. 8.11).

$$\begin{aligned} \Delta H_i &= H_{e\,i} - H_m > 0 \Rightarrow \text{Vergrößerung } k_2 \\ \Delta H_i &= H_{e\,i} - H_m < 0 \Rightarrow \text{Verringerung } k_2 \end{aligned} \tag{8.10}$$

Das Verfahren wird wiederholt, bis die erforderliche Genauigkeit a erreicht ist. U. U. kann diese auch nach einer großen Anzahl von i_{abr} Iterationen nicht erreicht werden, nach der das Verfahren abgebrochen wird. Die Ursache kann eine zu groß gewählte Korrektur Δk der in jeder Iteration in die Vergleichsrechnung eingehenden betrieblichen Rauheit k_2 sein. Außerdem kann dies auf Fehler in den Daten der Vergleichsmessungen oder des Rohrnetzmodells hinweisen. Die Eingangsparameter sollten geprüft werden.

Abbildung 8.11 veranschaulicht die iterative Änderung der betrieblichen Rauheit k_2. In der Abbildung sind die gemessene Potentialhöhe H_E der Einspeisung bzw. am Beginn eines Rohrleitungsabschnitts und die gemessene Potentialhöhe H_m am Ende des Abschnitts mit konstantem Durchmesser d und Länge l dargestellt. Die Drucklinie (D.L.) zwischen den Potentialhöhen ist mit der Annahme kontinuierlicher Druckverluste linear. Die Potentialhöhe H_E ist bei der Vergleichsrechnung als Parameter vorgegeben, die Potentialhöhe H_e wird als Variable berechnet. Die betriebliche Rauheit $k_{2\,1}$ im Beispiel ist zu klein gewählt. Die berechnete Potentialhöhe $H_{e\,1}$ bzw. die Drucklinie liegt deshalb über der gemessenen Potentialhöhe H_m. Wird die Rauheit k_2 überschätzt, liegt die berechnete unter der gemessenen Drucklinie, wie im Fall der Rauheit $k_{2\,2}$. Die Differenz von berechneter Potentialhöhe H_e und gemessener Potentialhöhe H_m am Knoten K_2 ergibt die Abweichung ΔH. Die Iteration kann beendet werden, wenn der Betrag der Abweichung ΔH maximal den Wert der geforderten Genauigkeit a aufweist.

Der tatsächliche Verlauf der Drucklinie zwischen zwei Messstellen wird, neben der Wasserentnahme Q_{VM}, durch unterschiedliche Durchmesser sowie die Lage und Höhe des Wasserverbrauchs beeinflusst und weicht deshalb in der Regel vom berechneten linearen Verlauf ab. In Abbildung 8.12 ist dies anhand eines beispielhaften Rohrnetzmodells eines einfachen, unvermaschten Messabschnitts mit vier Knoten und drei Strängen dargestellt. Am Knoten K_3 ist der Wasserverbrauch Q, am Knoten K_4 die zusätzliche Wasserentnahme Q_{VM} der Vergleichsmessung berücksichtigt. Dadurch ist der Durchfluss im Strang S_3 geringer als im Strang S_2. Entsprechend ist bei konstantem Durchmesser d_2 der Gradient der Drucklinie über dem Strang S_3 kleiner. Die Rohrleitungsabschnitte S_1 und S_2 haben unterschiedliche Durchmesser d. Deshalb ist der Gradient der Drucklinie auch über diesen Strängen unterschiedlich ausgeprägt. Bei der Vergleichsrechnung wird letztlich eine konstante betriebliche Rauheit k_2 für den gesamten Messabschnitt ermittelt. Der Verlauf der berechneten Drucklinie ist dementsprechend linear.

Die stationären Vergleichsrechnungen können mit dem kompletten Rohrnetzmodell, in dem der Messbereich eingestellt wird, durchgeführt werden. Ist dies zu unübersichtlich, kann auch lediglich der Messbereich modelliert oder aus dem Gesamtmodell kopiert werden. Dies ist allerdings mit einem Mehraufwand verbunden. Bei einfachen, verästelten Messbereichen, die keinen Wasserverbrauch umfassen, kann die betriebliche Rauheit k_2 eines Abschnitts auch durch Lösen der Druckverlustgleichung oder eine Iteration mit einzelnen Berechnungen der Druckverlusthöhe h, z. B. von Hand oder mit einem Tabellenkalkulationsprogramm, erfolgen. Meist ist dieses Vorgehen aber zeitaufwändiger als eine modellgestützte Iteration.

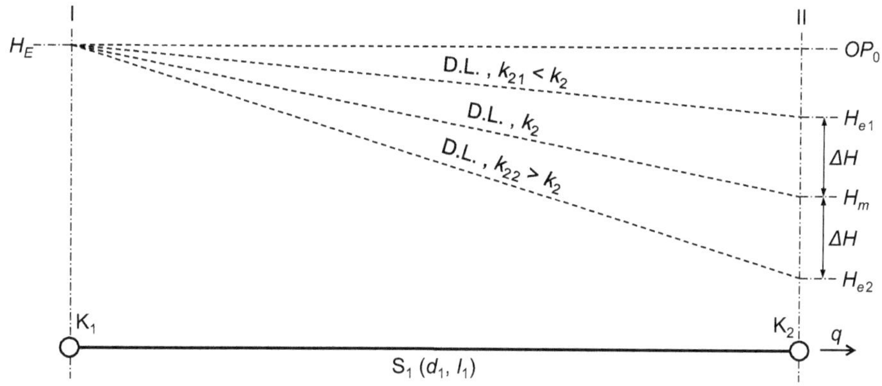

Abbildung 8.11: Drucklinie (D.L.) und Abweichung ΔH von berechneter Potentialhöhe H_e und gemessener Potentialhöhe H_m bei unterschiedlichen betrieblichen Rauheiten k_2

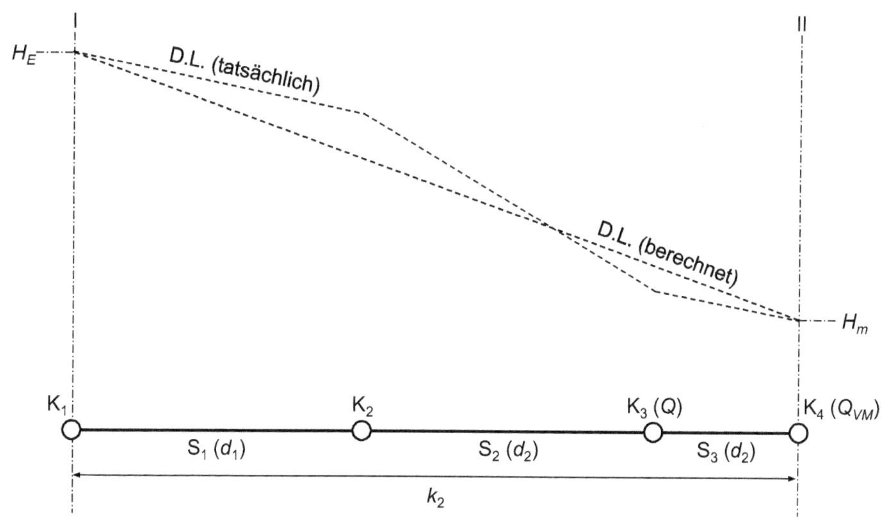

Abbildung 8.12: Einflüsse auf den Verlauf der Drucklinie (D.L.) in einem Mess- bzw. Rohrleitungsabschnitt

Alternativ zur Nutzung der Potentialhöhen kann auch die zusätzliche Wasserentnahme Q_{VM} als Variable der Vergleichsrechnungen genutzt werden. Das Vorgehen ist eher unüblich und wird deshalb im Folgenden nur kurz zusammengefasst. Die gemessenen Potentialhöhen H_m werden bei diesem Vorgehen im Modell des Messbereichs als Parameter vorgegeben. Dies kann mit Behälterknoten umgesetzt werden (s. Kap. 4.5.1). Als Startwasserspiegel WSp_{BK1} eines Behälterknotens wird die gemessene Potentialhöhe H_m an der Messstelle angegeben. Ausspeisungen aus dem Messbereich sind ggf. mit Entnahmeknoten zu modellieren, denen der gemessene Durchfluss als Entnahme vorgegeben wird (s. Kap. 6.9.1). Die Netzeinspeisung sowie der Wasserverbrauch und die Wasserverluste werden wie beim oben beschriebenen Vorgehen im Modell umgesetzt. An der Stelle der zusätzlichen Wasserentnahme ist ein Behälterknoten zu definieren, dessen Startwasserspiegel WSp_{BK1} der geodätischen Höhe der Entnahme entspricht. Die betriebliche Rauheit k_2 wird nun ausgehend vom ersten Abschnitt nach der Netzeinspeisung sukzessive in jedem Messabschnitt verändert, bis die gemessene Wasserentnahme $Q_{VM\,m}$ genügend genau mit dem berechneten Zulauf in den Behälter am Abschnittsende übereinstimmt, der wiederum der berechneten Wasserentnahme $Q_{VM\,e}$ entspricht. Anstatt Behälterknoten können auch Druckknoten zur Umsetzung der gemessenen Potentialhöhen H_m verwendet werden.

Abschließend werden die in den Vergleichsrechnungen ermittelten betrieblichen Rauheiten k_2 einzelner Rohrleitungsabschnitte im Rohrnetzmodell übernommen. Auf alle Rohrleitungsabschnitte, die nicht in Messbereichen erfasst wurden, wird die betriebliche Rauheit k_2 der entsprechenden Rohrleitungsgruppe übertragen. Dazu wird aus allen ermittelten Rauheiten einer Rohrleitungsgruppe eine repräsentative betriebliche Rauheit k_2 bestimmt. Z. B. kann der Mittelwert der ermittelten Rauheiten gebildet und übertragen werden. Allerdings sollten auffällige Ausreißer nicht mit berücksichtigt werden, insbesondere dann, wenn diese wahrscheinlich auf spezifische Einflüsse auf das Widerstandsverhalten eines Rohrleitungsabschnitts zurückzuführen sind.

8.4.4 Automatisierte Verfahren

Ansätze zur automatisierten Kalibrierung sind seit vielen Jahren Gegenstand der Forschung und Entwicklung. Dementsprechend finden sich zahlreiche Veröffentlichungen zum Thema in der Fachliteratur und es werden mittlerweile auch Softwarelösungen angeboten. Allerdings hat sich die Nutzung der Ansätze in der Praxis bisher nicht durchgesetzt (Speight und Khanal, 2009). Savic u. a. (2009) führen dafür als mögliche Gründe die zusätzlichen Kosten, das zur Anwendung der eher wissenschafltichen Ansätze notwendige Expertenwissen, die große erforderliche Datenmenge und das Fehlen einheitlicher, praktikabler Kalibrierungskriterien an. Außerdem können mit den heutzutage üblichen 1:1-Modellen viele Fragestellungen ausreichend genau untersucht werden, auch ohne eine komplette Kalibrierung aller Rohrleitungsabschnitte durchzuführen. Auf Grund der noch geringen Relevanz für die Praxis werden automatisierte Ansätze hier nur vorgestellt und nicht detailliert ausgeführt. Grundsätzlich können iterative, explizite und implizite Verfahren voneinander abgegrenzt werden, die im Folgenden kurz entsprechend der Ausführungen von Walski u. a. (2003) und Savic u. a. (2009) erläutert sind. Zusammenstellungen der relevanten Literatur zum Thema finden sich bei den gleichen Autoren.

Iterative Verfahren: Bei iterativen Verfahren werden, wie für das in Kapitel 8.4.3 beschriebene manuelle Verfahren, in jedem Iterationsschritt die Modellparameter korrigiert und der hydraulische Systemzustand berechnet. Das Verfahren wird wiederholt, bis die Differenz zwischen berechneten Drücken und/oder Durchflüssen und Vergleichsmessungen die erforderliche Genauigkeit erreicht. Iterative Verfahren sind lediglich bei kleineren Modellen oder einzelnen Messbereichen effizient. Auch ist die Konvergenzrate gering, so dass nicht immer eine Lösung gefunden wird.

Explizite Verfahren: Unter expliziten Verfahren wird die exakte analytische Parameterbestimmung verstanden. Dazu wird das Gleichungssystem zur Berechnung des hydraulischen Gleichgewichts um Gleichungen, die die Vergleichsmessungen beschreiben, erweitert. Die Anzahl der Kalibrierungsvariablen wird durch die Anzahl der eingehenden Messungen begrenzt. Steht also z. B. in einem Messbereich eine bestimmte Anzahl von Druckmessungen zur Verfügung, können die Rauheiten der gleichen Anzahl Rohrleitungsabschnitte ermittelt werden. Sind weniger Messstellen als Rohrleitungsabschnitte im Messbereich verfügbar, können die Rohrleitungsabschnitte gruppiert werden, um deren Anzahl zu reduzieren. Explizite Verfahren sind heute auf Grund ihrer Komplexität und eingeschränkten Anwendbarkeit nur noch von historischer Bedeutung.

Implizite Verfahren: Bei impliziten Verfahren werden zur Parameterbestimmung Optimierungstechniken genutzt. Es existieren Ansätze, die neben der Bestimmung der Rauheiten auch die Anpassung der Verbrauchswerte, der Betriebszustände von Armaturen oder Pumpen und der Wasserverluste zum Ziel haben. Im Bereich impliziter Verfahren wurde eine vergleichsweise große Anzahl unterschiedlicher Ansätze entwickelt. Einige davon wurden mittlerweile in Softwarelösungen für die Rohrnetzmodellierung umgesetzt.

9 Rohrnetzanalyse

Rohrnetzmodelle haben die Eigenschaft, dass relativ einfach die Berechnungsparameter geändert und Systemkomponenten hinzugefügt oder entfernt werden können. Damit eignen sich Rohrnetzmodelle zur flexiblen Berechnung verschiedener Lastfälle und Netzvarianten eines bestehenden oder geplanten Wasserverteilungssystems. Häufige Fragestellungen, die mit Rohrnetzmodellen bearbeitet werden, sind die Prüfung der Einhaltung von Grenzwerten für Drücke und Fließgeschwindigkeiten in verschiedenen Lastfällen, die Löschwasseranalyse, die Planung von Rohrnetzspülungen sowie die Prüfung oder Dimensionierung des Speichervolumens von Wasserbehältern. Auf diese Standardaufgaben und deren Umsetzung in einem Rohrnetzmodell wird in diesem Kapitel eingegangen.

9.1 Prüfung der Betriebs- und Versorgungsdrücke sowie der Fließgeschwindigkeiten

9.1.1 Bezugszeit

Aufgabe eines Wasserverteilungssystems ist die Bereitstellung des Wasserbedarfs. Aus versorgungstechnischen und wirtschaftlichen Gründen sowie zur Gewährleistung der Versorgungssicherheit müssen dabei bestimmte Drücke und Fließgeschwindigkeiten im System eingehalten werden. Die Systemkomponenten sind entsprechend auszulegen. Um dabei eine Überdimensionierung zu vermeiden, erfolgt die Bemessung nicht für maximale Durchflüsse sondern für einen gewählten Spitzendurchfluss $Q_s(t_B)$, der in einer bestimmten Zeitspanne an einem Tag überschritten werden darf (DVGW W 410 (A), 2008). Die Zeitspanne wird Bezugszeit t_B genannt. Die Bezugszeit t_B gibt also die über einen Tag kumulierte Zeit an, in der der Durchfluss größer als der Spitzendurchfluss $Q_s(t_B)$ ist. Beispielsweise wird ein Spitzendurchfluss $Q_s(1\,\text{h})$ mit der Bezugszeit $t_B = 1\,\text{h}$ an einem Tag insgesamt in lediglich einer Stunde überschritten. Ein Spitzendurchfluss kann, wie in Kapitel 6.3.4 beschrieben, mit einer Durchfluss-Dauerlinie ermittelt werden.

Für die Bemessung von Systemkomponenten gelten gemäß DVGW W 410 (A) (2008) verschiedene Bezugszeiten t_B. Tabelle 9.1 fasst die Zeiten zusammen. Mit Ausnahme von Anschlussleitungen ist bei der Bemessung von Rohrnetzen, Speicherbehältern sowie Förder- und Druckerhöhungsanlagen eine Bezugszeit $t_B = 1\,\text{h}$ anzusetzen. Dementsprechend liegen den für die Analyse und Bemessung definierten Wasserbedarfsgrößen Spitzenbedarf Q_{hmax} und höchster Stundenbedarf am Tag mit mittlerem Tagesbedarf $Q_{hmax,dm}$

P. Klingel, *Modellierung von Wasserverteilungssystemen*,
https://doi.org/10.1007/978-3-658-21270-4_9

Tabelle 9.1: Bezugszeiten t_B für die Bemessung von Systemkomponenten gemäß DVGW W 410 (A) (2008) und DVGW W 300-1 (A) (2014)

Systemkomponente	t_B in s
Anschlussleitungen (AW)	10
Versorgungsleitungen (VW)	3600
Hauptleitungen (HW)	3600
Zubringerleitungen (ZW)	3600
Förder- und Druckerhöhungsanlagen	3600
Behälter	3600

sowie den Lastfaktoren f_h und $f_{h,dm}$ eine Bezugszeit von einer Stunde zu Grunde (s. Kap. 6.3 und 6.5).

9.1.2 Lastfälle

Der Zusammenhang zwischen Systemkonfiguration, Wasserbedarf, Drücke sowie Durchflüsse bzw. Fließgeschwindigkeiten ist mit einer Rohrnetzanalyse zu untersuchen (DVGW W 400-1 (A), 2015). Konkret soll dabei festgestellt werden, ob die Leistungsfähigkeit eines Systems ausreichend ist, indem die Einhaltung von Grenzwerten in bestimmten Lastfällen rechnerisch geprüft wird. Die zu prüfenden Lastfälle sind im DVGW W 405 (A) (2008) und DVGW W 400-1 (A) (2015), die dort angeführten Wasserbedarfswerte im DVGW W 410 (A) (2008) definiert. Für Zubringer-, Haupt- und Versorgungsleitungen gilt eine Bezugszeit $t_B = 1\,\mathrm{h}$ (s. Tab. 9.1). Deshalb liegen den Lastfällen zur Prüfung oder Bemessung des Rohrnetzes, ausgenommen der Anschlussleitungen, stündliche Wasserbedarfswerte zu Grunde. Im Folgenden sind die Lastfälle kurz beschrieben. Tabelle 9.2 fasst die wesentlichen Größen zusammen. Auf die Grenzwerte wird näher in Kapitel 9.1.3 und 9.1.4 eingegangen. Die genannten Wasserbedarfsgrößen und Lastfaktoren sind in Kapitel 6.3 definiert und in Tabelle 6.1 zusammengefasst.

1. Kleinster Stundenbedarf: Der Betriebsdruck OP muss zu jeder Zeit unter dem Grenzdruck OP_{max} liegen (s. DVGW W 400-1 (A) (2015) und Kap. 9.1.3.3). Der maximale Betriebsdruck OP tritt zum Zeitpunkt auf, in dem die Wasserentnahmen minimal sind. In den aaRdT finden sich keine Angaben, welcher Wasserbedarf konkret der Berechnung zu Grunde gelegt werden soll. Es sind daher sinnvolle Annahmen zu treffen. Als Extrem kann der Ruhedruck OP_0 berechnet werden, der sich dann einstellt, wenn keine Wasserentnahmen stattfinden, also Wasserbedarf $Q(h)$ und Wasserverluste $Q_V(h)$ theoretisch gleich Null sind ($Q(h) = Q_V(h) = 0$). In der Realität wird immer eine gewisse Wasserentnahme stattfinden. Deshalb können alternativ auch die Wasserverluste $Q_V(h)$ und der geringste Stundenbedarf Q_{hmin} im Betrachtungszeitraum bei der Berechnung angesetzt werden.

Tabelle 9.2: Lastfälle für die Analyse von Rohrnetzen mit Zubringer-, Haupt- und Versorgungsleitungen gemäß DVGW W 405 (A) (2008) und DVGW W 400-1 (A) (2015)

Lastfall	Wasserbedarf	Lastfaktor	Grenzwerte
1	$Q(h) = 0$ oder Q_{hmin}	$f = 0$ oder f_{min}	OP_{max}
2	Q_{hm}	$f = 1{,}0$	$v_{hm\,min}$
3	$Q_{hmax,dm}$, Q_{LW}	$f_{h,dm}$	$SP_{min\,LW}$, $OP_{min\,LW}$
4	Q_{hmax}	f_h	SP_{min}, OP_{min}, $v_{h\,max}$

Wird der Druck in der analysierten Versorgungszone durch eine Pumpenanlage erhöht, ist außerdem die maximale Förderung zu berücksichtigen (Fritsch u. a., 2014).

2. Mittlerer Stundenbedarf: Um Stagnation im Rohrnetz zu vermeiden, sollen gemäß DVGW W 400-1 (A) (2015) die mittleren Fließgeschwindigkeiten im Rohrnetz den Grenzwert $v_{hm\,min}$ nicht unterschreiten (s. Kap. 9.1.4.1). Die mittleren Fließgeschwindigkeiten treten bei durchschnittlichem Wasserbedarf Q_{hm} auf (s. Kap. 6.3.1). Außerdem sind die Wasserverluste Q_V anzusetzen (s. Kap. 7).

3. Löschwasserbereitstellung: Bei der Entnahme von Löschwasserbedarf ist der minimale Versorgungsdruck $SP_{min\,LW}$ und der Mindestbetriebsdruck OP_{min} einzuhalten (DVGW W 405 (A), 2008; DVGW W 400-1 (A), 2015). Der Löschwasserbedarf Q_{LW} eines Objekts wird, wie in Kapitel 6.7 beschrieben, gemäß DVGW W 405 (A) (2008) ermittelt und muss an Hydranten in einem Umkreis mit einem Radius von 300 m um das Brandobjekt bereit gestellt werden. Bei der Untersuchung sind der geforderte Löschwasserbedarf Q_{LW} an den Hydranten, der höchste Stundenbedarf am Tag mit mittlerem Tagesbedarf $Q_{hmax,dm}$ und die Wasserverluste Q_V anzusetzen (s. Kap. 6.3.2 und 7). Die Förderung einer eventuell installierten Pumpenanlage ist dabei nicht zu berücksichtigen (Fritsch u. a., 2014). Auf die Analyse der Leistungsfähigkeit von Hydranten wird näher in Kapitel 9.2 eingegangen.

4. Spitzenbedarf: Bei größtem Wasserbedarf treten die geringsten Drücke im System auf. Die Untersuchung des Spitzenbedarfs dient daher der Prüfung der einzuhaltenden Mindestdrücke. Gemäß DVGW W 400-1 (A) (2015) ist ein bestimmter Versorgungsdruck SP_{min} an jeder Abzweigstelle einer Anschlussleitung in Abhängigkeit der Geschosszahl des angeschlossenen Gebäudes sowie ein Mindestbetriebsdruck OP_{min} in den Zubringer-, Haupt- und Versorgungsleitungen einzuhalten (s. Kap. 9.1.3.2). Außerdem sind Richtwerte für die maximale Fließgeschwindigkeit $v_{h\,max}$ zu berücksichtigen (s. Kap. 9.1.4.2). Maßgebend für die Untersuchung ist dabei der Spitzenbedarf Q_{hmax}, also der maximale Stundenbedarf bzw. der Spitzendurchfluss $Q_s(1\,\mathrm{h})$ am Tag mit höchstem Tagesbedarf Q_{dmax} (s. Kap. 6.3.2). Zusätzlich sind die Wasserverluste Q_V zu berücksichtigen

(s. Kap. 7). Wirkt eine Pumpenanlage auf das Rohrnetz, ist die Förderung in das Netz nicht anzusetzen (Fritsch u. a., 2014).

9.1.3 Betriebs - und Versorgungsdrücke

9.1.3.1 Definitionen

Im DVGW W 400-1 (A) (2015) bzw. in der DIN EN 805 (2000) sind die folgenden Druckdefinitionen angeführt. Eine weitere Ausführung der Definitionen findet sich z. B. bei Lecher u. a. (2015).

Betriebsdruck *OP*: Der Betriebsdruck *OP* (engl.: *operating pressure*) ist der Druck an einer bestimmten Stelle im System zu einem bestimmten Zeitpunkt.

Systembetriebsdruck *DP*: Der höchste festgelegte Betriebsdruck ohne Berücksichtigung von Druckstößen ist der Systembetriebsdruck *DP* (engl.: *design pressure*).

Höchster Systembetriebsdruck *MDP*: Der höchste Systembetriebsdruck *MDP* (engl.: *maximum design pressure*) ist als der höchste festgelegte Betriebsdruck unter Berücksichtigung von Druckstößen definiert. Der *MDP* wird als MDP_a bezeichnet, wenn der Druckstoßwert angenommen und als MDP_c, wenn der Druckstoßwert berechnet ist.

Versorgungsdruck *SP*: Der Versorgungsdruck *SP* (engl.: *service pressure*) ist der Innendruck in der Anschlussleitung an der Übergabestelle zum Verbraucher bei Nulldurchfluss. Bei der Bemessung von Zubringer- Haupt- und Versorgungsleitungen wird der Versorgungsdruck *SP* auf die Abzweigstelle einer Anschlussleitung von der Versorgungsleitung bezogen.

9.1.3.2 Minimaler Betriebs- und Versorgungsdruck

Für Zubringer-, Haupt-, und Versorgungsleitungen gilt bei stationären Fließverhältnissen gemäß DVGW W 400-1 (A) (2015) ein Mindestbetriebsdruck OP_{min} von 0,5 bar (s. Gl. 9.1).

$$OP_{min} = 0{,}5\,\text{bar} \tag{9.1}$$

Bei instationären Fließverhältnissen darf ein Mindestdruck von $-0{,}8$ bar nicht unterschritten werden. Bei der Rohrnetzberechnung im Sinne der Definition in Kapitel 1.2 werden lediglich stationäre Berechnungen durchgeführt, weshalb dieser Grenzwert hier nicht weiter ausgeführt wird.

Für den minimalen Versorgungsdruck SP_{min} an der Abzweigstelle einer Anschlussleitung von der Versorgungsleitung sind im DVGW W 400-1 (A) (2015) die in Tabelle 9.3

Tabelle 9.3: Mindestversorgungsdruck SP_{min} an der Abzweigstelle einer Anschlussleitung von der Versorgungsleitung in Abhängigkeit der Geschosszahl gemäß DVGW W 400-1 (A) (2015)

Geschosse	SP_{min} in bar	
	ebenerdige Verhältnisse	ausgeprägte Hochlage
EG	2,00	1,50
EG und 1 OG	2,35	1,85
EG und 2 OG	2,70	2,20
EG und 3 OG	3,05	2,55
EG und 4 OG	3,40	2,90

zusammengefassten Grenzwerte in Abhängigkeit der Geschosszahl des versorgten Gebäudes genannt. Mit den genannten Grenzwerten soll an der aus hydraulischer Sicht am ungünstigsten gelegenen Entnahmestelle im Gebäude ein Mindestdruck von 1,0 bar sicher gestellt werden. Den Werten liegt die Annahme zu Grunde, dass bei ebenerdigen Verhältnissen der gesamte Druckverlust von der Abzweigstelle bis zur höchsten Entnahmestelle im Erdgeschoss (EG) höchstens 1,0 bar und für jedes weitere Obergeschoss (OG) zusätzlich 0,35 bar beträgt. In ausgeprägten Hochlagen kann, sofern erforderlich, ein Mindestdruck von 0,5 bar an der ungünstigsten Entnahmestelle toleriert werden. Der einzuhaltende minimale Versorgungsdruck SP_{min} reduziert sich für diesen Fall entsprechend um 0,5 bar. Ausnahmen können für einzelne höhere oder höher liegende Häuser, für die dann eine Druckerhöhung vorzusehen ist, oder historisch gewachsene Versorgungsgebiete, bei denen eine Vorhaltung des Mindestdrucks unwirtschaftlich wäre, getroffen werden.

Im DVGW W 405 (A) (2008) ist für den Fall der Löschwasserbereitstellung gefordert, dass der Betriebsdruck OP an keiner Stelle des Netzes im bebauten Gebiet unter 1,5 bar abfällt. Diese Forderung liegt über dem oben definierten Mindestbetriebsdruck OP_{min} von 0,5 bar gemäß DVGW W 400-1 (A) (2015). Unter Berücksichtigung der Aussage im neueren DVGW W 400-1 (A) (2015) kann das DVGW W 405 (A) (2008) so interpretiert werden, dass sich die dortige Forderung auf den Versorgungsdruck SP bezieht. Im Löschwasserfall ist nach dieser Argumentation also im Rohrnetz ein Mindestbetriebsdruck OP_{min} von 0,5 bar einzuhalten (s. Gl. 9.2). An den Hydranten, über die der Löschwasserbedarf gedeckt wird, und an allen Abzweigstellen einer Anschlussleitung von der Versorgungsleitung gilt ein Mindestversorgungsdruck $SP_{min\,LW}$ von 1,5 bar (s. Gl. 9.3). (In einem dicht bebauten Gebiet wird bei Einhaltung des Mindestversorgungsdrucks $SP_{min\,LW}$ damit auch der Betriebsdruck OP den im DVGW W 405 (A) (2008) geforderten Grenzwert von 1,5 bar nicht wesentlich unterschreiten.) Nach Auffassung des DVGW, geäußert 2001 in einer Kommunikation mit und zitiert von Wiegleb und Beilke (2004), darf der Mindestbetriebsdruck OP_{min} von 0,5 bar in Transportleitungen (Zubringer- und Hauptleitungen) in der Nähe von Hochbehältern unterschritten werden. Dort ist lediglich Unterdruck zu vermeiden. Weiter wird in der zitierten Stellungnahme des DVGW angegeben, dass sich der Mindestversorgungsdruck $SP_{min\,LW}$ auf den Netzanschluss des Hydranten bezieht. Dagegen empfehlen Wiegleb und Beilke (2004) die Druckverluste im Hydranten mit zu berücksichtigen und den Mindestversorgungsdruck $SP_{min\,LW}$ auf den Hydrantenausgang zu beziehen (s. Kap. 6.9.4).

$$OP_{min\,LW} = OP_{min} = 0{,}5\,\text{bar} \tag{9.2}$$

$$SP_{min\,LW} = 1{,}5\,\text{bar} \tag{9.3}$$

9.1.3.3 Maximaler Betriebsdruck

Gemäß DVGW W 400-1 (A) (2015) sind Ortsnetze mindestens für einen höchsten Systembetriebsdruck *MDP* von 10,0 bar auszulegen (s. Gl. 9.4). Um eine Druckstoßreserve sicherzustellen, sollte der Systembetriebsdruck *DP* ca. 2,0 bar unter dem *MDP* liegen (s. Gl. 9.5). (Im mittlerweile ersetzten DVGW W 400-1 (A) (2004)[1] wird zusätzlich noch die Empfehlung gegeben, dass der Ruhedruck OP_0 im Schwerpunkt einer Versorgungszone an den Anschlussleitungen zwischen 4 und 6 bar liegen sollte.)

$$MDP_{min} \geq 10{,}0\,\text{bar} \tag{9.4}$$

$$DP = MDP - 2{,}0\,\text{bar} \tag{9.5}$$

Bei der Rohrnetzanalyse kann also davon ausgegangen werden, dass Betriebsdrücke bis zu 10,0 bar in der Auslegung des Rohrnetzes berücksichtigt und geringere Drücke in jedem Fall akzeptabel sind. Wird die Druckstoßsicherheit in Höhe von 2,0 bar abgezogen, ergibt sich als Grenzwert für stationäre Betrachtungen der maximale Betriebsdruck $OP_{max} = 8{,}0$ bar (s. Gl. 9.6). Da die hier behandelte Rohrnetzberechnung lediglich stationäre Berechnungen umfasst, nicht aber die Analyse instationärer Strömungsvorgänge wie Druckstoßberechnungen, stellt diese Größe auch üblicherweise den bei Lastfalluntersuchungen zu berücksichtigenden Grenzwert dar.

$$OP_{max} = 8{,}0\,\text{bar} \tag{9.6}$$

9.1.3.4 Druckschwankungen

In einer Versorgungs- bzw. Druckzone sollte die Schwankungsbreite des Drucks nicht mehr als 2,0 bar betragen (DVGW W 400-1 (A), 2015). Die Schwankungsbreite ΔOP an einer Stelle des Rohrnetzes ergibt sich aus der Differenz von maximalem Betriebsdruck OP_{hmax} und minimalem Betriebsdruck OP_{hmin} an dieser Stelle (s. Gl. 9.7).

$$\Delta OP = OP_{Q_{hmax}} - OP_{Q_{hmin}} \leq 2{,}0\,\text{bar} \tag{9.7}$$

[1] Ersetzt durch DVGW W 400-1 (A) (2015).

Für die Berechnung des maximalen Betriebsdruck OP_{hmax} ist der Lastfall 1, für den minimalen Betriebsdruck OP_{hmin} der Lastfall 4 entsprechend der Darstellung in Kapitel 9.1.2 anzusetzen.

9.1.4 Fließgeschwindigkeiten

9.1.4.1 Minimale Fließgeschwindigkeiten

Zu geringe Fließgeschwindigkeiten im Rohrnetz können dazu führen, dass das Wasser stagniert. Da die Stagnation des Wassers zur Beeinträchtigung der Wasserqualität führen kann, ist diese zu minimieren. Im DVGW W 400-1 (A) (2015) ist für die mittlere Fließgeschwindigkeit, die sich bei durchschnittlichem Wasserbedarf Q_{hm} einstellt, ein unterer Grenzwert $v_{hm\,min}$ von 0,005 m/s angegeben (s. Gl. 9.8).

$$v_{hm\,min} = 0{,}005\,\mathrm{m/s} \tag{9.8}$$

Geringe Fließgeschwindigkeiten begünstigen außerdem die Ablagerung von Trübstoffmengen, die bei großen Geschwindigkeitsänderungen wieder mobilisiert werden. Ablagerungen, die bei Mobilisierung zu Trübungen führen, sind gemäß DVGW W 400-1 (A) (2015) nahezu ausgeschlossen, wenn regelmäßig eine Fließgeschwindigkeit $v_{h,dm\,min}$ von mindestens 0,3 m/s erreicht wird (s. Gl. 9.9). Bei der Ermittlung der Fließgeschwindigkeit $v_{h,dm\,min}$ ist der höchste Stundenbedarf am Tag mit mittlerem Tagesbedarf $Q_{hmax,dm}$ maßgebend.

$$v_{h,dm\,min} = 0{,}3\,\mathrm{m/s} \tag{9.9}$$

9.1.4.2 Maximale Fließgeschwindigkeiten

Hohe Fließgeschwindigkeiten führen zu großen Druckverlusten und damit zu einem gesteigerten Energieverbrauch. Aus wirtschaftlicher Sicht sind deshalb hohe Fließgeschwindigkeiten zu vermeiden. In der DIN EN 805 (2000) ist für eine angemessene Fließgeschwindigkeit in Rohrnetzen ein Bereich von 0,5 bis 2,0 m/s und in Förderleitungen von 0,8 bis 1,4 m/s angegeben. Im inzwischen ersetzten DVGW W 400-1 (A) (2004)[1] sind Richtwerte der maximalen Fließgeschwindigkeit $v_{h\,max}$ bei Spitzenbedarf Q_{hmax} für verschiedene Rohrleitungstypen zusammengestellt (s. Tab. 9.4).

Fritsch u. a. (2014) geben für verschiedene Nennweiten von Rohrleitungen sogenannte wirtschaftliche Fließgeschwindigkeiten v_{wirt} bzw. Durchflüsse Q_{wirt} an (s. Tab. 9.5). Außerdem beschreiben sie einen Ansatz, mit dem die wirtschaftliche Nennweite DN_{wirt} für einen gegebenen Durchfluss Q in $\mathrm{m^3/s}$ bestimmt werden kann (s. Gl. 9.10). Für einen kleinen Durchfluss Q ist in Gleichung 9.10 $\mu = 1{,}3$ und für große Durchflüsse Q $\mu = 1{,}0$ anzusetzen.

$$DN_{wirt} = \mu \cdot \sqrt{Q} \cdot 1000 \tag{9.10}$$

Tabelle 9.4: Richtwerte der maximalen Fließgeschwindigkeit $v_{h\,max}$ für verschiedene Rohrleitungstypen gemäß dem inzwischen ersetzten DVGW W 400-1 (A) (2004)[1]

Rohrleitungstyp	$v_{h\,max}$ in m/s
Anschlussleitungen (AW)	2,0
Versorgungsleitungen (VW)	1,0
Hauptleitungen (HW)	1,0
Druckleitungen	2,0
Saugleitungen	1,0
Fallleitungen (Abgang Hochbehälter)	1,5
Fallleitungen mit Druckerhöhung	2,0

Tabelle 9.5: Wirtschaftliche Fließgeschwindigkeiten v_{wirt} und Durchflüsse Q_{wirt} für verschiedene Nennweiten DN gemäß Fritsch u. a. (2014)

DN	v_{wirt} in m/s	Q_{wirt} in l/s	DN	v_{wirt} in m/s	Q_{wirt} in l/s
80	0,80	4,0	400	1,10	138,0
100	0,80	6,3	500	1,20	236,0
125	0,80	9,8	600	1,30	368,0
150	0,85	15,0	700	1,40	539,0
200	0,90	28,3	800	1,55	779,0
250	0,95	46,6	900	1,65	1150,0
300	1,00	70,7	1000	1,75	1375,0
350	1,05	101,0			

9.1.5 Umsetzung und Ergebnisinterpretation

Für die Analyse von Lastfällen bieten sich stationäre Berechnungen an. Wird dabei der mittlere Wasserbedarf Q_m als Wasserentnahmen an den Entnahmeknoten angesetzt, kann durch die Angabe des jeweiligen Lastfaktors als Skalierungsfaktor f_s der gewünschte Lastfall im Rohrnetzmodell eingestellt werden. Das Vorgehen ist auch in Kapitel 6.9 beschrieben. Für die Kontrolle des Versorgungsdrucks *SP* können die berechneten Druckhöhen an den Entnahmeknoten abgegriffen werden. Der Betriebsdruck *OP* ist an den Zwischenknoten zu überprüfen. Fließgeschwindigkeiten können an den Strängen des Rohrnetzmodells ermittelt und mit den Grenzwerten verglichen werden.

Bei der Modellierung des Wasserbedarfs mit Entnahmeknoten kann die Rohrnetzberechnung auf Grund der Unabhängigkeit von berechneter Druckhöhe P_{EK} und angegebener Entnahmemenge Q_{EK} negative Druckhöhen P_{EK} ergeben (s. Kap. 2.6 und 6.9.1). Für die Entnahme des Wasserbedarfs ist in der Realität allerdings eine gewisse positive Druckhö-

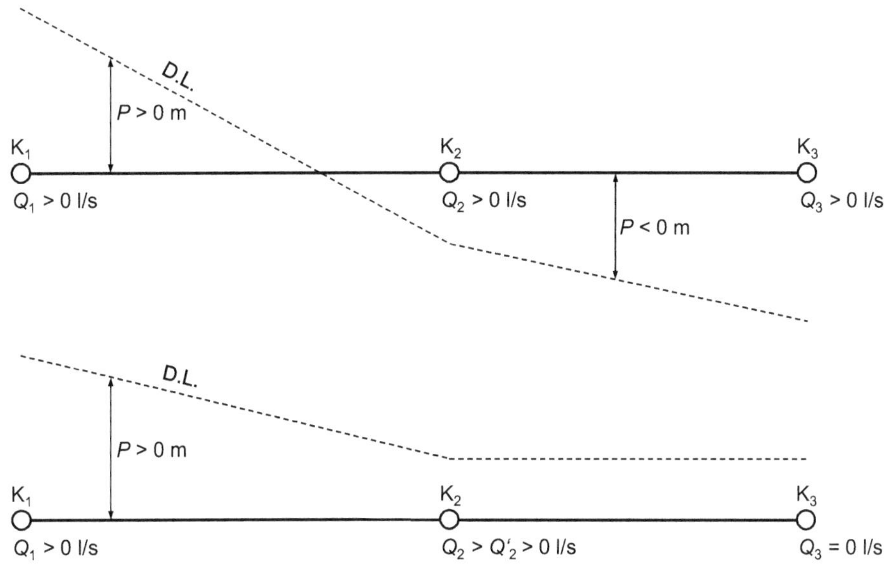

Abbildung 9.1: Entnahmeknoten mit negativen (*oben*) und positiven Druckhöhen P durch reduzierte Wasserentnahmen Q (*unten*)

he erforderlich. Im Fall einer negativen Druckhöhe ist der in die Berechnung eingehende Wasserbedarf also größer als tatsächlich möglich. Entsprechend fallen auch die berechneten Durchflüsse und Druckverluste zu groß aus. Folglich liefert die Rohrnetzberechnung in diesem Fall kein korrektes Ergebnis. Das Problem ist eine bekannte Einschränkung der sogenannten bedarfsabhängigen Rohrnetzberechnung, für die bereits verschiedene Lösungsansätze diskutiert wurden, siehe z. B. Gupta und Bhave (1996), Tanyimboh u. a. (1997), Ang und Jowitt (2006), Giustolisi u. a. (2008), Piller und Zyl (2009) und Braun u. a. (2017). In vielen Softwareanwendungen sind allerdings keine weiterführenden Lösungen als z. B. die Ausgabe von Warnmeldungen umgesetzt. Die Berechnungsergebnisse sind dann hinsichtlich negativer Druckhöhen zu prüfen und die eingeschränkte Aussagekraft zu berücksichtigen. Außerdem besteht die Möglichkeit, den Wasserbedarf Q_{EK} an einem Entnahmeknoten mit berechneter Druckhöhe $P_{EK} \leq 0\,\mathrm{m}$ iterativ so lange zu verringern, bis die Berechnung den Mindestversorgungsdruck SP_{min} oder zumindest eine positive Druckhöhe $P_{EK} > 0\,\mathrm{m}$ ergibt. Sind die Anschlussleitungen modelliert, sollte der Mindestversorgungsdruck SP_{min} an der Abzweigstelle der Anschlussleitung erreicht werden. Ergibt die Berechnung negative Druckhöhen an mehreren Entnahmeknoten, ist mit der Iteration an dem Knoten zu beginnen, der in Fließrichtung die größte Distanz zur Einspeisung aufweist. Die Verringerung des Wasserbedarfs an diesem Knoten führt gleichzeitig auch zu geringeren Druckverlusten in den Rohrleitungen entgegen der Fließrichtung und damit zu einer Verbesserung der Drucksituation an den entsprechend gelegenen Knoten.

Der Zusammenhang ist in Abbildung 9.1 dargestellt. Das obere Beispiel zeigt die drei Entnahmeknoten K_1, K_2 und K_3 mit den Wasserentnahmen Q_1, Q_2 und Q_3, die mit einer Rohrleitung verbunden sind. Außerdem ist die Drucklinie (D.L.) eingezeichnet. Die Druckhöhe P_1 am Knoten K_1 ist positiv, während an den Knoten K_2 und K_3 negative Druckhöhen zu verzeichnen sind. Um die Drucklinie anzuheben, ist zunächst die Wasserentnahme Q_3 am in Fließrichtung letztgelegenen Knoten K_3 iterativ reduziert worden. Bei $Q_3 = 0\,\mathrm{l/s}$ wurde noch keine ausreichende Druckhöhe P_2 erreicht. Deshalb wurde zusätzlich die Wasserentnahme Q_2 auf den Wert Q_2' reduziert, bei der am Knoten K_2 die Druckhöhe P_2 dem geforderten Wert entspricht. Das untere Beispiel der Abbildung zeigt das Ergebnis der Iteration.

Neben negativen Druckhöhen an Entnahmeknoten kann die Rohrnetzberechnung auch an Zwischenknoten Unterdrücke ergeben. Bis zu Unterdrücken in Höhe des Dampfdrucks, siehe Tabelle 2.1, liefert die Berechnung korrekte Ergebnisse. Wird der Dampfdruck erreicht, geht der Zustand des Wassers von flüssig in gasförmig über. Es kommt zu Kavitation, ggf. reißt die Wassersäule ab. Rohrnetzberechnungen, die Drücke unterhalb des Dampfdrucks ergeben, sind deshalb kritisch zu sehen und die eingeschränkte Aussagekraft der Ergebnisse ist zu berücksichtigen.

9.2 Löschwasseranalyse

9.2.1 Aufgabenstellung

Eine häufige Fragestellung, die mit Rohrnetzmodellen untersucht wird, ist die Prüfung, ob der Löschwasserbedarf über das Wasserverteilungsnetz mit seinen Hydranten gedeckt werden kann. Die Randbedingungen der Löschwasserbereitstellung sind im DVGW W 405 (A) (2008) geregelt:

- Ermittlung des Löschwasserbedarfs Q_{LW} gemäß DVGW W 405 (A) (2008) (s. Kap. 6.7)
- Bereitstellung des Löschwasserbedarfs eines Brandobjekts an Hydranten innerhalb eines Löschbereichs mit einem Radius von 300 m um das Brandobjekt
- Bereitstellung einer Mindestentnahmemenge $Q_{LW\,min} = 24\,\mathrm{m^3/h}$ an jedem genutzten Hydranten (s. Gl. 6.27)
- Einhaltung des Mindestversorgungsdrucks $SP_{min\,LW}$ bei Löschwasserentnahme während des höchsten Stundenbedarfs am Tag mit mittlerem Tagesbedarf $Q_{hmax,dm}$ (s. Kap. 9.1.2 und Gl. 9.3)
- Einhaltung des Mindestbetriebsdrucks $OP_{min\,LW}$ bei Löschwasserentnahme während des höchsten Stundenbedarfs am Tag mit mittlerem Tagesbedarf $Q_{hmax,dm}$ (s. Kap. 9.1.2 und Gl. 9.2)

Aus den gelisteten Kriterien ergibt sich die Aufgabe, die Leistungsfähigkeit der Hydranten eines Netzes unter Einhaltung der Druckgrenzwerte zu ermitteln sowie für jedes Objekt zu prüfen, ob der Löschwasserbedarf bereit gestellt werden kann und welche Hydranten dazu zu nutzen sind. Manche Softwarelösungen verfügen über Funktionalitäten, mit denen die maximale Entnahmemengen der Hydranten ermittelt werden können. Weiterführende Lösungen prüfen für jedes potentielle Brandobjekt die Deckung des Löschwasserbedarfs über die Hydranten im Löschbereich. Verfügt die genutzte Software über keine entsprechenden Funktionalitäten, kann die Analyse wie in Kapitel 9.2.2 beschrieben durchgeführt werden.

9.2.2 Umsetzung

Im ersten Schritt bietet es sich an, zunächst die mögliche maximale Löschwasserbereitstellung der Hydranten im Einzelbetrieb, also wenn lediglich an einem Hydranten Wasser entnommen wird, zu ermitteln. Im zweiten Schritt kann dann geprüft werden, welcher Hydrant zur Deckung des Löschwasserbedarfs der potentiellen Brandobjekte herangezogen werden kann. Reicht die Löschwasserbereitstellung über einen Hydranten für ein Objekt nicht aus, ist in einem dritten Schritt zu prüfen, ob durch die gleichzeitige Entnahme an mehreren Hydranten im Löschbereich des Objekts dessen Löschwasserbedarf gedeckt werden kann.

Sind die Hydranten mit Entnahmeknoten umgesetzt, kann die mögliche Löschwasserbereitstellung iterativ mit stationären Berechnungen ermittelt werden. Entnahmeknoten wird die Entnahmemenge Q_{EK} als Parameter zugewiesen, die Druckhöhe P_{EK} am Entnahmeknoten wird berechnet (s. Kap. 6.9.4). Üblicherweise ist als Entnahmemenge Q_{EK} der Löschwasserbedarf Q_{LW} der umliegenden Objekte bzw. Bebauung angegeben (s. Kap. 6.9.4). Für den häuslichen, öffentlichen und gewerblichen Wasserbedarf wird der maximale Stundenbedarf am Tag mit mittlerem Tagesbedarf $Q_{hmax,dm}$ im Rohrnetzmodell angesetzt (s. Kap. 9.2.1). Ist bei den jeweiligen Entnahmeknoten der mittlere Wasserbedarf Q_m als Basisbedarf Q_{EK} angegeben, kann der Lastfall eingestellt werden, indem der Lastfaktor $f_{h,dm}$ als Skalierungsfaktor f_s angegeben wird (s. Kap. 6.9.2.1 und Gl. 6.10). Alternativ kann der Wasserbedarf $Q_{hmax,dm}$ auch direkt als Basisbedarf Q_{EK} vorgegeben werden. Allerdings lässt dieses Vorgehen keine flexible Änderung des Lastfalls zu.

Um zu prüfen, ob bereits bei maximalem Stundenbedarf am Tag mit mittlerem Bedarf $Q_{hmax,dm}$ Druckgrenzwerte unterschritten werden, wird zunächst eine stationäre Rohrnetzberechnung ohne Löschwasserbedarf Q_{LW} durchgeführt. Das Ergebnis ermöglicht einen Vergleich, inwieweit die Drucksituation durch Löschwasserentnahmen tatsächlich verschlechtert wird. Für die anschließende Berechnung wird der Löschwasserbedarf Q_{LW} des zu untersuchenden Hydranten am entsprechenden Entnahmeknoten aktiviert, z. B. durch die Änderung des Skalierungsfaktors f_s von 0,0 auf 1,0 (s. Kap. 6.9.4). Wird der Mindestversorgungsdruck $SP_{min\,LW}$ an den Entnahmeknoten und der Mindestbetriebsdruck $OP_{min\,LW}$ an den Zwischenknoten nicht unterschritten, ist die Entnahme des Löschwasserbedarfs möglich. Falls von Interesse, kann nun die maximal mögliche Entnahme ermittelt werden. Dazu wird der Löschwasserbedarf schrittweise erhöht und für jede Erhöhung eine stationären Berechnung durchgeführt. Sobald ein Grenzwert verletzt wird, ist die maximale Entnahmemenge erreicht. Wird bereits bei der ersten stationären Berechnung ein Grenzwert unterschritten, wird die maximale Löschwasserentnahme ebenfalls iterativ ermittelt, indem der Löschwasserbedarf schrittweise solange verringert wird, bis bei der Berechnung die Grenzwerte eingehalten werden. Der Löschwasserbedarf kann dabei bis zur Mindestentnahmemenge $Q_{LW\,min} = 24\,\text{m}^3/\text{h}$ reduziert werden (s. Kap. 9.2.1).

Ist ein Hydrant mit einem Sprinklerknoten modelliert, ergibt die stationäre Rohrnetzberechnung die mögliche Wasserentnahme Q_{SK} bei der über die geodätische Höhe $h_{geo\,SK}$ umgesetzte Druckhöhe P_{SK} am Knoten (s. Kap. 6.9.4). Die Druckhöhe P_{SK} bzw. die geodätische Höhe $h_{geo\,SK}$ eines Hydranten ist so zu wählen, dass sie dem gewünschten Mindestversorgungsdruck $SP_{min\,LW}$ entspricht. Nach der stationären Berechnung ist zu prüfen, ob die berechnete Wasserentnahme Q_{SK} mindestens dem Löschwasserbedarf Q_{LW} entspricht und ob die Druckgrenzwerte eingehalten werden.

Sind nicht genügend Kapazitäten vorhanden, um alle Hydranten eines Netzes rechnerisch zu prüfen, können auch lediglich kritische Hydranten untersucht werden. Dabei werden zunächst die Hydranten untersucht, die aus hydraulischer Sicht am ungünstigsten gelegen sind. Also z. B. Hydranten, die über Leitungen mit kleinen Nennweiten versorgt werden, am höchsten liegen oder die längsten Rohrleitungsverbindungen zur Einspeisung aufweisen. Ergibt die Löschwasseranalyse an einem Hydranten, dass die Entnahme des Löschwasserbedarfs möglich ist, kann davon ausgegangen werden, dass dies auch für die hydraulisch günstiger gelegenen Hydranten in diesem Netzbereich gilt, sofern dort keine lokalen hydraulischen Engpässe bestehen, wie z. B. zu klein dimensionierte Stichleitungen. Allerdings ist bei komplexeren Rohrnetzen, insbesondere in vermaschten Netzbereichen, nicht immer offensichtlich, welche Hydranten als kritisch einzustufen sind. Das Vorgehen setzt deshalb eine profunde Kenntnis oder Einschätzung der hydraulischen Zusammenhänge des untersuchten Verteilungssystems voraus. Generell empfiehlt es sich, mit der Untersuchung von Hydranten auf Endsträngen verästelter Netzbereiche zu beginnen und die Untersuchung ggf. an Hydranten, die entgegen der Fließrichtung angeordnet sind, fortzusetzen.

Nachdem die Leistungsfähigkeit der Hydranten berechnet ist, kann in einem zweiten Schritt ermittelt werden, welche Hydranten zur Deckung des Löschwasserbedarfs der Gebäude heranzuziehen sind. Liefern einzelne Hydranten bereits den Löschwasserbedarf der umgebenden Bebauung, können diese Hydranten für die Brandbekämpfung in einem Umkreis von 300 m um den jeweiligen Hydranten genutzt werden. Allerdings darf kein unüberwindbares Hindernis die Strecke vom Hydranten zum Brandobjekt unverhältnismäßig verlängern (s. Kap. 6.7).

Liegt die Kapazität von Hydranten unter dem geforderten Löschwasserbedarf der Umgebung, ist im dritten Schritt zu prüfen, ob die Deckung des Bedarfs über mehrere Hydranten möglich ist. Umkreise mit einem Radius von 300 m markieren die Bereiche, in denen von einem Hydranten Löschwasser bereit gestellt werden kann. Da Hydranten üblicherweise in einem Abstand von 100 bis 140 m angeordnet sind, überschneiden sich normalerweise zwei oder mehrere Umkreise (DVGW W 331 (M), 2000). Objekte, die in den Berei-

Abbildung 9.2: Ermittlung der an drei Hydranten zur Verfügung stehenden maximalen Löschwassermenge $Q_{LWmax\,1+2+3}$

chen sich überschneidender Umkreise liegen, können über die entsprechenden Hydranten mit Löschwasser versorgt werden. Allerdings steht nicht die Summe der im ersten Schritt ermittelten maximalen Löschwassermengen der einzelnen Hydranten zur Verfügung. Diese Mengen gelten nur für die Bedingung, dass lediglich ein Hydrant alleine genutzt wird. Werden mehrere Hydranten gleichzeitig genutzt, stellt sich ein anderer hydraulischer Systemzustand ein. Die möglichen Löschwasserentnahmen sind deshalb erneut mit iterativen Berechnungen zu bestimmen. Dabei wird der benötigte Löschwasserbedarf Q_{LW} im Bereich auf die in Betracht gezogenen Hydranten aufgeteilt und rechnerisch geprüft, ob die in Kapitel 9.2.1 genannten Grenzwerte eingehalten werden. Ist dies nicht der Fall, ist die Aufteilung zu modifizieren oder sind andere Hydranten zu wählen.

Abbildung 9.2 illustriert das Ergebnis einer solchen Ermittlung. Im Beispiel sind drei Hydranten und ihre Umkreise dargestellt, an denen bei gleichzeitiger Entnahme maximal die Löschwassermengen $Q_{LWmax\,1}$, $Q_{LWmax\,2}$ und $Q_{LWmax\,3}$ bereit gestellt werden können. Es gibt einen Bereich, in dem sich alle drei Umkreise überschneiden. Zur Deckung des Löschwasserbedarfs Q_{LW} in diesem Bereich steht die Summe der maximalen Löschwassermengen $Q_{LWmax\,1+2+3}$ zur Verfügung.

9.3 Planung von Rohrleitungsspülungen

9.3.1 Aufgabenstellung

Im DVGW W 400-3 (A) (2006) und im DVGW W 400-1 (A) (2015) wird darauf hingewiesen, dass es erforderlich sein kann, Rohrnetze systematisch zu spülen, um z. B. lose Ablagerungen aus dem Netz zu entfernen, der Eintrübung des Wassers vorzubeugen und die Verkeimungsgefahr zu reduzieren. Dies betrifft insbesondere Endstränge, vermaschte Netzbereiche, Neubaugebiete und zu groß dimensionierte Rohrleitungen. Für das Spülen mit Wasser wird im DVGW W 291 (A) (2000) eine Fließgeschwindigkeit v_{SWmin} von 2,0 bis 3,0 m/s empfohlen. Private Verbrauchsleitungen im Rahmen einer temporären Wasserversorgung sind mit einer Fließgeschwindigkeit v_{SWmin} von 1,0 bis 2,0 m/s zu spülen (DVGW W 400-3 (A), 2006). Für die Entfernung loser und haftender Ablagerungen (Eisen und Mangan) sowie von Sand durch Spülungen mit Wasser wurden im Rahmen des DVGW-Forschungsprojekts W6/01/07 notwendige minimale Fließgeschwindigkeiten $v_{SW\,min}$ ermittelt (Korth und Donath, 2015). Diese und die oben genannten Fließgeschwindigkeiten sind in Tabelle 9.6 zusammengefasst.

Gegenüber einer Spülung der Endstränge lassen sich Rohrnetze mit einer geplanten Spülung mit klarer Wasserfront effizienter reinigen (Ripl u. a., 2014). So ein Plan zum Spülen mit klarer Wasserfront definiert zunächst Netzbereiche mit einem oder mehreren Spülhydranten. Des Weiteren gibt der Spülplan die Reihenfolge an, in der die Netzbereiche ausgehend von der Netzeinspeisung separat zu spülen sind, so dass das Spülwasser für die Reinigung von Rohrleitungsabschnitten ausschließlich durch bereits gespülte Rohrleitungen transportiert wird. Durch dieses Spülen mit klarer Wasserfront wird verhindert, dass in einen bereits gespülten Netzbereich noch nicht gespültes Leitungswasser durch die weiteren Spülungen eingetragen wird. Durch die Zwangsführung des Wassers über die Bereichseinteilung und ggf. zusätzliche Schieberstellungen können die Fließgeschwindigkeiten erhöht werden.

Tabelle 9.6: Minimale Fließgeschwindigkeiten v_{SWmin} zur Spülung verschiedener Ablagerungen gemäß DVGW W 291 (A) (2000), DVGW W 400-3 (A) (2006) sowie Korth und Donath (2015)

Ablagerung	$v_{SW\,min}$ in m/s
lose Ablagerung	0,5
Sand o. ä. bei seitlicher Anbindung des Hydranten	0,7
Sand o. ä. bei Anbindung des Hydranten im Rohrscheitel	1,0
haftende Beläge	2,0
private Verbrauchsleitungen	1,0 bis 2,0
Rohrnetz	2,0 bis 3,0

Bei der Planung von Rohrleitungsspülungen ist sicher zu stellen, dass durch die Wasserentnahmen an den Hydranten die erforderlichen Fließgeschwindigkeiten $v_{SW\,min}$ im Rohrnetz erzielt werden (s. Tab. 9.6). Des Weiteren ist an jedem Hydranten die Spülmenge Q_{SW} so zu begrenzen, dass während der Spülungen die Grenzwerte für den Betriebsdruck OP und Versorgungsdruck SP eingehalten werden (s. Kap. 9.1.3.2). Außerdem ist das Mindestspülvolumen $V_{SW\,min}$ zu ermitteln, das dem gesamten Rohrvolumen des Spülbereichs entspricht. In die Ermittlung gehen die Längen l_s in m der ns Rohrleitungen s des Spülbereichs und deren Durchmesser d_s in m ein (s. Gl. 9.11). Über den Quotienten von Mindestspülvolumen $V_{SW\,min}$ in m^3 und Spülmenge Q_{SW} m^3/h kann dann die erforderliche Spülzeit $t_{SW\,min}$ in h ermittelt werden, wie Gleichung 9.12 zeigt (Ripl u. a., 2014).

$$V_{SW\,min} = \sum_{s=1}^{ns} (l_s \cdot d_s^2 \cdot \frac{\pi}{4}) \tag{9.11}$$

$$t_{SW\,min} = \frac{V_{SW\,min}}{Q_{SW}} \tag{9.12}$$

9.3.2 Umsetzung

Zur Planung der Spülung einzelner Rohrleitungsabschnitte und zur iterativen Erarbeitung von Spülplänen können Rohrnetzmodelle herangezogen werden. Zur Entwicklung von Spülplänen werden für verschiedene Schieberstellungen und Wasserentnahmen an Hydranten die Fließgeschwindigkeiten und Druckhöhen im Rohrnetz berechnet und anschließend mit den erforderlichen Mindestgeschwindigkeiten und Mindestdrücken abgeglichen. Zunächst wird dabei die maximal mögliche Wasserentnahme $Q_{SW\,max}$ am Hydranten angesetzt. (Auf die Ermittlung der maximalen Spülmenge $Q_{SW\,max}$ wird weiter unten eingegangen.) Reichen die Fließgeschwindigkeiten nicht aus, ist eine zusätzliche Wasserentnahme an einem weiteren Spülhydranten oder eine Veränderung des Spülbereichs zu prüfen. Werden Druckgrenzen verletzt, ist die Wasserentnahme an dem oder den Hydranten zu reduzieren. Allerdings nehmen dadurch auch die Fließgeschwindigkeiten ab.

Ist die Spülmenge Q_{SW} bei einer bestimmten Druckhöhe P_{SW} bekannt, z. B. aus Hydrantentests oder Vergleichsmessungen für die Kalibrierung, kann die Modellierung des Spülhydranten analog zur Modellierung des Löschwasserbedarfs erfolgen, die in Kapitel 6.9.4 und 9.2 behandelt wird. Zur Modellierung eines Hydranten, der die maximale Spülmenge $Q_{SW\,max}$ in einem Freistrahl in die Atmosphäre abgibt, sind im Folgenden zwei Möglichkeiten beschrieben. Die erste Möglichkeit ist, den Hydranten mit einem Strang und einem Druck- oder Behälterknoten im Rohrnetzmodell umzusetzen, wie von Walski u. a. (2003) vorgeschlagen. Der Druck- oder Behälterknoten dient der Modellierung des Freistrahls. Wird ein Druckknoten genutzt, muss bei der Modellierungsoption die Möglichkeit eines Zuflusses zum Knoten bestehen. Die Potentialhöhe P_{DK} ist gleich der geodätischen Höhe des Hydrantenausgangs zu setzten. Alternativ kann auch ein Behälterknoten genutzt werden. Als Sohlhöhe $h_{geo\,Soh}$ bzw. geodätische Knotenhöhe $h_{geo\,BK}$ ist ebenfalls die geodätische Höhe des Hydrantenausgangs anzugeben. Der Startwert des Wasserspiegels WSp_{BK1} ist Null. Damit entspricht der Behälterknoten aus hydraulischer Sicht der Modellierungsoption Druckknoten. Bei einer zeitabhängigen Rohrnetzberechnung ist zudem eine sehr große Grundfläche A_{BK} anzugeben, so dass die Entnahme der Spülwassermenge zu keinem wesentlichen Anstieg des Wasserspiegels WSp_{BK} führt. Die Modellierungsoptionen sind näher in Kapitel 4.5.1 beschrieben. Die Modellierungsoption Strang dient dem Netzanschluss des Druck- oder Behälterknotens sowie der Berücksichtigung der Druckverlusthöhe h im Hydranten (s. Kap. 3.4.1). Die Angabe der notwendigen Strangattribute kann entsprechend der Darstellung in Kapitel 6.9.4 erfolgen. Ein Hydrant mit Freistrahl kann außerdem, wie ebenfalls in Kapitel 6.9.4 für die Löschwasserbereitstellung beschrieben, mit einem Sprinklerknoten modelliert werden. Eine Rohrnetzberechnung ergibt sowohl bei der Modellierung mit einem Druck- bzw. Behälterknoten als auch mit einem Sprinklerknoten die maximale Entnahmemenge $Q_{SW\,max}$ unter den gegebenen Netz- und Druckverhältnissen.

9.4 Dimensionierung von Wasserbehältern

9.4.1 Aufgabenstellung

Das Nutzvolumen V_N eines Wasserbehälters ergibt sich aus der Grundfläche A_{WK} sowie dem minimalen und maximalen Betriebswasserspiegel WSp_{minB} und WSp_{maxB} der Wasserkammer. Das Nutzvolumen V_N umfasst das fluktuierende Wasservolumen V_F sowie eine Betriebsreserve V_{BR} und eine Löschwasserreserve V_{LR} (s. Kap. 4.1.4).

Das fluktuierende Wasservolumen V_F ist mit dem Summenlinienverfahren zu bestimmen, in das die Tagesganglinien des Zulaufs und der Entnahme eingehen (DVGW W 300-1 (A), 2014). Maßgebend sind dabei die Ganglinien am Tag mit Spitzentagesbedarf Q_{dmax} (s. Kap. 6.3.2). Beim Summenlinienverfahren wird der betrachtete Zeitraum, der in der Regel einen Tag umfasst, in Zeiteinheiten i mit der Dauer Δt unterteilt. Anschließend wird für jede Zeiteinheit i der Anteil $V_{Zul\,i}$ des Zulaufs $q_{Zul\,i}$ und der Anteil $V_{Ent\,i}$ der Entnahme $q_{Ent\,i}$ in % des Tagesvolumens V_{Zul} bzw. V_{Ent} der Ganglinien ermittelt und subtrahiert (s. Gl. 9.13). Ist in der Zeiteinheit i der Zulaufanteil $V_{Zul\,i}$ größer als der Entnahmeanteil $V_{Ent\,i}$, ist die Differenz ΔV_i in % positiv (Überschuss). Im umgekehrten Fall ist sie negativ (Fehlbetrag). Das fluktuierende Wasservolumen V_F in m^3 kann dann mit Gleichung 9.14 ermittelt werden. In die Gleichung gehen die Extremwerte ΔV_{max} und ΔV_{min} in % der mit Gleichung 9.13 berechneten Differenzen ΔV_i und das Tagesvolumen V_{dmax} des Spitzentagesbedarfs Q_{dmax} in m^3 ein. Das Summenlinienverfahren wird ausführlich z. B. von Fritsch u. a. (2014) beschrieben.

$$\Delta V_i = V_{Zul\,i} - V_{Ent\,i} \tag{9.13}$$

$$V_F = (\Delta V_{max} + |\Delta V_{min}|) \cdot V_{dmax} \tag{9.14}$$

Die Betriebsreserve V_{BR} dient einer zeitlich befristeten, energiefreien Versorgung der angeschlossenen Versorgungszone bei Betriebsausfällen des Zubringersystems (DVGW W 300-1 (A), 2014). Zur Bemessung der Betriebsreserve V_{BR} in m^3 geben Fritsch u. a. (2014) die in Gleichung 9.15 dargestellte Faustformel an.

$$V_{BR} = \frac{Q_{dm}}{ns_{Zul}} \cdot t_a \tag{9.15}$$

Darin ist Q_{dm} der mittlere Tagesbedarf in m^3/d, ns_{Zul} die Anzahl der Zulaufleitungen s_{Zul} und t_a die geschätzte Ausfalldauer in d.

Die notwendige Löschwasserreserve V_{LR} ergibt sich aus dem Löschwasserbedarf des angeschlossenen Versorgungsgebiets sowie der im DVGW W 405 (A) (2008) genannten Forderung, dass der Löschwasserbedarf für die Zeit $t_{LW} = 2\,h$ bereit gestellt werden muss (s. Gl. 9.16). Auf den Löschwasserbedarf wird näher in Kapitel 6.7 eingegangen.

$$V_{LR} = Q_{LW} \cdot t_{LW} \tag{9.16}$$

Im mittlerweile ersetzten DVGW W 300 (A) (2005) sind Richtwerte für das Nutzvolumen V_N von Wasserbehälter und Wassertürmen in Abhängigkeit des Spitzentagesbedarfs Q_{dmax} des angeschlossenen Versorgungsgebiets genannt (s. Tab. 9.7). Das Arbeitsblatt wurde durch das DVGW W 300-1 (A) (2014) ersetzt, in das die Richtwerte keinen Eingang mehr fanden. Die Werte werden hier dennoch angeführt, weil sie eine schnelle

Tabelle 9.7: Richtwerte des Nutzvolumens V_N in Abhängigkeit des Spitzentagesbedarfs Q_{dmax} und der Siedlungsstruktur gemäß dem inzwischen ersetzten DVGW W 300 (A) (2005)

Q_{dmax} in m^3/d	V_N in m3 Wasserbehälter	Wasserturm
< 1000	$1{,}0 \cdot Q_{dmax}$	$0{,}35 \cdot Q_{dmax}$
ländlich, offene Bauweise	$+ 100 \leq Q_{LW} \leq 200$	$+ Q_{LW} = 75$
ländlich, geschlossene Bauweise	$+ 100 \leq Q_{LW} \leq 200$	$+ Q_{LW} = 100$
städtisch	$+ 200 \leq Q_{LW} \leq 400$	$+ Q_{LW} = 150$
1000 bis 2000	$1{,}0 \cdot Q_{dmax}$	$0{,}25 \cdot Q_{dmax}$
ländlich, offene Bauweise	$+ 100 \leq Q_{LW} \leq 200$	$+ Q_{LW} = 75$
ländlich, geschlossene Bauweise	$+ 100 \leq Q_{LW} \leq 200$	$+ Q_{LW} = 100$
städtisch	$+ 200 \leq Q_{LW} \leq 400$	$+ Q_{LW} = 150$
> 2000 bis 4000	$1{,}0 \cdot Q_{dmax}$	$0{,}25 \cdot Q_{dmax}$
> 4000	$0{,}3 \cdot Q_{dmax}$ bis $0{,}8 \cdot Q_{dmax}$	$0{,}25 \cdot Q_{dmax}$

Ermittlung einer Größenordnung erlauben und als Startwert für die im nächsten Kapitel beschriebene iterative Ermittlung des fluktuierenden Wasservolumens V_F mit einem Rohrnetzmodell genutzt werden können.

9.4.2 Umsetzung

Mit Rohrnetzmodellen kann die Dimensionierung des fluktuierenden Volumens V_F eines bestehenden Wasserbehälters in verschiedenen Lastfällen effizient geprüft werden. Ist das Volumen V_F für einen Lastfall zu klein gewählt, ergibt die Simulation des Tagesgangs ein Über- oder Unterschreiten der Grenzwasserspiegel. Auch die Auslastung des Volumens V_F kann geprüft werden, um z. B. den Wasseraustausch im Wasserbehälter zu untersuchen. Dazu kann mit einer zeitabhängigen Rohrnetzberechnung ermittelt werden, inwieweit das tatsächlich fluktuierende Wasservolumen kleiner als das Behältervolumen V_F ist.

Auch die Ermittlung des fluktuierenden Wasservolumens V_F eines Wasserbehälters kann, alternativ zum Summenlinienverfahren, iterativ mit Rohrnetzberechnungen erfolgen. Dies ist insbesondere dann von Vorteil, wenn die Ermittlung der Zulaufganglinie schwer möglich ist, z. B. weil eine Regelung der Förderanlage über die Wasserspiegel im Wasserbehälter geplant ist. Dazu ist zunächst das geplante System, bestehend aus Zubringersystem, Wasserbehälter und Entnahme, zu modellieren. Die Modellierung des Zubringersystems sollte die korrekte Umsetzung der Zulaufganglinie ergeben. Im Falle der oben genannten Regelung einer Förderanlage über Wasserspiegel ist die Modellierung der Regelung zwingend erforderlich (s. Kap. 5.4.6). Ist die Modellierung des gesamten Rohrnetzes nicht verlangt, kann die Entnahme aus dem Wasserbehälter auch lediglich mit einem Entnahmeknoten umgesetzt werden, der über einen Strang an den Wasserbehälter angeschlossen ist. Da die Druckverluste bei der Analyse keine Rolle spielen, sind die Strangattribute und die Knotenhöhe unerheblich. Dem Entnahmeknoten wird der gesamte Spitzentagesbedarf Q_{dmax} des angeschlossenen Versorgungsgebiets und die Bedarfsganglinie zugeordnet (s. Kap. 6.9). Der Wasserbehälter wird üblicherweise mit einem Behälterknoten modelliert (s. Kap. 4.5.2). Betriebsreserve V_{BR} und Löschwasserreserve V_{LR} können mit der Angabe eines minimalen Wasserspiegels $WSp_{BK\,min}$ oder eines Totraumvolumens $V_{T\,BK}$ im Modell umgesetzt werden (s. Kap. 4.5.1).

Das notwendige fluktuierende Wasservolumen V_F kann dann, ausgehend von einem Startwert, iterativ bestimmt werden, indem das Volumen so lange geändert wird, bis nach der Rohrnetzberechnung kein Leer- oder Überlaufen bzw. kein Unter- oder Überschreiten der Grenzwasserspiegel mehr zu verzeichnen ist. Als Startwert eignet sich z. B. der entsprechende Richtwert aus Tabelle 9.7.

Abbildung 9.3 zeigt das Ergebnis einer Iteration für einen Hochbehälter, der über ein Zubringersystem mit Förderanlage versorgt wird und in eine Versorgungszone einspeist. Die Pumpe der Förderanlage arbeitet mit konstanter Drehzahl n über 24 h am Tag. In den Diagrammen sind für jeden der $ni = 24$ Zeitschritte i mit der Zeitschrittdauer $\Delta t = 1$ h des Simulationszeitraums $T = 24$ h der Zulauf $q_{Zul\,i}$, die Entnahme $q_{Ent\,i}$ und der Wasserspiegel WSp_i aufgetragen. Der Zulauf q_{Zul} des Wasserbehälters entspricht dem Förderstrom Q_A

der Pumpe. Da der Behälterzulauf im Beispiel unterhalb des Wasserspiegels angeordnet ist, ist der berechnete Zulauf q_{Zul} auf Grund der Änderungen des Wasserspiegels WSp und damit der geodätischen Förderhöhe H_{geo} nicht konstant (s. Kap. 5.1.3 und 5.2.2). Die Entnahme $q_{Ent\,i}$ im Zeitschritt i ergibt sich aus dem Produkt von Lastfaktor f_i der Tagesganglinie des Wasserbedarfs und mittlerem Stundenbedarf Q_{hm} der Versorgungszone. Der Wasserspiegel WSp berechnet sich über die Volumenänderung ΔV, also über die Bilanzierung von Zulauf q_{Zul} und Entnahme q_{Ent} (s. Kap. 2.5). Bei der zeitabhängigen Rohrnetzberechnung werden die Parameter über die Zeitschrittdauer Δt als konstant angenommen. Entsprechend ergibt eine Berechnung gestufte Ganglinien, wie in Abbildung 9.3 zu sehen (s. Kap. 2.5). Neben der Ganglinie des Wasserspiegels WSp sind im unteren Diagramm der Abbildung der maximale und minimale Betriebswasserspiegel WSp_{maxB} und WSp_{minB} sowie der Wasserspiegel WSp_R über der Betriebs- und Löschwasserreserve eingezeichnet. Es ist ersichtlich, dass das fluktuierende Volumen V_F bei gegebener Förderung und Entnahme ausreichend dimensioniert ist, da weder der maximale Betriebswasserspiegel WSp_{maxB} überschritten noch der Wasserspiegel WSp_R unterschritten wird.

Die gleichen Tagesganglinien eines zweiten Systembeispiels sind in den Diagrammen in Abbildung 9.4 dargestellt. Im Beispiel ist der Zulauf des Behälters ebenfalls unterhalb des Wasserspiegels angebracht. Die Pumpe der Förderanlage, die wie im vorigen Beispiel mit konstanter Drehzahl n arbeitet, ist über das An- und Abschalten bei Erreichen bestimmter Grenzwasserspiegel geregelt. Der maximale Wasserspiegel WSp_{aus}, an dem die Förderung deaktiviert, und der minimale Wasserspiegel WSp_{ein}, an dem sie wieder eingeschaltet wird, sind im unteren Diagramm zusätzlich zum Wasserspiegel WSp angegeben. Schwankungen im Förderstrom Q_A sind, wie im vorigen Beispiel, auf Wasserspiegelschwankungen zurückzuführen. Das fluktuierende Wasservolumen V_F, das die Grenzwasserspiegel WSp_{aus} und WSp_{ein} angeben, ist in Abstimmung mit der gewählten Förderleistung der Pumpe so dimensioniert, dass der Tagesbedarf in 16 h in den Wasserbehälter gefördert wird.

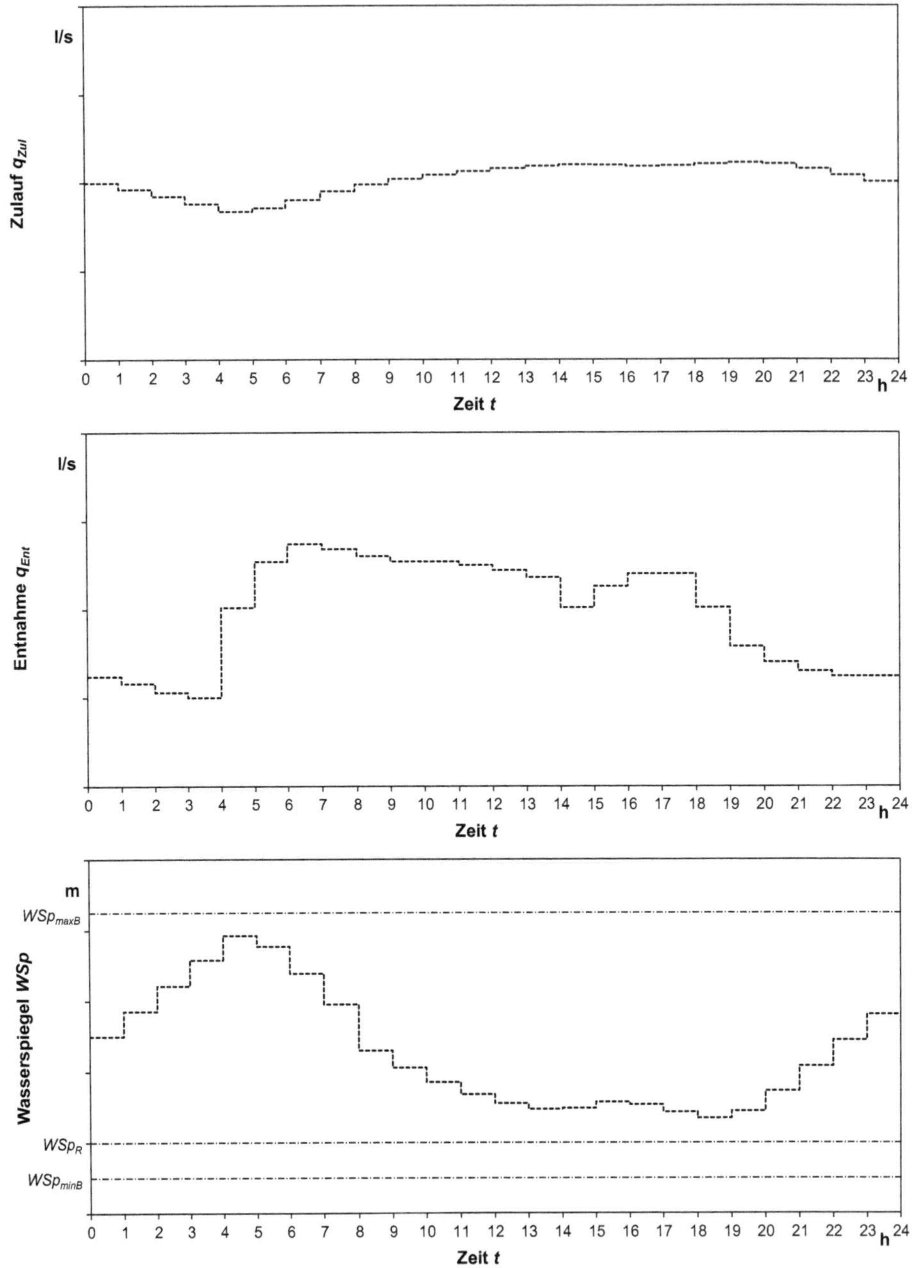

Abbildung 9.3: Zulauf q_{Zul} (*oben*), Entnahme q_{Ent} (*Mitte*) und Wasserspiegel *WSp* (*unten*) eines Hochbehälters, der über eine täglich 24 h arbeitende Förderanlage mit konstanter Drehzahl n versorgt wird

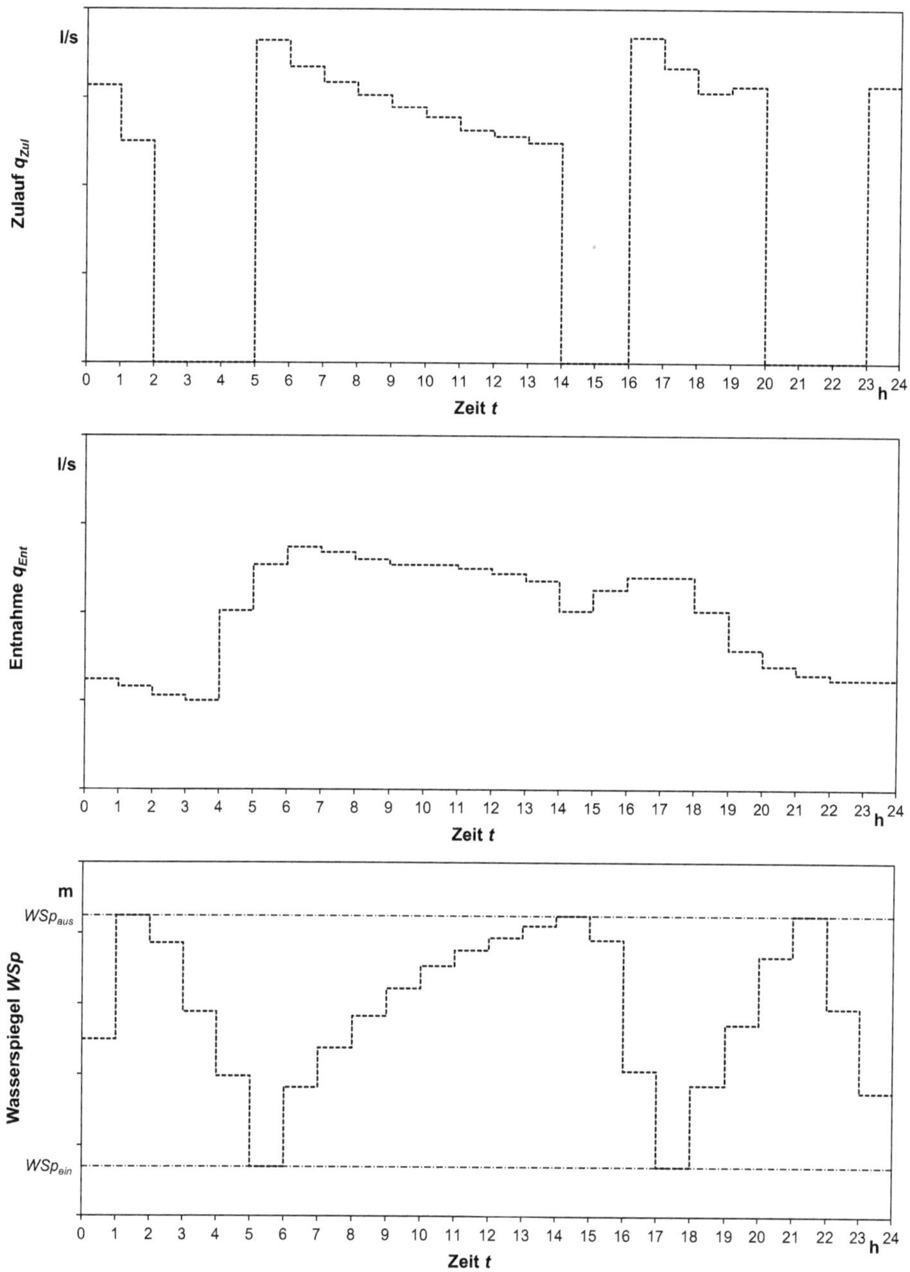

Abbildung 9.4: Zulauf q_{zul} (*oben*), Entnahme q_{Ent} (*Mitte*) und Wasserspiegel *WSp* (*unten*) eines Hochbehälters, der über eine füllstandsgeregelte Förderanlage mit konstanter Drehzahl *n* versorgt wird

DVGW-Regelwerk

Nummer	Typ	Ausgabe	Titel
GW 120	H	1998-07[a]	Planwerke für die Rohrnetze der öffentlichen Gas- und Wasserversorgung
GW 120	A	2010-10	Netzdokumentation in Versorgungsunternehmen
GW 122	H	2008-01	Netzinformationssysteme - GIS-Systeme als wesentlicher Bestandteil der technischen IT-Systeme zur Netzinformation
W 291	A	2000-03	Reinigung und Desinfektion von Wasserverteilungsanlagen
W 300	A	2005-06[b]	Wasserspeicherung - Planung, Bau, Betrieb und Instandhaltung von Wasserbehältern in der Trinkwasserversorgung
W 300-1	A	2014-10	Trinkwasserbehälter; Teil 1: Planung und Bau
GW 303-1	A	2006-10	Berechnung von Gas- und Wasserrohrnetzen - Teil 1: Hydraulische Grundlagen, Netzmodellierung und Berechnung
GW 303-2	H	2006-03[c]	Berechnung von Gas- und Wasserrohrnetzen - Teil 2: GIS-gestützte Rohrnetzberechnung
W 303	A	2005-07	Dynamische Druckänderungen in Wasserversorgungsanlagen
W 311	A	1998-02[b]	Planung und Bau von Wasserbehältern - Grundlagen und Ausführungsbeispiele
W 331	M	2000-09	Auswahl, Einbau und Betrieb von Hydranten
W 332	M	2006-11	Auswahl, Einbau und Betrieb von metallischen Absperrarmaturen in Wasserverteilungsanlagen
W 334	M	2007-10	Be- und Entlüften von Trinkwasserleitungen
W 335	M	2000-09	Druck-, Durchfluss- und Niveauregelung in Wassertransport und -verteilung
W 392	A	2017-09	Wasserverlust in Rohrnetzen; Ermittlung, Wasserbilanz, Kennzahlen, Überwachung

P. Klingel, *Modellierung von Wasserverteilungssystemen*,
https://doi.org/10.1007/978-3-658-21270-4

W 397	H	2004-08	Ermittlung der erforderlichen Verlegetiefen von Wasseranschlussleitungen
W 400-1	A	2004-10[d]	Technische Regeln Wasserverteilungsanlagen (TRWV); Teil 1: Planung
W 400-1	A	2015-02	Technische Regeln Wasserverteilungsanlagen (TRWV); Teil 1: Planung
W 400-3	A	2006-09	Technische Regeln Wasserverteilungsanlagen (TRWV); Teil 3: Betrieb und Instandhaltung
W 400-3-B1	A	2017-09	Technische Regeln Wasserverteilungsanlagen (TRWV); Teil 3: Betrieb und Instandhaltung; Beiblatt 1: Inspektion und Wartung von Ortsnetzen
W 402	A	2010-09	Netz- und Schadenstatistik - Erfassung und Auswertung von Daten zur Instandhaltung von Wasserrohrnetzen
W 406	A	2012-01	Volumen- und Durchflussmessung von kaltem Trinkwasser in Druckrohrleitungen - Auswahl, Bemessung, Einbau und Betrieb von Wasserzählern
W 410E	A	2007-09	Wasserbedarf - Kennwerte und Einflussgrößen Entwurf
W 410	A	2008-12	Wasserbedarf - Kennwerte und Einflussgrößen
W 420	A	2001-03	Magnetisch-Induktive Durchflussmessgeräte (MID-Geräte) - Anforderungen und Prüfungen
W 610	A	2010-03	Pumpensysteme in der Trinkwasserversorgung
W 616	M	2011-10	Sensorgestützte Betriebsüberwachung von Pumpensystemen in der Trinkwasserversorgung
W 617	A	2006-11	Druckerhöhungsanlagen in der Trinkwasserversorgung
W 630	A	2010-06	Elektrische Antriebe in Wasserversorgungsanlagen
W 645-1	A	2007-12	Überwachungs-, Mess-, Steuer- und Regeleinrichtungen in Wasserversorgungsanlagen - Teil 1: Messeinrichtungen
W 645-2	A	2009-06	Überwachungs-, Mess-, Steuer- und Regeleinrichtungen in Wasserversorgungsanlagen - Teil 2: Steuern und Regeln

W 645-3	A	2006-02	Überwachungs-, Mess-, Steuer- und Regeleinrichtungen in Wasserversorgungsanlagen - Teil 3: Prozessleittechnik

A: Arbeitsblatt; E: Entwurf; G: Sparte Gas; GW: Sparte Gas und Wasser; H: Hinweis; M: Merkblatt; W: Sparte Wasser.

[a]Ersetzt durch GW 120 (A):2010-10; [b]ersetzt durch W 300-1 bis 5 (A):2014-10; [c]zurückgezogen; [d]ersetzt durch W 400-1 (A):2015-02.

DIN-Normen

Nummer	Typ	Ausgabe	Titel
736-1	DIN EN	1995-04	Armaturen - Terminologie Teil 1: Definition der Grundbauarten
805	DIN EN	2000-03	Wasserversorgung - Anforderungen an Wasserversorgungssysteme und deren Bauteile außerhalb von Gebäuden
1508	DIN EN	1998-07	Wasserversorgung, Anforderungen an Systeme und Bestandteile der Wasserspeicherung
1988	DIN	2010-02	Technische Regeln für Trinkwasser-Installationen - Teil 500: Druckerhöhungsanlagen mit drehzahlgeregelten Pumpen; Technische Regel des DVGW
1998	DIN	1978-05	Unterbringung von Leitungen und Anlagen in öffentlichen Flächen - Richtlinien für die Planung
2425-1	DIN	1975-10	Planwerke für die Versorgungswirtschaft, die Wasserwirtschaft und für Fernleitungen - Rohrnetzpläne der öffentlichen Gas- und Wasserversorgung
2425-3	DIN	1980-05	Planwerke für die Versorgungswirtschaft, die Wasserwirtschaft und für Fernleitungen - Pläne für Rohrfernleitungen
3221	DIN	1986-01[a]	Unterflurhydranten PN 16
3222	DIN	1986-01[b]	Überflurhydranten PN 16
4046	DIN	1983-09	Wasserversorgung - Begriffe
4810	DIN	1991-09	Druckbehälter aus Stahl für Wasserversorgungsanlagen
12845	DIN EN	2006-04	Ortsfeste Brandbekämpfungsanlagen - Automatische Sprinkleranlagen - Planung, Installation und Instandhaltung
14011	DIN	2010-06	Begriffe aus dem Feuerwehrwesen

P. Klingel, *Modellierung von Wasserverteilungssystemen*,
https://doi.org/10.1007/978-3-658-21270-4

14308-1	DIN	1985-04	B-Festkupplung PN 16 aus Aluminium-Legierung mit Dichtring für Druckbetrieb
14308-2	DIN	1986-11	B-Festkupplung PN 16 aus Aluminium-Legierung
14309	DIN	1985-04	A-Festkupplung PN 16 aus Aluminium-Legierung mit Dichtring für Druck- und Saugbetrieb
14339	DIN EN	2005-10	Unterflurhydranten
14384	DIN EN	2005-10	Überflurhydranten

DIN: Deutsche Norm; DIN EN: Deutsche Fassung einer europäischen Norm mit Status einer deutschen Norm.

[a]Ersetzt durch DIN EN 14339:2005-10; [b]ersetzt durch DIN EN 14384:2005-10.

Literaturverzeichnis

2014/32/EU (2014). Richtlinie 2014/32/EU des Europäischen Parlaments und des Rates vom 26. Februar 2014 zur Harmonisierung der Rechtsvorschriften der Mitgliedstaaten über die Bereitstellung von Messgeräten auf dem Markt (Neufassung).

Ang, W. K. und Jowitt, P. W. (2006). Solution for Water Distribution Systems under Pressure-Deficient Conditions, *Journal of Water Resources Planning and Management* **132**(3): 175–182.

Arregui, F., Cabrera Jr, E. und Cobacho, R. (2006). *Integrated Water Meter Management*, IWA Publishing, London.

AWWA Manual M32 (2012). *Computer Modeling of Water Distribution Systems*, 3. Aufl., American Water Works Association, Denver.

AWWA Manual M36 (2016). *Water Audits and Loss Control Programs*, 4. Aufl., American Water Works Association, Denver.

BauNVO (2017). Baunutzungsverordnung in der Fassung der Bekanntmachung vom 23. Januar 1990 (BGBl. I S. 132), die durch Artikel 2 des Gesetzes vom 4. Mai 2017 (BGBl. I S. 1057) geändert worden ist.

BDEW Bundesverband der Energie- und Wasserwirtschaft e.V. (2016). Wasserfakten im Überblick (Stand: Juni 2016), Online (abgerufen am 06.04.2017).
URL: `https://www.bdew.de/internet.nsf/id/8DGGCY-DE_Kennzahlen`

Berghout, B. (1997). *Pipe Network Hydraulic Analysis Using Network Linear Programming*, Phd, University of Newcastle (N.S.W.). Dept. of Civil, Surveying and Environmental Engineering, Newcastle.

Berghout, B. L. und Kuczera, G. (1997). Network linear programming as pipe network hydraulic analysis tool, *Journal of Hydraulic Engineering* **123**(6): 549–559.

Berndt, D., Boger, G. A., Borniger, R., Drews, M., Frerichs, U., Loew, W., Lomott, M., Ludwig, C., Turinsky, R., Ritter, K., Weckenbrock, P. und Willmroth, G. (2001). *Praxis der Wasserversorgung*, wvgw Wirtschafts- und Verlagsgesellschaft Gas und Wasser mbH, Bonn.

Bhave, P. R. und Gupta, R. (2006). *Analysis of Water Distribution Networks*, Narosa Publishing House, Neu-Delhi.

P. Klingel, *Modellierung von Wasserverteilungssystemen*,
https://doi.org/10.1007/978-3-658-21270-4

Billings, R. und Jones, C. (2011). *Forecasting Urban Water Demand*, American Water Works Association, Denver.

Birkhoff, G. (1963). A variational principle for nonlinear networks, *Quarterly of Applied Mathematics* **21**(2): 160–162.

Bohl, W. (2004). *Strömungsmaschinen 1*, Kamprath-Reihe, 9. Aufl., Vogel, Würzburg.

Bonfig, K. W. (2002). *Technische Durchflussmessung*, 3. Aufl., Vulkan, Essen.

Bossermann II, B., Bouchart, F., Chase, D. V., Clark, R., Geldreich, E. E., Goldmann, F. E., Goulter, I., Grayman, W. M., Karney, B. W., Kirmeyer, G. J., Lansey, K., Lingireddy, S., Male, J. W., Martin, C. S., Mays, L. W., Ormsbee, L. E., Rossmann, L. A., Sakarya, A. B. A., Tung, Y.-K., Uber, J., Walski, T. M. und Ysusi, M. (2000). *Water distribution systems handbook*, Mc-Graw-Hill, New York.

Braun, M., Piller, O., Deuerlein, J. und Mortazavi, I. (2017). Limitations of demand- and pressure-driven modeling for large deficient networks, *Drinking Water Engineering and Science* **10**(2): 93–98.

Brucker, A., Bernard, H., Dornauf, H., Grunert, F. und Hofmann, F. (2008). *Durchflussmesstechnik*, Oldenbourg Industrieverlag, München.

Cassa, A. M., van Zyl, J. E. und Laubscher, R. F. (2010). A numerical investigation into the effect of pressure on holes and cracks in water supply pipes, *Urban Water Journal* **7**(2): 109–120.

Cembrowicz, R. G. (1988). *Siedlungswasserwirtschaftliche Planungsmodelle: Methoden und Beispiele*, 1. Aufl., Springer, Berlin u.a.

Collins, M., Cooper, L., Helgason, R., Kennington, J. und LeBlanc, L. (1978). Solving the Pipe Network Analysis Problem Using Optimization Techniques, *Management Science* **24**(7): 747–760.

Cross, H. (1936). *Analysis of flow in networks of conduits or conductors*, number 286 in *Bulletin*, University of Illinois, Urbana.

DeMers, M. N. (2005). *Fundamentals of Geographic Information Systems*, 3. Aufl., John Wiley & Sons, Inc., Hoboken.

Deuerlein, J. (2002). *Zur hydraulischen Systemanalyse von Wasserversorgungsnetzen*, Dissertation, Institut für Wasserwirtschaft und Kulturtechnik, Universität Karlsruhe (TH), Karlsruhe.

Deuerlein, J., Cembrowicz, R. G. und Dempe, S. (2003). Simulation der Hydraulik von Wasserversorgungssystemen mit Kontrollarmaturen, *gwf-Wasser/Abwasser* **144**(7/8): 509–515.

Deuerlein, J., Simpson, A. R. und Groß, E. (2008). The Never Ending Story of Modeling Control-Devices in Hydraulic Systems Analysis, *in* J. E. van Zyl, A. A. Ilemobade und H. E. Jacobs (Hrsg.), *Proceedings of the 10th Annual Water Distribution System Analysis Conference WDSA2008*, Vol. 340, American Society of Civil Engineering, Kruger National Park, South Africa, S. 832–843.

Deuerlein, J. W., Simpson, A. R. und Dempe, S. (2009). Modeling the behavior of flow regulating devices in water distribution systems using constrained nonlinear programming, *Journal of Hydraulic Engineering* **135**(11): 970–982.

Diestel, R. (2017). *Graphentheorie*, 5. Aufl., Springer Spektrum, Berlin u.a.

Dilly, P. und Welsch, M. (2003). *Trinkwasserverordnung*, 3. Aufl., Wissenschaftliche Verlagsgesellschaft mbH, Stuttgart.

DIN 14011 (2010). *Begriffe aus dem Feuerwehrwesen*, Deutsches Institut für Normung e.V., Berlin.

DIN 14308-1 (1985). *B-Festkupplung PN 16 aus Aluminium-Legierung mit Dichtring für Druckbetrieb*, Deutsches Institut für Normung e.V., Berlin.

DIN 14308-2 (1986). *B-Festkupplung PN 16 aus Aluminium-Legierung*, Deutsches Institut für Normung e.V., Berlin.

DIN 14309 (1985). *A-Festkupplung PN 16 aus Aluminium-Legierung mit Dichtring für Druck- und Saugbetrieb*, Deutsches Institut für Normung e.V., Berlin.

DIN 1988-500 (2010). *Technische Regeln für Trinkwasser-Installationen - Teil 500: Druckerhöhungsanlagen mit drehzahlgeregelten Pumpen; Technische Regel des DVGW*, Deutsches Institut für Normung e.V., Berlin.

DIN 1998 (1978). *Unterbringung von Leitungen und Anlagen in öffentlichen Flächen - Richtlinien für die Planung*, Deutsches Institut für Normung e.V., Berlin.

DIN 2425-1 (1975). *Planwerke für die Versorgungswirtschaft, die Wasserwirtschaft und für Fernleitungen - Rohrnetzpläne der öffentlichen Gas- und Wasserversorgung*, Deutsches Institut für Normung e.V., Berlin.

DIN 2425-3 (1980). *Planwerke für die Versorgungswirtschaft, die Wasserwirtschaft und für Fernleitungen - Pläne für Rohrfernleitungen*, Deutsches Institut für Normung e.V., Berlin.

DIN 3221 (1986). *Unterflurhydranten PN 16*, Deutsches Institut für Normung e.V., Berlin.

DIN 3222 (1986). *Überflurhydranten PN 16*, Deutsches Institut für Normung e.V., Berlin.

DIN 4046 (1983). *Wasserversorgung - Begriffe*, Deutsches Institut für Normung e.V., Berlin.

DIN 4810 (1991). *Druckbehälter aus Stahl für Wasserversorgungsanlagen*, Deutsches Institut für Normung e.V., Berlin.

DIN EN 12845 (2016). *Ortsfeste Brandbekämpfungsanlagen - Automatische Sprinkleranlagen - Planung, Installation und Instandhaltung*, Deutsches Institut für Normung e.V., Berlin.

DIN EN 14339 (2005). *Unterflurhydranten*, Deutsches Institut für Normung e.V., Berlin.

DIN EN 14384 (2005). *Überflurhydranten*, Deutsches Institut für Normung e.V., Berlin.

DIN EN 1508 (1998). *Wasserversorgung, Anforderungen an Systeme und Bestandteile der Wasserspeicherung*, Deutsches Institut für Normung e.V.

DIN EN 736-1 (1995). *Armaturen - Terminologie Teil 1: Definition der Grundbauarten*, Deutsches Institut für Normung e.V., Berlin.

DIN EN 805 (2000). *Wasserversorgung - Anforderungen an Wasserversorgungssysteme und deren Bauteile außerhalb von Gebäuden*, Deutsches Institut für Normung e.V., Berlin.

DVGW (1996). Basismodell eines Netzinformationssystems für Gas- und Wasserversorgungsunternehmen (GAWANIS), *Bericht*, DVGW Deutscher Verein des Gas- und Wasserfaches e.V., Bonn.

DVGW GW 120 (A) (2010). *Netzdokumentation in Versorgungsunternehmen*, DVGW Deutscher Verein des Gas- und Wasserfaches e.V., Bonn.

DVGW GW 120 (H) (1998). *Planwerke für die Rohrnetze der öffentlichen Gas- und Wasserversorgung*, DVGW Deutscher Verein des Gas- und Wasserfaches e.V., Bonn.

DVGW GW 122 (H) (2008). *Netzinformationssysteme - GIS-Systeme als wesentlicher Bestandteil der technischen IT-Systeme zur Netzinformation*, DVGW Deutsche Vereinigung des Gas- und Wasserfaches e. V., Bonn.

DVGW GW 303-1 (A) (2006). *Berechnung von Gas- und Wasserrohrnetzen - Teil 1: Hydraulische Grundlagen, Netzmodellierung und Berechnung*, DVGW Deutsche Vereinigung des Gas- und Wasserfaches e.V., Bonn.

DVGW GW 303-2 (H) (2006). *Berechnung von Gas- und Wasserrohrnetzen - Teil 2: GIS-gestützte Rohrnetzberechnung*, DVGW Deutsche Vereinigung des Gas- und Wasserfaches e.V., Bonn.

DVGW W 291 (A) (2000). *Reinigung und Desinfektion von Wasserverteilungsanlagen*, DVGW Deutsche Vereinigung des Gas- und Wasserfaches e. V., Bonn.

DVGW W 300-1 (A) (2014). *Trinkwasserbehälter; Teil 1: Planung und Bau*, DVGW Deutscher Verein des Gas- und Wasserfaches e.V., Bonn.

DVGW W 300 (A) (2005). *Wasserspeicherung - Planung, Bau, Betrieb und Instandhaltung von Wasserbehältern in der Trinkwasserversorgung*, DVGW Deutsche Vereinigung des Gas- und Wasserfaches e.V., Bonn.

DVGW W 303 (A) (2005). *Dynamische Druckänderungen in Wasserversorgungsanlagen*, DVGW Deutsche Vereinigung des Gas- und Wasserfaches e. V., Bonn.

DVGW W 311 (A) (1988). *Planung und Bau von Wasserbehältern - Grundlagen und Ausführungsbeispiele*, DVGW Deutscher Verein des Gas- und Wasserfaches e.V., Eschborn.

DVGW W 331 (M) (2000). *Auswahl, Einbau und Betrieb von Hydranten*, DVGW Deutsche Vereinigung des Gas- und Wasserfaches e. V., Bonn.

DVGW W 332 (M) (2006). *Auswahl, Einbau und Betrieb von metallischen Absperrarmaturen in Wasserverteilungsanlagen*, DVGW Deutsche Vereinigung des Gas- und Wasserfaches e. V., Bonn.

DVGW W 334 (M) (2007). *Be- und Entlüften von Trinkwasserleitungen*, DVGW Deutsche Vereinigung des Gas- und Wasserfaches e. V., Bonn.

DVGW W 335 (M) (2000). *Druck-, Durchfluss- und Niveauregelung in Wassertransport und -verteilung*, DVGW Deutsche Vereinigung des Gas- und Wasserfaches e. V., Bonn.

DVGW W 392 (A) (2017). *Wasserverlust in Rohrnetzen; Ermittlung, Wasserbilanz, Kennzahlen, Überwachung*, DVGW Deutscher Verein des Gas- und Wasserfaches e.V., Bonn.

DVGW W 397 (H) (2004). *Ermittlung der erforderlichen Verlegetiefen von Wasseranschlussleitungen*, DVGW Deutsche Vereinigung des Gas- und Wasserfaches e. V., Bonn.

DVGW W 400-1 (A) (2004). *Technische Regeln Wasserverteilunsanlagen (TRWV); Teil 1: Planung*, DVGW Deutsche Vereinigung des Gas- und Wasserfaches e.V., Bonn.

DVGW W 400-1 (A) (2015). *Technische Regeln Wasserverteilunsanlagen (TRWV); Teil 1: Planung*, DVGW Deutscher Verein des Gas- und Wasserfaches e.V., Bonn.

DVGW W 400-3 (A) (2006). *Technische Regeln Wasserverteilungsanlagen (TRWV); Teil 3: Betrieb und Instandhaltung*, DVGW Deutsche Vereinigung des Gas- und Wasserfaches e.V., Bonn.

DVGW W 400-3-B1 (A) (2017). *Technische Regeln Wasserverteilungsanlagen (TRWV); Teil 3: Betrieb und Instandhaltung; Beiblatt 1: Inspektion und Wartung von Ortsnetzen*, DVGW Deutsche Vereinigung des Gas- und Wasserfaches e.V., Bonn.

DVGW W 402 (A) (2010). *Netz- und Schadenstatistik - Erfassung und Auswertung von Daten zur Instandhaltung von Wasserrohrnetzen*, DVGW Deutscher Verein des Gas- und Wasserfaches e.V., Bonn.

DVGW W 405 (A) (2008). *Bereitstellung von Löschwasser durch die öffentliche Trinkwasserversorgung*, Deutsche Vereinigung des Gas- und Wasserfaches e.V., Bonn.

DVGW W 406 (A) (2012). *Volumen- und Durchflussmessung von kaltem Trinkwasser in Druckrohrleitungen - Auswahl, Bemessung, Einbau und Betrieb von Wasserzählern*, DVGW Deutscher Verein des Gas- und Wasserfaches e.V., Bonn.

DVGW W 410 (A) (2008). *Wasserbedarf - Kennwerte und Einflussgrößen*, DVGW Deutscher Verein des Gas- und Wasserfaches e.V., Bonn.

DVGW W 410E (A) (2007). *Wasserbedarf - Kennwerte und Einflussgrößen Entwurf*, DVGW Deutscher Verein des Gas- und Wasserfaches e.V., Bonn.

DVGW W 420 (A) (2001). *Magnetisch-Induktive Durchflussmessgeräte (MID-Geräte) - Anforderungen und Prüfungen*, DVGW Deutsche Vereinigung des Gas- und Wasserfaches e. V., Bonn.

DVGW W 610 (A) (2010). *Pumpensysteme in der Trinkwasserversorgung*, DVGW Deutscher Verein des Gas- und Wasserfaches e.V., Bonn.

DVGW W 616 (M) (2011). *Sensorgestützte Betriebsüberwachung von Pumpensystemen in der Trinkwasserversorgung*, DVGW Deutscher Verein des Gas- und Wasserfaches e.V., Bonn.

DVGW W 617 (A) (2006). *Druckerhöhungsanlagen in der Trinkwasserversorgung*, DVGW Deutsche Vereinigung des Gas- und Wasserfaches e.V., Bonn.

DVGW W 630 (A) (2010). *Elektrische Antriebe in Wasserversorgungsanlagen*, DVGW Deutscher Verein des Gas- und Wasserfaches e.V., Bonn.

DVGW W 645-1 (A) (2007). *Überwachungs-, Mess-, Steuer- und Regeleinrichtungen in Wasserversorgungsanlagen - Teil 1: Messeinrichtungen*, DVGW Deutsche Vereinigung des Gas- und Wasserfaches e. V., Bonn.

DVGW W 645-2 (A) (2009). *Überwachungs-, Mess-, Steuer- und Regeleinrichtungen in Wasserversorgungsanlagen - Teil 2: Steuern und Regeln*, DVGW Deutsche Vereinigung des Gas- und Wasserfaches e. V., Bonn.

DVGW W 645-3 (A) (2006). *Überwachungs-, Mess-, Steuer- und Regeleinrichtungen in Wasserversorgungsanlagen - Teil 3: Prozessleittechnik*, DVGW Deutsche Vereinigung des Gas- und Wasserfaches e. V., Bonn.

Epp, R. und Fowler, A. G. (1970). Efficient Code for Steady-State Flows in Networks, *Journal of the Hydraulics Division* **91**(1): 43–56.

EUREAU (2009). EUREAU Statistics Overview on Water and Wastewater in Europe 2008, *Bericht*, European Federation of National Associations of Water and Wastewater Services (EUREAU), Brüssel.

Farley, M. (2001). *Leakage Management and Control*, World Health Organization, Genf.

Farley, M. und Trow, S. (2003). *Losses in Water Distribution Networks: A Practitioner's Guide to Assessment, Monitoring and Control*, IWA Publishing, London.

Feldtmann, G. (1985). Wassermessung - Wasserverluste, *3R international* **24**(1/2): 33–39.

Fischer-Uhrig, F. (2014). *STANET Handbuch Version 9.1.21*, Ingenieurbüro Fischer-Uhrig, Berlin.

Fortune, S. (1986). A Sweepline Algorithm for Voronoi Diagrams, *Proceedings of the second annual symposium on computational geometry*, SCG '86, Association for Computing Machinery (ACM), New York, S. 313–322.

Fritsch, P., Hoch, W., Merkl, G., Otillinger, F., Rautenberg, J., Weiß, M. und Wricke, B. (2014). *Mutschmann/Stimmelmayr Taschenbuch der Wasserversorgung*, 16. Aufl., Springer Vieweg, Wiesbaden.

Giustolisi, O., Savic, D. und Kapelan, Z. (2008). Pressure-driven demand and leakage simulation for water distribution networks, *Journal of Hydraulic Engineering* **134**(5): 626–635.

Greyvenstein, B. und van Zyl, J. E. (2007). An experimental investigation into the pressure-leakage relationship of some failed water pipes, *Journal of Water Supply: Research and Technology - AQUA* **56**(2): 117–124.

Grombach, P., Haberer, K., Gerhard, M. und Trüeb, E. U. (2000). *Handbuch der Wasserversorgungstechnik*, 3. Aufl., Oldenbourg Industrieverlag, München.

Gschleiner, R. (2009). Ermittlung der Wasserverlustmenge, *in* H. Kainz (Hrsg.), *Schriftenreihe zur Wasserwirtschaft - Wasserverluste in Trinkwassernetzen*, Vol. 57, ÖVGW und TU Graz, Institut für Siedlungswasserwirtschaft und Landschaftswasserbau, S. B1–B6.

Gujer, W. (2007). *Siedlungswasserwirtschaft*, 3. Aufl., Springer, Berlin u.a.

Gülich, J. F. (2013). *Kreiselpumpen - Handbuch für Entwicklung, Anlagenplanung und Betrieb*, 4. Aufl., Springer Vieweg, Berlin, Heidelberg.

Gupta, R. und Bhave, P. R. (1996). Comparison of Methods for Predicting Deficient-Network Performance, *Journal of Water Resources Planning and Management* **122**(3): 214–217.

Guth, N. und Klingel, P. (2012). Demand Allocation in Water Distribution Network Modelling – A GIS-Based Approach Using Voronoi Diagrams with Constraints, *in* B. M. Alam (Hrsg.), *Application of Geographic Information Systems*, InTech, Rijeka, S. 283–302.

Haestad Methods (2002). *WaterCAD User's Guide*, Haestad Methods, Inc., Waterbury.

Heydenreich, M. und Hoch, W. (2008). *Praxis der Wasserverlustreduzierung*, 1. Aufl., wvgw Wirtschafts- und Verlagsgesellschaft Gas und Wasser mbH, Bonn.

Hirner, W., Drasdo, G., Hoch, W., Mehlhorn, H., Weiß, M., Schulze, D., Fleckner, H., Buttchereit, W., Kreska, O., Möhlen, K., Kannenberg, W., Zeitz, K., Schlicht, H., Weimer, D., Mayr, H., Riege, D. und Hofer, P. (1999). *Lehr- und Handbuch Wasserversorgung; Bd. 2 - Wassertransport und -verteilung*, Oldenbourg Industrieverlag, München.

Hirner, W. und Merkel, W. (2005). *Kennzahlen für Benchmarking in der Wasserversorgung: Handbuch zur erweiterten deutschen Fassung des IWA-Kennzahlensystems mit Definitionen, Erklärungsfaktoren und Interpretationshilfen*, wvgw Wirtschafts- und Verlagsgesellschaft Gas und Wasser mbH, Bonn.

Horlacher, H.-B. und Lüdecke, H.-J. (2006). *Strömungsberechnung für Rohrsysteme*, 2. Aufl., Expert, Renningen.

Jirka, G. H. (2007). *Einführung in die Hydromechanik*, 3. Aufl., Universitätsverlag Karlsruhe, Karlsruhe.

Kapelan, Z. (2002). *Calibration of Water Distribution System Hydraulic Models*, Dissertation, University of Exeter, School of Engineering and Computer Science, Exeter.

Karger, R. und Hoffmann, F. (2013). *Wasserversorgung*, 14. Aufl., Springer Vieweg, Wiesbaden.

Klingel, P. (2013). Die Problematik der intermittierenden Wasserverteilung, *gwf-Wasser/Abwasser* **154**(1): 94–101.

Klingel, P. und Knobloch, A. (2015a). Automated determination and evaluation of water losses in water distribution systems, *Water Science and Technology: Water Supply* **15**(6): 1414–1424.

Klingel, P. und Knobloch, A. (2015b). Automatisierte Ermittlung und Bewertung von Wasserverlusten, *gwf-Wasser/Abwasser* **156**(3): 342–351.

Klingel, P., Knobloch, A. und Nestmann, F. (2009). Anwendung hydraulischer Simulationsmodelle zur Analyse und Planung von Wasserverteilungssystemen, *WasserWirtschaft* **99**(7-8): 85–90.

Knobloch, A. (2014). *Automatisierte Wassermengenanalyse in der Trinkwasserversorgung*, Dissertation, Karlsruher Institut für Technologie (KIT), Fakultät für Bauingenieur-, Geo- und Umweltwissenschaften, Institut für Wasser und Gewässerentwicklung, Karlsruhe.

Knobloch, A. und Klingel, P. (2013). Wassermengenbilanzierung als Basis für das Wasserverlustmanagement – Stand der Technik und gegenwärtige Praxis, *gwf-Wasser/Abwasser* **154**(11): 1226–1233.

Köhler, J. und Sattler, R. (1996). GAWANIS - das DVGW-Basismodell eines Gas- und Wassernetzinformationssystems, *gwf-Gas/Erdgas* **137**(8): 385–392.

Korth, A. und Donath, O. (2015). Spülverfahren für Trinkwasserleitungen problemspezifisch auswählen, *energie | wasser-praxis* **66**(1): 36–41.

KSB Aktiengesellschaft (2005). *Auslegung von Kreiselpumpen*, 5. Aufl., KSB Aktiengesellschaft, Frankenthal.

KSB Aktiengesellschaft (2016). *Kennlinienheft - Wassernormpumpe/ Wärmeträgeröl-/Heißwasserpumpe - 50 Hz - Etanorm, Etanorm SYT, Etanorm V, Etabloc, Etabloc SYT, Etanorm-R, Etanorm-RSY*, KSB Aktiengesellschaft, Frankenthal.

Lambert, A. (2001). What do we know about pressure:leakage relationships in distribution systems?, *Proceedings of the Conference on System Approach to Leakage Control and Water Distribution Management Systems*, International Water Association, Brno, S. 1–8.

Lambert, A. und Hirner, W. (2000). Losses from Water Supply Systems: Standard Terminology and Recommended Performance Measures, *the blue pages*, International Water Association, London.

Lambert, A. und Taylor, R. (2010). Water Loss Guidelines, *Bericht*, Water New Zealand - The New Zealand Water & Wastes Association, Wellington.

Lambert, A., Trow, S., Merks, C., Charalambous, B., Donnelly, A., Galea St John, S., Fantozzi, M., Hulsmann, A., Koelbl, J., Kovac, J. und Schipper, D. (2015). EU Reference document Good Practices on Leakage Management WFD CIS WG PoM, *Bericht*, European Commission.

Lauruschkus, F., Meermann, K., Bürger, K. und Albrecht, H. (2015). VEWA Vergleich Europäischer Wasser- und Abwasserpreise, *Bericht*, BDEW Bundesverband der Energie- und Wasserwirtschaft, Berlin.

Lecher, K., Lühr, H.-P. und Zanke, U. C. E. (Hrsg.) (2015). *Taschenbuch der Wasserwirtschaft*, 9. Aufl., Springer Vieweg, Wiesbaden.

Marriot, M. J., Featherstone, R. E. und Nalluri, C. (2009). *Civil Engineering Hydraulics*, 5. Aufl., John Wiley & Sons, Inc., West Sussex.

Martin, D. W. und Peters, G. (1963). The application of Newton's method to network analysis by digital computer, *Journal of the Institute of Water Engineers* **17**: 115–129.

Martin, H., Pohl, R., Aigner, D., Bollrich, G., Carstensen, D., Diersch, H.-J. G. und Horlacher, H.-B. (2015). *Technische Hydromechanik 4 - Hydraulische und numerische Modelle*, 3. Aufl., Beuth, Berlin u.a.

Merkl, G. (2008). *Technik der Wasserversorgung - Praxisgrundlagen für Führungskräfte*, Oldenburg Industrieverlag, München.

MessEG (2016). Mess- und Eichgesetz vom 25. Juli 2013 (BGBl. I S. 2722, 2723), das zuletzt durch Artikel 1 des Gesetzes vom 11. April 2016 (BGBl. I S. 718) geändert worden ist.

MessEV (2017). Mess- und Eichverordnung vom 11. Dezember 2014 (BGBl. I S. 2010, 2011), die durch Artikel 19 des Gesetzes vom 27. Juni 2017 (BGBl. I S. 1966) geändert worden ist.

Moody, L. F. (1944). Friction Factors for Pipe Flow, *Transactions of the ASME* **66**(8): 671–684.

Mutschmann, J., Stimmelmayr, F., Knaus, W., Köhler, K. H., Merkl, G., Preininger, E., Rautenberg, J., Weigelt, R. und Weiß, M. (2007). *Taschenbuch der Wasserversorgung*, 14. Aufl., Vieweg, Wiesbaden.

Nägler, G. und Stopp, F. (1996). *Graphen und Anwendungen*, Springer, Wiesbaden.

Neunteufel, R., Richard, L., Perfler, R., Tuschel, S., Mader, K. und Haas, E. (2010). Studie Wasserverbrauch und Wasserbedarf Teil 1: Literaturstudie zum Wasserverbrauch - Einflussfaktoren, Entwicklungen und Prognosen, *Bericht*, Lebensministerium Österreich, Wien.

Niehues, B. (2006). DVGW-Schadensstatistik Wasser: Ergebnisse aus den Jahren 1997 bis 2004, *energie | wasser-praxis* **57**(10): 18–23.

Nielsen, H. B. (1989). Methods for Analyzing Pipe Networks, *Journal of Hydraulic Engineering* **115**(2): 139–157.

Nikuradse, J. (1933). Strömungsgesetze in rauhen Rohren, *Forschungsheft 361*, Verein Deutscher Ingenieure, Berlin.

Ormsbee, L. E. (2006). The History of Water Distribution Network Analysis: The Computer Age, *Proceedings of the 8th Annual Water Distribution Systems Analysis Symposium*, Department of Civil and Environmental Engineering, University of Cincinnati, Cincinnati.

Ormsbee, L. E. und Lingireddy, S. (1997). Calibration of hydraulic network models, *Journal - American Water Works Association* **89**(2): 42–50.

Osmancevic, E. (2010). Wasserverlustbekämpfung in der Praxis, *3R international* **49**(8-9): 455–460.

Osmancevic, E., Maurer, J. und Langenbacher, F. (2017). Ermittlung der Widerstandsbeiwerte von Hydranten, *3R* **56**(10-11): 71–80.

ÖVGW-Richtlinie W 63 (2009). *Wasserverluste in Trinkwasserversorgungssystemen, Ermittlung, Bewertung und Maßnahmen zur Verminderung*, Österreichische Vereinigung für das Gas- und Wasserfach, Wien.

Piller, O. und Zyl, J. V. (2009). Pressure-driven analysis of network sections supplied via high-lying nodes, *in* J. Boxall und C. Maksimovic (Hrsg.), *Integrating Water Systems: Proceedings of the Tenth International Conference on Computing and Control in the Water Industry 2009*, CRC Press, Taylor & Francis Group, London, S. 257–262.

Preparata, F. P. und Shamos, M. I. (1985). *Computational Geometry: An Introduction*, Springer, New York.

Renaud, E., Lapuyade, F., Grissac, B. D. und Bremond, B. (2009). Annualizing Metered Volumes in Water Balance, *Proceedings of the 5th IWA Water Loss Reduction Specialist Conference*, International Water Association (IWA), Kapstadt, S. 43–50.

Ripl, K., Slavik, I. und Uhl, W. (2014). Systematik und Vorgehensweise bei der Erstellung von Spülplänen zur Reinigung von Wasserverteilungsnetzen mittels „Spülen mit klarer Wasserfront", *gwf-Wasser/Abwasser* **155**(9): 976–983.

Roscher, H. (2000). *Sanierung städtischer Wasserversorgungsnetze*, 1. Aufl., Verlag Bauwesen, Berlin.

Roscher, H., Rammelsberg, J., Kocks, H.-J., Brussig, P., Braun, T., Hoch, W., Sorge, H.-C., Fischer-Uhrig, F., Fischer, M., Kreska, O., Ahrens, J., Kropp, I., Baur, R., Gangl, G., Zech, H., Kleinau, A., Boer, E., Meyer, T., Gaebelein, W., Schneider, M., Hüttemann, A., Rameil, M., Sommer, J., Möller, W., Schlosser, H.-U., Korth, A., Richardt, S. und Kröfges, W. (2009). *Rehabilitation von Wasserversorgungsnetzen: Strategien - Verfahren - Fallbeispiele*, Praxis-Handbuch, 2. Aufl., Vulkan, Essen.

Rossman, L. A. (2000). Epanet 2 users manual, *Bericht EPA/600/R-00/057*, Water Supply and Water Resources Division, National Risk Management Research Laboratory, Office of Research and Development, U.S. Environmental Protection Agency, Cincinnati.

Savic, D. A., Kapelan, Z. S. und Jonkergouw, P. M. R. (2009). Quo vadis water distribution model calibration?, *Urban Water Journal* **6**(1): 3–22.

Schmid, R. (2002). Review of modeling software for piped distribution networks, *Working papers on water supply and environmental sanitation 3*, Skat Foundation. 2. Aufl.

Schwaller, J. und van Zyl, J. E. (2014). Modeling the Pressure-Leakage Response of Water Distribution Systems Based on Individual Leak Behavior, *Journal of Hydraulic Engineering* **141**(5): 04014089.

Shamir, U. und Howard, C. (1968). Water distribution systems analysis, *Journal of the Hydraulics Division* **94**(HY1): 219–234.

Shamos, M. I. (1975). Geometric Complexity, *Proceedings of the Seventh Annual ACM Symposium on Theory of Computing*, STOC '75, Association for Computing Machinery (ACM), New York, S. 224–233.

Simpson, A. R. (1999). Modeling of Pressure Regulating Devices - A Major Problem Yet to be Satisfactorily Solved in Hydraulic Simulation, *Proceedings of the Water Distribution System Analysis Conference*, American Society of Civil Engineering, Tempe, S. 1–13.

Simpson, A. R., Dandy, G. C. und Murphy, L. J. (1994). Genetic Algorithms Compared to Other Techniques for Pipe Optimization, *Journal of Water Resources Planning and Management* **120**(4): 423–443.

Sonaje, N. P. und Joshi, M. G. (2015). A review of modeling and application of water distribution networks (WDN) softwares, *International Journal of Technical Research and Applications* **3**(5): 174–178.

Speight, V. und Khanal, N. (2009). Model calibration and current usage in practice, *Urban Water Journal* **6**(1): 23–28.

Statistisches Bundesamt (2009). Fachserie 19 Reihe 2.1, Umwelt, Öffentliche Wasserversorgung und Abwasserbeseitigung 2007, *Bericht*, Statistisches Bundesamt, Wiesbaden.

Statistisches Bundesamt (2013). Fachserie 19 Reihe 2.1.1, Umwelt, Öffentliche Wasserversorgung 2010, *Bericht*, Statistisches Bundesamt, Wiesbaden.

Statistisches Bundesamt (2015). Fachserie 19 Reihe 2.1.1, Umwelt, Öffentliche Wasserversorgung 2013, *Bericht*, Statistisches Bundesamt, Wiesbaden.

Swamee, P. K. und Sharma, A. K. (2008). *Design of water supply pipe networks*, John Wiley & Sons, Inc., Hoboken.

Tanyimboh, T. T., Tabesh, M., Gupta, R. und Bhave, P. R. (1997). Discussion and Closure: Comparison of Methods for Predicting Deficient-Network Performance, *Journal of Water Resources Planning and Management* **123**(6): 369–370.

Thornton, J., Sturm, R. und Kunkel, G. (2008). *Water Loss Control*, 2. Aufl., McGraw-Hill, New York.

Todini, E. und Pilati, S. (1987). A gradient method for the analysis of pipe networks, *Proceedings of the International Conference on Computer Applications for Water Supply and Distribution*, Leicester Polytechnic, Leicester.

Todini, E. und Pilati, S. (1988). A Gradient Algorithm for the Analysis of Pipe Networks, *in* B. Coulbeck und C.-H. Orr (Hrsg.), *Computer Applications in Water Supply: Vol. 1 - Systems Analysis and Simulation*, Research Studies Press Ltd., John Wiley & Sons Inc., Taunton, S. 1–20.

Todini, E. und Rossman, L. A. (2013). Unified Framework for Deriving Simultaneous Equation Algorithms for Water Distribution Networks, *Journal of Hydraulic Engineering* **139**: 511–526.

Urban, W. und Zimmermann, M. (2015). Wasserversorgung, *in* K. Lecher, H.-P. Lühr und U. C. E. Zanke (Hrsg.), *Taschenbuch der Wasserwirtschaft*, 9. Aufl., Springer Vieweg, Wiesbaden, S. 853–960.

U.S. Environmental Protection Agency (2005). Water distribution system analysis: Field studies, modeling and management, *Handbuch EPA/600/R-06/028*, Water Supply and Water Resources Division, National Risk Management Research Laboratory, Office of Research and Development, U.S. Environmental Protection Agency, Cincinnati.

Valentin, F. (2003). *Hydraulik II - Angewandte Hydromechanik*, Lehrstuhl für Hydraulik und Gewässerkunde, Technische Universität München.

Valentin, F. (2004). *Hydraulik I - Einführung in die Hydromechanik*, Lehrstuhl für Hydraulik und Gewässerkunde, Technische Universität München.

van Zyl, J. E. und Clayton, C. R. I. (2007). The effect of pressure on leakage in water distribution systems, *Water Management* **160**(WM2): 109–114.

VEWIN (2010). Dutch drinking water statistics 2008, *Bericht*, Association of Dutch Water Companies (VEWIN), Rijswijk.

Wagner, W. (2008a). *Regel- und Sicherheitsarmaturen*, Kamprath-Reihe, 1. Aufl., Vogel, Würzburg.

Wagner, W. (2008b). *Rohrleitungstechnik*, Kamprath-Reihe, 10. Aufl., Vogel, Würzburg.

Walski, T., Bezts, W., Posluszny, E. T., Weir, M. und Whitman, B. (2004). Understanding the Hydraulics of Water Distribution System Leaks, *in* G. Sehlke, D. F. Hayes und D. K. Stevens (Hrsg.), *Proceedings of World Water and Environmental Resources Congress 2004*, Vol. 138, American Society of Civil Engineering, Salt Lake City, S. 476–476.

Walski, T., Bezts, W., Posluszny, E. T., Weir, M. und Whitman, B. E. (2006). Modeling leakage reduction through pressure control, *Journal - American Water Works Association* **98**(4): 147–155.

Walski, T. M., Chase, D. V., Savic, D. A., Grayman, W., Beckwith, S. und Koelle, E. (2003). *Advanced Water Distribution Modeling and Management*, 1. Aufl., Haestad Methods Inc., Waterbury.

Walter, D., Mastaller, M. und Klingel, P. (2016). Genauigkeit von Einstrahl-Flügelradzählern bei Füllung des Rohrnetzes in der intermittierenden Wasserversorgung, *gwf-Wasser/Abwasser* **157**(12): 1125–1134.

Walter, D., Mastaller, M. und Klingel, P. (2017). Accuracy of single-jet and multi-jet water meters under the influence of the filling process in intermittently operated pipe networks, *Water Science and Technology: Water Supply* (im Druck).

Wendt, G. (2011). Neuer Ansatz zur Untersuchung des Wasserzählerverhaltens unter realen Entnahmebedingungen, Online (abgerufen am 02.11.2017).
URL: `http://www.ptb.de/cms/fachabteilungen/abt1/nachrichten1/nachricht-aus-der-abteilung-1.html?tx_ttnews[tt_news]=888&tx_ttnews[backPid]=3049&cHash=5e98f833dcf36c070901f5e5fc216236`

Wiegleb, K. und Beilke, G. (2004). Erfahrungen zur Löschwasserbereitstellung in Trinkwassernetzen, *gwf-Wasser/Abwasser* **145**(6): 432–438.

Wood, D. J. und Charles, C. O. A. (1972). Hydraulic Network Analysis Using Linear Theory, *Journal of the Hydraulics Division* **98**(7): 1157–1170.

Zanke, U. (2013). *Hydraulik für den Wasserbau*, 3. Aufl., Springer Vieweg, Berlin, Heidelberg.

Zoebl, H. und Kruschik, J. (1978). *Strömungen durch Rohre und Ventile*, Springer, Wien, New York.

Sachverzeichnis

P. Klingel, *Modellierung von Wasserverteilungssystemen*,
https://doi.org/10.1007/978-3-658-21270-4

Z

MIX
Papier aus verantwortungsvollen Quellen
Paper from responsible sources
FSC® C105338

If you have any concerns about our products,
you can contact us on
ProductSafety@springernature.com

In case Publisher is established outside the EU,
the EU authorized representative is:
Springer Nature Customer Service Center GmbH
Europaplatz 3, 69115 Heidelberg, Germany

Printed by Libri Plureos GmbH
in Hamburg, Germany